단체급식

박춘란 · 김영희 · 이선희
김애정 · 백재은 · 배현주
공 저

光 文 閣

머리말...

단체급식은 식품학, 영양학, 조리과학, 식품위생학 등의 학문을 기초로 하여 조리원에 대한 작업관리 및 단체급식 운영에 필요한 경영관리, 사무관리, 인사관리, 시설, 설비 등을 익히고 종합적으로 응용하는 학문이다.

그 주목적은 피급식자의 건강 유지와 증진을 도모하는 것으로, 동시에 경제성, 편리성 및 심리적 만족 등의 인간의 기본적인 욕구에 얼마만큼 부응하느냐 하는 것이 관건이다.

그러므로 우리나라도 이제는 체계적이고 과학적인 방법으로 급식관리가 이루어져야 하며 이런 의미에서 이 책은 영양사가 되려는 학생과 영양사들을 위해 교수님들이 근간의 자료를 모아 집필하였다.

이 책은 1장 총론, 2장 영양관리, 3장 식재료 관리, 4장 위생 및 안전관리, 5장 경영관리, 6장 인사관리, 7장 사무관리, 8장 작업관리, 9장 시설설비관리로 구성하였다.

여러 가지로 미비한 점이 많으나 계속 보완해 나갈 것을 약속하면서, 끝으로 이 책이 출판되도록 애써주신 광문각 사장님과 출판사 여러분들께 깊이 감사드린다.

2007년 2월

저자 일동

차 례...

1장
총 론

1 단체급식의 개념

1. 단체급식의 정의

과거에는 가정에서 음식을 만들어 가정에서 먹는 것이 보통이었으나 오늘날에는 가정 밖에서 조리된 식사를 하는 기회가 대단히 많아졌다. 초·중·고등학생의 학교급식과 산업체 또는 일반음식점, 대중식당에서의 식사 등 많은 국민이 1일 1회 이상 가정 밖에서 식사를 하거나 외식을 하고 있다고 할 수 있을 정도로 그 횟수가 많아지고 있다.

이러한 변화에 따라 새롭게 창출되어 급성장하고 있는 산업이 급식산업이다.

급식산업은 가정밖에서 음식을 조리,판매,제공함으로써 편의와 가치를 제공하는 서비스산업이다(표1-1).

식품위생법 제2조 9호에 의하면 비영리를 목적으로 특정인을 대상으로 계속적으로 식사를 제공하는 것을 단체급식(집단급식)이라고 정의한다. 그러나 1990년대부터는 위탁급식의 형태가 등장하면서 특정다수인을 대상으로 식사를 제공하는 단체급식도 영리를 목적으로 하는 곳이 생겨나게 되었으며 2000년대에 들어와서는 단체급식도 이윤창출을 위한 적극적인 방안을 모색하고 있으며 또한 외식업소에 비해 음식의 질과 서비스가 다소 떨어진다는 인식에서 벗어나 보다 질 좋은 음식과 서비스를 제공하려는 노력도 이루어지고 있다.

〈표 1-1〉 급식산업(foodservice industry)의 분류

국내	미국 레스토랑협회(NRA)
단체급식 (비상업성 급식, noncommercial foodservice)	단체급식 (noncommercial restaurant services)
• 학교급식 : 초등학교, 중・고등학교, 대학교* • 사업체급식 : 공장 부설 기숙사, 회사 사무실, 금융기관, 관공서, 연수원 • 병원급식 : 병원, 종합병원 • 사회복지시시설 급식 : 영・유아 보육시설, 노인복지시설, 양로원 • 교정시설 급식 : 교도소	• 초・중・고등학교(elementary, secondary schools) • 대학(colleges & universities) • 사업체(employee restaurant services) • 병원(hospitals) • 요양소, 사회복지시설(nursing homes, homes for teh aged, blind, orphans and the mentally and physically disabled) • 커뮤니티 센터(community centers) • 스포츠, 오락 시설(clubs, sporting & recreational camps)
외식업 (상업성 급식, commercial foodservice)	상업성 레스토랑 (commercial restaurant services)
• 일반 음식점 : 한국 음식점, 중국 음식점, 일본 음식점, 서양 음식점 • 휴게 음식점 : 피자, 햄버거 및 판매점, 분식 및 김밥 전문점, 제과점, 아이스크림 판매점, 커피하우스, 찻집 • 출장음식 및 도시락업 • 호텔 및 숙박시설 식당 • 스포츠 시설 및 휴양지 식당 • 교통기관 식당 : 항공기 기내식, 열차식당 • 자동판매기	• 식당(eating places : fullservice resaurants, fast food restaurnts, commercial cafeterias, social caterers, snack & nonalcoholic beverage bars) • 바(bars and tavems) • 위탁급식(foodservice contractor managed services) • 숙박시설(lodging places) • 기타(other : retail, vending, recreation & sports, mobile caterers) 군대급식(military restaurnat services) • 군인, 장교식당(military exchanges, officer's and NCO clubs)

* 대학교 급식소는 학교에서 이루어지는 급식이지만 초・중・고등학교 급식보다는 사업체와 유사한 면이 더 많다. 실제로 대한영양사협회에서는 대학교 급식을 사업체급식의 범주에 포함시키고 있으며, 미국 NRA에서는 college & university foodservice를 따로 분류하기도 한다.

2. 단체급식의 의의와 목적

급식(給食)이란 '식사를 주는 것' 혹은 '주어진 식사'의 뜻이 된다. 그러나 가정에서의 식사나 영리를 목적으로 음식을 제공하는 것은 급식이라고 하지 않는다. 즉, 급식이란 가족 이외의 특정 다수인에게 계속적으로 식사를 공급할 경우에 사용되며 이러한 급식을 하고 있는 곳을 급식시설 혹은 단체급식소라고 한다. 그러나 급식은 단순히 음식을 제공하거나 피급식자의 기호를 만족시켜 준다는 것뿐만이 아니라 적정한 영양소 공급과 피급식자의 건강유지 및 증진에 도움이 되어야 한다.

또한 집단급식에 있어서는 대상이 특정되어 있다는 점, 다수의 사람이라는 점, 연속하여 행해진다는 점에서 급식의 내용이 피급식자의 건강에 크게 영향을 미치므로 영양사나 급식운영자는 영양관리와 위생관리 등 급식관리 전반에 충분히 관심을 갖고 다음과 같은 목적으로 관리해야 한다.

즉, 급식시설의 공통된 목적은 다음과 같다.

① 피급식자의 영양개선과 건강증진을 도모한다.
② 피급식자의 식비를 경감한다.
③ 피급식자에게 정신적 만족을 준다.
④ 피급식자, 급식관계자 및 사회 일반의 식인식(食認識)을 고양한다.

이와 같은 목적을 가지고 영양사는 사명감을 가지고 부단히 연구하고 실현함으로써 보다 질적으로 우수한 급식과 식생활환경 조성에 힘써야 한다.

3. 단체급식의 종류와 특성

1) 급식 대상별 분류

(1) 병원급식

입원환자를 대상으로 한 급식이다. 병원의 급식은 치료의 일환으로 실시되며 적정한 식사를 제공하여 주사, 약물치료와 함께 환자의 건강을 회복시키는 치료의 일환이다. 환자의 병세에 따라 일반식과 특별식으로 나누며, 필요하면 입원중에 영양상담과 영양교육을 병행하는 것이 좋다.

(2) 학교급식

학교급식은 초·중·고등학교 학생들에게 필요한 영양을 공급함으로써 건전한 심신의 발달과 편식 교정, 올바른 식습관 형성, 공동체의식 고취 등을 통해 전인격적인 인간교육을 돕기 위한 급식이다. 학교급식은 교육의 일환으로 진행된다.

(3) 사업체급식

공장이나 회사 등에서 종업원에 대한 복리후생의 일환으로 실시되며 종업원의 건강증진과 생산능률 향상을 높이기 위한 급식이다. 점심 한 끼만을 급식하는 곳이 많으며 경우에 따라서는 아침과 저녁 또는 야식을 제공하기도 한다. 최근에는 카페테리아식도 증가하고 있다.

(4) 사회복지시설급식

아동복지시설을 포함하여 사회복지시설에서 식사를 제공하는 급식으로 가정적인 분위기에서 식사를 하여 사람이 살아가는 데 필요한 기본적인 조건을 만족시키면서 건강유지와 정신건강에 도움을 주는 급식이다.

(5) 기숙사급식

넓은 의미로 볼 때 사업체급식에 포함시킬 수도 있는데 기숙사급식은 아침, 저녁 2식인 경우와 1일 3식인 경우가있다. 대학이나 산업체에서 흔히 볼 수 있다.

(6) 군대급식

규칙적으로 식사를 제공함으로써 생활의 규범은 물론 건강유지와 체력단련에 기여한다.

2) 경영 형태별 분류

(1) 직영방식

경영체가 직접 급식사업을 운영하는 것으로 급식시설, 설비, 기기 등의 정비 및 급식직원의 채용 등 모든 것을 경영체의 책임 하에 운영하는 방식이다. 직영방식의 장점과 단점은 아래와 같다.

장점 : ① 영양관리, 위생관리가 철저하다.
　　　② 이윤을 남기지 않으므로 재료비를 전부 사용할 수 있다.

단점 : ① 인건비의 증가를 가져온다.
　　　② 서비스가 결여된다.

(2) 위탁방식

급식업무의 전부 또는 일부를 급식전문회사에 위탁하는 것으로 근래에 이 방식이 증가하는 추세에 있다. 위탁급식의 장점과 단점은 아래와 같다.

장점 : ① 인건비를 절감할 수 있다.
② 대량구입으로 식재료비를 줄일 수 있다.
③ 복잡한 노무관리의 직접적인 책임을 피할 수 있다.

단점 : ① 영양관리, 위생관리가 소홀해질 수 있다.
② 위탁경영자를 잘못 선택하면 원가상승의 결과를 가져온다.
③ 지나친 경쟁 등으로 계약기간이 짧을 경우 합리적인 경영개선이 어렵다.

3) 급식 횟수별 분류

1일에 급식하는 횟수에 따라 분류한다.

(1) 1일 1식

1회 급식은 점심이 주로 제공되며 학교, 사업체가 많다.

(2) 1일 2식

아침과 저녁 2회 식사를 제공하는 것으로 사업체나 기숙사에서 많이 행한다.

(3) 1일 3식

1일 3회 식사를 제공하는 형태로 병원, 복지시설, 교정시설, 군대급식이 이에 해당된다.

4) 식사 형태별 분류

(1) 정식급식

1인분의 식사를 세트화하여 제공하는 것으로 1종류만을 제공하는 단일식단과 두 가지 이상 제공하는 복수식단이 있다.

(2) 카페테리아 식단

피급식자가 자신의 기호를 고려하여 음식을 자유롭게 선택하는 방식이다.

장점은 피급식자의 입장에서는 자신의 ① 기호 ② 양 ③ 경제에 맞춰 선택할 수 있다. 그러나 관리자측은 ① 메뉴표 작성, 요리에 필요한 시간과 노력이 증대되고 ② 인기있는 메뉴는 빨리 없어지고 그렇지 않은 것은 남는 결점이 있다. 특히 각 개인의 취향을 파악하기 어려워 영양관리상 곤란한 점도 발생할 수 있다.

카페테리아 운영시에 유의할 점, 특히 메뉴표 작성시에 유의할 점은

① 조리작업을 원활화하는 시간 연구

② 피급식자의 기호 조사 및 음식 섭취상황을 충분히 조사

③ 적온급식의 배려와 동시에 메뉴의 조리양식, 일품요리의 분량 등에 대하여 상세히 검토하여 다양화된 식사가 되도록 연구하여야 한다.

5) 배식 방법별 분류

식사를 받고 식기를 반납하는 방법에 따라 급식을 분류하면 셀프서비스(self service), 쟁반서비스(tray service), 종업원에 의한 서비스(waiter-waitress service), 배달음식(portable meals)이 있다.

(1) 셀프서비스(self service)

피급식자가 배식과 반납을 하는 형태이다. 이런 형태에는 카페테리아, 뷔페서비스, 샐러드 바(smorgasbord), 자동판매기가 있다.

① 카페테리아

피급식자가 직접 음식을 선택하고 식기를 반납하는 방법으로 이 형태는 크게 3가지로 분류할 수 있는데, 그 하나는 전통적인 방법으로 종업원이 카운터 뒤에 배치되어 피급식자가 음식 선택하는 것을 도와주는 형태로 대학식당과 기숙사, 상업적 급식소에서 주로 이용되고 있다.

피급식자들의 카페테리아 라인 이동속도는 음식의 가짓수와 카운터의 차림에 대한 친숙도에 따라 달라지는데 보통 1인당 상업적 카페테리아는 3~4분 정도, 학교 카페테리아는 12~15분 정도 소요된다.

또다른 형태는 scramble system이라고 알려진 방법으로 피급식자는 줄을 서서 기다리지 않고 여러 곳에 차려진 음식으로 바로 가서 음식을 선택하는 형태이다. 이 방법은 처음에는 혼잡해 보이나 훈련이 되면 1분에 25명을 배식할 수 있다. 이 형태의 성공적인 운영을 위해서는 한 번에 들어오는 피급식자의 수를

조절하는 노력이 요구된다. 나머지 한 방법은 cook it yourself 형태로 고속도로상에서 운전자를 위한 배식형태로 피급식자가 직접 미리 조리되어 냉동된 음식을 전자레인지 오븐에서 데워서 먹는 방법이다.

② 자동판매기(vending machine)

자동판매기는 일주일 내내 하루 24시간 동안 이용 가능한 급식형태로 빠른 배식이 가능하여 최근 급식산업에서 배식의 또 다른 형태로 그 중요성을 인정받고 있다. 학교, 기숙사, 병원, 산업체, 대합실 등에서 커피 제공과 정규 식사시간 외의 간식 제공 등의 형태로 많이 이용되고 있다.

식품위생에 대한 주의가 필수적이며 보다 질좋은 음식을 제공하기 위해서 생산, 포장, 저장, 운반 등에 관한 노력이 필요하다(그림 1-1).

그림 1-1. 자동판매기 lay-out

③ 뷔페 혹은 smorgasbord 서비스

많은 양의 음식을 차려놓고 피급식자는 테이블 주위를 이동하면서 음식을 선택하는 형태이다. 음식이 제공되는 동안 적정온도가 유지되도록 배려하여야 한다.

(2) 쟁반서비스(tray service)

음식을 쟁반에 담아 피급식자에게 운반되어지는 형태로 보통 병원의 입원 환자나 거동이 불편한 양로원의 노인 등에게 제공되는 형태이다. 배식원은 환자나 피급식자에게 건강증진과 식욕을 돋을 수 있도록 친절하게 배식되도록 배려하여야 한다. 쟁반서비스는 크게 두 가지 형태로 나뉜다.

① 중앙배선방식

주조리장에서 모든 작업이 이루어지고 환자개인별 상차림을 한 후 환자에게 배식되고 식기 세정, 소독, 보관도 주조리장에서 이루어지는 배선방식이다. 인력관리가 효율적이고 1인분량의 정량 공급이 쉬워 식품비 절약효과가 있다. 그러나 적온급식이 어려운 문제가 있다.

② 병동배선방식

주조리장에서 검수 및 조리를 하고 분산되어 있는 각 병동에서 상차림과 배선관리와 식기 세정이 이루어진다. 병동이 산재되어 있는 경우에 유리하며 식기보관 공간과 배선 공간이 따로 필요한 어려움이 있으나 적온급식에 유리하다.

(3) 배식원에 의한 서비스(waiter-waitress service)

① 카운터 서비스(counter service)

피급식자는 카운터 높이에 맞춘 높은 간이 의자에 앉아 요구하는 음식을 그때그때 배식담당자로부터 음식을 제공받는 형태이다.

② 테이블 서비스(table service)

레스토랑이나 호텔에서 배식원이 음식 주문을 받아 음식을 배식하고 식사가 끝난 후 그릇을 회수하는 방법이다.

테이블 서비스에는 배식원이 손님이 앉은 테이블 옆에서 간단한 조리작업을 하고 바로 배식을 하는 American service, 고급레스토랑에서 우아하고 전통적인 방법으로 행해지는 French service, 보다 보편적으로 많이 이용되는 형태로 주방에서 음식을 준비하고 배식하는 Russian service, 정해진 시간에 피급식자가 오기 전에 미리 버터·드레싱·칵테일·샐러드 등을 테이블에 차려 놓는 형태인 banquet service가 있다.

③ 드라이브 인 서비스(drive-in service)

식당으로 차를 몰고 와서 주차된 차 안에서 주문을 하고 종업원이 음식을 배식해 주는 형태이다.

(4) 배달음식(portable meals)

① off-premiss delivery

입원을 필요로 하지 않는 노인이나 만성질환 환자들을 위해 식사를 가정으로 직접 배달해 주는 방법이다. 배식자는 피급식자에게 만족할 만한 영양적인 식사가 제공되도록 노력하여야 한다. 같은 형태로 식당이 없는 빌딩내 근로자에게 식사와 간단한 음식을 배달해 주는 경우도 있다.

② on-premiss delivery

일부 산업체나 사무실에서 사용되는 방법으로 이동성 카트로 작업장에서 피급식자에게 음식을 배식하는 형태이다. 스프나 음료, 샌드위치, 간식 등을 보온하거나 냉장이 가능한 카트를 이용한다(그림 1-2).

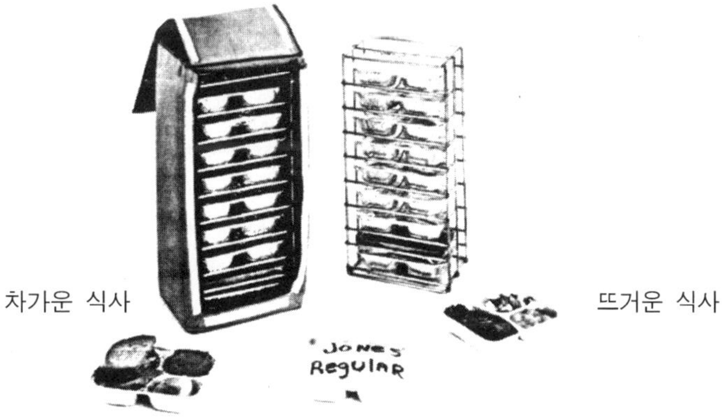

그림 1-2. 간단한 가정 배달음식 용기

4. 단체급식의 문제점

단체급식을 실시함에 있어서 급식관리자가 합리적으로 운영할 경우 많은 이점이 있다. 그러나 피급식자의 집단성의 특성상으로 많은 문제가 야기될 수 있는 것도 사실이다. 단체급식시 나타날 수 있는 기본적인 문제들은 아래와 같다.

1) 영양면에서의 문제점

영양량을 피급식자의 연령, 성별, 노동별로 결정한다 하여도 개인의 신체상태나 소요량이 일정하지 않는 경우가 많으므로 영양량을 결정하는 데 어려움이 있다. 또 다량의 식품을 여러 단계에 걸쳐 조리하는 동안에 가정식보다 많은 영양소 손실을 초래하게 되므로 영양소 파괴를 최소로 하는 조리기술이 요구된다.

또한 공급자가 영양가 산출을 잘못하여 다수의 피급식자에게 영양저하를 가져올 수도 있다. 그러므로 영양사는 영양관리와 기타 업무를 전산화하여 시간적 여유를 가지고 다양한 메뉴 개발과 계속적인 연구를 하는 것이 바람직하다.

2) 피급식자의 심리면에서의 문제점

피급식자는 일방적으로 선택의 자유가 결여되어 있는 단체급식에 거부감을 가질 수 있으며 개인의 기호, 생리적 상태, 습관 등에 따라 식습관이 차이가 있는데 이를 고려하지 않는 식사는 불만을 느끼게 된다. 그러므로 급식관리자는 가정에서 식사를 하는 것처럼 다양한 메뉴 개발과 적온급식 및 식환경을 통하여 심리적인 만족감을 줄 수 있도록 세심한 노력이 필요하다. 또한 기호조사를 행하고 고객의 다양한 요구에 부응할 수 있도록 2~3종류의 메뉴를 고를 수 있는 선택식단제 도입이 요구된다.

3) 위생면에서의 문제점

단체급식은 동시에 많은 식중독을 일으킬 수 있으므로 식품 취급시에 독물이나 세균이 오염되지 않도록 주의하고 식기소독 등도 철저히 하여야 한다. 종업원에 대한 위생교육과 주방 및 기기의 위생관리 등을 하여 안전한 급식이 되도록 노력하여야 한다.

최근에는 식중독 사고를 줄이고자 제공되는 음식에 대한 미생물적 품질과 이에 영향을 미치는 요인 분석을 위해 HACCP(hazard analysis and critical control point)를 이용한 미생물적 관리가 많이 진행되고 있다.

4) 경제적인 문제점

식품 예산이 부식비의 물가상승을 따르지 못할 경우 충분한 재료비 확보가 어렵게 된다. 또한 급식비를 절약하기 위해 인건비를 줄이면 조리원의 업무량이 많아지면서 불만이 커지고 업무의 정확성도 떨어진다. 따라서 효과적인 급식비 책정을 위해서는 조리원의 적재적소 배치와 적절한 급식시설 설비 및 기계화가 필요하다.

식품 구매시에도 계절식품을 이용하고 대량구입을 하여 재료비 원가를 낮추도록 한다. 또 작업분석을 통하여 종업원의 기술지도와 적절한 업무분담, 원만한 인간관계를 통하여 동기유발 등으로 효율적인 업무수행을 행하도록 하는 것이 바람직하다.

5) 시간과 배식 등의 문제점

정해진 시간 내에 다량의 음식을 준비해야 하는 제약이 있으므로 조리원의 업무량이 집중되는 문제가 있다. 또한 조리 후 바로 식사가 제공되지 못하거나 운반 또는 배식을 거치면 적온급식이 어려워 맛이나 질의 저하가 오게 된다. 그러므로 식당시설 및 편리성, 기계화 등을 통하여 급식 및 배식 시간을 조정한다.

5. 단체급식의 역사

단체급식이 언제부터 실시되었는지는 확실치 않으나 동·서양에서 매우 오래 전부터 실시되었으리라 생각된다. 선진국에서는 중세기 군대와 사원, 수도원 등에서 식사 제공으로 단체급식이 시작되었다고 보며 일본에서는 명치 초기에 군대급식이 실시되고 명치 5년(1872년)에 공장급식이, 명치 11년(1878년)에 병원급식이 실시되었고, 명치 19년(1886년)에 몇 개 학교에서 급식이 시작되었다. 우리 나라에서는 성균관이 1398년 숭교장(명륜동)에 건물을 준공하고 유생들에게 식사를 제공하였다는 기록이 있다.

1) 학교급식

(1) 학교급식의 역사

학교급식은 산업혁명으로 인해 사회가 아이들의 노동력을 덜 필요로 하게 됨에 따라 학교의 출석률을 높이기 위해 유럽에서 발달하였다.

유럽의 학교급식 시초라고 볼 수 있는 기록으로 1849년 프랑스에서 설립된 Canteens라는 작은 가게에서 음식과 음료를 사먹기 시작하였으며, 미국의 학교급식은 아동영양프로그램(Child Nutrition Program)의 일환으로 1920-1930년대에 그 기초를 마련하였고, 1946년 학교급식법과 1966년 아동영양법을 통해 법률적기초를 마련하여 이를 근거로 비약적인 발전을 하였다.

영국은 1865년 Victor Hugo라는 사람이 집 근처에 있는 학교 어린이들에게 자신의 집에서 따뜻한 점심을 제공하면서 시작되었고 그후 1889년 런던 학교급식위원회를 설립하고 학교급식을 실시하였다. 이후 1944년 학교급식법을 제정하였고 1970년 국가 지원 아래 완전급식이 실시되었다.

일본의 경우에는 2차 세계대전 직후인 1946년부터 학교급식을 실시하였으며 1954년에 학교급식법을 제정하여 오늘날에 이른다.

한국은 1398년 성균관이 숭교장에 유생들이 기거하면서 식사를 제공하였고 1908년 이화학당에서 기숙사생에게 식사를 제공하기도 하였으나, 본격적인 학교급식은 극빈 아동에 대한 구호책의 일환으로 실시되었으며 1973년부터 국고에 의한 자립급식이 실시되었다. 1978년 급식학교에 급식 관리자로서 영양사를 채용하였고, 1981년 1월 29일 학교급식법을 제정・공포하면서 학교급식이 확대 발전되었다.

1996년 12월 30일에 개정(법률 5236호)된 학교급식법에는 위탁급식을 할 수 있게 하였으며 급식시설 설치공간이 없는 학교나 해당 학교에서 원하는 경우 위탁급식자와의 계약을 통하여 외부 급식이 가능하도록 하였다. 이어 학교급식법 시행령(대통령령 제15361호, 1997년 4월 29일)과 동 시행규칙(교육부령 제693호, 1997년 5월 13일)이 개정되었다.

2003년도부터는 초, 중, 고등학교에서 전면적으로 실시되고 있다.

(2) 한국의 학교급식 연혁

우리나라 학교급식의 연혁을 요약하면 표 1-2와 같다.

표 1-2. 학교급식의 발전과정

구분	기간	학교급식 관련 주요사항
외국원조 급식기	1954 ~ 1972	분유 분배 시작(1954) 옥수수빵 급식(1964) 밀가루제빵 급식, 수제비 급식(1966) 밀가루제빵, 건빵 급식(1969) 자부담 빵급식, 시범급식, 자활급식(1972)
자립 급식기	1973 ~ 1977	학교급식 규칙 제정(1977) 식중독이 발생하여 빵급식 폐지(1977) 무상급식, 보호급식 중단(1977)
급식제도 정착기	1978 ~ 1992	도서벽지형, 농촌형, 도시형 시범급식 실시 학교급식법, 동법시행령 제정(1981) 학교급식 업무가 체육부로 이관(1982) 학교급식법 시행규칙 제정(1983) 학교급식 확대 5개년(1985~1989) 계획 수립(1984) 학교급식 업무가 문교부로 이관(1989) 학생 중식지원사업 시작(1989) 학생 중식지원사업 시작(1989) 학교급식용 정부미 공급 시작(1990) 특수학교 급식 전면실시(1992) 공동관리제도 도입(1992)
급식 확대기	1993 ~ 2002	제14대 대통령선거공약으로 학교급식 확대가 채택(1993) 학교급식후원회 도입(법 1993년, 시행령 1994년) 농어촌 중·고등학교 급식 시작(1996) 학교급식법 시행령 개정으로 위탁급식제도 도입(1997) 초등학교 급식 확대사업 완료(1997) 중식지원사업 대상 확대(중·고등학생)(1997) 고등학교 급식 확대 기본계획 수립(1998) 고등학교 급식사업 종료 및 중학교 급식 확대(1999) 학교급식법 개정(학생중식지원서)사업 법적 근거 마련(1999) HACCP 시스템 시범적용, 학교급식 위생관리지침서 발간(2000) HACCP 시스템 확대 적용(2001) 중학교 급식 확대사업 종료(2002)

자료 : 조혜영, 2002, 교육인적자원부 제공

(3) 학교급식의 목적

학교급식의 목적은 성장기의 아동들에게 급식을 통하여 필요한 영양을 공급함으로써 심신의 건강한 발달과 편식교정, 올바른 식습관 형성, 공동체의식을 고취시켜 전인격적인 교육을 돕는데 그목적이 있다.

그림 1-3과 그림 1-4에 학교급식의 목적을 제시한다.

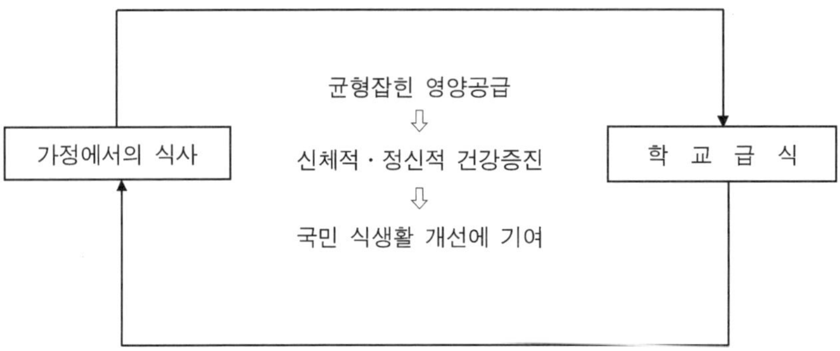

그림 1-3. 학교급식의 목적

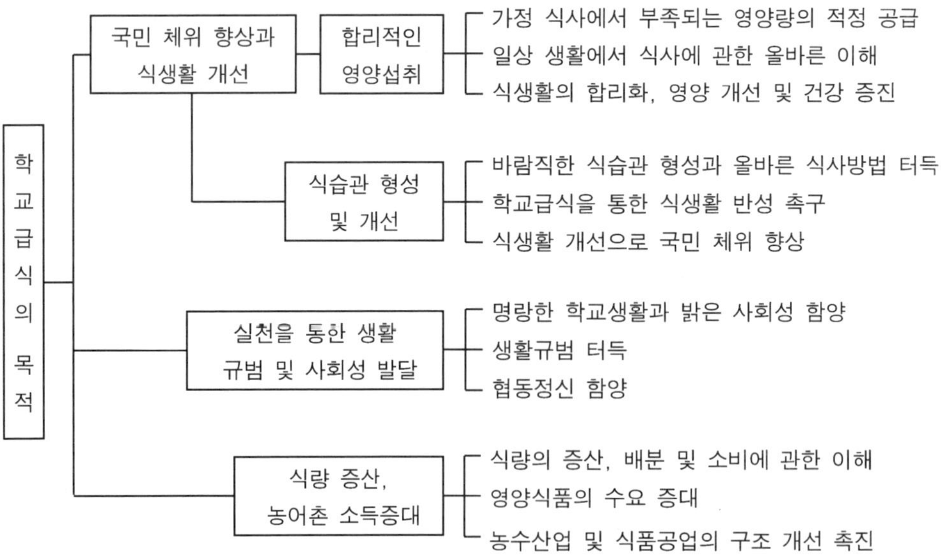

그림 1-4. 학교급식의 목적

(4) 학교급식의 운영

학교급식운영에 필요한 경비는 식품비,급식운영비,급식시설설비비를 말한다.

학교가 위치한 지역에 따라 도서벽지형,농어촌형,도시형으로 나뉘며 학교급식법 시행령제7조제3항,제4항의 규정에 따라 도서벽지 및 농어촌지역의 경우에는 국가또는 지방자치단체의 지원이 이루어지고 있다.(표 1-3)

표 1-3. 학교급식의 운영경비 지원형태

경비 \ 유형	도서벽지형	농어촌형	도시형
식품비	국가 및 지방자치단체 전액 지원	국가 및 지방자치단체 1/3 지원	학부모 전액 부담
급식운영비 (연료비, 종사자 인건비 포함)	학교 설립 경영자 부담 원칙이나, 학교 설립 경영자와의 협의하에 후원회 또는 학부모 부담 가능		
급식시설, 설비비	학교 설립 경영자 부담		

(5) 학교급식위원회

학교급식을 할때 학교장은 우선 학교운영위원회 또는 학부모의 의견을 들어 학교직영급식 또는 위탁급식등을 당해 학교급식실시방침을 결정한다.

위탁급식을 하기로 결정한 경우 계약의 주체는 학교장과 급식업체이지만 급식업체선정기준등 구체적인 사항은 학교운영위원회에서 정한다.

(6)학교급식영양사의 업무

학교급식 영양사의 업무를 요약하면 그림 1-5와 같다.

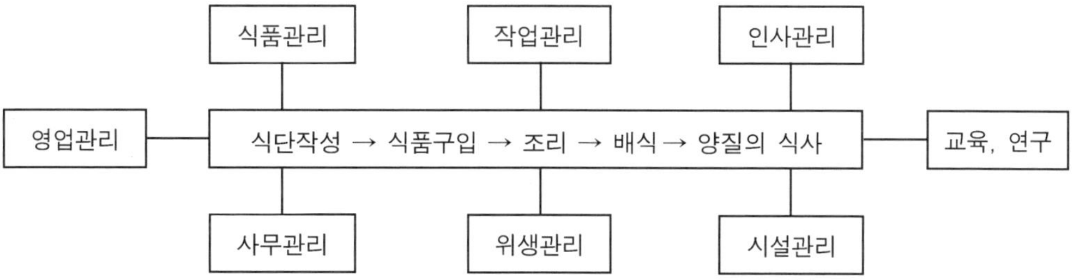

그림 1-5. 학교 영양사의 업무

(7) 학교급식의 영양교육

① 영양교육의 의의

영양지도는 국민의 영양개선을 목적으로 한 행정지도이다. 영양교육의 역할은 영양에 관한 지식을 보급하고 태도를 변화시키는 데 중점을 두고 있는 바, 지식의 전달뿐 아니라 자신의 의지에 의해 행동하는 의욕을 갖게 하여 바람직한 식생활의 방향으로 행동을 전개시킬 수 있어야 한다.

그러므로 영양교육은 개인의 건강, 습관, 사회, 경제적 상태를 고려하여 실시하여야 한다. 학교급식은 학생 본인의 영양개선은 물론 국민 식생활 개선의 기반이 될 수 있으므로 학교에서의 영양교육은 교육의 일환으로 이루어져야 한다. 이에 따라 학교급식은 급식학생들, 가정, 지역사회와 연계되어 영양교육이 생활 속에서 이해하고 실천할 수 있다는 것에 그 의의가 있다.

② 영양교육 방법

■ 직접교육

영양사에 의한 직접 수업방식으로 학교실정에 따라 괘도, 포스터, 융판, 카드 , 비디오등을 이용하여 학생들의 이해와 관심을 높일 수 있다.

앞으로는 영양교사제도를 통하여 더욱 체계적인 교육이 이루어지리라고 기대한다.

■ 간접교육

담임교사를 통한 교육방법으로 주 1~2회 교육자료를 배포하여 학생들을 지도하게 한다.

■ 방송교육

VTR 또는 영양사가 직접 방송을 하거나, 학생 대표들을 통해 학교사정에 따라 점심시간 또는 특정시간에 방송하는 것으로 매일 실시할 수 있다.

■ 가정통신문

월 1~2회 정도 학생들 및 학부모를 대상으로 교육자료를 배부하는 방법으로 주로 매월 급식계획을 알리는 가정통신문 이면을 이용한다.

■ 학부모 대상 영양교육

어머니회, 급식위원회 등을 통해 영양사가 직접 교육을 할 수도 있고, 자료배포 또는 VTR 등을 상영할 수도 있다.

■ 특별활동을 통한 교육

특별활동을 통한 영양교육도 영양사에 의한 직접 수업방식으로 연초에 특별활동을 세워 결재 후 시간을 할당받아 시행한다.

표 1-4. 연간 영양교육 방송 계획안의 예

월	주	제 목	영 역	월	주	제 목	영 역
3	1	학교급식의 필요성	학교급식	9	1	영양과 영양소	영 양
	2	5대 영양소의 구실	영 양		2	영양상태의 판정	영 양
	3	우유 이야기	식 품		3	단백질이란	영 양
	4	단백질 결핍증	영 양		4	불량식품이란	위 생
4	1	여러 사람이 음식을 먹을 때	식사예절	10	1	바른 식사질서와 예절	식사예절
	2	위생적인 식품조리	위 생		2	탄수화물 및 결핍증	영 양
	3	지방과 식품	영 양		3	세끼의 식사와 건강	식 습 관
	4	비만	건 강		4	손의 위생 및 치아건강	위 생
5	1	빈혈	건 강	11	1	칼슘	영 양
	2	행주, 도마 소독	위 생		2	칼슘식품의 조리법	조 리
	3	비타민	영 양		3	식사 후의 뒷처리	위 생
	4	차 마실 때	식사예절		4	음식을 대접할 때	식사예절
6	1	소화기 질환의 식이요법	건 강	12	1	미역	식 품
	2	무기질의 역할	영 양		2	한국인 아동 식사관리 지침	건 강
	3	외식할 때 식사예절	식사예절		3	하루 식품권장량	영 양
	4	단백질 식품의 종류	영 양		4		
7	1	어른을 모시고 식사할 때	식사예절	2	1	달걀삶기	조 리
	2	식중독	위 생		2	쌀의 영양가, 혼식의 중요성	영 양
	3	식품의 신선도 비교	위 생		3	감자와 달걀의 영양	영 양

(8) 학교급식의 향후방향

학교급식은 크게 성장기 아동들에게 필요한 영양을 공급하는것과 편식교정,올바른식습관 확립을 위한 영양교육으로 이루어져있다.

그러나 아직 우리나라는 영양교육에 대한 부분이 미비한 실정이다.

이제 막 시작된 영양교사제도 등을 통하여 교육의 일환으로 다양한 교육 프로그램을 실시하여 질적 향상과 정보를 제공하는 역할도 담당하여야 할것으로 생각된다.

2) 병원급식

(1) 병원급식의 역사

최초의 병원은 1004년 영국에 있었으며 1123년 설립된 London St-Bartholonew's Hospital의 기록에 의하면 오늘날의 식단과 같은 형태가 최초로 있었다.

미국에 1731년 설립된 Philadelphia General Hospital의 초기 병원

식사는 매우 간단하였고 특별식이나 치료식의 공급에 대한 기록은 없다.

이후 1853년에서 1856년 사이에 프랑스와 러시아 사이의 크리미아 전쟁 때 병원급식의 발전을 가져왔는데, 1854년 간호사인 나이팅게일을 전쟁터에 보내어 상처 입은 군인을 돌보게 하고 위생적이고 영양가가 있는 음식을 제공하였다. 이것으로 나이팅게일을 영양사 직업의 선구자라고도 한다. 이때 그녀와 같이 일했던 주방장 Alexis Soyer는 위생시설과 음식의 질을 높이고 최초로 캠프용 스토브를 발명하였으며 그외 구체적인 레시피를 개발하여 다양한 식사 제공을 하게 되었다. 나이팅게일은 전쟁 후에도 계속 한 병원에서 이 일을 계속 하였는데 그녀는 최초의 영양사이자 병원 경영자였다고 할 수 있다.

한국은 1885년 선교사 알렌에 의하여 광혜원(제중원)에서 처음 실시되었고 1907년 광혜원은 대한의원으로 개정되었고 현재의 서울대학교 병원이 되었다. 1902년 세브란스 병원이 사립병원으로는 최초로 설립되고 그후 1958년 국립중앙의료원에 최초로 외국인 영양사와 함께 우리 나라 영양사를 채용하고 병원급식을 정상적으로 실시하였다. 1966년 국립중앙의료원에서 영양사 면허 소지자를 인턴으로 선발하고 인턴과정 수료 후 채용하였다. 그후 1972년 영등포시립병원, 1970년 경희의료원, 연세의료원 등의 대학 부속병원에서 영양과를 개편 운영하여 오늘에 이르고 있다.

(2) 병원급식의 특징

병원급식은 일반인 및 환사를 내상으로 해야 하기 때문에 다른 급식에 비해 식단계획 및 조리과정이 복잡하고 까다롭다.

그 특징과 고려할 점을 살펴보면 다음과 같다.

① 병원급식의 대상자는 신생아에서 고령자까지 각 연령층의 남녀로 다양하게 이루어져 있다.

② 식사를 제공할 때에는 획일적으로 제공하기보다는 환자 개인의 질병 종류와 정도를 고려하여 개개인에게 적합한 식단을 구성하여 식사를 제공한다.

③ 급식대상이 감염의 기회가 높고 저항력이 약한 환자라는 것을 염두에 두고 영양적으로 만족하고 위생적으로 안전한 식사를 제공하여야 한다. 특히 세균의 번식을 억제하면서 적온관리가 되도록 주의하여야 한다.

④ 입원과 퇴원으로 인한 식수 변동이 심하고, 1일 3회 연중무휴로 식사가 제공된다.

⑤ 대규모 급식이면서 동시에 1회당 수십 종류의 치료식을 준비해야 하므로 이를 위한 적절한 시설, 설비 및 기기가 필요하다.

⑥ 병원은 늘 연중무휴라서 조리기기나 설비를 점검, 수리할 시간이 충분하지 못하므로 기기관리 및 작업관리에도 세심한 주의가 요구된다.

급식대상으로서의 환자는 건강한 상태가 아니고 갖고 있는 질병의 형태와 종류, 진행정도 등이 가지각색이다. 이러한 다양한 환자의 요구사항과 기호를 만족시키기 위한 식단개발, 조리방법, 배식온도, 배선방법 등을 고려해야 하고 위생관리를 철저히 함으로써 급식의 질을 유지하는 동시에 환자 개개인의 조건을 고려해야 한다.

병원급식과 각부문과의 관계도를 그림1-6에 나타내었다.

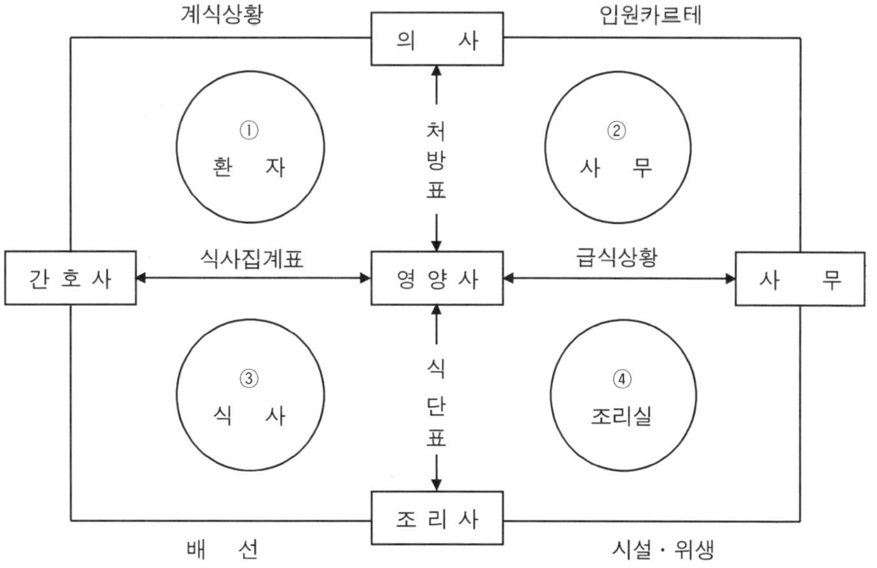

그림 1-6. 병원급식에서 각 부문과 관계도

(3) 영양사의 업무

병원급식에 있어서 영양사의 주된 임무는

① 환자의 건강을 개선하여 그를 건강한 상태로 회복시키는 것이며,
② 전문적인 급식업무를 담당하는 것이다.

이와 같이 영양사는 환자의 질병치료의 한 부분을 담당할 뿐만 아니라 식생활 변천으로 야기된 비만, 당뇨, 고혈압, 고지혈증, 심근경색, 통풍 등의 만성질환의 증가추세로 식이요법 교육에 의한 지역사회 의료의 예방적 보건활동에도 기여하고 있다.

표 1-5. 영양사의 업무

구분	종류	상세업무
전문적 업무	영양 관리	식단작성(환자 일반식, 치료식, 직원식)
		환자면담, 식사력(Diet History) 조사
		환자의 영양상태 평가 및 의무기록, 식사회진(Meal Rounds)
		식사처방 지침서(Diet Manual) 작성
		급식의 질적 보증 평가(QA : quality assuarance)
		임상영양업무의 AQ
	영양 교육	입원환자/외래환자에 대한 영양교육
		집단 영양교육(당뇨교실, 신장교실, 임산부 교실 등)
		지역사회주민에 대한 교육
		급식부 직원 교육
		영양학과 실습생 교육
		수련영양사 교육
		피급식자(직원)에 대한 영양교육
	영양 연구	새로운 영양지도를 위한 연구실험
		식이요법 사례연구
		각종 교육자료 개발
관리적 업무	운영	운영계획 작성
		급식위원회, 직원 및 감독자 회의 개최
		인사 및 노무
	급식 관리	시설관리 / 기구관리 / 안전관리 / 위생관리
		식품관리 / 자재관리
		사무관리

따라서 병원 영양사는 급식 및 영양지도에 관한 병의학적인 입장에서, 의료전문직으로서의 지식과 기능을 활용하여 식단작성, 식품의 구입 및 보관, 조리 감독, 병실순회 등의 임무를 수행할 책임을 지니고 있으며 이를 위하여 의사 외에도 병원 관리자와의 관계에서 영양사의 업무내용을 확립하고 병원 근무자들이 행복하고 만족스러운 영양상태로 근무에 임할 수 있도록 하는 중요한 역할을 담당하고 있다. 표 1-5에 영양사의 업무를 예시하였다.

(4) 병원급식의 향후방향

최근 질병양상의 변화,의료수요의 증가,의료기관간의 경쟁심화,정부및사회단체의 의료기간간에 대한 통제강화,국민의 의료에 대한 기대수준의 증가등으로 환자치료식의 전문화가 더욱 요구되고 만성질환에 대한 지속적인 상담과 영양관리의 중요성이 증대되었다.

이러한 요구에 맞춰 최근 대한 병원협회의 병원신임위원회에서 실시하는 병원표준화와 보건복지부의 의료서비스평가협의회에서 주관하는 의료기관서비스평가제도는 매우 바람직한 것으로 보인다.

이러한 서비스평가를 통하여 환자급식의 질과 서비스가 향상된다면 앞으로 보다 효율적이고 바람직한 방향으로 병원급식이 향상되리라고 생각된다.

3) 산업체급식

(1) 산업체급식의 역사

1800년대 스코틀랜드의 글라스고우 지방에서 제분소를 경영하던 사업체 급식의 아버지 로버트 오웬이 자신의 공장 내의 고용인을 위한 급식 프로그램을 마련하여 주방과 식당을 포함한 독립된 건물을 짓고 고용인들에게 적정한 식사를 제공한 것이 산업체 급식의 시초라고 볼 수 있다.

2차대전 이후 공장의 경영자들이 균형있는 음식을 제공하는 것이 고용인의 건강증진과 생산성 향상에 기여한다는 것을 인식하면서 그 중요성이 대두되었다.

한국은 섬유산업과 더불어 공장급식이 발달하였는데 1966년부터 태창방직을 비롯한 섬유공장에서 영양사를 채용하기 시작하였으며, 1979년 의료기관을 제외한 집단급식소에 영양사가 공동관리할 수 있도록 영양사 배치 관계 법령이 개정되었다. 그후 1992년 영양사 배치의무화를 1회 100인 이상 급식하는 집단급식소로 조정하였다.

1980년 이후 산업체급식은 외식산업의 급격한 발달과 기업의 후생복지 정책에 힘입어 보다 위생적이고 고급화되어 가는 추세이다.

(2) 산업체급식의 특징

산업체급식은 단체급식 시장중 가장큰 규모이며 공장,사무실,연수원,관공서등이 여기에 속한다.

이 급식은 산업체에 종사하는 근로자들의 노동정도에 따라 적절한 영양을 공급함으로써 개인의 영양과 건강유지는 물론 급식을 통해 작업의 능률과 생산성을 높여 기업의 이윤증대와 나아가 국가경제발전에 기여하도록 하는데 그 목적이 있다.

산업체급식대상자들은 사회적인 기대치가 비교적 높아서 급식에 대해 다양화와 고급화를 요구하고 있다.

그러므로 보다 메뉴를 다양화하고 다양한 이벤트를 계획하여 급식의 질을 높이는 노력이 필요하다.

최근에는 위탁업체로 전환하는 사업체가 늘어나고 있다.

3) 사업체급식의 경영 형태

기업체에서 직접 운영하는 직영제와 급식회사에 위탁하는 위탁방식 또는 급식의 일부분을 따로 독립시켜서 운영하는 준직영방식 등이 있다.

(1) 직영급식

기업체가 직접 시설과 설비를 갖추어 노동력과 식재료를 조달하여 종업원에게 식사를 제공하는 운영방식이다. 가장 이상적인 급식경영형태로 상당한 자본과 인원 및 시설이 필요하며 이들이 합리적으로 운영되어 충분한 성과를 올릴 수 있도록 계획하고 조정, 통제하여야 한다.

(2) 위탁급식

회사가 급식시설을 갖추고 급식의 운영을 급식경영 전문업체에 위탁하는 방식이다. 위탁급식의 경우 계약의 방법과 내용, 위탁회사의 운영방법 등이 급식의 질에 크게 영향을 미치게 된다. 그러므로 급식을 위탁할 때에는 회사의 상황과 급식에 관한 조건을 고려한 뒤 알맞는 급식회사를 선정하는 것이 중요하다.

① 장점

㉠ 대량구매와 경영합리화를 통해 식품원가 및 운영비를 절약할 수 있다.

㉡ 대규모 위탁업자들은 전국적 조직구조가 구축되어 있으므로 문제점이

발생하였을 때 전문가의 의견을 수렴하여 문제를 쉽게 해결할 수 있다.

② 단점

㉠ 위탁급식업장의 유형이 다양하여 특정고객의 수요에 맞는 급식을 제공하여야 한다.

㉡ 영양교육과 급식의 질과 서비스에 일관성이 결여될 수 있고 그로 인한 문제가 발생할 수 있다.

㉢ 때때로 위탁경영자를 잘못 선택하면 원가상승 결과를 초래하거나 만기전 계약파기의 경우가 생길 수 있다.

㉣ 급식관리 외에 조리원 인사 및 노무관리 등 급식경영분석이 요구된다.

4) 복지시설 및 교정시설의 급식

복지시설은 아동복지시설(아동상담소, 영아·육아시설, 신체허약아 시설, 아동임시보호시설)과 사회복지시설(아동복지시설,노인복지시설,장애인복지시설,정신질환자요양시설,부랑아복지시설)등이 있다.

이러한 시설은 정부나 개인보호 단체의 지원에 의해 유지관리하고 있으나 보다 많은 관심을 가져야 할 집단급식소이다.

대부분 하루 세끼를 급식하고 있으며 이러한 급식시설의 특징은 가정적인 분위기에서 신체적,정신적으로 건강한 삶을 살수 있도록 배려하여야 한다.

교정시설은 교도소, 구치소, 보호감호소, 치료감호소 등에 수용된 원생과 위탁수용자에게 식사를 제공하는 것으로 한국은 1979년부터 영양사를 채용하였다. 1979년 최초의 교도소 급식관리자인 Glenyce Heeney가 오클라호마에서 죄수급식 개선을 위한 운동을 시작하였고 1980년 Szabo Food Service Co.가 교도소 전담부서를 만들었다.

5) 군대급식

우리 나라의 군대급식은 1960년 이후부터 발전을 하였는데, 1965년 공군 본부에 영양사(문관)를 졸업예정자로 채용하고 기술의정 1기생을 선발하여 소위로 입관시켜 항공의료원, 수도육군통합병원 등에서 군대급식 관리를 하였다. 『중앙급식제도위원회』를 조직하여 군인의 건강증진과 영양개선을 위해 연구하고 있다.

현재는 군대급식에 대한 총괄적관리는 국방부를 중심으로 개별적인 급식관리는 지역구분에 의한 군 급식업무를 맡은 급양대별로 이루어지고 있다.

2002년도 부터는 군대급식에도 영양사를 배치하고 있다.

6) 기내급식

1918년 런던과 파리사이의 정기노선에서 샌드위치와 과일,초코릿을 종이상자에 담아 승객에게 제공한 것이 기내식의 효시였다.

1936년 American Airline사가 최초로 비행기 내에 주방시설을 도입하였으나 음료나 음식을 데우는 시설이 없어 적정온도의 음식을 제공하지 못하였다.

그후 2차세계대전 후 기내식에 급격한 변화가 오기 시작하여 1950년 초 커피와 우유를 데우는 장치가 기내 주방에 설치되어 따뜻한 음식을 제공하게 되었다.

Pan American사는 연구를 거듭하여 1945년 냉동음식을 재가열할 수 있는 오븐(convection oven)을 개발하였는데 이후 이것이 일반화되었다. United Airline사는 기내식의 중요성을 일찍 인식하고 기내식을 제공한 최초의 항공사로 현재까지 자사뿐만 아니라 다른 항공사에도 기내식을 제공하고 있으며 1990년에 들어와서는 일등식 승객을 위한 더욱 질높은 음식과 음료를 제공하려는 마케팅 전략을 구사하고 있다.

기내식은 주로 조리-냉장(cook-chill)시스템으로 이루어지는데 비행기운항시간에 맞추어 지상에서 음식을 만들어 미리 정해진 그릇에 남아 삼시 저장하였다가 항공기출발시간에 맞추어서 기내에 싣고 서빙하기직전에 재가열하여 승객에게 제공된다.

기내식은 최근 보다 질높은 서비스를 위해서 고급화하는 추세에 있으며 좁은 기내애서 장시간 여행하는 승객들을 위하여 소화되기쉬운 저칼로리식품으로 준비하도록한다.

7) 보건소에서의 영양사 업무

우리나라는 보건소법이 1962년9월24일제정되면서 보건소의 업무에 영양의 개선이 명시되었고 국민영양개선령이 제정(1969년8월14일)되면서 영양개선의지도와 관리를 위하여 서울특별시,광역시,도,시,군에 영양지도원을 두게 되었다.

그러나 그동안 전문인력이 부족하여 영양사를 배치하지못하는 실정이었다.

그후 1995년12월에 보건소법이 개정되어 지역보건법을 제정하면서 보건소의 업무에 영양개선사업이 중요한 업무로 들어가게 되었다.(그림1-7)

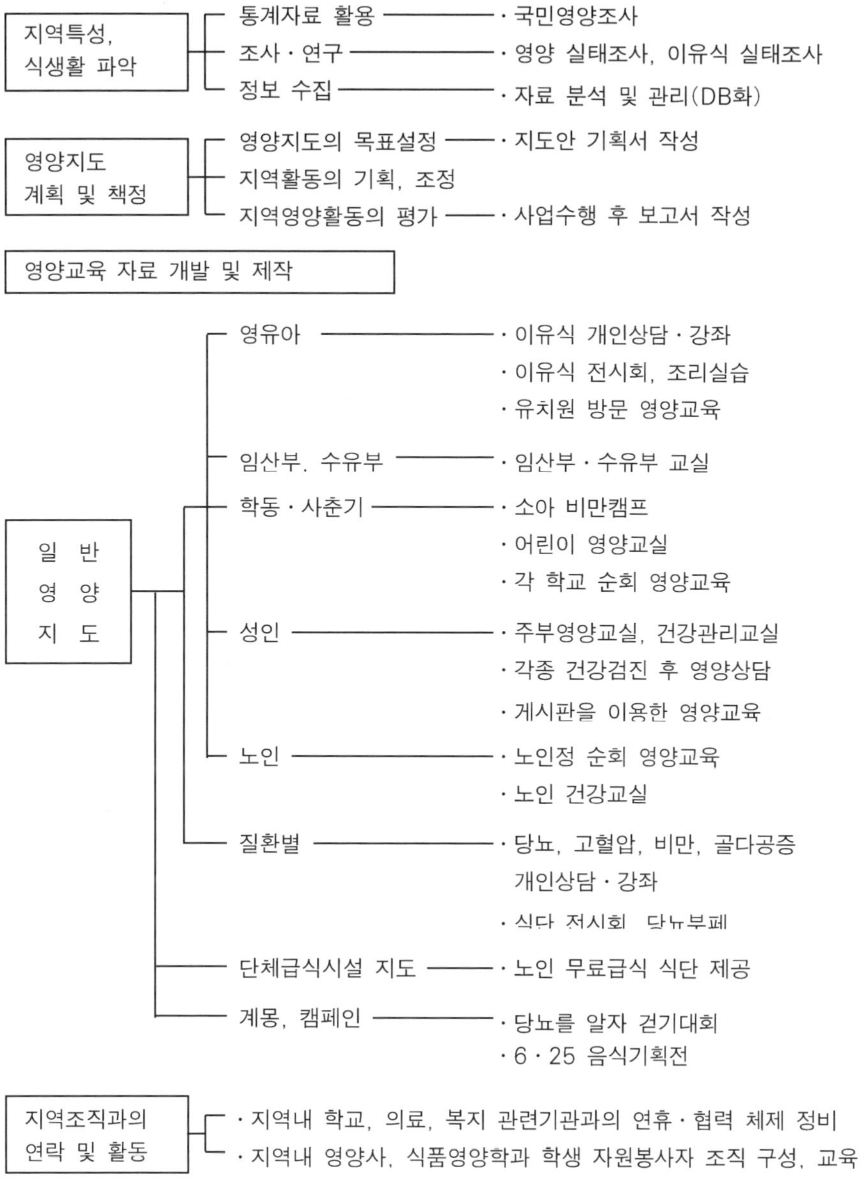

그림 1-7. 보건소 영양사의 업무

보건영양사업은 지역사회주민의 영양부족, 영양과잉, 그릇된 영양지식 등을 교정하며 최근의 성인병, 즉 만성 퇴행성 질환의 예방을 위한 구체적이고 실천적인 교육을 시행하는 사업이다. 보건소에서의 영양 서비스는 국민 건강의 유지와 증진을 위해 필수적이며 앞으로 이 분야 영양사의 적극적인 업무개발이 필요하다.

즉, 보건소에 배치되는 영양사는 영양지도원으로서의 계획, 분석, 지역주민의 영양지도와 영양상태 평가 실시, 영양교육자료의 개발 등 업무의 범위가 넓고 그 대상이 다양하며, 주민의 건강과 직결되는 업무의 특성상 다양한 분야의 전문지식이 요구된다.

현 보건소 영양사업 담당자는 크게 구분하면 첫째, 1994년 자원봉사를 시작으로 현재까지 일용직(상용직)인 영양사 또는 중간에 채용된 일용직인 영양사, 둘째, 보건직(영양사 면허증 소유)인 영양사, 셋째, 정규직으로 신규 채용된 영양사, 넷째, 기타로 간호사, 공공근로 영양사로 나타낼 수 있다.

1998년 박혜련 등이 자원봉사 영양사가 일하고 있는 전국의 23개 지역주민대상으로 보건영양사업에 대한 요구도를 조사한 결과 주민의 93.6%가 "보건소에서 영양서비스를 받은 후 보건소에 대한 이미지가 개선되었다"고 답하였고 이들이 원하는 영양서비스의 종류는 질환별 영양관리, 올바른 식생활관리, 식단제공관리, 비만관리, 일반적인 식품영양정보, 조리교실, 영유아식, 자녀영양관리, 임신, 수유 및 노인영양의 순으로 나타났다.

또한 영양교육에 대해서는 영양교육을 받은 주민이나 받지 않은 주민의 90% 정도가 보건소 영양사업의 필요성을 적극적으로 원하고 있었다. 또한 경기도 보건소소장들을 대상으로 실시한 설문조사 결과 현재 본인들이 일하고 있는 자치단체에서 가장 시급하다고 생각하는 사업으로 운동, 영양, 흡연의 순으로 손꼽았으며(경기도 건강증진플랜, 1998), 영양사업 수행 장애요인으로는 인력부족, 예산부족, 중앙의 정책의지 부족, 시설의 부족 등으로 조사되어 전문정규인력의 부족이 가장 심각한 장애요인인 것으로 조사되었다(보건영양사업의 현황과 전망, 1998).

사회경제의 발달과 생활양식의 변화에 따른 만성 퇴행성 질환이나 소아비만 등 영양관련제반 문제로 인해 영양사업의 중요성은 앞으로도 계속 증대될 전망이다. 이에 발맞추어 영양사가 보건소 내에서 실효성 있는 보건 영양사업 수행을 할 수 있으려면 영양사의 자질 개발, 보건소 내에서의 위치 및 사업비 확보, 교육프로그램 개발연구등을 활성화하는 정책이 필요하다.

2 단체급식 제도의 유형

1977년 Unklesbay 등은 급식제도를 전통적인 급식제도(conventional food service system), 중앙공급식 급식제도(commissary food service system), 예비저장식 급식제도(ready prepared food service system), 조합식 급식제도(assembly food service system)으로 분류하였다.

최근 인건비 상승과 숙련된 조리원의 요구와 급식설비 및 기기 등의 설치가 더욱 더 요구되고 있다. 그러므로 효율적인 급식운영을 위하여 보다 다각적인 급식제도에 대한 연구를 하여야 한다.

1. 전통적인 급식제도(conventional food service system)

대부분의 급식기관에서 이용하는 급식제도로 한 장소에서 식품을 구입하여 음식을 준비하고 같은 장소에서 동일한 피급식자에게 배식이 이루어지는 형태이다.

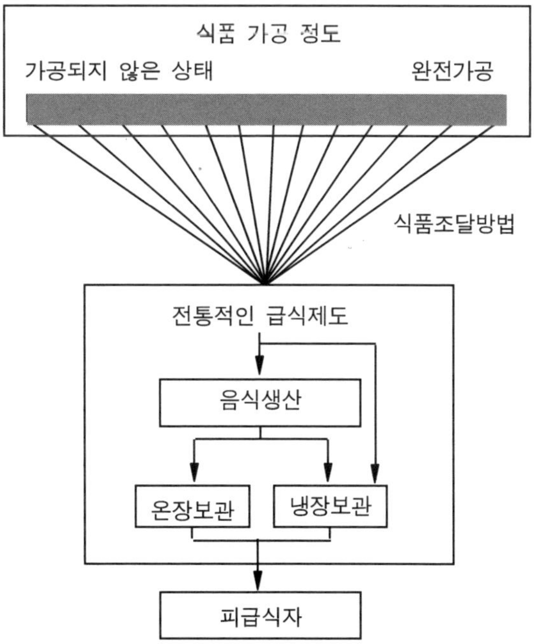

그림 1-8. 전통적인 급식제도에서의 음식생산과정

이 급식제도는 고객의 주문에 의해서 또는 정해진 시간에 이용하는 급식소의 고객들을 위해서 배식하기직전에 음식을 생산하므로 영양적으로나 외관상으로 좋은 품질을 유지할 수 있다.

보통 butcher shop, bake shop, vegetable 준비 분야로 나뉘어져 있으며 주방과 피급식자 간에 직접적으로 연결되어 있다. 그림 1-8에 전통적인 급식제도를 간략하게 요약하였다.

1) 장점

① 한 곳에서 생산과 배식이 동시에 이루어지므로 배달비용을 최소화할 수 있다.
② 가격변동이 심하고 계절적인 요인을 많이 받을 때 더욱 유리하다.
③ 식단작성시 탄력성이 있어 피급식자를 만족시킬 수 있는 음식 제공이 가능하다.

2) 단점

① 한 곳에서 모든 작업이 이루어지므로 적온배식이 어렵다.
② 다량의 음식생산을 위해 숙련된 조리원이 요구되므로 인건비가 상승된다.
③ 작업분업이 어렵고 따라서 생산성이 낮고 노동비율이 높아진다.

2. 중앙공급식 급식제도(commissary food serveice system)

여러 급식소에서 음식의 생산과정과 시설 등을 중앙집중화하여 노동력 및 경비를 절감하기 위한 제도이다. 즉, 공동조리장에서 식품의 구입에서부터 모든 음식 생산이 이루어지고 생산된 음식은 일정한 양으로 나뉘어 각 급식소로 운반되고 그 곳에서 해동, 재가열, 약간의 조미 등을 하여 피급식자에게 배식되는 제도이다. 그림 1-9에 커미셔리 급식제도를 간략하게 요약하였다.

1) 장점

① 식재료의 대량 구입으로 식재료비가 절감된다.
② 중앙집중화된 음식 생산으로 음식의 질과 양을 표준화할 수 있고 관리가 효과적이다.
③ 시설비 절약과 필요한 공간이 줄어든다.

2) 단점

① 음식의 안전성에 관한 위험요인이 높고 운반과정에서 발생할지 모르는 돌발사태(배달차 고장 또는 기타 사고)로 배식시간에 지장을 초래할 수 있다.

② 각 급식소에서는 음식을 배식하기에 적당한 온도로 해동이나 재가열할 수 있는 설비를 갖추어야 하고 운반을 위한 특별장비가 필요하다.

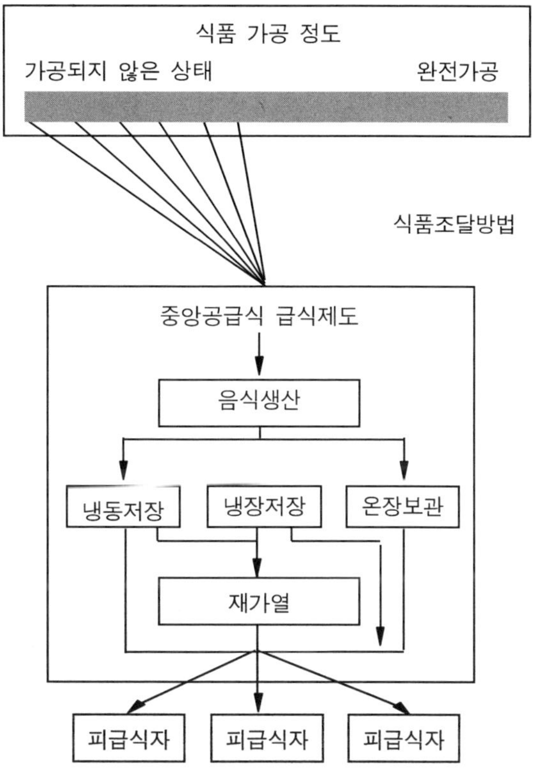

그림 1-9. 커미셔리 급식제도에서의 음식생산과정

3. 예비저장식 급식제도(ready prepared food service system)

예비저장식 급식제도는 저장방법에 따라 냉장저장급식과 냉동저장급식으로 나눈다. 이 제도는 음식을 생산함에 있어서 종업원의 여유시간 등을 이용하여 조리과정을 끝낸 후 배식할 때까지 저장하였다가 간단한 열처리를 한 후 피급식자에게 제공되는 형태이다. 그림 1-10에 예비저장식 급식제도를 제시하였다.

1) 냉장저장급식(cook/chill system)

음식을 조리한 후 급속냉각시키고 3℃ 부근에서 냉장 저장한 후 급식 전에 전자레인지 오븐(micro wave)에서 재가열하여 배식하는 방법이다. 비교적 단기간 저장하므로 생산된 음식의 질의 저하가 적다. 최근에 새로운 급식생산시스템으로 수-비(Sous-Vide) 방식이 있는데 이것은 플라스틱 백이나 파우치 속에 재료를 넣은 후 진공시키고 통제된 온도로 용기 안에 담긴 음식을 조리하는 방식이다.

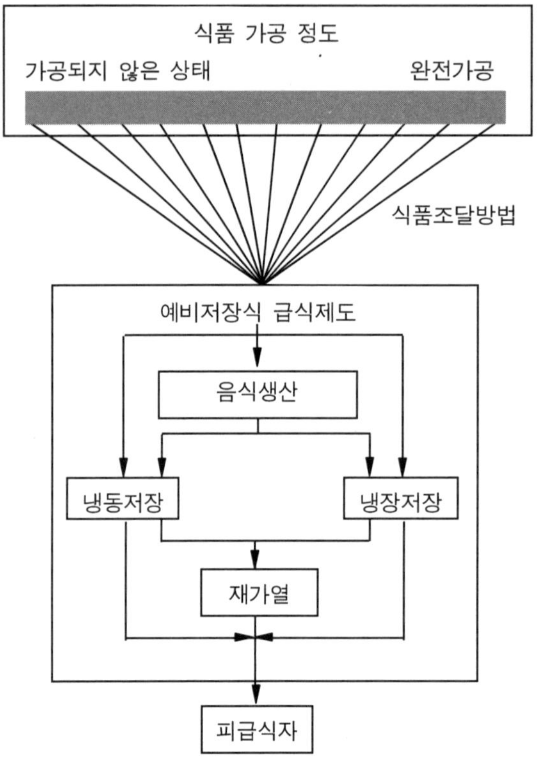

그림 1-10. 예비저장식 급식제도에서의 음식생산과정

2) 냉동저장급식(cook/freeze system)

음식을 조리한 후에 급속 냉동시키고 -18℃에서 냉동 저장한 후 급식 전에 해동시켜 재가열하여 배식하는 방법이다. 재가열하는 데는 전자레인지 오븐이나 대류형 오븐이 필요하다. 냉동저장기간이 냉장저장보다 장시간이므로 급식소에서 더 많은 저장공간이 필요하다.

(1) 장점

① 숙련된 종업원을 장시간 필요로 하지 않으므로 인건비를 감소시킬 수 있다.
② 대량의 식재료 구입으로 식재료비를 낮출 수 있다.

(2) 단점

① 급속냉각기와 냉장·냉동고, 재가열을 위한 대류형 오븐 등의 조리기기의 설치와 운영기술이 필요하다.
② 냉동에 적절하지 않은 음식이 있으므로 메뉴 선택에 제한이 있다.
③ 많은 저장공간이 필요하다.

4. 조합식 급식제도(assembly food service system)

식품 제조업체나 가공업체로부터 완전히 조리되어 상품화된 음식을 구입하여 제공하는 급식제도로 다른 급식제도보다 소규모 음식을 급식하는 경우에 많이 이용된다.

이 급식제도는 3가지로 나눌 수 있는데 완전히 조리되어 그대로 제공되는 형태와 간단히 재가열하여 제공되는 형태 및 가열이나 차게 하기 전에 약간의 준비를 한 후에 음식을 제공하는 형태로 나뉜다. 그림 1-11에 조합식 급식제도를 요약하였다.

1) 장점

① 노동과 시간이 절약된다.
② 시설, 설비를 최소화할 수 있다.
③ 분량 통제가 철저하고 낭비가 거의 없다.

2) 단점

① 일률적으로 만들어진 음식이므로 피급식자의 영양과 기호를 충족시키지 못한다.
② 인건비는 낮으나 생산비가 비싸므로 경제성은 적다.

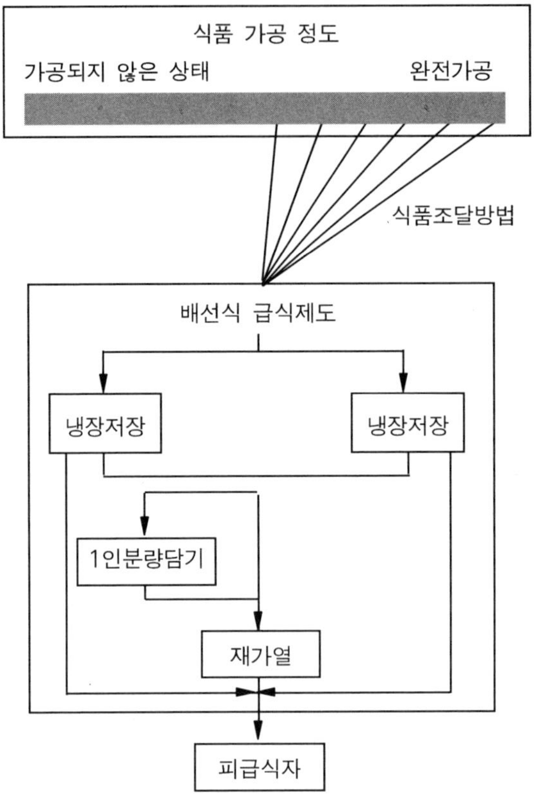

그림 1-11. 조합식 급식제도에서의 음식생산과정

3 단체급식과 영양사

외국에서 급식관리자는 각광받는 직종에 속하나 아직 국내에서는 급식관리자의 개념이나 직종이 명확하지 않은 편으로 현재는 영양사나 조리사가 단체급식소에서 급식관리자로서의 역할을 하고 있다.

그러나 앞으로는 단체급식분야 뿐 만 아니라 외식업분야에서도 보다 체계적인 교육과 훈련을 받은 급식관리자가 요구되고 있다.

급시업무는 다양한 기능을 갖춘 여러 업무들이 하나의 체계를 이루고 있기 때문에 이러한 시스템을 전체적으로 관리하고 책임을 지는 급식관리자가 필요하다.

1. 영양사의 정의

통계청고시 2000년 1월 7일에 의해 영양사가 보건의료 전문가로 분류되어 확정 공고되었다. 이로써 영양사가 보건의료인이냐 아니냐 하는 논란에 종지부를 찍고 이를 발판으로 법 개정과 활동을 할 수 있는 계기가 마련되었다. 표 1-6에 한국표준직업 분류항목을 제시하였다.

표 1-6. 한국표준직업분류에서의 영양전문가 분류

대분류	1	전문가
중분류	14	보건의료 전문가
소분류	145	영양 전문가
세분류	1450	영양 전문가
	정의	영양 전문가는 건강증진 및 질병치료를 목적으로 영양기법 및 응용에 관하여 연구·개발하고 전문적인 영양 서비스를 제공하며 이에 관하여 조언을 하는 자를 말한다.
	주요 업무	• 영양기법과 응용에 관하여 연구·개발하고 이들을 적용한다. • 병원에서 개인, 집단 또는 특정 부분의 근로자를 위해 영양기법 및 기타 섭식의 준비를 기획 및 지휘한다. • 영양교육 및 영양증진 활동을 위한 프로그램에 참여한다. • 지역사회 식품문제 및 보건 프로그램의 영양부분에 관하여 조언한다. • 관련된 분야의 지식을 습득하고 관련 전문가와 접촉을 유지한다. • 영양에 관하여 대화 및 강의한다.
	예시	• 임상 영양사 • 급식관리 영양사 • 보건 영양사 • 상담 영양사
세세분류	14501	임상 영양사
	정의	의료 관련기관에서 질병의 치료와 예방을 위하여 급식과 영양관리를 담당하며 영양치료를 수행하는 자를 말한다. 일반 및 특별치료식의 조리를 계획·감독하고 환자의 영양상태 판정, 섭취조사, 영양상담 및 교육, 영양지원에 관련된 직무를 수행한다.
	예시	• 임상 영양사
세세분류	14502	급식관리 영양사
	정의	집단급식소 및 급식을 실시하는 학교에서 급식을 관리하며 영양관리 및 영양교육을 실시하는 자를 말한다. 또한 근로자 및 학생을 대상으로 영양상담을 담당한다.
	예시	• 급식관리 영양사 • 학교급식 영양사
세세분류	14503	보건 및 상담 영양사
	정의	지역사회에서의 영양과 식품문제에 관련된 여러 요인을 평가하고 영양상태를 조사하여, 영양개선 계획을 수립하고 영양교육 및 영양증진 사업을 행하며 질병의 치료와 예방을 위해 영양상담을 수행하는 자를 말한다.
	예시	• 보건 영양사 • 상담 영양사
세시분류	14509	기타 영양사
	정의	위에 열거한 세세분류 어느 항목에도 포함되지 않는 유사한 직무를 수행하는 자로, 식품가공업체, 식품판매업체 또는 식품가공설비 제조업자에 대하여 위생관리 등의 업무를 담당하는 자 등이 여기에 속한다.
	예시	• 식품위생 영양사

자료 : 대한민국학술원 홈페이지(www.nas.gokr/stat/jobclass/kjob/kj14.thm#14502)

2. 영양사의 자격

식품위생법 제37조에 의거하여 영양사면허는 교육법에 의한 대학(교)에서 식품학 또는 영양학을 전공한 자, 외국에서 영양사면허를 받은 자, 외국의 영양사 양성학교 중 보건복지부장관이 인정하는 학교를 졸업한 자로서 영양사 자격시험에 합격하고 정신질환자, 전염병환자, 마약 기타 약물중독자, 면허의 취소처분을 받고 2년이 경과하지 않는 등의 결격사유가 없는 경우 보건복지부장관으로부터 주어진다.

▣ 자격시험에 필요한 시험과목 및 합격기준

1교시에 영양학(기본·고급·특수 영양학), 식이요법, 생화학, 생리학, 영양교육이 실시되고, 2교시에 식품학 및 조리원리(식품화학·식품미생물학을 포함), 단체급식관리(인사관리·경영관리·구매법 포함), 식품위생학, 식품위생관계법규가 필기시험으로 행해진다.

합격기준은 전과목 총점(객관식 5지 선다형 출제 300점 만점)의 60% 이상 득점한 자 중 영양학, 식이요법, 식품학 및 조리원리, 단체급식관리는 그 과목 만점의 40% 이상을 득점하여야 한다.

이상의 내용은 식품위생법의 영양사에 관한 규칙에 정해놓고 있으며 국립보건원장이 보건복지부장관의 승인을 얻어 매년 1회 이상 자격시험을 행한다. 그러나 고등교육법에 의거 복수전공제가 실시됨에 따라 관련 학부에서 영양학 또는 식품학을 복수전공한 자에게도 영양사 응시자격을 부여하되, 최소 이수과목 및 학점을 이수하도록 하였다(영양사에 관한 규칙).

3. 영양사의 업무

집단급식소의 효율적인 급식관리를 위해서는 영양사의 역할이 매우 중요하다. 표 1-7과 그림 1-12에 영양사의 업무를 간략하게 제시하였다.

- 전문적 업무
  - 영양업무
    - 식단작성(일반식 · 특별식)
    - 영양산출
    - 조리지도
    - 검식, 보존식
    - 상차림, 배식 등의 지도
  - 보건 · 영양지도
    - 건강증진 : 운동, 휴식, 레크리에이션 등 지도
    - 영양 지도
      - 시설 내의 지도관리
        - 피급식자
        - 임지훈련생
        - 조리종사자
      - 시설 외의 지도관리
  - 조리연구
    - 조리
    - 연구
- 관리적 업무
  - 식당관리, 인사관리, 노무관리, 시설 · 설비관리
  - 위생관리, 작업관리
- 사무적 업무
  - 식수관리
  - 발주관계
  - 검 수
  - 식품관리, 물품관리
  - 영양월보 등 보고서 작성
  - 장표류의 정비
- 이상 부류에 속하지 않는 업무

그림 1-12. 단체급식 영양사의 업무

표 1-7. 시설별 영양사의 직무내용

구 분	직무 내용	
병원	• 질병에 따른 영양권장량 설정 • 상담 및 교육을 통한 영양, 식사지도 • 배선과 배식의 합리화 도모	• 식사요법 연구 및 교육자료 개발 • 특별조리의 고안(치료식) 등 영양관리 연구 • 환자의 영양지원(nutrition support)
학교	• 학년별 영양권장량 설정	• 아동의 올바른 식습관 형성 및 영양교육 실시
	• 식량정책과 식생활 개선을 위한 학생지도와 학부모의 상담 및 교직원 교육	
사업체	• 노동별 영양권장량 설정 • 근로자 건강증진을 위한 영양상담 실시	• 산업질병의 예방대책 연구 및 영양교육 실시 • 식중독 예방관리
사회복지시설	• 연령별 영양권장량 설정 • 건강증진을 위한 식단작성	• 질병예방 • 정신적 안정 추구
보건소	• 영유아, 임산부, 수유부 및 성인의 영양관리 • 질병과 영양관리 • 단체급식 영양관리 • 기타 영양지도에 관한 사항	• 식생활 개선 • 영양계몽 • 영양지도 계획의 검토, 분석 및 평가

자료 : 대한영양사회, 2000

2장
영양관리

1 영양관리의 의의 및 계획

1. 영양관리의 의의와 중요성

사람들은 누구나 건강하게 오래 살기를 소원한다. 세계보건기구(WHO)에서는 건강을 다음과 같이 정의한다. "건강이란 단지 질병이 없거나 허약하지 않은 상태를 의미한 것이 아니고, 신체적·정신적 및 사회적으로 완전하게 양호한 상태를 의미한다." 건강한 사람이란 최고 수준의 건강 상태를 유지하면서 생동감 있게 생활하는 사람을 말하는데, 생명의 유지를 위해서 식품, 물 및 산소는 꼭 필요한 물질이다. 식품이 가지고 있는 영양소는 체내 모든 세포를 유지시키는 데 필요한 물질과 에너지를 제공한다. 즉, 영양소는 생명체의 성장, 발달 및 유지에 필수적인 물질이며, 이러한 영양소의 급원은 식품이다.

영양관리란 인간이 보다 좋은 건강을 유지하고 완전한 발육을 하는데 필요한 영양소를 합리적으로 섭취하기 위하여 계획·실시·평가하는 과정이다. 즉, 영양적·조리과학적·경제적·사회적·심리적·물리화학적·신체적·종교적인 면까지를 모두 고려한, 각 영양소를 균형 있게 포함하고 있는 식단을 고객(급식 대상자)

에게 제공함으로써 그들의 행복과 건강을 증진시켜 원만한 인간관계 형성을 이루려는 것이다. 영양관리는 각 가정과 특정한 단체인 공장, 사무실, 학교, 병원, 관공서, 연수원, 특수시설 등 여러 장소에서 실시되고 있으므로 원활한 급식관리의 여부에 따라서 많은 사람들의 생명력과 원동력이 좌우될 수 있다. 식습관 및 식생활 양상은 사람들이 생활하는 지역의 기후, 풍토, 문화 및 경제 사정에 의해 형성되므로 각국의 식습관 및 식생활 패턴에는 차이가 있다. 영양관리 시에는 고객의 특성의 차이를 잘 이해하고, 이들의 생명의 유지뿐만 아니라, 건강의 유지 및 증진, 질병 예방까지도 고려된 식단을 계획해야 한다.

인간은 영혼과 육체를 가진 신비한 유기체로써 환경에 순응, 적응, 도전을 하면서 성장 발전한다. 인간은 환경을 바탕으로 사람끼리 서로 의존하면서 상부상조하고 시간의 한계 속에서도 생명을 존속시키고, 환경 개발을 통해 내적·외적 제한을 극복하고, 창의성을 발휘하는 존재이므로 환경과 균형 있는 관계를 유지함으로써 자연과 조화를 이루며 생활하고 살아간다. 또한 인간은 태어나서 다른 사람과 함께 살아가면서 희로애락을 체험하고, 참된 자유를 성취하고, 책임과 의무를 다하고, 이웃에게 봉사하면서 분수에 맞는 삶을 살 때 인간의 행복과 평화를 기대할 수 있다. 그러므로 균형 잡힌 영양이 건강에 기여하고 건강한 육체에 건강한 정신을 가진 완전한 인격체들이 모인 사회가 건강한 사회·국가·세계가 되도록 기여하게 될 것이다. 그러므로 가정·사회·국가·세계를 이끌어 갈 사람들의 건강은 매우 중요하다.

2. 영양관리의 목적

오늘날 과학기술의 발전과 함께 식품산업이 발달하면서 다양한 가공식품과 편의식품이 유통되고 있으며 바쁜 현대인들의 간편식 선호 경향으로 패스트푸드 섭취 증가, 생활양식 변화에 따른 외식의 증가로 과거에 비해 고열량, 고지방, 고염식, 저섬유소 식사를 하는 경향이 두드러지고 있다. 현대인들은 건강한 일상생활을 영위하기 위하여 영양섭취의 불균형과 잘못된 식습관이 유발하는 각종 식인성 질병과 생활습관병의 발병에 관심을 갖고 올바른 영양관리를 통해 질병을 예방하기 위하여 노력해야 한다. 또한 여러 가지 식품영양학적 가치를 올바르게 이해하고 실제로 식생활에 적용할 수 있는 능력을 키우는 것이 바람직하다.

급식소에서의 영양관리의 목적은 급식 대상자가 필요로 하는 영양소의 양과 질을 충족시킬 수 있도록 식품을 다양하게 선택·조리하여 섭취하기까지의 일련의 과정을 관리함으로써 인체가 필요로 하는 영양소를 제공하여 인체의 생리·화학 ·물리적인 작용을 만족시키는 데 있다. 이를 위해서 급식관리자는 끊임없이 식품 지식과 조리기술의 변화, 기기 및 시설의 발달과 위생적인 생산 과정에 대한 진보적 지식 습득을 위해 노력해야 한다. 이를 통해 바람직한 영양관리가 이루어질 때 급식 대상자의 건강유지와 건강증진을 위한 영양공급 및 영양개선의 목표가 달성될 수 있다.

3. 영양관리의 계획

식품이 함유하는 영양소는 생명체의 성장, 발달 및 유지에 필수적인 물질이므로 우수한 영양소를 함유한 식품을 섭취하는 것은 건강유지를 위해서 중요한 일이다. 식사를 하는 대상에 따라 영양소 필요량이 다르므로 대상에 따라 영양소, 즉 식품의 종류와 제공량을 조절하는 것도 중요하다. 기본적인 필요한 영양소의 종류는 모든 연령층에서 동일하나, 질적·양적 면에서의 영양소 필요량은 생애 각 주기별로 매우 다르다.

인간의 생활사에서 가장 흥미로운 일들은 성장, 발달 및 노화과정 중에 나타나는 극적인 변화들이나. 성인의 몸은 6×10^{13}개의 세포로 구성되어 있으며 매초마다 수천, 수만 개의 세포가 파괴되고 새로운 세포로 교체된다. 신체는 세포교체가 원활히 이루어져야만 건강을 유지할 수 있고, 건강한 세포를 만들기 위해서는 세포를 구성하는 재료가 되는 영양소의 계속적인 공급이 필수적이다. 그러므로 급식관리자는 영양소가 어떻게 세포조직과 전체 기관에 작용하여 인간의 성장, 발달 및 노화에 영향을 미치는지 이해함으로써 식사와 영양의 중요성을 깊이 있게 통찰해야 한다.

1) 영양소 섭취 실태

급식관리자는 우리나라 국민의 영양소 및 식품 섭취 실태를 정확하게 파악한 후 영양관리 계획수립 시 적절히 반영하여야 한다. 2001년도 국민건강·영양조사에 의한 영양소 섭취 상태를 살펴보면 대부분의 영양소를 권장량 대비 90% 이상 섭취하고 있어 비교적 양호한 상태로 보고 되었다(표 2-1).

표 2-1. 우리나라 국민의 에너지 섭취량 변화

년도	1980	1990	1991	1992	1993	1994	1995	1998	2001
1일 1인	2,052	1,868	1,930	1,875	1,848	1,770	1,839	1,985	1,976
% RDA	93.5	90.0	93.1	89.1	90.0	85.0	88.6	94.5	94.8

그러나 근골격계 질환의 발생과 밀접한 관련이 있는 칼슘의 섭취는 권장량 대비 71.0%로서 여러 영양소 중 가장 낮았으며 특히 7~12세, 13~19세, 65세 이상의 연령층에서 칼슘 섭취가 심각하게 부족한 것으로 조사되었다. 성별 비교에서는 비타민 C를 제외한 모든 영양소 섭취량이 남자에 비해 여자가 낮았으며, 연령층별로 비교하면 65세 이상 노인이 영양소 섭취 비율이 가장 낮았다. 또한 청소년은 철, 노인은 비타민 A, 리보플라빈의 섭취가 특히 부족한 것으로 나타났다. 칼슘 ·철·비타민 A, 리보플라빈의 섭취량이 영양권장량 대비 75% 미만인 경우를 영양소 섭취 취약군을 분류한 결과 전국적으로 16.7%(남자 12.9%, 여자 20.1%)가 해당되었다. 여자가 남자보다, 읍·면 지역이 대도시보다, 청소년과 노인층이 다른 연령층보다 영양소 섭취 부족 비율이 더 높았다. 한편, 에너지 섭취량이 권장량의 125% 이상이면서 지방으로부터의 에너지 섭취 비율이 30% 이상인 경우를 에너지/지방 섭취 과잉군으로 분류했을 때 이에 해당되는 사람은 전국적으로 4.1%(남자 4.9%, 여자 3.5%)이었으며 도시 지역이 읍·면 지역보다, 나이가 어릴수록 섭취 과잉에 해당되는 비율이 높았다. 우리나라에서 과다 섭취가 우려되는 대표적인 영양소 중 나트륨은 1일 평균 4,903.4mg을 섭취하고 있었으며 30~49세 남자가 가장 많이 섭취하고 있는 것으로 조사되었다. 또한 지방 섭취량은 13~19세가 53.8g으로 가장 높은데 이는 청소년들의 식생활 패턴이 최근 패스트푸드, 인스턴트식품이나 가공식품 위주로 변화되었고, 한식보다는 서양식 메뉴가 식생활에 많이 적용되면서 나타나는 결과이다. 지방과 나트륨의 과잉 섭취는 고혈압, 고지혈증 등의 발생률 증가로 이어지고 있으므로 급식소 영양관리 시 급식대상자의 바람식한 식생활을 시향하고 실천할 수 있는 식단 제공과 함께 적절한 영양교육도 함께 이루어져야 한다.

우리나라 국민의 영양소 섭취 변화 추이를 살펴보면 식품성 식품의 섭취는 곡류 섭취가 감소하고 과실류가 증가 추세를 보이며 음료와 조미료류의 섭취가 계속 증가되고 있다. 동물성 식품의 섭취는 육류, 어패류, 난류의 섭취가 지속적으로 증가 추세에 있다(표 2-2). 동물성 식품의 섭취는 증가하고 곡류의 에너지 구성비는 지속적으로 감소하고 있어 과거의 탄수화물 위주의 식사 패턴의 변화를 보이고 있다. 1970년

대 이후 오늘날까지 우리나라 국민의 식품 섭취 패턴의 변화를 살펴보면 식물성 식품의 전체 섭취는 크게 변하지 않았으나 식물성 식품의 종류별 섭취는 큰 차이가 난다. 곡류, 두류, 감자류의 섭취는 70년대에 비해 60% 정도 밖에 섭취하고 있지 않으나 과실류의 경우는 70년대에 비해 10배나 많은 양을 섭취하는 것으로 조사되었고 곡류 중 쌀, 보리의 섭취는 감소한 반면 밀가루는 오히려 2배 이상 증가되었다. 쌀 소비 감소의 원인으로는 20대 이하 젊은 층의 쌀 소비 감소가 중요한 원인으로 보고 되고 있으며, 빵 위주의 식단 구성, 아침 결식 등이 주요 원인으로 분석되고 있다. 급식관리자는 우리나라 국민의 식생활 변화 양상을 올바르게 이해하고 적절한 급식계획과 영양교육을 통해 바람직한 방향으로 지속적인 개선을 위한 노력을 해야 한다.

표 2-2. 식품군별 1인 1일 에너지 섭취 비율의 연차적 추이(전국)

식품군 \ 연도	'71	'76	'81	'86	'90	'91	'92	'93	'94	'95	'98**
식물성 식품											
곡류 및 그 제품	84.1	82.6	75.5	69.5	65.8	65.8	64.9	63.8	61.3	61.2	58.5
감자 및 전분류	2.6	1.7	1.7	2.5	5.2	1.2	1.2	1.1	1.1	1.2	2.4
당류 및 그 제품	-	-	-	-	1.0	0.5	0.5	0.6	0.8	0.8	1.5
두류 및 그 제품	4.9	2.6	2.7	4.7	2.7	2.3	2.2	2.1	2.4	2.2	1.9
종실류 및 견과류	-	-	-	-	0.3	0.6	0.6	0.3	0.7	0.3	0.4
채소류	3.9	4.7	4.9	5.1	4.2	5.0	5.3	4.9	5.0	5.1	3.6
버섯류	-	-	-	-	0.3	0.0	0.1	0.1	0.1	0.1	0.1
과실류	0.4	0.8	0.9	2.1	1.8	2.8	3.4	3.4	3.7	4.1	4.9
해조류	0.0	0.2	0.4	0.5	0.7	0.0	0.0	0.0	0.0	0.0	0.4
음료 및 주류	0.9*	0.7	1.9	0.9	2.0	0.3	0.4	0.6	1.1	0.7	3.6
조미료류	-	-	-	-	-	1.8	1.9	2.1	2.1	2.2	2.0
유지류(식물성)	-	1.4	1.9	2.4	2.6	2.6	2.8	3.3	3.6	3.5	2.5
기 타	-	-	-	-	-	0.6	-	0.4	0.1	0.5	0.3
식물성 식품계	96.8	94.7	89.9	87.7	86.5	83.5	83.3	82.8	82.0	81.8	82.1
동물성 식품											
육류 및 그 제품	0.2	0.9	1.0	2.9	3.9	7.2	6.4	6.6	6.6	7.7	7.8
난 류	0.1	0.4	0.6	1.7	1.6	1.6	1.6	2.0	1.7	1.8	1.8
어패류	2.1	3.1	7.9	6.2	6.0	5.8	6.7	6.2	7.2	6.3	4.4
유류 및 낙농제품	0.0	0.3	0.3	1.5	1.9	2.0	1.9	2.2	2.4	2.3	3.3
유지류(동물성)	0.8	0.6	0.1	0.0	0.1	0.0	0.1	0.1	0.1	0.1	0.6
기 타	-	-	-	-	-	-	-	-	-	-	0.0
동물성 식품계	3.2	5.3	10.1	12.3	13.5	16.5	16.7	17.2	18.0	18.2	17.9
총 계	100.0	100.0	100.0	100.0	100.0	100.0	100.0	100.0	100.0	100.0	100.0

2) 한국인 영양섭취기준

한국인 영양섭취기준이란 한국인의 건강을 최적 상태로 유지할 수 있는 영양소 섭취 기준이다. 1962년 FAO 한국협회 사업으로 책정된 후 1967년, 1975년, 1980년, 1985년, 1995년, 2000년에 각각 개정을 거쳐 2005년에 제8차 개정을 하였다(표 2-3~표 2-7). 종전의 영양권장량에서는 각 영양소의 단일값으로 제시했으나 제8차 개정에서는 만성질환이나 영양소 과다 섭취 예방 등까지도 고려한 여러 수준으로서 영양섭취기준을 설정하였다. 각 영양소마다 평균 필요량(Estimated Average Requirements : EAR), 권장 섭취량(Recommended Intake : RI), 충분 섭취량(Adequate Intake : AI), 상한 섭취량(Tolerable Upper Intake Level : UL) 등이 있다. 평균 필요량은 대상 집단을 구성하는 건강한 사람들의 절반에 해당하는 사람들의 일일 필요량을 충족시키는 값이며, 권장 섭취량은 평균필요량에 표준 편차의 2배를 더하여 정한 값이다. 충분섭취량은 영양소 필요량에 대한 정확한 자료가 부족하거나 필요량의 중앙값과 표준 편차를 구하기 어려워 권장 섭취량을 산출할 수 없는 경우의 값이며, 상한 섭취량은 인체 건강에 유해영향이 나타나지 않는 최대 영양소 섭취 수준이다. 영양관리 시 영양섭취기준을 사용할 때 이 기준은 건강한 사람을 기준으로 했다는 것을 고려하여 개인이나 단체를 대상으로 할 때 각 기준치를 잘 사용해서 영양상 적절한, 즉 영양 과잉이나 영양 부족의 확률은 낮으면서 과잉의 확률은 낮게 계획을 해야 한다. 단체급식에서 영양관리를 계획할 때는 평상시 섭취의 분포가 부족하거나 과잉의 위험이 적도록 하기 위해서 평균 필요량이나 상한 섭취량을 이용해서 계획을 세우도록 한다.

표 2-3. 한국인 영양섭취기준 - 다량영양소(2005년 제8차 개정)

성별	연령	에너지(kcal/일)				탄수화물(g/일)				지방(g/일)				n-6 불포화지방산(g/일)			
		필요추정량	권장섭취량	충분섭취량	상한섭취량	평균필요량	권장섭취량	충분섭취량	상한섭취량	평균필요량	권장섭취량	충분섭취량	상한섭취량	평균필요량	권장섭취량	충분섭취량	상한섭취량
영아	0~5(개월)	600						55				25				2.0	
	6~11	730						90				25				4.5	
유아	1~2(세)	1,000															
	3~5	1,400															
남자	6~8(세)	1,600															
	9~11	1,900															
	12~14	2,400															
	15~19	2,700															
	20~29	2,600															
	30~49	2,400															
	50~64	2,200															
	65~74	2,000															
	75 이상	2,000															
여자	6~8(세)	1,500															
	9~11	1,700															
	12~14	2,000															
	15~19	2,000															
	20~29	2,100															
	30~49	1,900															
	50~64	1,800															
	65~74	1,600															
	75 이상	1,600															
임신부		+0/340/450*														9	
수유부		+320														10	

성별	연령	n-3 불포화지방산(g/일)				단백질(g/일)				식이섬유(g/일)				수분(ml/일)			
		평균필요량	권장섭취량	충분섭취량	상한섭취량	평균필요량	권장섭취량	충분섭취량	상한섭취량	평균필요량	권장섭취량	충분섭취량	상한섭취량	평균필요량	권장섭취량	충분섭취량	상한섭취량
영아	0~5(개월)			0.3				9.5								700	
	6~11			0.8		10	13.5									800	
유아	1~2(세)					12	15					12				1,100	
	3~5					15	20					17				1,400	
남자	6~8(세)					20	25					19				1,700	
	9~11					30	35					23				2,000	
	12~14					40	50					29				2,400	
	15~19					45	60					32				2,700	
	20~29					45	55					31				2,700	
	30~49					45	55					29				2,500	
	50~64					40	50					26				2,300	
	65~74					40	50					26				2,100	
	75 이상					40	50					26				2,100	
여자	6~8(세)					20	25					18				1,600	
	9~11					25	35					20				1,800	
	12~14					35	45					24				2,000	
	15~19					35	45					24				2,100	
	20~29					35	45					25				2,100	
	30~49					35	45					23				2,000	
	50~64					35	45					22				1,800	
	65~74					35	45					22				1,700	
	75 이상					35	45					22				1,700	
임신부				2.1		+19	+25					+5				+200	
수유부				2.4		+20	+25					+4				+700	

* 임신 3분기별 영양섭취기준

표 2-4. 한국인 영양섭취기준 - 지용성비타민(2005년 제8차 개정)

성별	연령	비타민 A(μg RE/일)				비타민 D(μg/일)				비타민 E(mg α-TE/일)				비타민 K(μg/일)			
		평균 필요량	권장 섭취량	충분 섭취량	상한 섭취량	평균 필요량	권장 섭취량	충분 섭취량	상한 섭취량	평균 필요량	권장 섭취량	충분 섭취량	상한 섭취량*	평균 필요량	권장 섭취량	충분 섭취량	상한 섭취량
영아	0~5(개월)			350	600			5	25			3				4	
	6~11			400	600			5	25			4				7	
유아	1~2(세)	200	300		600			10	60			5	100			25	
	3~5	210	300		700			10	60			6	130			30	
남자	6~8(세)	290	400		1,000			10	60			7	180			45	
	9~11	380	550		1,400			10	60			9	260			55	
	12~14	500	700		2,100			10	60			10	380			70	
	15~19	600	850		2,400			10	60			10	430			80	
	20~29	540	750		3,000			5	60			10	540			75	
	30~49	520	750		3,000			5	60			10	540			75	
	50~64	500	700		3,000			10	60			10	540			75	
	65~74	500	700		3,000			10	60			10	540			75	
	75 이상	500	700		3,000			10	60			10	540			75	
여자	6~8(세)	270	400		1,000			10	60			7	180			45	
	9~11	350	500		1,400			10	60			9	260			55	
	12~14	460	650		2,100			10	60			10	380			65	
	15~19	500	700		2,400			10	60			10	430			65	
	20~29	460	650		3,000			5	60			10	540			65	
	30~49	450	650		3,000			5	60			10	540			65	
	50~64	430	600		3,000			10	60			10	540			65	
	65~74	430	600		3,000			10	60			10	540			65	
	75 이상	430	600		3,000			10	60			10	540			65	
임신부		+50	+50		3,000			+5	60			+0	540			+0	
수유부		+350	+500		3,000			+5	60			+3	540			+0	

* RRR-α-tocopherol

표 2-5. 한국인 영양섭취기준 - 수용성비타민(2005년 제8차 개정)

성별	연령	비타민 C(mg/일) 평균필요량	권장섭취량	충분섭취량	상한섭취량	티아민 (mg/일) 평균필요량	권장섭취량	충분섭취량	상한섭취량	리보플라빈(mg/일) 평균필요량	권장섭취량	충분섭취량	상한섭취량	니아신 E(mg NE/일) 평균필요량	권장섭취량	충분섭취량	상한섭취량1	상한섭취량2
영아	0~5(개월)			35				0.2				0.3				2		
	6~11			45				0.3				0.4				3		
유아	1~2(세)	30	40		350	0.4	0.5			0.5	0.6			5	6		10	180
	3~5	30	40		500	0.4	0.5			0.6	0.7			5	7		10	250
남자	6~8(세)	40	60		700	0.6	0.7			0.7	0.9			7	9		15	350
	9~11	55	70		1,000	0.8	0.9			0.9	1.1			9	12		20	500
	12~14	75	100		1,400	1.0	1.2			1.3	1.5			12	15		25	700
	15~19	85	110		1,600	1.1	1.4			1.5	1.8			13	18		30	800
	20~29	75	100		2,000	1.0	1.2			1.3	1.5			12	16		35	1,000
	30~49	75	100		2,000	1.0	1.2			1.3	1.5			12	16		35	1,000
	50~64	75	100		2,000	1.0	1.2			1.3	1.5			12	16		35	1,000
	65~74	75	100		2,000	1.0	1.2			1.3	1.5			12	16		35	1,000
	75 이상	75	100		2,000	1.0	1.2			1.3	1.5			12	16		35	1,000
여자	6~8(세)	40	60		700	0.5	0.6			0.6	0.7			6	9		15	350
	9~11	55	70		1,000	0.7	0.8			0.8	0.9			8	10		20	500
	12~14	70	90		1,400	0.8	1.0			1.0	1.2			10	13		25	700
	15~19	75	100		1,600	0.8	1.0			1.0	1.2			10	13		30	800
	20~29	75	100		2,000	0.9	1.1			1.0	1.2			11	14		35	1,000
	30~49	75	100		2,000	0.9	1.1			1.0	1.2			11	14		35	1,000
	50~64	75	100		2,000	0.9	1.1			1.0	1.2			11	14		35	1,000
	65~74	75	100		2,000	0.9	1.1			1.0	1.2			11	14		35	1,000
	75 이상	75	100		2,000	0.9	1.1			1.0	1.2			11	14		35	1,000
임신부		+10	+10		2,000	+0.4	+0.5			+0.3	+0.4			+3	+4		35	1,000
수유부		+35	+35		2,000	+0.3	+0.4			+0.4	+0.5			+3	+4		35	1,000

성별	연령	비타민 B6(mg/일) 평균필요량	권장섭취량	충분섭취량	상한섭취량	엽산 (μg DFE/일) 평균필요량	권장섭취량	충분섭취량	상한섭취량	비타민 B12(μg/일) 평균필요량	권장섭취량	충분섭취량	상한섭취량	판토텐산 (mg/일) 평균필요량	권장섭취량	충분섭취량	상한섭취량	비오틴(μg/일) 평균필요량	권장섭취량	충분섭취량	상한섭취량
영아	0~5(개월)			0.1				65				0.2				1.7				5	
	6~11			0.3				80				0.5				1.8				6	
유아	1~2(세)	0.5	0.6		25	120	150		300	0.75	0.9					2				8	
	3~5	0.6	0.7		35	150	180		300	0.9	1.1					2				10	
남자	6~8(세)	0.7	0.9		45	180	220		400	1.1	1.3					3				15	
	9~11	0.9	1.1		60	250	300		600	1.5	1.8					4				20	
	12~14	1.3	1.5		80	300	360		800	1.8	2.2					5				25	
	15~19	1.5	1.8		100	320	400		1,000	2.0	2.4					6				25	
	20~29	1.3	1.5		100	320	400		1,000	2.0	2.4					5				30	
	30~49	1.3	1.5		100	320	400		1,000	2.0	2.4					5				30	
	50~64	1.3	1.5		100	320	400		1,000	2.0	2.4					5				30	
	65~74	1.3	1.5		100	320	400		1,000	2.0	2.4					5				30	
	75 이상	1.3	1.5		100	320	400		1,000	2.0	2.4					5				30	
여자	6~8(세)	0.7	0.8		45	180	220		400	1.1	1.3					3				15	
	9~11	0.9	1.0		60	250	300		600	1.5	1.8					4				20	
	12~14	1.2	1.4		80	300	360		800	1.8	2.2					5				25	
	15~19	1.2	1.4		100	320	400		1,000	2.0	2.4					6				25	
	20~29	1.2	1.4		100	320	400		1,000	2.0	2.4					5				30	
	30~49	1.2	1.4		100	320	400		1,000	2.0	2.4					5				30	
	50~64	1.2	1.4		100	320	400		1,000	2.0	2.4					5				30	
	65~74	1.2	1.4		100	320	400		1,000	2.0	2.4					5				30	
	75 이상	1.2	1.4		100	320	400		1,000	2.0	2.4					5				30	
임신부		+0.7	+0.8		100	+200	+200		1,000	+0.2	+0.2					+1				+0	
수유부		+0.6	+0.7		100	+130	+150		1,000	+0.2	+0.2					+2				+5	

[1] 니코틴산(mg/일), [2] 니코틴아미드(mg/일)

표 2-6. 한국인 영양섭취기준 - 다량무기질(2005년 제8차 개정)

성별	연령	칼슘 (mg/일)				인 (mg/일)				나트륨(g/일)			
		평균 필요량	권장 섭취량	충분 섭취량	상한 섭취량	평균 필요량	권장 섭취량	충분 섭취량	상한 섭취량	평균 필요량	권장 섭취량	충분 섭취량	상한 섭취량
영아	0~5(개월)			200				100				0.12	
	6~11			300				300				0.37	
유아	1~2(세)	300	500		2,500	350	500		3,000			0.8	
	3~5	400	600		2,500	390	500		3,000			1.0	
남자	6~8(세)	550	700		2,500	550	700		3,000			1.2	
	9~11	550	800		2,500	810	1,000		3,500			1.5	2.0
	12~14	800	1,000		2,500	870	1,000		3,500			1.5	2.0
	15~19	800	1,000		2,500	790	1,000		3,500			1.5	2.0
	20~29	580	700		2,500	580	700		3,500			1.5	2.0
	30~49	580	700		2,500	580	700		3,500			1.5	2.0
	50~64	580	700		2,500	580	700		3,500			1.3	2.0
	65~74	580	700		2,500	580	700		3,500			1.2	2.0
	75 이상	580	700		2,500	580	700		3,000			1.1	2.0
여자	6~8(세)	550	700		2,500	450	600		3,000			1.2	
	9~11	550	800		2,500	700	900		3,500			1.5	2.0
	12~14	750	900		2,500	690	900		3,500			1.5	2.0
	15~19	750	900		2,500	590	800		3,500			1.5	2.0
	20~29	580	700		2,500	580	700		3,500			1.5	2.0
	30~49	580	700		2,500	580	700		3,500			1.5	2.0
	50~64	580	800		2,500	580	700		3,500			1.3	2.0
	65~74	580	800		2,500	580	700		3,500			1.2	2.0
	75 이상	580	800		2,500	580	700		3,000			1.1	2.0
임신부		+220	+300		2,500	+0	+0		3,000			+0	2.0
수유부		+300	+400		2,500	+0	+0		3,500			+0	2.0

성별	연령	염소 (g/일)				칼륨 (g/일)				마그네슘 (mg/일)			
		평균 필요량	권장 섭취량	충분 섭취량	상한 섭취량	평균 필요량	권장 섭취량	충분 섭취량	상한 섭취량	평균 필요량	권장 섭취량	충분 섭취량	상한* 섭취량
영아	0~5(개월)			0.18				0.4				30	
	6~11			0.56				0.7				35	
유아	1~2(세)			1.2				2.5		60	75		(65)
	3~5			1.5				3.0		80	100		(85)
남자	6~8(세)			1.9				3.8		120	140		(120)
	9~11			2.3				4.7		170	200		(170)
	12~14			2.3				4.7		250	300		(250)
	15~19			2.3				4.7		340	400		(350)
	20~29			2.3				4.7		285	340		(350)
	30~49			2.3				4.7		295	350		(350)
	50~64			2.0				4.7		295	350		(350)
	65~74			1.8				4.7		295	350		(350)
	75 이상			1.6				4.7		295	350		(350)
여자	6~8(세)			1.9				3.8		115	140		(120)
	9~11			2.3				4.7		165	200		(170)
	12~14			2.3				4.7		230	280		(250)
	15~19			2.3				4.7		280	340		(350)
	20~29			2.3				4.7		235	280		(350)
	30~49			2.3				4.7		235	280		(350)
	50~64			2.0				4.7		235	280		(350)
	65~74			1.8				4.7		235	280		(350)
	75 이상			1.6				4.7		235	280		(350)
임신부				+0				+0		+33	+40		(350)
수유부				+0				+0.4		+0	+0		(350)

* 식품외 급원의 마그네슘에만 해당

표 2-7. 한국인 영양섭취기준 - 미량무기질(2005년 제8차 개정)

성별	연령	철(mg/일) 평균 필요량	철 권장 섭취량	철 충분 섭취량	철 상한 섭취량	아연 (mg/일) 평균 필요량	아연 권장 섭취량	아연 충분 섭취량	아연 상한 섭취량	구리 (μg/일) 평균 필요량	구리 권장 섭취량	구리 충분 섭취량	구리 상한 섭취량	불소 (mg/일) 평균 필요량	불소 권장 섭취량	불소 충분 섭취량	불소 상한 섭취량
영아	0~5(개월)			0.26	40			1.73				225				0.01	0.6
	6~11	5	7		40	2.2	2.5					290				0.5	0.9
유아	1~2(세)	5	7		40	2.4	3		6	230	300		2,000			0.6	1.2
	3~5	5	7		40	3.1	4		8	290	380		2,000			0.8	1.6
남자	6~8(세)	7	9		40	4.3	5		13	340	440		3,000			1.0	2.2
	9~11	9	12		40	6.2	7		18	440	570		5,000			2.0	10
	12~14	9	12		40	6.5	8		26	580	750		7,000			2.5	10
	15~19	12	16		45	8.4	10		34	670	870		10,000			3.0	10
	20~29	8	10		45	8.1	10		35	600	800		10,000			3.5	10
	30~49	8	10		45	7.9	9		35	600	800		10,000			3.5	10
	50~64	8	10		45	7.5	9		35	600	800		10,000			3.0	10
	65~74	8	10		45	7.2	9		35	600	800		10,000			3.0	10
	75 이상	8	10		45	6.9	8		35	600	800		10,000			3.0	10
여자	6~8(세)	7	9		40	4.1	5		13	340	440		3,000			1.0	2.2
	9~11	9	12		40	5.9	7		18	440	570		5,000			2.0	10
	12~14	9	12		40	6.1	7.0		26	580	750		7,000			2.5	10
	15~19	12	16		45	7.2	9.0		34	670	870		10,000			2.5	10
	20~29	11	14		45	7.0	8.0		35	600	800		10,000			3.0	10
	30~49	11	14		45	6.8	8.0		35	600	800		10,000			2.5	10
	50~64	7	9		45	6.3	8.0		35	600	800		10,000			2.5	10
	65~74	7	9		45	6.0	7.0		35	600	800		10,000			2.5	10
	75 이상	7	9		45	5.8	7.0		35	600	800		10,000			2.5	10
임신부		+7.5	+10		45	+2.0	+2.5		35	+100	+130		10,000			+0	10
수유부		+0	+0		45	+4.3	+5.0		35	+350	+450		10,000			+0	10

성별	연령	망간(mg/일) 평균 필요량	망간 권장 섭취량	망간 충분 섭취량	망간 상한 섭취량	요오드(μg/일) 평균 필요량	요오드 권장 섭취량	요오드 충분 섭취량	요오드 상한 섭취량	셀레늄 (μg/일) 평균 필요량	셀레늄 권장 섭취량	셀레늄 충분 섭취량	셀레늄 상한 섭취량	몰리브덴 (μg/일) 평균 필요량	몰리브덴 권장 섭취량	몰리브덴 충분 섭취량	몰리브덴 상한 섭취량
영아	0~5(개월)			0.008				130				8.5	45				
	6~11			0.8				170				11	60				
유아	1~2(세)			1.2	2	55	80			16	20		85				100
	3~5			2.0	3	65	90			18	25		100				150
남자	6~8(세)			2.5	4	75	100			24	30		150				200
	9~11			3.0	5	85	120			32	40		200				300
	12~14			3.3	7	90	130			41	50		250				400
	15~19			3.5	9	95	140			47	60		300				500
	20~29			3.5	11	95	150		3,000	42	50		400				600
	30~49			3.5	11	95	150		3,000	42	50		400				600
	50~64			3.5	11	95	150		3,000	42	50		400				600
	65~74			3.5	11	95	150		3,000	42	50		400				600
	75 이상			3.5	11	95	150		3,000	42	50		400				600
여자	6~8(세)			2.3	4	75	100			24	30		150				200
	9~11			2.5	5	85	120			32	40		200				300
	12~14			2.8	7	90	130			41	50		250				400
	15~19			3.0	9	95	140			47	60		300				500
	20~29			3.0	11	95	150		3,000	42	50		400				600
	30~49			3.0	11	95	150		3,000	42	50		400				600
	50~64			3.0	11	95	150		3,000	42	50		400				600
	65~74			3.0	11	95	150		3,000	42	50		400				600
	75~이상			3.0	11	95	150		3,000	42	50		400				600
임신부				+0	11	+65	+90			+3	+4		400				600
수유부				+0	11	+130	+180			+9	+11		400				600

2 식단 작성

1. 식단 작성의 의의

식단이란 식사의 계획으로서 매끼 식사를 하는 급식 대상자의 필요 영양량과 기호를 충족시킬 수 있도록 식품의 종류와 제공량, 조리 방법 등을 정해 놓은 것이다. 단체급식의 식단은 적절한 영양공급을 위해 합리적인 식품선택에서부터 식품 사용량과 조리 방법의 결정 후 식품의 구매에서 배식까지를 계획한다. 식단은 급식 대상자의 건강 상태와 기호를 고려하면서 영양면, 기호면, 경제면, 능률면, 위생면에서 여러 조건을 만족시킬 수 있도록 계획되어야 한다. 즉 식단은 급식소 급식 대상자에게 제공되어야 할 영양권장량을 기초로 하여 작성하고, 급식 대상자의 기호를 고려하여 양과 질을 모두 만족할 수 있도록 하고, 맛과 음식의 외관에 변화를 주고 계절 식품을 효과적으로 사용하고, 표준 레시피에 제시된 대로 조리하여 능률적이고 맛있고 위생적인 음식이 되고, 예산 범위 내의 경비로 조리하고, 식사 제공이 가능하며, 준비된 시설의 설비와 기기의 조건으로 시간 내에 조리가 가능하여야 하며, 급식담당자의 인원 수, 숙련도, 노동 조건 등을 고려하여 인력을 효율적으로 활용할 수 있어야 한다.

식단의 각 메뉴는 급식소의 상품이며 얼굴이고, 급식소의 개성과 분위기를 나타내는 말 없는 판매자로서 급식관리자와 고객, 또는 급식관리자와 조리 종사원을 연결하는 의사소통의 수단이 된다. 또한 메뉴는 원가관리, 구매, 영양가, 생산 조건, 인력 배치 및 서비스 방법, 식당 실내장식 및 조리실 구조와 환경에 대한 정보를 제시해줌과 동시에 각 요소에 대한 통제의 요소가 되기도 한다. 그러므로 식단은 가장 능률적으로 계획되고 그 운영 성과가 면밀히 분석되고 평가됨으로써 고객을 최대한 만족시키면서 동시에 위탁급식소의 경우 최대의 수익을 보장할 수 있도록 관리되어야 한다. 최대의 경영 성과를 달성하기 위해서는 계속적으로 새로운 메뉴의 연구 개발, 메뉴의 개선 등을 통한 고객 만족도 향상이 가장 기초적인 과제이다. 이를 위해서는 과학적 방법으로 정기적으로 고객의 기호도를 분석함으로써 고객의 입맛을 성별, 연령별, 고객군별로 철저히 파악한 후 고객이 선호하는 최적의 메뉴를 개발하고 주요 메뉴에 대한 계량·조리 기기 및 배식기구의 표준화 등을 통해 조리 작업을 체계화해야 한다. 한편 효율적인 식단 관리를 위해서는 메뉴별로 식재료, 조리 방법, 영양가 조성 및 배식 방법 등을 시스템 상에서 체계적으로 관리하는 것이 필요하다.

식단 운영은 고객의 만족에 중점을 둔다. 고객의 만족을 극대화하기 위해서 식단의 품질 향상과 표준화를 이루어야 하며, 새로운 식단 개발을 위한 지속적인 아이디어 창출과 연구 개발이 있어야 한다. 기본적이고 전통적인 메뉴, 향토음식 개발, 절기 음식, 지역 특산물 음식 개발, 건강식 개발, 행사 음식, 이벤트 음식 개발, 퓨전음식, 체질에 맞는 음식, 각국의 전통 음식을 급식소 식단에 응용함으로써 식단의 다양화를 이룰 수 있도록 계속적으로 조사·연구 개발해야 한다.

2. 식단의 종류

1) 식단의 유형

메뉴의 유형에는 품목 변화에 따른 분류와 서비스 방법에 따른 분류, 선택 범위에 따른 분류가 있다.

(1) 품목 변화에 따른 분류

① 고정 메뉴(fixed menu, static menu)

전문 식당이나 레스토랑 등 외식업소에서 주로 사용하는 메뉴로써 메뉴의 변화 없이 동일한 메뉴를 일정 기간 동안 지속적으로 제공하는 형태를 말한다. 일정한 고객이 매일 정기적으로 식사하는 급식소의 경우 적용하기 힘들다.

② 주기 메뉴(순환 메뉴)(cycle menu)

주기 메뉴는 일정한 주기에 따라서 반복되는 메뉴의 형태로써 1주일 단위로 회전되는 주별 사이클 메뉴, 10일을 주기로 회전되는 순별 사이클 메뉴, 4주를 주기로 회전되는 월별 사이클 메뉴, 3개월 단위로 회전되는 계절별 사이클 메뉴, 6개월 단위로 회전되는 6개월 사이클 메뉴 등이 있다. 싸이클 메뉴의 단조로움과 중복을 피하기 위해 짧게는 8일 혹은 12일, 길게는 3주 혹은 6주의 사이클 메뉴를 활용하기도 한다.

③ 가변 메뉴(changing menu)

일반 급식소에서 가장 많이 적용하고 있는 메뉴의 형태이다. 급식소의 운영 여건에 따라 지속적으로 메뉴 계획이 변화되는 형태이다. 메뉴가 계속 변화하므로 메뉴의 다양성은 확보되는 반면, 식재료 수급이나 재고 관리에 어려움을 겪을 수 있다.

(2) 서비스 방법에 따른 분류

① 알 라 카르테 메뉴(a la carte menu)

각 메뉴별로 제공되고, 가격도 각각 책정되어 있다. 각 메뉴군 별로 원하는 메뉴를 고객이 선택할 수 있다.

② 따블 도우떼 메뉴(table d'hote menu)

일명 세트 메뉴라고도 하며, 식사의 코스별로 메뉴가 정해져 있다. 이 메뉴의 경우 고객이 각 코스별 메뉴를 변경하여 주문하기는 어렵다. 가격도 코스별로 책정되어 있다.

③ 뒤 중앙 메뉴(du join menu)

매일 제공되는 메뉴는 아니며, 그날그날 레스토랑에서 특별히 계획되어 판매되는 메뉴를 말한다.

(3) 선택 범위에 따른 분류

① 단일 메뉴

단일 품목으로 서비스되므로 고객의 선택권이 없다.

② 제한 선택 메뉴

주어진 메뉴 범주에서 1개 혹은 2개 이상을 선택 가능하다. 주로 주요리나 반찬의 일부, 후식 등을 선택 가능하다.

③ 선택 메뉴

주어진 메뉴 범위에서 2개 혹은 2개 이상의 메뉴를 선택 가능하다. 급식소에서 노 복수 식단이나 카페테리아 식단 형태로 적용되고 있다.

2) 메뉴 패턴(Menu patterns)

메뉴 패턴은 매끼마다 제공되는 음식 품목의 개요이며 각 범주마다 선택의 범위가 있다. 음식 계획의 기간은 메뉴 패턴 기간 내에 서로 교환이 가능하다. 메뉴 패턴의 예는 표 2-8과 같다.

① 단일 식단 : 식단이 한 세트로 되어 있다.
② 복수 식단 : 부분 혹은 전체가 두 가지 이상 식단으로 구성된다.
③ 카페테리아 식단 : 코스별로 가격별로 선택이 가능하다.
④ 뷔페 식단 : 각 코스별로 선택의 종류가 다양하며 식단 가격은 동일하다.

표 2-8. 학교점심 패턴

학교점심 패턴		최소량		요구량
내 용		5~8세	9~11세	12세 이상
육류 혹은 육류 대체식품	가금류, 생선류 (조리된 것)	1 1/2 oz	2 oz	3 oz
1회 제공량 혹은 결합해서 동량을 제공	치즈	1 1/2 oz	2 oz	3 oz
	달걀(대)	3/4	1	1 1/2
	콩류	3/8 Cup	1/2 Cup	3/4 Cup
	피넛 버터	3 Tbs	4 Tbs	6 Tbs
	견과류/종실류	3/4 oz=50%	1 oz=50%	1 1/2 oz=50%
채소류 혹은 과일류	채소류 혹은 과일류 혹은 두 가지를 2회 이상 제공	1/2 Cup	3/4 Cup	3/4 Cup
빵 혹은 빵 대체식품	빵 혹은 빵 대체 식품	8/주	8/주	10/주
우유	우유 1회 제공	1/2 pint(8 floz)	1/2 pint(8 floz)	1/2 pint(8 floz)

제공: Supplement to 1984 food buying Guide for chied Nutrition Program, PA-1331, U.S.Departmen of Agriculture

3. 식단 작성 시 고려사항

성공적인 급식계획을 세우기 위해서는 식단 작성 시 다음의 기초적인 요소가 고려되어야 한다.

첫째, 급식 대상자의 영양 필요량 둘째, 급식 대상자의 인종, 식습관 등에서 오는 기호성 셋째, 식품의 조화로운 배합 넷째, 식품비와 모든 소요 경비에 관한 경제성 다섯째, 조리에서 배식까지 종업원 및 필요 기기의 활용 등이다. 급식관리자는 식단 계획 시 고려사항을 고객과 관리자(혹은 경영자)의 관점에서 각각 검토해야 한다. 고객의 관점에서는 대상자에 대한 영양 필요량, 식습관 및 기호도, 음식의 특성 및 관능적 속성, 적정 제공량 등을 조사하고, 관리자의 관점에서는 조직의 목표와 목적, 식재료비 예산, 종업원의 수와 숙련도, 시설·설비 및 조리기기의 유무, 서비스 형태, 식재료 이용 정도를 파악해야 한다.

1) 급식 대상자의 영양 필요량

급식 대상자의 영양 필요량은 한국인 영양섭취기준을 기준으로 하여 산출한다. 식단 작성 시 특정 영양소의 함량이 과잉이 되거나 부족하지 않도록 계획해야 하며, 특히 하루 세 끼를 모두 제공하는 급식소의 경우 급식대상자의 영양관리에 특별히 신중해야 한다. 건강 상태를 유지하기 위해서 신체는 식사로부터 충분한 에너지와 영양소를 계속적으로 보충 받아야 한다. 영양소는 당질, 단백질, 지질, 비타민, 무기질, 물로 분류되며, 우리 몸은 많은 영양소를 합성할 수 있다. 그러나 우리 몸에서 합성되지 않거나 또는 합성되더라도 신체 필요량을 충족시키지 못하는 영양소를 필수영양소라고 한다. 필수영양소는 반드시 식사로부터 섭취되어야 하며, 아미노산 9종, 지방산 2종, 물, 모든 비타민, 그리고 모든 무기질이 필수영양소에 해당된다. 영양관리 시에는 매일 식품을 통해 섭취해야 하는 필수영양소를 함유한 여러 가지 식품을 골고루 섭취할 수 있도록 계획해야 한다.

탄수화물은 우리나라 사람의 대표적인 열량원은 비교적 저렴한 가격에 쉽게 구해서 먹을 수 있는 식품에 많이 존재한다. 에너지 적정 비율을 고려해서 성인의 경우 55~70% 정도 공급하도록 계획한다. 단백질의 경우 일상적으로 섭취하는 양이 권장량을 크게 상회하고, 권장량 이상 초과되더라도 영양상의 문제가 특별히 없으나 소화흡수효율을 고려해서 하루 필요량 중 1/3 이상을 동물성 단백질로 구성하도록 한다. 또한 하루 섭취량을 한 끼에 구성하는 것보다 여러 끼니에 나누어 구성할 때 효율이 더 높은 것으로 보고 되어 있으므로 식단 계획 시 고려한다. 지방은 총 열량의 20% 내외로 구성하고, 지방 섭취의 균형을 위해서 다중불포화지방산, 단일불포화지방산, 포화지방산의 비율과 n-6과 n-3 지방산의 비율도 고려해야 한다. 그 외 여러 가지 비타민과 무기질 등 미량 영양소의 원활한 공급을 위한 식단 구성 및 조리 방법도 고려해야 한다.

2) 급식 대상자의 식습관과 기호 충족

사람은 환경과 생리적인 상태의 변화에 따라 먹는 것에 변화가 있다. 사람은 태어나면서 지속적으로 먹어온 것에 익숙해지면서 식습관이 형성되어 진다. 지난 20세기까지는 배고픔, 결핍에 대응해서 양적으로 많이 섭취하는 것이 미덕이었다. 앞으로 21세기는 양적인 만족뿐만 아니라 정서적인 개인 만족을 추구하고자 할 것이며, 식생활에 있어서 식품의 질과 가치, 다양성, 세계화와 함께 '우리 것이 세계적'이라는 인식하에 전통적인 요소도 중요한 의사 결정의 요소가 될 것이다.

식품에 대한 기호와 식습관도 식문화와 같이 시대적으로 변천하고 있을 뿐만 아니라 개인, 집단, 인종, 나이, 성별, 직업, 소득 수준, 지역 등에 따라서도 차이가 있다. 또한 식습관도 생활 방식, 생산, 분배, 소비의 방식, 사회 계급, 교육 절차, 대인관계 형태, 인종, 거주하는 지역, 종교, 시대와 연관되며, 한 인구 집단에 대한 전체 문화의 일부라고 할 수 있다.

우리나라는 기후와 풍토에 의해서 예로부터 벼농사를 주로 해왔으므로 쌀이 주식으로 형성되었다. 그러나 오늘날의 식생활은 과거에 비해 많은 변화를 겪고 있다. 자연적 요인(풍토, 기후, 지세, 풍토 조건), 사회적 요인(종교, 전통, 관습, 도시화, 국제화, 정보화), 경제적인 요인(소득 수준, 생활수준, 노동 조건), 기술적 요인(식품산업 및 가공기술, 식품저장기술), 사회계층적 요인(세대차, 핵가족화, 연령차, 직업차), 외부 세계와의 교류(UR농산물 협상, WTO체제), 심리적 요인(생활 가치관, 잠재적 욕구), 기타(주거 상태, 여가 상태) 요인 등과 밀접하게 관련되어 서로 상호작용을 하면서 끊임없이 새로운 형태의 식습관과 기호가 생성되어 온 것이다. 따라서 급식관리자인 영양사는 급식 대상자의 기호와 식습관이 끊임없이 변화되어가는 경향을 고려하여 식단을 계획해야 한다. 더 나아가 기호와 식습관을 올바르게 교정하는 식사 계획, 즉 영양 계획을 수립하여 국민 건강 증진에 기여해야 한다.

3) 식품의 조화로운 배합

어떤 음식의 맛이 좋다 혹은 나쁘다는 것은 식품의 풍미로 판단하게 된다. 인간의 감각적 인식은 개인의 습관, 풍습, 편견, 정서에 따라 다소 차이가 있다. 풍미란 '어떤 물질을 입에 넣어서 그것이 미각과 후각을 자극하고 입안에 있는 일반적인 고통, 촉감, 온도감수기(receptor)를 자극함으로써 일어나는 감각'으로 정의된다. 즉 음식이 지닌 형태, 색, 촉감, 맛, 온도, 조리방법 등이 적절한 대비가 이루어지고 조화롭게 구성될 때, 더욱 음식의 구미를 돋우게 되고 먹고 싶은 자극을 일으키게 된다. 급식관리자는 식단 작성 시 식단이 풍미를 저해하는 요인은 없는지 고려해야 한다.

(1) 향의 조화

냄새 혹은 방향은 식품과 음식을 받아들이고 거부하는데 가장 큰 영향을 주는 요소이다. 먹기 전이나 먹는 동안에 냄새를 맡음으로써 냄새가 인식되고, 음식을 씹고 삼키는 동안 혀와 목이 공기를 움직이게 함으로써 냄새를 느끼게 된다. 풍미가 좋을 때 좋아하는 음식은 빨리 먹고, 싫어하는 음식은 늦게 먹는 것은 냄새 감각이 피로하게 되면 먹는 속도가 느려지기 때문이다. 냄새에 대한 적응 과정은 첫 번째 입에 넣은 것이 강하고, 두 번째 넣는 것부터는 약화된다. 또한 후각기관을 자극하는 냄새는 높은 온도에서 더 휘발성이 강해지며, 식품의 온도에 따라 냄새가 달라진다. 한편, 냄새기관은 자극이 제거되면 쉽게 회복되므로 비슷한 향미의 식품, 향신료, 조미료를 식사 구성 시 반복 사용하지 않는 것이 합리적이다. 식사 시 첫 코스는 찬 것(아이스크림, 과일 등)과 단 것이 아닌 것으로 구성한다.

(2) 맛의 조화

맛의 수용체는 미뢰에 있는 세포들이다. 맛은 셀 수 없이 많으나 모든 맛은 쓴맛, 짠맛, 신맛, 단맛의 네 가지 기본적인 맛이 혼합된 맛이다. 그리고 이들의 순한 맛과 자극이 심한 맛이 있다. 사람들은 맛을 느낄 때 쓴맛, 신맛, 짠맛, 단맛의 순서로 느끼게 된다. 맛에 대한 감각은 과장 혹은 억제되기도 한다. 맛은 상호작용에서 소금 용액은 쓴맛과 산에 대한 감도를 감소시키고, 산 용액은 짠맛과 쓴맛에 대한 감도를 감소시키고, 소금 용액과 산 용액은 단맛을 증가시킨다. 예를 들면 푸딩에 소금을 첨가하면 단맛이 증가되고, 햄에 설탕을 가하면 짠맛이 감소되고, 커피에 소금을 첨가하면 신맛이 감소된다.

(3) 질감의 변화

혀, 잇몸, 연구개, 경구개 등에는 기계적인 자극에 대한 감각을 느끼게 하는 기관이 있으며, 이것이 식품이나 음료의 텍스처를 판단한다. 식품의 텍스처(texture)를 표현하는 형용사는 아삭아삭한 것(crisp), 연한 것(tender), 딱딱하고 단단한 것(tough), 질긴 것(stringy), 말랑말랑하게 부푼 것(fluffy), 기름진 것(oily), 끈적끈적한 것(sticky), 야들야들하고 보드라운 것(velvety), 설컹거리는 것(gritty) 등이 있다. 사람들은 텍스처가 서로 대조되는 방법으로 식품이 배합된 것을 좋아한다. 예를 들면 바삭바삭한 크래커와 수프, 연한 불고기와 씹히는 김치, 아삭아삭한 동치미와 떡 등의 배합이다. 식품의 텍스처 조절은 식품의 조리와 노화(staling) 중에 일어나는 변화의 조절을 의미한다. 일반적으로 사람들이 싫어하는 식품의 텍스처는 설컹거리는 느낌(grittiness), 질긴 느낌(fibrousness), 딱딱한 느낌(toughness), 으깨진 느낌(mushiness), 덩어리진 느낌(lumpiness), 건조된 느낌(dryness) 등이고 좋아하는 식품의 텍스처는 부드러운 것(smoothness), 아삭아삭한 것(crispness), 연한 것(softness), 가벼운 것(lightness), 촉촉한 것(moistness), 한 겹씩 벗겨지는 것(flakiness), 부푼 것(fluffiness) 등이다. 식단을 계획할 때 의도적으로 좋아하는 텍스처를 넣게 된다. 맛과 텍스처에 대한 감수기는 입 안에 있으며, 이것은 식품과 양념에 들어 있는 물질에 의해 자극받는 것으로 기호에 영향을 준다. 자극제로는 후추, 생강, 정향, 계피, 서양고추냉이, 박하, 탄닌, 고추 등이 있다. 후추와 카레의 온화한 자극은 타는 듯한 느낌(burnning sensation)을, 박하는 찬 느낌(cooling sensation)을, 탄닌은 수렴성(astringency) 또는 수축성(pukering)을 준다.

(4) 청각

식품과 관련된 소리가 사람의 풍미 인식에 작용하게 된다. 예를 들면 깍두기의 아삭아삭하게 씹히는 소리(cruchiness), 샴페인과 탄산음료의 슛하는 소리(fizz), 스테이크의 지글지글하는 소리(sizzling), 커피 끓이는 소리(perking) 등이다.

(5) 시각

인간은 색에 대한 미감한 반응을 보이며 식품의 자연스러운 색을 좋아한다. 색은 식품의 신선도와 풍미 판단에 도움을 준다. 표준에 비해 너무 색이 진하거나 엷거나 하면 맛이 떨어지는 것으로 판정된다.

캔디, 젤리, 시럽, 냉동디저트 등의 색은 풍미 인식을 도와준다. 풍미의 양이 동일한 식품인 경우에는 색이 진하고 엷은 정도에 따라 풍미가 더하거나 덜하다는 판정을 하기도 한다. 식품의 색에는 빨간색, 노란색, 녹색, 흰색, 검은색 등에 있다. 명확한 색과 희미한 색이 있고, 불쾌감을 주거나 신선하게 느껴지는 색이 있으므로 색의 조화는 사람의 식욕을 좌우할 수 있다. 노란색, 오렌지색, 주황색, 밝은 녹색, 황갈색, 갈색은 자율신경을 자극한다. 자주색, 붉은 자주색, 황록색, 겨자색, 회색은 기분 좋은 색은 아니다.

(6) 관능검사

음식의 맛이 있다 혹은 없다, 좋다 혹은 싫다고 표현하는 것은 미각·후각·시각·청각·촉각을 통해 평가된다. 따라서 급식소에서 신 메뉴 개발이나 표준 레시피 수정 작업 시 관능검사 방법이 사용된다. 관능적인 조건은 매우 다양하므로 표준화된 조건에 의해 검사하여 평가자의 의견을 수렴하는 과정을 통해 수정·보완된 표준 레시피로 식단을 계획하고 생산했을 때 고객 만족도가 증대되고 잔반도 줄여나갈 수 있다.

관능검사 시에는 소음, 실온, 습도, 조명 등의 물리적 환경과 냄새, 옆 사람의 의견 등에 영향을 받으므로 실내의 온도와 습도를 쾌적하게 조절해 주고 실내의 벽, 천장, 바닥, 탁자 등은 적당히 밝고 안정된 색을 선택하며, 환기시설을 설치하여 냄새가 빨리 제거되도록 배려해야 한다. 조명도 일정해야 색의 특성을 가리지 않고 충분히 나타낼 수 있다. 관능검사 요원은 생리적으로 참여할 의지와 시간이 있는 사람으로 선정하여 훈련하고 식품에 대한 전문 지식을 가진 자로서 맛, 냄새, 색깔, 질감 등에 기본 지식을 이해하며 검사 요령과 평가 방법을 충분히 이해하고 있어야 한다. 음식은 담는 용기에 따라 달라지므로 동일한 용기에 담아야 한다. 관능검사 결과를 수집하고 정리한 후 통계 처리 과정을 거쳐서 평가하게 된다.

급식관리자인 영양사는 사람의 오감을 통해서 오는 좋고 나쁨이 다양하게 변화가 일어난다는 것을 깊이 이해하고 조리 종사자, 급식 대상자와 더불어 관능적인 조건을 성별, 연령별, 집단별로 구분하여 식단계획을 세워야 한다. 급식 대상자가 성별, 연령별로 여러 계층이 혼재되어 있을 때는 성별, 연령별로 구분하여 좋아하는 식품과 조리법을 교대로 식단 작성 시 반영하고 모든 급식 대상자가 일주일에 몇 번씩은 좋아하는 음식을 먹을 수 있도록 계획하고, 어느 한 계층도 장기간 소외되지 않도록 해야 한다.

(7) 맛의 강화

음식은 만드는 사람은 식품의 풍미를 증진시키기 위하여 여러 가지 조미료를 조금씩 사용한다. 갖은 양념, 양파, 초콜릿, 바닐라, 감귤 등을 식품에 첨가하여 풍미를 증진시킨다. 이들은 과일과 채소의 신선도 보유, 곡류의 신선도와 풍미 보유, 유지류의 끈적함 감소, 농조림 고기의 풍미 증가, 수프의 점성 증가를 위해 사용되기도 한다. 식단을 짤 때의 기본적인 원칙은 온화한 맛을 먼저 소개하고 강한 맛은 나중에 소개하는 것이다. 음식을 만들고 식단을 계획하는데 풍미를 혼합하는 것은 예술이기 때문에 오랜 연구와 경험, 특히 센스가 있어야 한다.

(8) 음식의 모양

그릇에 담아 제공되는 음식의 크기와 모양 등에 변화가 있을 때 조화가 이루어졌다고 할 수 있다. 또한 써는 모양이나 크기를 다양하게 조리함으로써 시각적으로 만족할 수 있는 식단을 구성할 수 있다. 음식을 담는 식기의 선택과 조리된 요리를 서로 어울리도록 잘 곁들어 담는 것도 시각적인 만족도 증대에 큰 영향을 준다.

(9) 음식의 온도

음식의 온도는 맛에 영향을 준다. 온도의 영향을 측정할 수 있는 범위는 17~42℃ 정도이다. 온도가 17℃에서 증가하여 36.5℃인 체온과 같아질 때까지 단맛의 감도가 증가하고 그 후에는 감소된다. 짠맛은 온도에 의해 감도의 변화가 없으나, 사람에 따라 단맛과 비슷한 반응을 나타내는 경우도 있다. 예를 들면 뜨거운 커피가 냉커피보다 덜 쓰며, 뜨거운 국이 찬 국보다 덜 짜다. 온도는 식품의 맛에 영향을 주는 인자이므로 뜨거운 음식은 뜨겁게(60℃ 이상), 찬 음식은 차갑게(5℃ 이하) 적온 배식을 하는 것이 중요하다. 일반적으로 음식의 적절한 배식 온도는 밥류는 80℃ 내외, 국류는 65℃ 이상, 찌개류나 탕류는 85℃ 이상, 생채나 샐러드류는 5℃ 내외, 차가운 음료나 물은 5~10℃, 커피나 차류는 65℃ 정도이다.

(10) 조리 방법

조리 방법 역시 식품의 조화로운 배합을 위해 중요한 요소이다. 식품의 선택과 배합이 조화롭게 되었을 때 영양과 풍미를 높일 수 있다. 식품 자체의 모양, 썰기 모양, 만들기 모양도 다양하고, 조리 방법도 다양하게 준비했을 때 음식의 풍미는 더욱 증가될 수 있다. 조리방법 선택 시에는 향, 맛, 맛의 조화, 질감의 조화, 청각, 시각, 맛의 강화, 음식의 모양, 음식의 온도 등의 적절히 배합을 고려해야 한다. 여러 가지 식품을 골고루 선택하여 조리하고 조리 방법의 중복을 최소화하는 것이 성공적인 식단을 계획하는 또 하나의 중요 요인이다.

4) 예산에 맞는 식재료비의 비율

급식 대상자의 1일 급여 영양량이 정해지면 식품 구성을 결정한다. 이때 급식소의 경영 방침에 따라 정해진 급식비 예산 중 식재료비의 비율이 의사 결정의 기준이 된다. 식재료비의 비율은 급식 시설, 급식 형태, 운영 방침에 따라 다소 차이가 있지만 대체로 다음과 같다.

- 호텔, 식당 : 30~40%
- 학교 카페테리아 급식 : 50~60%
- 학교급식, 산업체 급식 등 단체급식 : 60~70%
- 군대 급식 : 90~100%

식재료비 중에서도 주식, 부식, 후식의 비율은 식단의 형태에 따라 다르다. 또한 고객의 경제적 수준과 기호, 시대와 문화의 변천에 따라서도 변화될 수 있다. 일반적으로 한식과 양식 식단의 식재료비 구성 비율은 다음과 같다.

▣ 한식 식단의 구성 비율
주식 : 20~30%, 부식 : 60~70%, 후식 : 7~10%

▣ 양식 식단의 구성 비율
식욕 촉진제용 : 8~10% 수프 : 8~10%, 앙뜨레용(주요리) : 50~55%,
채소용 : 10~12%, 빵, 음료용 : 8~10% 디저트용 : 12~15%

5) 종업원 및 필요 기기의 활용

식단작성 시 종업원의 수와 조리 기술, 숙련도 등과 조리시설 및 기기의 종류와 수, 작동 여부 등을 고려하여야 한다. 아무리 영양소의 조성이 우수하고, 예산에 적합하고, 기호도가 높은 메뉴라고 하더라도 조리 종사원의 조리 기술이 부족하다거나 조리 시간이 많이 걸려서 정해진 시간 내에 생산을 할 수 없다면 식단에 포함시킬 수 없다. 한편, 최근에는 다양한 조리기기가 개발되어 숙련된 조리 인력을 대체할 수 있는 경우도 있다. 급식관리자는 식단작성 시부터 급식소에서 활용 가능한 조리 종사원과 조리기기에 대한 정보를 정확히 파악하여 급식 생산관리에 차질이 없도록 해야 한다.

6) 식단 작성 시 참고자료

급식소 식단계획 시 과거의 식단, 각종 참고서적, 표준 레시피, 요리책, 관련 인터넷사이트, 각종 홍보물, 재고 기록표, 계절 식품에 대한 정보, 구매 기록, 단가표, 식단 기호도 조사 결과, 식수 인원 현황(주관적・객관적 식수 인원 예측), 식단에 대한 건의서나 의견서, 다른 급식・외식업소의 운영 정보 등을 응용하여 활용할 수 있다.

3. 식단 작성 순서

단체급식에서의 식단 작성 시에는 한국인 영양섭취기준을 기준으로 하여 고객(급식 대상자)의 연령, 성별, 활동 정도에 따라 급여 영양량을 결정하고, 3끼 영양량을 배분한 후 식품 구성량을 산출하고 조리 시에 어떻게 배합할 것인가를 결정하여야 한다. 또한 식단은 주식・부식・후식으로 구분 작성한 후 열량과 단백질, 미량 영양소의 보급 방법을 계획하고 식품의 제공량과 식단가의 조정이 필요하다.

1) 급여 영양량 결정

고객의 연령, 성별, 활동량, 성장 발달 단계, 체위, 신체 건강 상태에 따라 영양소요량을 결정한다(한국인 영양섭취기준 참조 표 2-3~표 2-7). 단체급식에서는 연령과 활동 정도별로 평균치를 계산하고 1인 1일분의 평균 급여 영양량을 산출한다. 한국인 영양섭취기준 제8차 개정에서는 영아(0~11개월)와 유아(1~5세)까지는 성별의 구별 없이 각 연령에 따른 영양권장량이 동일하다. 그러나 아동 6~8세, 청소년 9~11세, 12~14세, 15~19세와 성인 20~29세, 30~49세, 50~64세와 노인 65~74세, 75세 이상은 남녀 성별에 따라 영양 섭취 기준에 차이가 있다. 다양한 연령층의 사무직 성인 남녀가 함께 식사하는 한 급식소의 평균 급여 영양량 계산의 예는 표 2-9과 같다. 전체 급식 인원 500명에게 급식을 제공하기 위한 1인 1일당 평균 영양 필요량은 열량은 2,360 kcal, 단백질 52.5 g 이며, 점심식사만 급식하는 경우 1일 기준의 1/3을 기준으로 식단을 계획하면 된다. 다른 영양소와 달리 탄수화물과 지방은 에너지 적정 비율을 설정하였다(표 2-10). 에너지 적정 비율은 성인의 경우 탄수화물 55~70%, 단백질 7~20%, 지방 15~25% 정도이다. 성별, 체위, 활동 정도에 따른 성인의 에너지 필요추정량은 표 2-11과 같다. 신체 활동의 수준 분류에서 '저활동적'은 대부분의 시간을 앉아서 하는 정적 활동으로 보내는 경우이며, '활동적'은 주로 앉아서 보내지만 서서하는 작업, 통근, 물건 구입, 가사, 가벼운 운동 등을 포함하는 경우이며, '매우 활동적'은 주로 서서 하는 작업 종사, 또는 운동 등 활발한 여가활동을 하는 경우이다. 에너지 필요 공급량이 결정되면 에너지 적정 비율표를 참고로 탄수화물, 단백질, 지방의 공급을 계획한다.

표 2-9. 연령, 성별에 따른 평균 급여 영양량 계산표의 예(사무직 성인 남녀, 2005년 제8차 개정 기준)

연령	성별	활동정도	인원수 (①)	1인당 1일 영양필요량(②)		영양필요량총계(①×②)		비고
				열량(kcal)	단백질(g)	열량(kcal)	단백질(g)	
20-29세	남	저활동	150	2,600	55	390,000	8,250	
	여	저활동	50	2,100	45	105,000	2,250	
30-49세	남	저활동	200	2,400	55	480,000	11,000	
	여	저활동	50	1,900	45	95,000	2,250	
50-64세	남	저활동	50	2,200	50	110,000	2,500	
합계			500(a)			1,180,000(b)	26,250(c)	
1인 1일당 평균영양필요량						2,360(b/a)	52.5(c/a)	

표 2-10. 한국인 영양섭취기준-에너지 적정비율(2005년 제8차 개정)

영양소		1-2세	3-19세	20세 이상
탄수화물		50-70%	55-70%	55-70%
단백질		7-20%	7-20%	7-20%
지방		20-35%	15-30%	15-25%
	n-6 불포화지방산	4-8%	4-8%	4-8%
	n-3 불포화지방산	0.5-1.0%	0.5-1.0%	0.5-1.0%

자료 : 한국인 영양섭취기준, 2005

표 2-11. 30세 성인의 에너지 필요추정량

성별	신장 (cm)	신체활동 수준	체중		에너지필요추정량	
			기준BMI 18.5	기준BMI 24.9	기준BMI 18.5	기준BMI 24.9
남자	160	비활동적	47.4	64.0	1,993	2,257
		저활동적			2,171	2,464
		활동적			2,397	2,727
		매우 활동적			2,769	3,160
	170	비활동적	53.5	72.2	2,114	2,442
		저활동적			2,338	2,670
		활동적			2,586	2,959
		매우 활동적			2,992	3,434
	180	비활동적	59.9	81.0	2,301	2,635
		저활동적			2,513	2,884
		활동적			2,782	3,200
		매우 활동적			3,225	3,720
여자	150	비활동적	41.6	56.2	1,625	1,762
		저활동적			1,803	1,956
		활동적			2,025	2,198
		매우 활동적			2,291	2,489
	160	비활동적	47.4	64.0	1,752	1,907
		저활동적			1,944	2,118
		활동적			2,185	2,385
		매우 활동적			2,474	2,699
	170	비활동적	53.5	72.2	1,881	2,057
		저활동적			2,090	2,286
		활동적			2,350	2,573
		매우 활동적			2,662	2,917

자료 : 한국인 영양섭취기준, 2005

2) 세 끼의 영양권장량 배분

단체급식소에서의 급식 횟수는 급식소의 특성에 따라 1일 1식에서 4식까지 다양하게 제공되고 있다. 급식관리자는 급식 횟수를 고려하여 1일의 영양권장량을 적절하게 배분하는 것이 중요하다.

아침·점심·저녁 식사의 영양권장량 배분 비율은 주식은 1 : 1 : 1, 부식은 1 : 1 : 2, 노동 강도가 심할 경우는 부식의 비율을 1 : 1.5 : 1.5 등으로 한다. 아침의 경우 입맛이 없어서 대개 점심이나 저녁식사에 비해 식사량이 적으므로 식단계획 시 고려하되 식전에 활동이 많거나 일의 능률이나 학습 효과를 높이기 위해서는 아침식사에 1일 급여 영양량의 1/3 이상을 섭취할 수 있도록 배분한다. 식전 활동이 없거나 가벼운 사무 업무를 주로 보는 경우는 3식에서 주식 비율은 1 : 1 : 1 혹은 0.9 : 1 : 1로 하고, 부식은 3 : 4 : 5로 정도로 배분한다. 간식이 제공될 경우는 하루 영양 총 소요량의 10~15%로 한다. 저녁식사를 너무 많이 먹으면 열량 수급에 균형을 잃게 되므로 식단계획 시 주의가 필요하다.

활동 정도가 심한 경우와 격심한 활동을 하는 육체노동자, 1회 섭취량이 적은 유・유아(乳・幼兒)일 경우에는 식사의 횟수를 늘리거나 식사 사이에 간식을 주어 위장의 부담을 주지 않으면서 부족한 열량과 영양소의 보충이 가능하도록 계획한다.

3) 음식수의 계획

식단에 사용할 음식 수는 급식소의 운영 여건에 따라 달라진다. 주로 밥과 국이나 찌개, 김치를 기본으로 하여 1식 2찬 혹은 3찬으로 구성한다. 효율적인 급식관리를 위해서 반드시 사전에 계획된 식품 구성량이 전부 사용될 수 있도록 한다.

① 주식의 종류 선택 : 밥류, 빵류, 면류 등
② 국이나 찌개 선택 : 국류, 찌개류, 탕류 등
③ 주찬으로 단백질 식품 선택 : 육류, 가금류, 생선류 등
④ 부찬으로 채소 식품 선택 : 숙채나 생채류, 샐러드류 등
⑤ 김치의 종류 선택 : 포기김치, 백김치, 알타리김치, 깍두기, 겉절이류 등
⑥ 후식의 종류 선택 : 음료, 떡류, 과일류 등

4) 식품 구성의 결정

식품 구성의 결정은 급식 대상자의 인적 특성, 경제성, 지역성, 기호성 및 문화 양상에 따라 차이가 있다. 식품 구성 결정 시에는 영양섭취기준에 근거하여 작성하거나 한국인 영양섭취기준을 기준으로 한 식사 구성안 또는 식품 교환표를 활용한다. 1일 필요 에너지가 결정되면 전체 필요 에너지와 영양량을 산출해야 한다. 세 끼의 영양량이 배분이 결정된 후 음식수를 정한다. 주식은 밥, 면, 빵 등을 1주일에 몇 번 제공할 것인가를 정한 다음 부식은 주식과 조화가 되는 식품을 결정하고 조리 방법도 고려하여 계획한다. 이상과 같이 음식 수 계획이 결정되었으면 식품의 종류와 양을 결정하여 영양량을 만족시켜야 한다. 식품의 종류와 양을 결정할 때는 급식 대상자의 식습관과 기호도, 식재료비, 지역성 등을 고려하여 변화를 준다.

(1) 영양섭취기준에 근거한 식단 구성

① 주식의 결정

주식은 밥, 면, 빵 중에서 선택한다. 총 에너지의 60%를 곡류 및 전분류에서 얻도록 양을 정하고, 이중 주식을 통해서 80% 이상을 공급하도록 계획한다. 남자 성인(30~49세)에게 1일 2,400 kcal를 공급하려면 이중 1,200 kcal를 주식에서 산출한다.

$$2,400\text{kcal} \times \frac{50}{100} = 1,200\text{kcal}$$

쌀은 100g에 340kcal 이므로 1,200kcal ÷ 340kcal × 100 ≒ 352.9g, 이것을 세 끼로 나누면, 352.9 ÷ 3 = 117.6g ≒ 120g

■ 잡곡을 8-10%로 혼식할 경우(한 끼 기준)

식품명	섭취량(g)	단백질(g)	열량(kcal)
쌀	110	7.2	374.0
보리쌀	10	1.1	35.7
합계	120	8.3	409.7

② 부식의 결정

주식이 밥이면 국이나 찌개 중 하나를 결정한다. 이때 맑은 국, 된장국, 된장찌개, 새우젓찌개, 탕 중에서 선택하고, 단백질 식품으로 구성된 주찬 한 가지와 채소 식품으로 구성된 부찬 1~2종류를 선택하고, 마지막으로 후식은 경우에 따라 결정하게 된다.

부식은 식품의 종류와 사용량이 결정되면 산출된 식품군별 식품량이 결정되면 산출된 식품군별 식품량에 따라 부식을 정하여 영양 요구량이 충족되도록 음식 수와 조리법을 결정한다. 이때 식품과의 배합을 고려하여 대치 식품으로 바꾸거나 보충할 수 있다. 부식에서 동물성 단백질은 전체 단백질의 45% 정도로 공급하도록 조정한다. 성인 남자(30~49세)의 1일 단백질 권장량은 55 g이므로

$$55\text{g} \times \frac{45}{100} = 24.75\text{g} \fallingdotseq 24.8\text{g}$$

동물성 단백질은 1일 약 24.8g 으로 식품 구성을 조정해야 한다. 동물성 단백질 식품으로 24.8g 이상을 섭취할 수 있도록 고기, 생선, 계란 등의 단백질 식품을 선택한다.

식 품 명	섭 취 회 수	섭취량 (g)	단백질 (g)	열량(kcal)
생 선 (삼치)	1회 분량	50	9.7	89.0
고 기 (쇠고기)	1회 분량	60	12.6	130.8
계 란 (계란)	1회 분량	50	6.4	79
합 계		160	28.7	298.8

이외 부식은 채소류(녹황색채소, 담색채소 등), 과일류, 해조류, 건어물류, 김치류 등에서 결정한다. 마지막으로 설탕, 기름, 조미료로써 열량을 맞추어 사용량에 따라서 조리법을 선택하게 된다.

또한 식단 구성 시 미량 영양소의 보급 방법에 대해서 고려해야 한다. 급식관리자는 미량 영양소는 천연식품 그대로 먹도록 권장·교육하고 조리 시 손실과 파괴를 최소화할 수 있는 조리 지침도 만들어야 한다. 2001년도 국민건강·영양조사 결과 영양 권장량과 식품 섭취량을 비교했을 때 칼슘, 철, 비타민 A, 리보플라빈의 섭취가 부족했다. 우리나라 사람에게 부족한 미량 영양소의 주요 급원식품으로는 칼슘 함량이 높은 식품은 우유, 굴, 치즈, 멸치, 요구르트, 연어, 열무, 검정깨, 새우, 시금치, 아몬드, 브로콜리, 참깨, 배추김치, 두부, 무 등이고, 철 함유량이 높은 식품은 굴, 조개, 쇠간, 쇠고기, 새우, 돼지고기, 콩, 고춧가루, 햄, 수박, 시금치, 호두, 아몬드, 완두콩, 닭고기, 계란, 두부 등이고, 비타민 A 함량이 높은 식품은 쇠간, 수박, 브로콜리, 당근, 시금치, 살구, 계란, 복숭아, 열무, 토마토, 치즈, 고춧가루, 우유, 김 등이고, 리보플라빈의 함유량이 높은 식품은 쇠간, 버섯, 굴, 우유, 아몬드, 브로콜리, 시금치, 돼지고기, 쇠고기, 닭고기, 호박, 계란, 조개, 치즈, 딸기, 완두콩, 호두 등이 있다.

(2) 식사 구성안을 이용한 식품 구성

식사 구성안은 영양섭취기준을 충족시킬 수 있는 식품의 양과 종류를 선택하는 식사 구성의 방법을 제안한 것이다. 식사 구성안은 특정 질병의 예방이나 치료를 목표로 하는 것이 아니라 일반 건강인을 대상으로 전반적인 건강을 증진시키기 위한 것이므로 일반인들이 영양섭취기준을 만족시키면서 쉽고 올바르게 실천할 수 있도록 어떤 식품을 얼마만큼 어떻게 구성해서 먹어야 하는지에 대한 식사계획의 지침이다. 식사 구성안의 영양 목표는 표 2-12와 같다.

표 2-12. 식사 구성안의 영양 목표

	식품 구성 성분	목 표
적절한 섭취	에너지	100% 평균 필요량
	단백질	100% 권장 섭취량 총 에너지의 15% 정도 공급
	비타민	100% 권장 섭취량 또는 충분 섭취량 상한 섭취량 미만
	무기질	100% 권장 섭취량 또는 충분 섭취량 상한 섭취량 미만
	식이섬유	100% 충분 섭취량
식품의 절제	지 방	총 에너지의 20~25% 정도 공급
	소 금	5 g 이하
	설 탕	되도록 적게

자료: 한국인 영양섭취기준, 2005

① 식품군 분류 및 1인 1회 분량의 설정

식품들은 식품영양가표에서의 분류 체계, 한국인의 대표적인 식사패턴, 영양소 함량, 국민건강·영양조사에서 총 영양소 섭취에 기여하는 정도 등을 고려하여 6가지 식품군으로 분류하였다. 곡류 및 전분류, 고기·생선·계란·콩류, 채소류, 과일류, 우유 및 유제품, 유지·견과 및 당류로 식품군을 분류한 후 식사 구성안을 위한 1인 1회 분량을 설정한 예는 표 2-13~표 2-18과 같다. 영양적으로 균형 잡힌 식단을 구성하기 위해서는 매끼니 곡류 및 전분류에 해당하는 식품을 주식으로 하고 단백질 반찬을 1~2가지, 채소 반찬을 2~3가지를 구성하는 것이 좋고, 음식을 조리할 때 가능한 유지 및 당류를 소량씩 이용하며, 간식으로 우유 및 유제품과 과일류에서 각 1일 1회 이상 섭취하는 것으로 계획한다.

표 2-13. 곡류 및 전분류의 주요 식품과 1인 1회 분량

	품 목	식 품 명	분량(g)1)	비 고
곡류 및 전분류 I (300 kcal)	곡 류	쌀, 보리쌀	90	
		쌀밥, 보리밥	210	1공기
	면 류	삶은 면-짜장면, 칼국수용	300	1대접
		건면-국수용	100	
		냉면국수, 메밀국수	100	
	떡 류	흰떡-떡국용	130	
	빵 류	식빵	100	큰 것 2쪽
곡류 및 전분류 II (100 kcal)	씨리얼류	콘푸레이크 등	30	
	감자류	감자	130	중 1개
		고구마	90	중 1/2개
	면 류	당면	30	
	묵 류	메밀묵	150	
	견과류	밤	60	큰 것 3개
	떡 류	절편	50	

* 곡류 및 전분류 II는 I과 다르므로 식단 작성 시 감안할 것 1) 분량(g) : 가식부 무게임
자료: 한국인 영양섭취기준, 2005

표 2-14. 고기, 생선, 계란, 콩류의 주요 식품과 1인 1회 분량

	품 목	식 품 명	분량(g)1)	비 고
고기, 생선, 계란, 콩류 (80 kcal)	육 류	쇠고기2)	60	
		돼지고기3)	60	
		닭고기	60	
		햄	60	
	어패류	갈치, 삼치, 꽁치, 고등어 동태, 가자미, 조기, 넙치 참치, 참치통조림, 어묵 오징어, 낙지, 새우 미꾸라지, 민물장어	50	작은것, 한토막
		생굴, 조갯살, 꽃게	80	
		건멸치, 건조기, 건오징어	15	
	난 류	계란, 메추라기 알	50	중 1개
	콩 류	검정콩, 대두	20	
		두부	80	
		두유	200	

1) 분량(g): 가식부 조리 전 무게임 2) 한우등심(살코기기준), 3) 한돈(살코기 기준)
자료: 한국인 영양섭취기준, 2005

표 2-15. 채소류의 주요 식품과 1인 1회 분량

	품 목	식 품 명	분량(g)1)	비 고
채소류 (15 kcal)	채소류	고구마줄기, 고사리, 시금치, 풋고추, 근대, 깻잎, 무청, 부추 들미나리, 배추, 상추, 시금치 쑥갓, 아욱, 취나물, 애호박 오이, 콩나물, 숙주나물 무, 배추, 양배추, 양파 가지, 당근, 늙은 호박, 토마토	70	1접시
		나박김치, 오이소박이	60	
		갓김치, 깍두기, 배추김치, 열무김치	40	
		우엉, 도라지, 파, 파김치	25	
		마늘	10	
		토마토주스	100	
	해조류	다시마, 미역, 파래(생것)	30	
		김	2	1장
	버섯류	느타리, 양송이, 팽이, 표고(생것)	30	

1) 분량(g): 가식부 조리 전 무게임
자료: 한국인 영양섭취기준, 2005

표 2-16. 과일류의 주요 식품과 1인 1회 분량

	품 목	식 품 명	분량(g)1)	비 고
과일류 (50 kcal)	과일류	딸기, 수박, 참외	200	딸기 10개
		감, 귤, 바나나, 배, 사과	100	귤(중) 1개
		복숭아, 오렌지, 포도		사과(중) 1/2개
	주스류	오렌지주스	200	1컵

1) 분량(g): 가식부 조리 전 무게임
자료: 한국인 영양섭취기준, 2005

표 2-17. 우유 및 유제품의 주요 식품과 1인 1회 분량

	품 목	식 품 명	분량(g)1)	비 고
우유 및 유제품 (125 kcal)	우 유	우유	200	1컵
	유제품	치즈	20	1장
		요구르트(호상)	110	1/2컵
		요구르트(액상)	150	3/4컵
		아이스크림	100	1/2컵

자료: 한국인 영양섭취기준, 2005

표 2-18. 유지, 견과 및 당류의 주요 식품과 1인 1회 분량

	품 목	식 품 명	분량(g)1)	비 고
유지, 견과 및 당류 (45 kcal)	유지류	버터, 마요네즈 옥수수기름 참기름, 콩기름, 들기름 커피크림	5	1작은술
		깨, 깨소금	8	
	견과류	땅콩	10	
	당류	꿀, 설탕, 당밀/시럽, 사탕	10	

자료: 한국인 영양섭취기준, 2005

② 식품군별 대표 영양가표와 권장 식사 패턴

권장 식사 패턴 제시를 위한 기초 자료로써 식품군별 대표 영양가표를 활용할 수 있다. 식품군의 대표 영양가표는 각 식품의 영양소 기여 값(1인 1회 섭취 분량 당 영양소 함량)에 그 식품의 섭취 가능 비율(전국 섭취량에 따른 가중치)을 곱한 값들의 합으로 나타내었다(표 2-19).

권장 식사 패턴은 1일 식사 구성의 하나의 예로써 이를 토대로 급식 대상자의 기호도를 고려하여 식품군 섭취 횟수를 조정하여 다양하게 사용할 수 있다. 권장 식사 패턴은 1,000~2,800 kcal까지 200 kcal 단위로 작성되었다(표 2-20, 표 2-21). 패턴 A는 소아·청소년의 권장 식사 패턴으로 우유 2컵을 기준으로 식품군 횟수를 배분하였으며, 일상적인 소아·청소년의 식사양상을 반영하였다. 패턴 B는 성인의 권장식사패턴으로 우유 1컵을 기준으로 식품군 횟수를 배분하였으며, 일상적인 성인의 식사 양상을 반영하였다. 단, 1,000~1,400 kcal의 경우는 적용 연령 기준이 없으며, 일부 영양소의 부족 가능성이 있으므로 체중 조절 또는 기타 목적으로 1,400 kcal 미만을 섭취할 경우에는 영양제 보충이 필요할 수도 있다. 권장 식사 패턴 활용 시에는 먼저 필요한 열량을 계산하고, 계산된 열량의 식품군 배분 횟수와 1인 1회 분량을 이용하여 식단을 작성한다. 이미 양념 사용량이 고려되었으므로 주재료·부재료로 사용되는 식품을 식품군 섭취 횟수 기준에 맞추어 배분하면 된다. 제시된 권장 식사 패턴의 경우 칼슘과 리보플라빈의 권장 섭취량을 약간 밑도는 수준이므로 칼슘의 섭취를 늘이기 위해 칼슘 함량이 높은 우유 및 유제품을 섭취하거나 콩 및 두부류, 뼈째 먹는 생선 등의 섭취를 늘여야 하며, 리보플라빈의 섭취를 늘이기 위해 콩 및 두부류, 잡곡류, 녹색 채소 등의 식품을 자루 섭취하는 것이 좋다. 만약 우유 섭취를 더 늘이기를 희망한다면 어육류군과 유지 및 당류 섭취 횟수를 1회씩 줄이고, 우유군 섭취를 1회 더 섭취할 수 있다. 식이섬유의 경우 충분

섭취량을 충족시키기 위해 식품 선택 시 잡곡류의 섭취를 늘이고, 주스류보다는 생야채, 생과일을 이용하도록 한다. 또한 나트륨의 목표 섭취량을 만족시키기 위해 가능한 한 싱겁게 조리하고, 국이나 찌개는 건더기 위주로 섭취하는 것이 좋다. 식품군별 대표 영양가 산정 시 단순 당질, 지방함량이 많은 음식은 제외하였으므로, 단순 당질이 많이 함유된 식품이나 고지방 식품을 사용할 경우에는 해당 식품군과 유지 및 당류를 함께 사용한 것으로 계산해서 열량을 맞추어야 한다(한국인 영양섭취기준, 2005). 권장 식사 패턴을 활용하여 2,000 kcal 기준으로 1일 식단(패턴 A)과 1주일 식단(패턴 B)을 구성한 예는 각각 표 2-22, 표 2-23과 같다.

표 2-19. 식품군의 대표 영양가표

식품군	에너지 (kcal)	단백질 (g)	지방 (g)	탄수화물 (g)	식이섬유 (g)	칼슘 (mg)	인 (mg)	철 (mg)	나트륨 (mg)	칼륨 (mg)	비타민A (μg RE)	티아민 (mg)	리보플라빈 (mg)	니아신 (mg)	비타민C (mg)
곡류 I	323.870	8.6000	1.197	66.490	0.276	7.728	123.112	0.544	70.403	98.767	0.026	0.107	0.029	1.295	0.000
곡류 II	91.956	3.054	0.086	20.278	0.363	8.189	69.125	5.598	21.845	505.574	4.856	0.123	0.070	1.188	35.420
어육류	80.513	9.201	4.274	1.108	0.041	33.151	116.539	1.382	113.280	113.021	17.420	0.117	0.105	1.600	0.526
채소류	12.088	1.020	0.192	2.193	0.467	23.067	24.434	0.494	183.429	150.048	90.797	0.036	0.040	0.323	10.820
과일류	51.916	0.824	0.248	13.056	0.567	11.842	16.344	0.317	2.600	167.140	17.342	0.068	0.041	0.417	30.650
유제품류	122.874	5.779	6.095	11.462	0.002	189.084	160.058	0.187	105.959	274.778	53.540	0.072	0.261	0.176	1.650
유지 및 당류	38.000	0.128	2.636	3.630	0.031	4.426	6.316	0.063	4.690	9.696	0.191	0.007	0.001	0.055	0.004

자료: 한국인 영양섭취기준, 2005

표 2-20. 칼로리별 기준 대상 연령

<table>
<tr><th>패턴 A
(kcal)</th><th>적용연령</th><th>적용연령
평균에너지필요량</th><th>패턴 B
(kcal)</th><th>적용연령</th><th>적용연령
평균에너지필요량</th></tr>
<tr><td>1,000</td><td>1-2세 소아</td><td>1,000</td><td>1,000</td><td></td><td></td></tr>
<tr><td>1,200</td><td>3-5세 소아</td><td rowspan="2">1,400</td><td>1,200</td><td></td><td></td></tr>
<tr><td>1,400</td><td>3-5세 소아</td><td>1,400</td><td></td><td></td></tr>
<tr><td>1,600</td><td>6-8세 소아</td><td>여: 1,500
남: 1,600</td><td>1,600</td><td>65세 이상, 여자</td><td>1,600</td></tr>
<tr><td>1,800</td><td>9-11세, 여자</td><td>1,700</td><td>1,800</td><td>50-64세, 여자</td><td>1,800</td></tr>
<tr><td rowspan="2">2,000</td><td>9-11세, 남자</td><td>1,900</td><td rowspan="2">2,000</td><td>30-49세, 여자</td><td>1,900</td></tr>
<tr><td>12-19세, 여자</td><td>2,000</td><td>65세 이상, 남자</td><td>2,000</td></tr>
<tr><td>2,200</td><td>12-14세, 남자</td><td rowspan="2">2,400</td><td>2,200</td><td>20-29세, 여자
50-64세, 남자</td><td>2,100
2,200</td></tr>
<tr><td>2,400</td><td>12-14세, 남자</td><td>2,400</td><td>30-49세, 남자</td><td>2,400</td></tr>
<tr><td>2,600</td><td>15-19세, 남자</td><td rowspan="2">2,700</td><td>2,600</td><td>20-29세, 남자</td><td rowspan="2">2,600</td></tr>
<tr><td>2,800</td><td>15-19세, 남자</td><td>2,800</td><td>20-29세, 남자</td></tr>
</table>

자료: 한국인 영양섭취기준, 2005

표 2-21. 권장 식사 패턴(식품군별 1일 권장 섭취 횟수)의 예

식사패턴(kcal)		1,000	1,200	1,400	1,600	1,800	2,000	2,200	2,400	2,600	2,800
패턴 A (우유 2컵) (소아·청소년)	곡류 및 전분류 I	1	1.5	2	2.5	3	3	3.5	4	4.5	4.5
	곡류 및 전분류 II	1	1				1				1
	고기, 생선, 계란, 콩류	2	2	3	3	3	4	5	5	6	6
	채소류	2	3	4	4	5	5	6	6	6	7
	과일류	1	1	1	2	2	2	2	2	3	3
	우유 및 유제품	2	2	2	2	2	2	2	2	2	2
	유지, 견과 및 당류	2	2	3	3	3	4	5	5	5	6
패턴 B (우유 1컵) (성인)	곡류 및 전분류 I	1.5	2	2	2.5	3	3	3.5	4	4.5	5
	곡류 및 전분류 II			1			1	1	1		
	고기, 생선, 계란, 콩류	2	2	3	4	4	5	5	5	6	6
	채소류	4	5	6	6	7	7	7	7	7	8
	과일류	1	1	1	2	2	2	2	3	3	3
	우유 및 유제품	1	1	1	1	1	1	1	1	1	1
	유지, 견과 및 당류	2	3	3	3	4	4	5	5	6	6

자료: 한국인 영양섭취기준, 2005

표 2-22. 1일 식단 구성의 예(2,000 kcal, 패턴 A)

식단 \ 식품군 및 권장 섭취 횟수		밥 (곡류 및 전분류 I)	단백질반찬 (고기·생선·계란·콩류)	야채반찬 (채소류)
		3	4	5
아침	수수밥 미역국 갈치조림 콩나물무침	수수밥 210 g (1)	갈치(小) 1토막 50g (1)	미역국(1) 콩나물무침
점심	흰밥 무국 두부구이 멸치볶음 시금치나물 배추김치	흰밥 210g (1)	멸치 15 g (1) 두부 2쪽 80g (1)	무국 (0.5) 시금치나물 (0.5) 배추김치 (0.5)
저녁	보리밥 얼갈이국 동그랑땡 버섯볶음 오이생채	보리밥 210 g (1)	동그랑땡(3쪽) 60g (1)	얼갈이국 (0.5) 버섯볶음(1) 오이생채 (0.5)
간식	씨리얼 30 g 우유 2컵 귤 1개 사과 1/2개	곡류 및 전분류II	우유 및 유제품	과일류
		1	2	2
		씨리얼 30 g (1)	우유 2컵 (400 ml) (1)(1)	귤 1개(100 g)(1) 사과 1/2개(100 g)(1)

* 유지, 견과 및 당류(4 servings)는 조리 시 소량씩 사용됨.
(1) 권장섭취횟수(1회분량 수)
자료: 한국인 영양섭취기준, 2005

표 2-23. 1일 식단 구성의 예 (2,000kcal, 패턴 B)

	1	2	3	4	5	6	7
아침	수수밥 210 시금치국 – 시금치 35 갈치조림 – 갈치 50 도라지생채 – 도라지 25 부추볶음 – 부추 35	콩밥 210 무국 – 쇠고기 10, 무 35 닭살조림 – 닭살 50 김구이 – 김 2 쑥갓나물 – 쑥갓 35	잡곡밥 210 미역국 – 생미역 30 계란찜 – 계란1개 50 시금치나물 – 시금치 35 숙주나물 – 숙주 35	콩밥 210 콩나물국 – 콩나물 35 삼치구이 – 삼치 50 느타리볶음 – 느타리 25 무생채 – 무 35	토스트 – 식빵(小)3쪽 100 햄구이 – 햄 60 야채스틱 – 오이 50, 당근 20 우유 200	팥밥 210 우거지 된장국 – 우거지 70 고등어구이 – 고등어 50 호박나물 – 호박 35 숙주나물 – 숙주 35	콩밥 210 무국 – 무 35 가자미구이 – 가자미 50 근대나물 – 근대 35 잡채 – 당면 15, 야채 70
점심	흰밥 210 북어국 – 북어 15, 무 35 콩나물무침 – 콩나물 70 두부구이 – 두부 80 배추김치 40	흰밥 210 육개장 – 쇠고기 60, 숙주 25, 무 25, 고사리 20 연두부 – 연두부 150 고구마줄기볶음 35 파래무침 – 파래 30	회덮밥 – 흰밥 210, 참치 100, 상치 15, 양배추 30, 적채 15, 오이 30, 깻잎 10 팽이버섯된장국 – 팽이 15 락교 – 락교 20	흰밥 210 우거지국 – 우거지 35 불고기 – 쇠고기 120, 양파 15 상치쌈 – 상치 70 오이생채 – 오이 35, 당근 10, 양파 10	배추국 – 배추 40 돌솥비빔밥 – 흰밥 210, 각종나물(상치, 호박, 고사리, 근대, 콩나물) 170, 고기볶음 60 계란후라이 – 계란 50 오이소박이 30	흰밥 210 설렁탕 – 양지고기 60, 육수 200, 소면 90 시래기나물 – 시래기 70 깍두기 40	칼국수 면(삶은것) – 조개 300, 호박 80, 감자 40, 양파 70, 어묵 20, 풋고추 50 어묵볶음 10 총각김치 40
저녁	보리밥 210 얼가리국 – 얼가리 35 제육볶음 – 돼지고기 120 야채쌈 – 모듬야채 70 파무침 – 대파 25	현미찹쌀밥 210 아욱국 – 아욱 70 조기구이 – 조기 75 호박전 – 호박 70, 계란 25 배추김치 20	콩밥 210 김치찌개 – 돼지고기 30, 김치 40, 양파 10 양배추쌈 – 양배추 35 꽁치구이 – 꽁치 75 청경채나물 – 청경채 35	잡곡밥 210 순두부찌개 – 순두부 150, 바지락 40, 새우 25, 양파 15, 호박 20, 김치 20 취나물 – 취 70 나박김치 30	현미찹쌀밥 210 동태찌개 – 동태 100, 무 35, 쑥갓 20 시금치나물 – 시금치 50 더덕구이 – 더덕 25 도토리묵 50	잡곡밥 210 두부된장찌개 – 두부 80, 달래 15, 호박 35, 양파 20 돼지편육 – 돼지 60, 상치 20 도라지볶음 – 도라지 25 미나리무침 – 미나리 50	현미찹쌀밥 210 버섯전골 – 쇠고기 60, 느타리 20, 양송이 20, 팽이 20, 양파 20, 배추 20 멸치볶음 – 멸치 15 가지나물 – 가지 35
간식	우유 200 ml 사과 1/3개 (100 g) 귤 1개 (100 g) 인절미 3쪽 (50g)	우유 200 ml 키위(小) 1개 (100 g) 단감 1/2개 (100 g) 절편 1쪽 (50 g)	요구르트 145 ml 딸기 (200 g) 귤 1개 (100 g) 고구마 1개 (90 g)	요플레 1개 (110 g) 사과 1/2개 (100 g) 배 1/4개 (100 g) 감자 1개 (130 g)	귤 1개 (100 g) 바나나(小) 1개 (100 g)	우유 200 ml 오렌지 1개 (200 g)	우유 200 ml 단감 1/2개 (100 g) 딸기 (200 g)

* 조리시 유지 및 당류 소량씩 사용함 (4 serving 정도)
*식단에 제시된 무게는 가식부 기준이며, 조리전 무게임
자료 : 한국인 영양섭취기준, 2005

(3) 식품교환표를 이용한 식품 구성

식품교환표는 우리가 일상 생활에서 섭취하고 있는 식품들을 영양소의 구성이 비슷한 것끼리 여섯 가지 식품군으로 나누어 묶는 표이다. 1950년 미국 영양사회와 미국 당뇨병협회가 당뇨환자를 중심으로 활용하기 위하여 만들어졌으나 현재는 모든 경우에 활용된다. 우리나라에서도 1995년 대한영양사협회, 대한당뇨학회, 한국영양학회가 공동으로 제정한 식품교환표를 사용하고 있다.

식품교환표에는 같은 식품군 안에 있는 식품들은 영양소의 구성이 비슷하므로 바꾸어 먹을 수 있다. 이를 위하여 1회 섭취량이나 거래 단위 등을 기준으로 영양소 함량이 동일한 중량을 결정하여 그 양을 '1교환 단위'라고 정하였다. 열량에 따른 식품군별 교환 단위수는 표 2-24과 같다. 식품교환표에 따른 식품군별 교환 단위수로 계산한 예는 표 2-25과 같다.

20대 성인 남자의 열량 권장량은 2,500 kcal이다. 열량에 따른 식품교환표의 단위수에 따라 계산하면 열량 2,465kcal, 당질 366g, 단백질 108g, 지방 83g, 한국인 영양 권장량은 열량 2,500kcal, 단백질 75g으로 권장하므로 단백질량이 높게 섭취하게 된다. 이것은 당뇨환자를 위해서 단위수를 산정해 두었기 때문이다. 따라서 식품교환표를 이용할 때는 식품 구성비에 따라서 식품군별 교화 단위수를 결정해야 한다. 일반인의 식품 구성비는 열량 비율이 당질 : 단백질 : 지방이 65 : 15 : 20으로 권장하고 있다. 이 비율에 따른 열량 영양소의 각 열량과 중량을 계산하면 다음과 같다.

당질 : $2500\text{kcal}\times\frac{65}{100}=1625\text{kcal}, 1625\text{kcal}\div4\text{kcal}\fallingdotseq406\text{g}$

단백질 : $2500\text{kcal}\times\frac{15}{100}=375\text{kcal}, 375\text{kcal}\div4\text{kcal}\fallingdotseq94\text{g}$

지방 : $2500\text{kcal}\times\frac{20}{100}=500\text{kcal}, 500\text{kcal}\div9\text{kcal}\fallingdotseq55\text{g}$

이를 가지고 식품교환표에 따른 단위수로 식단 작성한 실례는 다음 표 2-24와 같다.

식품 구성에서 열량 비율로 산출하면 한국인 영양 권장량에서 정하고 있는 20대 성인 남자의 열량 2500 kcal, 단백질 75g보다 단백질이 94g으로 높게 섭취하게 된다. 이것은 단백질 식품을 권장량으로 조정하게 되면 단백질이 19g(94~75g)이 초과 섭취된다.

표 2-24. 열량에 따른 식품군별 교환 단위수

식품군분류	대표식품의 1교환단위량	열량(kcal) 소분류	1,000	1,100	1,200	1,300	1,400	1,500	1,600	1,700	1,800	1,900	2,000	2,100	2,200	2,300	2,400	2,500
곡류군 당질23g, 단백질2g, 열량100kcal	쌀30g, 밥70g(⅓공기), 마른국수30g, 삶은국수90g(½공기), 식빵35g(1장), 감자, 밤		4	5	5	6	7	7	8	8	8	9	10	10	11	12	12	13
어육류군 · 저지방군 단백질8g, 지방2g, 열량50kcal	닭고기40g(탁구공크기) 멸치(잔것)15g(¼컵)	저지방	1	1	1	1	1	2	2	2	2	2	2	2	2	2	3	3
· 중지방군 단백질8g, 지방5g, 열량75kcal · 고지방군 단백질8g, 지방8g, 열량100kcal	육류40g(탁구공크기) 어류50g(작은1토막) 달걀55g(중간것1개) 메추리알40g(5개) 검정콩20g(2큰스푼) 두부80g, 연두부150g, 순두부200g 치즈30g(1.5장), 생선통조림50g(⅓컵)	중지방	2	2	3	3	3	3	3	3	3	3	3	4	4	4	4	4
채소군 당질3g, 단백질2g, 열량20kcal	김2g, 가지·연근·콩나물·당근·물미역·시금치·호박·고구마순70g 깻잎20g, 고추잎·더덕·마늘쫑25g		7	7	7	7	7	7	7	7	7	7	7	7	7	7	7	7
지방군 지방5g, 열량45kcal	참기름·들기름·콩기름5g(1tsp.) 마가린·버터 6g(1tsp.) 마요네즈7g(1tsp.), 잣·호두 8g 땅콩10g		2	2	3	3	3	4	4	4	4	4	4	4	4	4	5	5
우유군 당질11g, 단백질6g, 지방6g, 열량125kcal	우유200mℓ(1컵), 무당연유100mℓ(½컵), 분유25g		1	1	1	1	1	1	1	2	2	2	2	2	2	2	2	2
과일군 당질12g, 열량50kcal	사과·배·귤·포도100g 과일쥬스100g(½컵) 토마토쥬스200g(1컵) 토마토·수박250g		1	1	1	1	1	1	1	1	2	2	2	2	2	2	2	2

표 2-25. 식품교환표에 따른 식품군별 교환 단위수로 계산한 예

교환군	식품군	교환단위수	당 질(g)		단백질(g)		지 방(g)		열 량(kcal)	
			1교환단위 당당질량	교환단위수에 대한 당질량	1교환 단위당 단백질량	교환단위수에 대한 단백질량	1교환 단위당 지방량	교환단위수에 대한 지방량	1교환 단위당 열량	교환단위수에 대한 열량
1군	곡류군	13	23	299	2	26	-	-	100	1300
				299		26				
당질 299g					단백질 26g			열량 1300kcal		
5군	우유군	2	11	22	6	12	6	12	125	250
3군	채소군	7	3	21	2	14	-	-	20	140
6군	과일군	2	12	24	-	-	-	-	50	100
				67		26		12		490
당질누계 299g+67g=366g 지방 12g					단백질누계 26g+26g=52g 열량누계 1300kcal+490kcal=1790kcal					
2군	어육류군 저지방	3	-	-	8	24	2	6	50	150
2군	어육류군 중지방	4	-	-	8	32	5	20	75	300
2군	어육류군 고지방	-	-	-	8	-	8	-	100	-
						56		26		450
당질누계 366g 지방누계 12g+26g=38g					단백질누계 52g+56g=108g 열량누계 1790kcal+450kcal=2240kcal					
4군	지방군	5	-	-	-	-	5	25	45	225
총영양량			당질 366g		단백질 108g		지방 83g		열량 2465kcal	

표 2-26. 식품교환군을 이용한 20대 성인 남자의 식단 작성의 예

식사명	음식명	식품명	순 사용량 (g)	교환단위수								가식률 (%)	1인분 구입량 (g)	1인분 가격 (원)	인원수에 따른 순사용량 합계 (g)	인원수에 따른 구입량 합계 (g)	인원수에 따른 가격 합계 (원)
				곡류군	어육류군			채소군	지방군	우유군	과일군						
					저지방	중지방	고지방										
아침	보리밥	쌀	120	4 1/2								100	120.0				
		보리	15									100	15.0				
	무맑은장국	무	20					2/5				95	21.1				
		쇠고기	10			1/4						100	10.0				
	두부조림	두부	80		1				1			100	80.0				
		콩기름	5									100	5.0				
	오이무침	오이	60					6/7				98	61.2				
	배추김치	배추김치	60					6/7				100	60.0				
	과일	사과	100								1	77	129.9				
점심	밥	쌀	135	4 1/2	1 2/5			1/7				100	135.0				
	동태찌개	동태	70									43	175.0				
		무	10									95	10.5				
	녹두묵무침	녹도묵	150	1 1/2								100	150.0				
	달걀찜	달걀	50			1						86	58.1				
	시금치나물	시금치	70					1				73	95.9				
	깍두기	깍두기	50					1				100	50.0				
	우유	우유	200							1		100	200.0				
저녁	밥	쌀	135	4 1/2								100	125.0				
	아욱국	아욱	70					1 2/5				92	76.1				
	닭강정	암고기	60		1 1/2							65	92.3				
		간장	5									100	5.0				
		설탕	12									100	12.0				
		콩기름	10						2			100	10.0				
	어묵볶음	어묵	50		1							100	50.0				
		당근	10					1/7				96	10.4				
		양파	10					1/5				92	10.9				
		콩기름	5						1			100	5.0				
	배추김치	배추김치	70					1				100	70.0				
교환단위 수 합계				15	5	1 1/4		7	4	1	1	*****			*******		
목표 교환단위 수				13	3	4		7	5	2	2	*****			*******		

5) 식단표 작성

식단표에는 음식명, 식품명, 중량을 기입하고, 대치식품을 만들어 계절별로 많이 나오는 식품 등을 이용하여 식단에 변화를 줄 수 있게 하며 비고란이나 단가란을 만들어 단가를 기입하는 것이 좋다. 각 급식소의 특성에 적합한 식단의 활용 예는 표 2-27~표2-29와 같다.

표 2-27. 사업체 급식소의 1주일 식단표의 예(단일식단)

○월 1째주 식단 예정표

구분	한 식 1	한 식 2	경 양 식	국 수
월	쇠고기채소볶음 콩 나 물 국 도토리묵상추무침 포 기 김 치	김치 전골 도토리묵무침 김 구 이 샐 러 드	비프 커틀렛 청경채/양배추채 당근/ 감자튀김	비빔 국수 단 무 지
화	한방돼지 갈비찜 검 정 콩 밥 근 대 된 장 국 숙주나물/포기김치	순두부 찌개 애호박 볶음 포기 김치	햄채소필래프 미역국/달걀프라이 포기김치/요구르트	떡 만두국 단 무 지
수	꽁치 구이 쇠고기 무국 청포묵 무침 오이 소박이	버섯 전골 맛살채소볶음 참 나 물 포기 김치	햄버그 스테이크 당근 / 브로커리 감자튀김/양배추채	비빔냉면/물냉면 냉면 김치
목	육 개 장 부 추 전 석 박 지	김치 버섯 볶음 흑미밥/조개살미역국 소시지 케첩 조림 연두부 양념장	해물 카레라이스 미 역 된 장 국 양배추샐러드 포기김치	자 장 면 단 무 지
금	인삼 닭찜 북어무 국 오이 생채 포기 김치	된 장 찌 개 어묵채소볶음 오 이 생 채 포기 김치	스 페 셜 바카로니/완두콩 감자튀김/양배추채	김치 수제비 단 무 지
토	비 빔 밥 된 장 국 쑥갓 무침 알타리김치		낙 지 필 래 프 된장국/삶은 달걀 포기김치/요구르트	열무 물국수 단 무 지

표 2-28. 사업체 급식소의 선택식 식단표의 예

주간 메뉴표 (단일식단)

구분	월	화	수	목	금	토	일
조식	콩나물 국 잡 채 북어채무침 김 치	감자쇠고기국 호박볶음 달걀말이 김 치	쇠고기 무국 두부부침조림 오이숙주무침 김 치	북어달걀국 시금치무침 연근 조림 김 치	버섯 찌개 달걀 말이 소시지볶음 김 치	배추된장국 쑥갓 나물 돼지불고기 김 치	감자쇠고기국 갈비조림 김 치
중식	배추된장국 소갈비감자조림 참나물무침 요구르트 김 치	참치김치찌개 도토리무침 오이볶음 김 치	시 금 치 국 조 기 튀 김 김 구 이 김 치	배추해장국 치킨 휭거 채소샐러드 김 치	유부된장국 영 양 밥 콩나물무침 김 치	오징어찌개 소시지볶음 김 치	쇠고기미역국 탕 수 육 김 치
석식	유 부 국 카레 라이스 감자 샐러드 김 치	버섯돼지찌개 닭다리 구이 무 생 채	달걀 유부국 비 빔 밥 달걀 프라이 김 치	청국장 찌개 깻잎 볶음 건새우 조림 김 치	꽁치캔 찌개 맛살채소볶음 미나리 무침 김 치		무두부새우젓국 돈육감자조림 김 치
야식	중식과 동일						

표 2-29. 사업체 급식소의 카페테리아 식단표의 예

주간메뉴 : 2000년 ○월 24일 ~ ○월 29일

구분	월(24일)		화(25일)		수(26일)		목(27일)		금(28일)		토(29일)	
조식 1	김치수제비국 닭장조림 김구이 무말랭이무침	2,000	쇠고기무국 찐어묵맛살볶음 코다리무조림 오이지무침	2,000	호박된장국 돼지고기깻잎볶음 달걀프라이 숙음배추나물	2,000	팽이미소국 병어구이 도토리묵양념장 감자채피망볶음	2,000	북어해장국 두부조림 장똑똑이 마늘뿡볶음	2,000	김치국 쇠고기채소볶음 조개젓무침 미역오이초무침	2,000
조식 2	죽정식 (반찬동일, 밥별도)	2,000	토스트 과일+우유 수프+샐러드	2,000	떡라면정식 (라면+밥+김치) 요구르트	1,500	누룽지탕 (반찬동일, 밥별도)	2,000	라면정식 (라면+밥+김치) 요구르트	1,500	죽정식 (반찬동일, 밥별도)	2,000
일품	사리곰탕(밥, 김치)	2,500	훈제치킨정식 크림수프	2,700	잡채덮밥(자장소스)	2,200	산채비빔밥	2,300	꽁보리밥정식(밥, 된장지짐, 찜, 생선, 오이생채, 김치)	2,800	잔치국수	1,800
밥	쌀밥 검정콩밥	400 500	쌀밥 차조밥	400 500	쌀밥 완두콩밥	400 500	쌀밥 흑향미밥	400 500	쌀밥 보리밥	400 500	쌀밥	400
국	우렁된장찌개 유부콩나물국	1,200 400	참치김치찌개 근대된장국	1,200 400	육개장 미역국	1,200 400	경상도쇠고기무국 얼갈이배추국	1,200 400	쇠고기버섯전골 콩가루배추국	1,200 400	열무된장국	400
주찬	햄버그스테이크 연두부찜 자반고등어구이 진미채무침	900 400 850 350	낙지찜 소불고기 햄채소볶음 호박부추전	850 900 500 500	쇠고기달걀장조림 갈치카레구이 어묵떡볶음 오징어무초무침	900 850 600 700	동태무조림 순채채소볶음 생선가스 돼지고기김치볶음	850 700 600 500	돼지고기고추장볶음 달걀말이 임연수구이 옥수수고로케	900 400 850 400	프라이드치킨 공치구이 사태찜 꼬마핫도그	900 850 900 600
부찬	멕시칸샐러드 마늘쫑무침 깻잎지 참나물	350 300 300 300	모듬채소스틱 고구마순볶음 탕평채 무초생채	350 300 400 300	버섯채소볶음 노각무침 비름나물 연근조림	400 350 300 350	통도라지양념구이 취나물 깐마늘지	450 300 300	알감자꽈리고추조림 미나리추장무침 콩나물볶음	350 300 300	고추잎나물 단무지무침	300 150
김치	포기김치 깍두기	150 200	포기김치 알타리김치	150 300	포기김치 섞박지	150 200	포기김치 파김치	150 300	포기김치 열무김치	150 300	포기김치	150

6) 식단 평가

식단을 계획하고 평가할 때 고려해야 할 사항은 영양면, 경제면, 기호면, 능률면 등이다.

영양면에서는 여섯 가지 기초식품이 고르게 배합되었는지, 동물성 단백질이 총 단백질의 1/3 이상인지, 탄수화물, 단백질, 지방의 에너지 비율이 적정한지, 미량 영양소의 공급 등을 평가한다. 경제면에서는 식재료비 예산에 맞추었는지, 식품의 구입은 가능한지, 식품 사용량이 적절한 지, 식품 손질 시 폐기율 등을 평가한다. 기호면에서는 급식 대상자가 좋아하는 식단으로 계획되었는지 평가한다. 즉 음식의 맛, 냄새, 색깔, 질감, 온도, 외관, 담는 모양, 식탁 분위기 등이 조화로운지 평가하여 고객이 만족하면서 식사할 수 있도록 배려한다. 능률면에서는 조리 종사자의 수, 조리기술, 조리장의 시설, 설비, 기기의 구비 여부와 사용 방법 등을 고려하여 작업 시간과 노동력이 절약되도록 계획되었는지 평가한다. 메뉴 평가표의 예는 표 2-30과 같다.

표 2-30. 메뉴 평가표〈운영자 중심〉

메 뉴 평 가 표						
평가자 : 평가일자 : 년 월 일						
메 뉴 :						
평가항목	평 가					비고
	매우우수	우수	양호	불량	매우불량	
1. 색상의 조화가 이루어졌는가? 2. 맛의 조화가 이루어졌는가? 3. 형태, 크기는 다양한가? 4. 질감의 대조가 이루어졌는가? 5. 온도의 조화가 이루어졌는가? 6. 기호도에 적합한 것인가? 7. 계절식품이 적절하게 사용되었는가? 8. 예산범위 내에서 식단이 계획되었는가? 9. 기기 사용이 적절히 분배되었는가? 10. 종업원의 작업량이 적절히 분배되었는가?						
식 단 평 가 점 수						계 :
종합평가 및 식단개선 사항 :						

※ 매우 우수=5점, 우수=4점, 보통=3점, 불량=2점, 매우 불량=1점으로 계산

3 표준 조리 레시피

1. 표준레 조리 레시피의 정의

급식의 질을 계속 유지하고 조리방법을 준수할 수 있도록 표준을 정하기 위하여 주어진 조건하에서 여러 번 시도하여 가장 좋은 결과를 냈을 때 그 조건과 방법을 표준 조리 레시피로 정하게 된다.

2. 표준 조리 레시피의 중요성

1994년 보건복지부의 단체급식 실태 보고서에 의하면 피급식자의 요구 사항은 식사의 품질 및 메뉴의 다양화(58%), 그 밖의 위생 및 환경(20%), 서비스(12%)의 순으로 보고되고 있다. 이것은 최근 식품 산업과 외식 산업의 발달로 피급식자들은 수준 높은 음식과 서비스를 접하게 되었고, 이에 따라 급식의 질적인 향상에 대한 요구도가 증가하고 있음이 반영된 결과라고 볼 수 있다. 따라서 단체급식이 영리를 목적으로 하지 않고 특정 다수인을 대상으로 계속적인 식사를 공급하는 것이라는 고정 개념에서 한 단계 더 나아가, 합리적인 경영을 통해 피급식자의 만족을 도모하는 급식 조직으로서 새롭게 변해야 할 시점이라는 지적이 일고 있다. 최근 이러한 노력의 일환으로 급식 부문에도 '품질 경영(Quality Management)' 개념이 도입되어 피급식자의 기대를 지속적으로 충족시킬 수 있는 급식 품질 보증을 위한 시스템적 접근이 시도되고 있다.

식사의 품질이란 음식의 맛과 기호를 충족시킬 수 있는 관능적 품질, 음식의 위생과 안전을 만족시킬 수 있는 미생물적 품질, 건강과 영양적 요구를 충족시킬 수 있는 영양적 품질 등의 요건을 모두 충족시키는 것이어야 한다. 이러한 식사의 품질 유지를 위해서 레시피의 표준화이다. 이것을 음식의 생산에 적극적으로 활용하는 것이 필수적이다. 표준 레시피는 대량 음식조리 및 생산량을 조절하는데 필수적인 도구로 어떤 급식소의 생산, 구매, 작업의 계획에 기본 자료가 된다.

조리 레시피의 표준화 작업이란 레시피를 특정급식소의 운영 목적, 급식소의 운영유형, 사용하는 기기, 음식의 품질표준, 필요한 생산총량, 1인분 양, 판매가격 등을 고려하여야 한다. 조리 레시피의 표준화 작업은 여러 번의 실험을 거쳐서 확립될 수 있는 복잡하고도 시간이 많이 소요되는 작업이나 단체급식소에서는 사전에 계획된 정확한 양을 생산하고 설정한 품질기준에 맞게 생산하기 위해서 필수적인 과제이다. 표준화된 조리레시피는 항상 품질과 수량면에서 같은 결과를 얻을 수 있게 된다.

3. 표준 레시피에 포함할 내용

① 음식 품목 명
② 코드번호
③ 생산총량
④ 기준배식인원
⑤ 1인 분량의 크기와 개수
⑥ 식재료명과 분량(중량, 용량 개수)
⑦ 배분과 1인 분량 크기(portioning)와 방법에 대한 설명
⑧ 생산량을 수정하여 적을 공간
⑨ 조리 시간
⑩ 조리 온도
⑪ 1인분 가격
⑫ 배식 시 음식의 품질 표준
⑬ 그릇에 담는 방법

표 2-31. 레시피 평가표

레시피 평가표

평가자 ________________

날　짜 ________________

점수	질
7	매우 우수
6	우　　수
5	조금 우수
4	보　　통
3	조금 불량
2	불　　량
1	매우 불량

평가표 작성법

1. 왼쪽의 평가 점수를 기준으로 아래에 작성한다.
2. 각자의 기준에서 평가하며 다른 사람과 의견 교환은 하지 않는다.

질적 특성	음식 번호 1	2	3	4
색				
모양				
농도				
질감				
냄새				
맛				
전체적인 느낌				

기타의견(1인 분량의 적성성)

■ 표준레시피 평가지의 개발

레시피를 표준화하기 위해서 조리된 음식의 수응도를 평가하여 조정하는 과정을 거쳐야 한다. 음식의 수응도는 맛의 요소와 외관의 요소에 따라 결정되는데, 음식의 맛의 요소는 조리 방법 및 조리 정도에 따라 좌우되는 질감, 향미와 배식 온도, 양념의 비율의 적정성에 따라 좌우된다. 외관의 요소는 색, 모양, 형태, 농도, 담는 모양, 1인 분량과 크기 등에 영향을 받는다. 그러므로 음식의 특성에 따라 레시피 평가지가 개발되어야 한다. 그 한 예를 표 2-31에 제시하였다.

4. 표준 조리 레시피의 형태 분류

레시피 표준화의 첫 번째 할 일은 모든 레시피에 사용될 기본형태를 찾는 일이다. 레시피는 바쁜 조리사들이 읽기 쉬운 형태이어야 한다. 레시피의 크기는 A4 용지 정도의 크기가 적당하며, 작업 환경에서 사용되는 레시피는 40~45cm 간격에서 서서 읽을 수 있도록 한다. 홀더나 받침대에 놓여져 사용된다. 레시피를 깨끗하게 보존하기 위해서 코팅하거나 주방에서 사용하는 동안 플라스틱 덮개를 씌우거나 플라스틱 케이스 안에 넣어져야 한다.

1) 레시피 형태

① '가정용' 또는 '기본형'은 모든 식 재료의 종류가 상단에 쓰여 있고, 조리과정은 번호를 매겨 하단에 쓰는 형태이다(표 2-32). 눈이 위와 아래를 교대로 주시해야 하므로 조리과정이나 재료를 자칫 빼버릴 수도 있다.

② '구술형'은 재료와 조리과정이 레시피에서 필요할 때 적혀져 있다. 조리과정을 설명하면서 실질적인 재료의 양이 구술되고, 단락 단락의 형태로 쓰여져 있다. 모두 가정용 조리를 위해 고안된 레시피이다.

③ '서술형' 또는 '블럭형'은 재료들이 레시피의 왼쪽에 적혀 있고, 조리과정은 재료와 관련지어 바로 맞은편 오른쪽에 적는 것이다(표 2-33). 이때 함께 다루어져야 할 재료들은 한 묶음으로 구분지어 선을 그어서 '블럭'처럼 한다. 이 형태는 읽기 쉽고, 간단한 표현으로 명확하게 지시되고 있다.

표 2-32. 기본형 레시피

맛살전

- 재료 및 필요량(100인분)

  맛살30g, 느타리버섯15g, 대파30g, 밀가루5g, 계란20g, 식용유8g, 소금0.2g

- 만드는 법

  1. 맛살과 대파는 같은 길이로 썰어 놓는다.
  2. 느타리버섯은 끓는 물에 헹구어 씻은 후 물기를 꼭 짠 후 굵은 것은 찢어 놓는다.
  3. 맛살 ,대파, 느타리에 소금, 참기름을 넣어 버무려 양념한다.
  4. 대꼬챙이에 맛살, 파, 맛살, 느타리 순으로 지져낸다.

출처 : 영양급식과 실무, 전은자・서민자 공저, 1997, p. 399.

표 2-33. 블록형 레시피

참치살 피망전

총 분량 : 40인분

1인 분량(개수) : 60g(2개)

수정란(인분)		재료량(40인분)		재료명	조 리 순 서
구입시 (AP)	가식부 (EP)	구입시 (AP)	가식부 (EP)		
		1,400kg	775g	참치살캔	- 조리형 소형을 소쿠리에 담아 기름을 제거한다. 꼭 짠다(남아 있는 기름과 물을 제거). 볼(스텐레스스틸 소형)에 담는다.
		120g	110g	씻은 당근	- 곱게 다진다(녹두알 크기).
		120g	120g	깐 양파	- 곱게 다진다(녹두알 크기).
		1Ts	15g	참기름	
			40g	마늘	
			10g	다진생강	속을 채워 넣는다
			10g	소금	
		750g(링으로 80개)	420g	피망	- 7~8mm 두께의 링 모양으로 썬다.
			30g	밀가루	- 묻힌다. 묻힌다
			120g	밀가루	
		400g(7개)	340g	달걀	- 잘 저어서 풀어준다
			240g	식용유	온도가 오른 팬에 부쳐 낸다 완 성

배식용기	환자 반찬 종지
주 사용장비	가스 소형 그라들
조리온도	*참조
조리시간	2시간 30분
1인단 열량	120kcal
1인당 단백질	8g

▪비고 : 노릇하게 부쳐져야 하며 피망의 초록색이 변하지 않도록 주의한다. 지나치게 고온일 경우 내부 온도가 오르기 전에 타므로 한쪽 면이 1분 30초 놓아서 노릇하게 구워지는 시간을 온노도 한나. 완싱에시 배식끼지 1시간 이내로 하며 온장고에 보관하지 않는다(피망의 색을 살리기 위함).

1차 작성 1998. 9. 4. 작성자 이 은

출처 : 국민영양, 1998, 10. 표준 레시피의 실례(I), 이은.

블럭형 작성 방법의 요령은 다음과 같다.

① 음식명은 상단의 중앙에 적는다.
② 음식의 코드 번호는 오른쪽 상단 코너에 적는다
③ 상단 왼쪽에 생산 총 분량(○○ 인분)을 적고 그 밑에 1인 분량을 중량, 용량, 개수로 적는다.
④ 좌측에 재료들을 사용 순서에 따라 적는다. 사용되는 재료가 다른 레시피에 의해 만들어지는 경우에는 괄호 안에 해당 레시피의 코드 번호를 적어 준다.
⑤ 표준레시피 재료의 분량은 100인분(주로 25의 배수를 적용함)을 기준으로 하며, 구입시(As Purchased : AP)와 가식부(Edible Portion : EP)의 중량(kg)을 적는 것을 원칙으로 한다. 괄호 안에 액체 상태인 것은 용량(L, C, Ts, ts)을 적거나, 캔이나 병 등 일정한 포장 용기에 들어 있는 식재료는 괄호 안에 사용하는 제품의 규격과 개수를 함께 표기하는 것이 좋다.
⑥ 재료 항목의 왼쪽에 빈 공간을 남겨 두어 수정된 레시피 양(계수 방법, 퍼센트에 의한 방법으로 조리해야 될 양을 계산한 것)을 적는데 사용한다.
⑦ 재료의 오른쪽에 조리 방법을 순서대로 도식화하여(그림 참조)적는다.
⑧ 조리의 진행 과정에서 사용된 조리 장비(사용한 pan의 크기, 각 pan의 생산량 포함), 조리 시, 조리 온도를 구체적으로 측정하여 적는다.
⑨ 비고란에 품질 기준과 레시피의 간단한 변형, 배식용기와 담는 법, 보관 온도 및 시간에 관한 내용을 적는다.
⑩ 작성한 날짜와 작성자를 적는다.
⑪ 표준 레시피가 결정되면 1인 분량을 배식 용기에 담는 사진을 찍어 붙이거나, 컴퓨터의 스캐너로 떠서 함께 보관한다.
⑫ 1인 분량의 열량(kcal)과 단백질(g)양을 적고, 더욱 자세한 영양가 정보는 이면에 양식을 만들어 적는다.
⑬ 기타 : 영양가 추가 분석 정보 이외에는 뒷장에 적지 않도록 하며, 적을 내용이 많은 경우에는 새로운 양식을 한 장 더 사용하여 적도록 한다.

이외에도 급식 관리 전산 프로그램으로 수시로 변화되는 식재료 가격의 변화를 반영할 수 있는 프로그램인 경우에는 레시피의 양식에 가격에 대한 정보를 넣고 필요에 따라 더 많은 정보가 출력될 수 있도록 양식을 조절할 수 있다. 그러나 조리원이 사용하는 레시피 양식은 조리에 꼭 필요한 사항만 기재되어 있어 혼선을 최소화하는 형태로 고안되어야 할 것이다.

5. 표준 조리 레시피 사용의 장·단점

1) 표준 조리 레시피 사용의 장점

① 생산될 음식의 일정한 질과 양을 만든다.
② 제공(배식)될 음식에 일관성(uniformity)을 갖는다.
③ 조리사의 생산성을 증가시킨다.
④ 관리 측면의 생산성을 증가시킨다.
⑤ 과잉 생산을 조절함으로서 재정을 줄일 수 있다.
⑥ 재고품 양의 조절에서도 경제적인 절약을 하게 된다.
⑦ 메뉴품목의 가격산정이 단순화된다.
⑧ 조리원의 훈련을 단순화된다.
⑨ 단체급식 종사자들에게 직업성취도(job satisfaction)을 갖게 한다.
⑩ 특별식(special dietary)을 요구(needs)하는 고객과의 마찰을 줄인다.

2) 표준 레시피의 단점

성공적인 각 급식소의 특정 상황에 맞는 표준화된 레시피가 필수적이다. 그렇지만 표준 레시피를 개발한다는 것은 시간이 소요되는 아주 긴 과정이므로, 급식관리자가 확신과 신념을 가지고 지속적으로 노력하지 않으면 작성이 어렵다. 이러한 레시피를 어렵게 작성해 놓았다 하더라도 조리원의 적절한 훈련을 통해 이것을 활용하지 않으면 소용이 없게 된다. 처음에 너무 많은 레시피를 한꺼번에 표준화하려고 하여 조리원에게 스트레스를 주는 일이 없도록 하며, 조리원들의 의견을 충분히 반영하여 레시피 표준화작업에 능동적으로 참여할 수 있도록 한다. 먼저 기호도가 높고, 가장 자주 사용되는 음식이나 작성이 간단한 음식부터 fp시피의 표준화작업을 시작하여 전체적으로 적용하는 것이 쉬울 것이다.

6. 레시피 수정(산출방법)

표준 레시피는 각 급식소에 따라 다르다. 가정용 레시피 양을 기준으로 증가시키고, 가정용 계량단위를 대량의 단위로 바꾸고, 특정재료의 양을 레시피에 맞게 증가시킨다. 레시피 생산량이 증가될 때, 단체급식에서 재료량에 알맞는 조리기구도 바꾸어야 한다.

실제 생산 필요량과 표준레시피의 산출량이 일치하지 않을 경우에는 생산수요에 맞게 레시피의 산출량을 조정할 필요가 있다. 일반적으로 레시피의 산출량을 정정하는 방법으로는 계수방법, 비율방법, 도량환산표 이용방법 등이 있으나 일반적으로 계수방법을 이용하여 레시피의 산출량을 조정하게 된다. 배식량의 증감에 따라 재료, 구매단위에 따라서 레시피는 수정되어야 한다. 수정하는 방법은 다음 세 가지이다.

1) 계수방법(factor method)

레시피에 정해진 전환계수를 곱한다.

① 1단계 : 전환계수 = 원하는 레시피 생산량 / 수정할 레시피 생산량
② 2단계 : 재료 단위를 중량으로 바꾼다.
③ 3단계 : 원래 레시피의 재료량 * 전환계수
④ 4단계 : 원래 레시피의 총량 * 전환계수
⑤ 5단계 : 모든 재료들의 새로운 중량을 수정 레시피에 합산한다.

2) 비율방법(percentage method)

비율방법은 1회 분량(batch-size)이 매우 변하기 쉬운 대량생산일 경우에 유용하다. 한번 재료들의 비율이 정해지면, 레시피의 증감이 필요할 때 총 중량에 대한 각 재료들의 정해진 비율을 곱하면 된다.

① 1단계 : 모든 재료의 단위를 한 단위로 전환시킨다.
㉄ frozen whole egg→ fresh egg,
nonfat dry milk and water→ 액상우유.
만약 E.P.와 A.P. 사이에 차이가 생긴다면 E.P.의 중량을 사용하라.
② 2단계 : 레시피에 있는 E.P.로 된 재료들의 중량을 합하라.
③ 3단계 : 총 중량에 대한 각 재료의 비율을 계산하라.

$$\frac{\text{각각의 재료 중량}}{\text{총중량}} = \text{각 재료들의 비율}$$

④ 4단계 : 재료의 비율을 검산하라.
⑤ 5단계 : 원하는 배식 수만큼 급식하기 위한 필요 총 중량을 정하라.
필요 총 중량=배식량×배식수
⑥ 6단계 : 조리 시 손실량은 반드시 필요 총 중량에 합산한다. 손실량은 음식에 따라 1~10% 정도이다.

$$필요\ 총\ 중량 = \frac{원하는\ 생산량}{100\%\ 예상된\ 조리손신비율}$$

필요 총 중량=배식량×배식수

⑦ 7단계 : 각 재료들의 정확한 필요량의 총 중량은 6단계에서 계산된 필요 총 중량과 일치해야 한다.

⑧ 8단계 : 재료들의 단위가 한 형태의 단위로 이루어지지 않으면 각각의 다른 단위로 전환시켜라.

7. 표준화 시의 주의점 이해

표준 레시피를 작성을 위해 표준화작업이 선행되어야 한다.

1) 음식 목록의 체계적인 분류 및 코드화

음식명은 표준어로 가장 널리 사용되는 것으로 정하며, 새로 개발한 음식일 경우에는 표현하는 기준을 정하여 가급적 짧으면서도 그 음식의 특징을 잘 나타낼 수 있는 것으로 정한다. 표준레시피를 작성할 음식의 목록이 작성되면 체계적으로 분류하여 코드화하고 레시피를 파일에 일목요연하게 보관하지만 최근에는 레시피가 일련의 식단 관리, 구매, 생산 및 원가 관리를 위한 전산 프로그램을 작성하는데 필수적이므로 이점도 고려해 코드를 정하는 것이 좋다. 분류 방법은 여러 가지가 있는데, 주로 기능(주식, 부식, 후식 등), 색깔, 주재료, 가격, 주영양소, 특별식 적합여부, 사용되는 기구(오븐 요리, 전자레인지 요리 등) 등으로 분류될 수 있다.

예를 들면 주식은 형태에 따라 밥 빛 죽류, 빵류, 면류, 일품요리 등으로 부식은 조리 방법에 따라 국, 조치 및 전골류, 수프, 튀김, 구이, 조림, 찜, 전, 볶음, 생채류, 숙채류, 샐러드, 김치류, 장아찌류, 젓갈류 등으로 분류하여 알파벳이나 숫자로 내분류 코드를 정히고, 음식명을 가나다순으로 정리하여 코드 순서를 매기는 것이다. 이때 주의할 점은 새로 개발되어질 레시피에 대한 첨가 방법을 생각해서 다음과 같이 소분류 코드 자리를 대분류와 음식명 순서 사이에 한 자리를 더 두거나 같은 음식명으로 다른 변형된 조리를 삽입하기 위한 자리를 한 자리 더 배정하는 방법을 사용할 수도 있다.

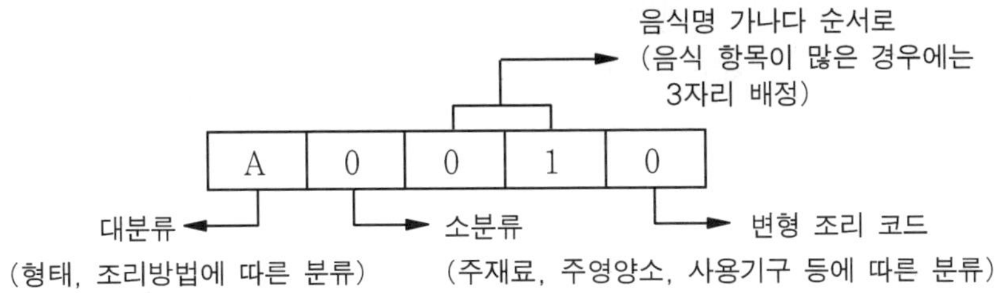

그림 2-1. 음식 목록의 분류에 따른 코드화의 예

표 2-34. 음식 목록의 분류에 따른 음식 코드 조합의 예

대분류		소분류		음식종류		변형 조리		코드 조합 결과	
A	밥 및 죽류	0	밥 류	01	보리밥	1	보리 10%	A0011	10%보리밥
						2	보리 20%	A0012	20%보리밥
				02	오곡밥	1		A0021	오 곡 밥
				03	완두콩밥	1		A0031	완두콩밥
				04	조밥	1			
				05	팥밥	1			
				06	콩밥	1			
				07	흰밥				
		1	죽 류	01	잣죽	1			
				02	팥죽				
				:	:				
B	빵 류	0	식빵류	01					
				:					
		1	샌드위치류	01					

2) 식재료의 분류 및 코드화 및 질, 규격, 단위의 표준화

잘 작성된 표준레시피가 있어도 매번 사용하는 식재료가 다르다면 조리될 음식의 양과 질을 보장 할 수 없다. 그러므로 특정 급식소에서 사용하는 식재료는 만들 음식의 종류에 따라 질, 규격, 단위가 명시된 검수기준이 마련되어 있어야 한다. 급식관리 전산 프로그램에 레시피가 삽입되는 경우에는 식재료의 코드화도 필수적이다. 식재료는 식품의 종류에 따라 대분류하고, 그 안에 속하는 식품 항목을 가나다순으로 일련번호를 준다. 식재료는 영양가 분석 전산 프로그램 및 영양 관리 전산 프로그램과 연결하여 사용될 수 있으므로 급식관리적 측면과 함께 고려하여 정하는 것이 좋다. 분류의 예는 '한국인 영양권장량(제7차 개정)'의 식품 영양가 표의 부분을 참조하길 바란다.

3) 측정방법, 사용기구, 배식용기 및 기구의 표준화

중량, 용량, 조리 시간, 조리 온도 등을 측정하는 방법이나 이때 사용하는 기구를 일정한 기준으로 정해 놓으면 레시피를 표준화하는 작업이 좀 더 일관성 있게 진행될 수 있다.

(1) 조리 시간과 온도측정

조리시간과 온도는 대량조리 시에 좋은 품질의 음식을 만들기 위해서 꼭 조절되어야 한다. 음식의 온도는 음식의 물리적, 화학적 성상을 변화시키는데 일반적, 물리적인 수분이 손실되며, 화학적으로는 식품의 종류에 따라 다양하다. 특히 육류 등 단백질 조리에 주의를 요한다. 시간은 음식의 조리와 배식의 모든 단계에서 중요한 요소로 온도를 정확하게 맞추어 조리했어도 조리 시간이 지연되면 추가로 수분 손실이 발생된다. 또한 적온 급식을 위해 보관하는 과정에서도 수분 손실이 일어날 수 있다. 또한 생채류의 조리는 조리 방법 및 보존 시간에 따라 색, 질감, 풍미, 영양가에 영향을 미치기도 한다.

(2) 배식용기 및 기구의 표준화

우리나라 음식의 경우 구입 시부터 조각의 크기 완자와 같이 1인당의 개수를 토막을 지정하기 쉬운 경우를 제외하고는 정확하게 배식하다는 것은 매우 어려운 일 중에 하나이다. 덩어리로 저리한 후 자르는 케이크 커터(cake cutter)이나 파이 마커(pie marker)를 적절히 이용할 수도 있다. 그러나 나물류, 볶음류는 지정된 용기에 정확한 1인분 분량을 담은 sample을 제시하고, 트레이에 배식을 하는 경우 트레이의 음식을 담을 곳을 지정하고, 국물이 있는 음식은 배식할 때 항상 일정한 크기의 국자(1, 2, 4, 6oz)를 사용하는 노력이 필요하다. 배식에 사용되는 용기의 크기와 배식 시 사용하는 기구를 레시피에 기록할 필요가 있다.

8. 표준 조리법을 만드는 단계

표준 레시피는 한 급식소에서 잘 사용하고 있는 매우 잘된 레시피일지라도 다른 급식소에서 그것을 바로 적용하기는 어렵다. 사용하는 재료, 피급식자의 요구, 조리종사자의 기술과 훈련 여부, 사용 기구 등이 급식소마다 서로 다르기 때문에 각 급식소의 특정 여건에 맞게 조정하여 사용할 수밖에 없다. 또한 조리방법에 대해서도 같은 음식이라도 그 음식이 만들어졌을 때 어떠어떠해야 한다는 기준이이나 생각이 나름대로 서로 다르기 때문에 표준 레시피는 특정 급식소의 특정 상황과 목적에 맞게 조절(tailoring)하는 것이 필요하며, 급식관리자는 자신이 관리하는 급식 시스템의 양과 질의 기준에 맞게 반복적으로 실험하여 표준 레시피를 결정해야 하며, 결정된 표준 레시피라도 피급식자의 반응을 잘 살펴 조정한다.

일반적으로 요구되는 레시피의 표준화 절차는 다음과 같다.

① 레시피를 책자나 각 급식소의 메뉴를 참고하여 음식 목록을 결정한다.
② 음식 목록을 체계적으로 분류하여 코드 번호를 결정한다.
③ 사용되는 식재료의 목록을 분류하며, 식재료의 양과 질을 표준화한다.
④ 측정 방법, 사용 기구, 전처리 방법, 조리 방법, 배식 방법을 표준화한다.
⑤ 레시피 양을 50인분, 100인분으로 할 것을 정하여 양을 조정한다.
⑥ 여러 가지 자료를 기초로 1차적인 실험을 위한 레시피를 결정된 표준 레시피의 양식에 맞추어 작성한다. 이때 자료의 배율 및 조리 과정을 분석하고, 조리 방법이 현존하는 기기 및 조리원의 수나 자질로 생산 가능한지의 여부를 타진하여 작성할 필요가 있다.
⑦ ⑥에서 작성된 1차적 레시피를 기초로 레시피의 재료의 양, 종류, 조리방법에 따라 정확하세 음식을 실험 조리한다.
⑧ 레시피 평가지를 개발하여 훈련 받은 직원에 의해 레시피를 평가한다.
⑨ 평가점수가 좋으면 다른 조리원을 시켜 3~4회 반복 실험을 하여 일정한 양과 질과 수량면에서 같은 결과로 조리되면 표준 레시피로 확정한다.
⑩ 새로운 레시피를 개발하는 경우에는 표준 레시피로 확정하기 직전에 피급식자에게 공급해보고 반응을 살핀다. 반응이 좋을 경우에는 그대로 확정하고 좋지 않을 경우에는 원인을 분석하여 재조정한다. 수정할 경우는 여러 가지 변화에 대한 결정을 하기 위해서 한번에 한 가지씩 조정하는 것이 중요하다.
⑪ 확정된 표준 레시피를 수기나 컴퓨터로 작성하여 보존한다.

9. 표준 조리 레시피에 대한 계속적인 평가의 필요성

표준 조리 레시피가 잘 작성되었다 할지라도 수정이 필요하다. 즉, 식단가 변동, 식재료비의 가격 변동, 식재료비 구성, 식품의 변천, 계절, 급식 장소, 고객의 연령, 성별, 조리환경, 상황 변동, 시대의 변천, 고객의 요구에 따라서 표준 조리 레시피라 할지라도 부분적으로 수정한 후에 음식의 레시피를 평가하여 상품의 품질을 적정하게 맞추어야 한다.

4 단체급식의 조리와 배식

1. 단체급식 조리의 의의와 목적

음식을 통하여 건강과 생명유지에 필요한 영양소를 공급받게 되고 음식은 식품을 조리하여 얻게 된다. 음식은 색, 향기, 맛, 형태, 질의 변화를 좌우하는 비영양성분도 포함하고 있다. 음식은 조리과정에서 일어나는 조리반응을 설명하고 조리과정을 조절하려면 식품의 물리화학적 구조를 이해하고 화학적 성분의 종류와 성질에 관하여 상세한 지식을 가지고 있고, 열, 산, 알카리와 같은 조리조건이 이들 성분에 어떠한 영향을 미치는지 알고 있어야 한다. 식품을 손질하여 조리배합 할 때에 누구나 나름대로 설정하는 목표는 영양적이면서도 보기 좋고 맛있는 음식을 만들려 노력한다. 식품을 맛있게 조리 하려면 첫째 식품자체의 품질이 우수하고, 용도에 따라 등급이 선택되어 경제적으로 무리가 없으며, 손질하는 방법과 익히고 배합하고 조리하고 식욕을 충족시킬 문제를 생각해야 한다.

조리의 목적은 식품이 함유한 영양가를 보유하고 향신료와 조리법의 변화로 기호성을 증가시키고 조리함으로써 소화율의 증가로 영양 효율을 높이고 위생면에서 안전성이 증가되어야 하고 음식의 저장성을 높여야 한다.

2. 조리 시 계량단위 및 계량법

조리는 계량을 함으로써 균일한 음식을 누구나 동일하게 만들 수 있고 대대로 조리방법을 전수할 수 있으며 식품의 낭비를 막을 수 있다.

조리 시 계량은 무게나 부피 온도 등을 계측한다. 맛있는 음식을 조리하려면 식품재료를 적절히 잘 배합해야 한다. 이를 위해서는 정확한 무게와 용량에 대한 계량 기술이 필수적이고 계량기의 종류는 저울, 계량컵, 계량스푼, 온도계, 타이머, 염도계 등이 사용된다.

1) 계량단위

Quart법과 Meter법 단위와의 관계

1Gallon=4Quats　　1Cup=200ml

1Quat=4Cup　　1Cup=240ml=16Table spoon

1Cup=16Table Spoon　1Table Spoon=15ml

1Table Spoon=3Tea Spoon　　1Tea Spoon=5ml

2) 계량법

① 액체 : 조청, 기름, 꿀 같은 점성이 높은 것을 할편 된 계량컵을 사용하고 물, 우유는 투명한 컵을 사용한다.

② 지방 : 버터, 마가린, 쇼트닝과 같은 지방을 계량할 때는 냉장온도보다 실온일 때 계량컵에 꾹 꾹 눌러 담고 직선으로 된 칼이나 주걱으로 깎아 계량한다.

③ 설탕 : 백설탕은 계량컵을 사용하고, 흑설탕은 설탕 표면에 피막입자가 있어 서로 밀착시키려는 경향이 크므로 꼭꼭 눌러서 잰다.

④ 가루(밀가루) : 가루제품은 계량컵을 사용하고 측량 직전에 체로 쳐서 누르지 말고 수북하게 담고 직선 주걱으로 깎아서 측량한다. 정확하게 측정하려면 제시된 표준무게를 재는 것이 더 정확하다.

3) 식품별 계량단위의 중량

표 2-35. 식품별 계량단위의 중량

식품명 \ 계량(g)	컵 (200g)	큰 술(15g)	작은술 (5g)
물	200	15	5
간　장	230	18	5.7
고 추 장	260	20	6.4
참 기 름	120	13	4
설　탕	110	9	3
꿀	250	19	6

표 2-36. 식품별 상용 1큰술(Ts)의 중량

식 품 명	1큰술의 중량(g)	식 품 명	1큰술의 중량(g)
물	15	설　탕	14
간　장	17	황 설 탕	9
된　장	18	후추가루	6
고 추 장	20	겨자가루	6
참 기 름	14	굵은 고춧가루	6
통　깨	8	가루 고춧가루	7.5
깨 소 금	10	카레가루	9
다 진 파	10	하이스가루	7
다진 마늘	14	밀 가 루	8
다진 생강	12	녹두전분	6

3. 단체급식 조리방법에 따른 영양소의 변화

단체급식에서는 다량조리이므로 적은 양의 가정식 조리와 공기 중 노출시간, 온도조절, 수분량 조절, 화력의 조절 등이 차이가 있다. 또한 생식품이 가지고 있는 영양소도 수확한 후부터 경과되는 시간의 길이에 따라 영양소 변화가 일어나고 조리 시 다듬고, 씻고, 썰기 작업인 전 처리 과정에서 영양소 변화가 발생한다. 뿐만 아니라 식품과 식품을 배합할 때 영양소 변화, 조미함으로써 오는 영양소 변화, 불을 사용하여 가열조리시의 영양소 변화 등 다양하다. 그러므로 조리 시 영양소가 손실되는 것을 줄이고 방지하는 것이 중요하다. 조리에 의한 육류제품의 비타민 손실률은 다음 표 2-36에, 조리에 의한 생선 단백질의 손실은 표 2-38에 나타냈다.

표 2-37. 조리에 의한 육류제품의 비타민 손실률(%)[2)]

	지아민	리보플라빈	나이아신	피리독신	판토텐닌산	엽산	토코페롤
베이컨							
생것	360μg	132μg	2.4mg	-	400μg	-	0.6mg
176℃에서 아삭할 때까지 조리[1)]	5	(+70)	(+60)	-	(+80)		(+10)
288℃에서 튀김[2)]	5	(+80)	(+50)				
쇠고기							
생것	52μg	170μg	4.1mg	300mg	460μg	3μg	0.8mg
55분 끓임[3)]	30	0	10	10	25	0	50
상동 냉동 건조 재 가열[4)]	90	0	50				
통조림 후 튀김[5)]	80	0	10	40	20	10	65
닭고기							
생것	57μg	175μg	6.9mg	500mg	960μg	4μg	0.4mg
약하게 5번 끓임[6)]	50	30	40	95	50	20	30
상동 냉동 건조							
가수							
30분 끓임[7)]	55	70	60	-	-	-	-
3분 끓이고 통조림[8)]	98	15	20	30	30	0	50
상동 30분 재 가열							
고형물 취함[9)]	98	(+100	30	-	-	-	-
돼지 등심고기							
생것	870μg	210μg	4.8mg	440mg	700μg	〈1g	0.4mg
튀겨서 통조림 한 것[10)]	70	0	10	50	50	-	60
상동 재 가열[11)]	85	(+20)	10				

주) 1) 오븐에서 176℃까지 아삭할 때까지 가열
2) 288℃ 4분간
3) 100℃ 55분간
4) 3)과 같은 냉동건조 20분간 재 가수 232℃ 2분간 구음
5) deep far fry 176℃ 1분 20초 통조림 121℃ 90분 살균
6) 50분간 잔잔히 끓임. 가죽, 뼈 제거
7) 6)을 냉동건조 30분 재 가수 염용에서 끓임
8) 레트로트에서 100℃, 35분 조리. 뼈 제거, 통조림 조리시간 2시간 반
9) 8)을 30분간 끓는 물에서 재 가열
10) 5/8" 두께 조각 176℃에서 deep fat fry 통조림 121℃ 50분
11) 10)을 끓는 물에서 30분간 가열

출처 : 한국영양학회, 1980, 식량절약 및 식생활개선을 위한 균형식단 개발에 관한 연구, 이기열

표 2-38. 조리에 대한 생선 단백질의 손실률

조리방법	어육의 종류	처 리 법	단백질의 손실동향(%)	비 고
물에 담그기	소금에 절인 연어	썰어서 15℃ 물에 1시간 담금	0.53%	용출단백질의%
		위와 같이 3시간 30분 담금	2.28%	위와 같음
찜	전 광 어	생것(통째로)	17.46g	전광어 100g중
		약간 찜(소금을 뿌리고 30분후 15분간 찐다)	16.57g	위와 같음
	고 등 어	생것	21.31g	고등어 100g중
		찜(설어서 15분 찜)	18.92g	위와 같음
굽 기	삼 치	생것(썰어서)	21.31g	
		약간 굽는다.	20.90g	
	정 어 리	생것(통째로)	18.11g	
		약간 굽는다.(통째)	17.60g	
삶 기	고 등 어	생것(썰어서)	12.31%	고등어 100g중
		썰어서 35분간 삶는다.	18.85%	위와 같음
	잉 어	7분 삶기	3.75%	
		12분 삶기	5.90%	
		20분 삶기	7.40%	
		45분 삶기	11.90%	

출처 : 한국영양학회, 1980. 식량절약 및 식생활 개선을 위한 균형식단 개발에 관한 연구. 이기열

4. 조리작업의 안전

음식물의 안전관리는 필요하다. 음식물의 위해는 음식물의 이해와 위해 원인

물질과 생물학적 위해 즉 식품 중에 함유된 병원균, 감염과 이들이 체내에서 생성하는 독소작용의 피해 화학적 위해 즉 식품 중에 함유되는 화학물질의 작용에 의한 건강피해, 물리적 위해 즉 식품 중에 함유되는 이물의 물리적인 작용에 의한 건강피해가 있으므로 이에 대응하는 대책이 필요하다. 우리사회에 급증하는 식중독 사고는 점점 대형화하고 빈번히 일어나고 있다.

식품의 안전을 위해서는 식중독균과 온도관리, 시간관리, 산도관리(PH), 수분관리, 산소관리 등이 필요하며 식중독균의 감염경로의 차단대책이 필요하다. 또한 식중독균 감염경로 차단대책으로는 원료 식품 취급 시 청결과 위생 식품 취급자의 청결과 위생, 환경의 청결과 위생에 대한 대책이 있어야 한다. 또한 조리작업을 할 때 부적절한 냉각, 준비로부터·섭취까지 12시간 이상 경과, 개인위생 불량과 감염자에 의한 식품 취급, 바로 먹을 수 있는 식품의 생식품에 의한 오염, 부적절한 온도의 조리, 부적절한 열장, 부적절한 재가열, 안전하지 못한 식재료의 사용, 교차오염 식품취급기기나 접촉표면의 부적절한 세척과 소독 남은 음식의 사용, 부적절한 해동, 파리 등 해충에 의한 오염 등이 있다. 따라서 구체적이고 세밀한 대책을 세워서 청결하고 위생적인 음식을 섭취하여 즐겁고 건강한 생활을 영위할 수 있도록 해야 것이다.

5. 각종 단체급식 조리법에 대한 유의사항

1) 끓이기

(1) 맑은 장국

맑은 국은 국물이 맑고 깨끗해야 하며 시원하고 칼칼한 맛이 나야 한다. 주재료와 부재료의 모양도 부서지지 않고 깨끗이 처리해야 한다. 단체급식에서 대량의 국 국물을 끓일 때에 쇠고기에 갖은 양념을 하고 볶는 것보다는 먼저 많은 양의 물을 끓이고 여기에 핏물을 빼낸 사태나 양지머리고기 덩어리를 넣어 2~3시간 정도 끓인 후 그 국물에 양파, 대파, 마늘을 함께 넣고 끓이면 국물 맛이 훨씬 좋다. 간장 간을 하지 말고 소금으로 간을 맞춰야 담백하고 깨끗한 맑은 국이 된다.

(2) 토장국

된장만 넣어 끓이는 것보다는 고추장을 넣으면 떫은맛을 없애고 토장국 맛을 더욱 돋울 수 있다. 된장이나 고추장의 약 10~15g 정도가 적당하다. 생선요리나 자극이 있는 식단과 함께 곁들이면 좋다. 토장국은 오래 끓이는 것이 아미노산이 우러나와 좋은 맛을 내나 개량된장은 오래 끓이면 당분이 산으로 변하여 신맛이 나므로 맛이 없게 된다.

(3) 갈비탕·곰탕

갈비는 냉수에 담가 핏물을 뺀 후 사용하며 한번 슬쩍 끓여 국물을 버리고 다시 끓인다. 중간에 소금을 약간 넣어 끓이면 맛난 맛이 더 잘 우러나온다. 곰탕 종류는 소의 사골, 도가니, 잡 뼈, 내장종류, 양지머리, 사태부위 등을 10여 시간 이상 푹 고은 것으로서 그 국물이 깨끗한 유백색이 되어야 하며, 소금으로 간을 해야 깨끗하고 시원한 맛을 낸다. 국을 끓일 때 쇠고기의 경우 처음엔 뚜껑을 열어놓고 끓이다가 한번 끓으면 뚜껑을 덮고 끓인다. 처음부터 뚜껑을 덮고 끓이면 고기색이 빨갛게 될 우려가 있다. 사골 뼈 등의 칼슘 용출은 찬물에서부터 조리 시 높아진다. 양식육수(stock)을 만들 때 흰 육수(white stock)는 도가니, 갈색육수(brown stock)은 사골을 이용한다.

(4) 생선 매운탕

통고추를 갈아서 넣든지 고춧가루에 물을 조금 넣어 절구나 분마기에 넣고 찧어서 넣으면 맛도 구수하고 얼큰하며 색깔도 곱다.

(5) 국 국물 만들기

① 감칠맛 나는 '국물' 만드는 비결

㉠ 고기나 뼈로 국물을 낼 때는 찬물을 붓는다.

- 맛있는 국의 맛내기 포인트는 국물에 있다. 팔팔 끓는 물에 고기를 넣으면 고기의 표면이 재빨리 응고되어 그 속의 맛난 성분이 충분히 우러나질 못한다. 따라서 맛있는 국물을 내기 위해선 찬물을 붓고 천천히 끓이오르지 않을 정도의 온도에서 뭉근히 끓이는 것이 좋다.

㉡ 멸치는 살이 풀어지도록 오래 끓이면 쓴맛이 난다.

- 멸치국물을 낼 때 뭉근하게 시간을 두고 끓여야 맛이 난다. 끓은 후에도 바로 멸치를 걷어내서는 안되며 약한 불에서 약 10분쯤 더 끓여야 진한 맛이 우러난다. 그러나 살이 풀어지도록 너무 오래 끓이면 쓴맛이 나고 비린내가 나므로 주의한다.

㉢ 멸치국물은 짠 내, 비린내가 나지 않게 끓인다.

- 멸치의 머리와 내장을 제거하고, 끓을 때 뚜껑을 덮지 말고 약간 열어놓는 것이 좋으며 도중에 생기는 거품은 말끔히 걷어내도록 한다.(술

(청주)을 한 방울 넣으면 비린내가 없어진다.)

㉣ 다시마는 2, 3분만 끓여도 충분히 맛이 우러난다.

- 다시마는 건조가 잘 되고 하얀 분이 자연스럽게 핀 것이 좋으며, 2~3분 끓인 후 바로 건져내야 한다. 그냥 두면 다시마의 잡맛과 끈끈한 것이 나와 좋지 않다.

㉤ 가다랭이는 오래 끓이면 감칠맛이 없어진다.

㉥ 된장은 처음에 풀어 넣고 왜 된장은 맨 마지막에 넣는다.

- 콩 단백질의 맛을 내는 우리 된장은 오래 끓여야 구수한 맛이 나지만, 녹말성분이 많은 왜된장은 오래 끓이면 떫은 맛, 신맛이 생긴다.

㉦ 된장국은 쌀뜨물로 끓여야 구수하다.

㉧ 국물을 맑게 하려면 흰자거품을 넣는다.

- 맑은 장국의 경우 국물이 깨끗하지 못할 때 거품 낸 흰자를 넣으면 국물이 맑아진다. 국물이 끓을 때 거꾸로 해도 쏟아지지 않을 정도로 단단하게 거품 낸 흰자를 넣고 고르게 저어주면 달걀 거품이 응고 되면서 국물에 떠 있던 것들을 흡수해 국물이 깨끗해진다. 달걀 거품이 완전히 응고되면 불을 끄고 가라앉힌 다음에 고운체에 밭친다.

㉨ 간은 맨 마지막에 하고, 간장을 넣고 저으면 좋지 않다.

- 국은 건더기보다는 국물의 맛을 음미하는 음식이다. 따라서 재료가 가진 맛을 국물 속에 충분히 녹아나게 해야 한다. 그러므로 국간은 맨 나중에 하는 것이다. 보통 맑은 국이나 곰국 등은 소금 간을 하고, 미역국이나 다시국물을 우려내는 경우엔 국 간장으로 간을 한다. 이때 주의할 것은 간장을 친 후에는 팔팔 끓을 때까지는 휘젓거나 달걀 등을 넣어서는 안된다. (간장내가 심하고 맛없는 국이 됨.)

㉩ 달걀은 국물이 팔팔 끓을 때 넣는다.

㉪ 조개국물은 반드시 걸러서 사용해야 지금거리지 않는다.

조개로 국물 맛을 내고자 할 때는 일단 해감 시킨 조개라도 따로 끓여 국물을 낸 후, 체에 밭쳐 걸러 낸 후에 그 국물과 조개를 다시 놓고 끓여야 지금거리지 않는다.

2) 조림

조림 요리의 핵심은 조림 양념이 재료에 배어들고, 재료의 맛과 영양이 조림 국물에 흘러나와 재료와 국물의 맛이 어우러지는 것이다. 녹색채소 조림을 제외한 대개의 조림 요리는 국물 맛을 약하게 하여 재료가 잠길 정도로 넉넉하게 붓고 약한 불로 천천히 졸여 충분히 맛을 내야 한다. 그러니까 은근한 불에서 졸릴 때는 물을 넉넉히 넣고, 센 불에서 조릴 때는 물을 적게 해야 한다. 색깔을 곱게 하거나 씹히는 감촉을 좋게 하기 위해서는 뚜껑을 덮지 않고 조리는 것이 좋다. 만약 뚜껑을 덮어 푹 익히려면 불을 약하게 해야 한다.

(1) 생선 조림

생선 조림에는 조미료를 먼저 끓이다가 조림하는 것이 영양 손실이 적고 생선살이 부스러지지 않는다. 또한 생선에 소금을 뿌려두면 살도 단단해지고 비린내도 없어진다. 생강은 생선이 익은 후에 넣어야 비린내 제거에 효과적이다.

(2) 콩 조림

콩은 조림하기 전에 물에 충분히 불려서 사용하고 콩을 삶을 때 1%의 소금을 사용하면 쭈그러지지 않는다.

3) 데치기 · 삶기

데치거나 삶을 때는 재료에 따라 물의 온도를 달리하고 적당한 첨가제를 넣는다. 미나리, 시금치, 쑥갓 등의 야채를 삶을 때는 재료 무게의 1%의 소금을 넣고 끓는 물에 재빨리 데쳐낸다. 이때 물은 야채가 잠길 정도로 충분히 넣고 센 불에서 뚜껑을 열고 삶으면 분해 된 유기산이 휘발하고 엽록소의 녹색이 남아 있게 된다. 소금을 넣는 이유는 야채의 색이 더욱 선명해지고, 조직이 물러지지 않기 때문이다. 삶은 뒤에는 찬물에서 재빨리 식혀야 변색을 막을 수 있다. 무, 우엉, 감자 등의 근채류는 쉽게 익지 않으므로 찬물에서 처음부터 재료를 넣고 익힌다. 이때 식초를 넣으면 뿌리야채의 갈변을 막을 수 있으며, 특히 연근은 사각사각해진다. 육류나 어패류는 삶을 때 소금을 넣으면 단백질을 빨리 응고시켜 영양분의 유출을 막고 모양도 흐트러지지 않는다. 이때 양파, 파, 생강, 마늘 따위의 향이 있는 야채를 넣고 끓이면 비릿한 냄새를 제거할 수 있다.

4) 찌기

찜류는 대량 조리 시 음식의 형태 유지가 어렵고 부서지기가 쉽다. 이 부서진 음식은 눌러 붙는 원인이 되며 탄 냄새의 주원인이 되므로 조리할 때 부서지지 않도록 주의해야 한다. 찜 요리를 잘하는 요령은 찜통에 열이 오른 뒤에 재료를 넣고 쪄야 한다. 처음부터 재료를 넣고 찌면 수증기가 재료의 표면에서 식어 물

방울로 되므로 습기가 차서 제대로 된 찜 요리가 나오지 않는다. 고기, 생선, 야채 등은 센 불에서 쪄내지만, 달걀찜, 두부찜 등은 중불에서 끓이다가 끓기 시작하면 약한 불에서 쪄야 고운 요리가 된다. 찜 솥에 붓는 물의 분량은 용기의 40~50%가 적당하다. 이것보다 많으면 끓을 때 넘쳐서 요리의 맛을 빼앗기게 되며, 또 적으면 찌는 동안 타 버리게 된다.

5) 구이

구이는 굽는 불의 온도와 굽는 정도에 따라 냄새와 맛이 달라진다. 재료와 불과의 거리는 7~10㎝ 정도가 알맞으며, 직접 불에 갖다 대면 속은 익지 않고 겉만 타게 된다. 구이를 할 때는 재료에 따라 불의 크기를 조절해야 한다. 수분이 많은 것은 센 불에서 굽고, 크고 더디 익는 것은 약 불에서 천천히 굽는다. 옷을 입혀서 구울 때는 처음에는 중불에서 굽다가 불을 약하게 하여 속까지 익힌다. 또 양념을 발라 구이를 할 때 겉 양념이 미리 타 버리는 경우가 많은데 속까지 다 익히려면 참기름과 간장을 섞어 만든 유장을 바른 후 애벌로 구워내고, 다시 양념장을 발라 양념만 살짝 익혀내도록 한다. 특히 석쇠를 달구거나 석쇠에 식용유나 식초를 바른 후 재료를 놓고 구우면 달라붙지 않는다. 직화구이의 대표적인 것이 소금구이로 재료 무게의 2~3%의 소금이 필요하다. 이때 꽁치나 갈치 등 비린내 나는 생선은 잘 씻은 후 수분을 거둬들이는 정도로만 밀가루를 뿌려 지지듯 구우면 고소하면서 비린내가 안 난다. 이때 겉 표면이 응고되도록 센 불에서 익혀 육즙이 밖으로 흐르지 않도록 한 다음 중약불에서 속까지 익힌다.

6) 튀김

튀김은 기름을 사용하여 식품을 가열하는 조리법으로 고온의 기름 속에서 단시간 처리하므로 내부 성분이 흘러나오는 율이 다른 조리법에 비해 적어 영양소나 맛의 손실이 적을 뿐 아니라 기름에 의해 열량이 증가되고 비타민 및 다른 영양소의 손실이 가장 적다. 또한 튀김을 하면 그 식품이 가지고 있는 수분이 증발하면서 기름을 대신 흡착하여 고소한 맛을 지니게 되고 향미의 첨가, 부드러운 맛의 창출, 칼로리의 증가 등 이점이 많으므로 단체급식에서도 튀김을 많이 응용하게 되었다. 또한 기름의 온도 상승은 제한이 없으므로 각 식품에 적당한 온도를 유지하기 위하여 항상 불 조절에 유의하여 온도관리를 하여야 한다. 기름 속에 있던 식품이 기름위로 떠오르는 것은 식품 속의 수분이 빠지기 때문으로 식품을 그냥 튀기면 대개 40%의 수분이 감소하고 옷을 입히고 튀기면 20%

의 수분이 감소한다. 기름의 흡착율은 그냥 튀긴 것은 3%, 옷을 입힌 것은 5~10%이다. 즉 튀김에서 밀가루 반죽의 옷을 입혀서 튀길 때에는 재료의 수분 증발, 단맛의 증발을 막고 기름을 흡수함으로써 풍미를 더한다. 튀김음식은 재료의 종류에 따라 튀기는 온도가 달라진다. 즉 표면만을 가열해도 좋은 음식은 고온에서 단시간 튀겨야 하고, 속까지 충분히 열이 가해져야 하는 음식은 낮은 온도에서 장시간 가열해야 한다. 튀김을 할 때의 적온을 알기 위해서는 온도계를 사용하는 것이 가장 정확한데 온도계가 없을 때에는 튀김옷을 조금 끓는 기름에 넣어 떠오르는 상태로서 온도를 판단할 수 있다.

7) 볶음

볶음 요리를 맛있게 하기 위해서는 열이 오른 팬에 기름을 두르고 마늘이나 생강을 곱게 다져 넣어 두세 번 뒤적이면서 마늘과 생강의 맛과 향이 기름에 배어나게 한다. 여기에 손질된 주재료를 넣어 볶으면 좋지 않은 냄새가 없어질 뿐 아니라 풍미가 있는 요리가 된다. 또 잘 익지 않는 밤, 감자, 당근 등은 1차 삶거나 데쳐 익힌 후에 조리하면 좋다. 볶음 요리에는 불 조절이 매우 중요하다. 푸른색 야채를 약한 불로 오랫동안 볶으면 누렇게 될 뿐 아니라 물이 나와 아삭한 맛이 없어지고, 고기와 생선은 질겨지며 영양분의 손실이 크다. 또 대량 요리를 할 때 야채마다 익는 시간이 다르기 때문에 각각의 재료가 익기도 전에 처져 버리므로 야채는 한 가지씩 짧은 시간에 볶도록 한다.

8) 전유어

전유어는 육류·어패류·채소류를 얇게 저미거나 다져서 밀가루·달걀 등의 옷을 입혀서 번철에 기름을 두르고 지지는 조리법이다.

▣ 전유어 부칠 때의 유의 사항

전유어 재료들은 신선한 것으로 밑 손질을 하여 일정한 두께로 얇게 썰거나 생선 등은 저며서 포로 뜬다. 준비한 재료에 소금·후춧가루로 밑간을 한 재료를 밀가루를 얇게 묻힌 후에 달걀 푼 것에 차례로 담궜다가 달군 번철에 기름을 두르고 지진다. 재료에 밀가루와 달걀을 묻힐 때는 한꺼번에 미리 묻혀놓지 않도록 한다. 밀가루를 묻혀서 겹쳐놓으면 수분이 나와 밀가루가 한편에 몰려서 묻는다. 전유어를 부칠 때는 달구어진 번철에 기름을 고루 두르고 중불보다 약하게 하여 양면을 고루 지진다. 지져낸 전유어는 채반에 꺼내어 한 김을 식힌 다음 접시에 담는다. 더운 전을 겹쳐 담으면 달걀옷이 쉽게 벗겨진다.

6. 단체급식 조리를 위한 선행 조건

단체급식 조리하기 전에 식품의 구매, 검수, 보관, 전 처리 과정이 필요하다. 전 처리 작업은 씽크대, 조리대, 도마, 칼, 식기류, 기구류 등의 철저한 세정 및 살균・소독을 해야 한다. 조리원의 올바른 식품취급 습관을 갖도록 교육되어야 하고 전처리 작업은 인건비율이 매우 높은 작업이므로 작업에 소요되는 시간, 작업량, 조리종사자의 숙련도 및 능력 근무의욕 및 가공식품의 사용여부에 따라 영향을 받는다.

7. 급식 생산계획

급식생산은 주어진 예산범위 내에서 양적, 질적으로 만족한 음식을 생산하여 피급식자에게 제공하는 것이다. 생산계획은 제공되는 1인 분량이 과부족이 없이 알맞고, 피급식자의 만족도면에서 문제가 발생하지 않아야 한다. 급식생산 시에는 양적, 질적, 관능적, 및 영양적으로 만족되고 미생물적, 위생적으로 안전성이 유지되어야 한다. 급식생산계획 시 고려할 사항은 다음과 같다.

▣ 급식생산 계획 시 고려할 점

㉠ 식수인원 파악 ㉡ 표준조리법에 따른 식품의 분량계산.

㉢ 조리자의 작업효율과 음식 생산과의 관계지도(작업시간, 전처리, 조리법, 배식방법)

급식생산계획은 식단과 생산수요예측을 필요로 하고, 정확한 수요예측은 원가조절에 필수적이고, 생산량의 과부족이 해결된다. 과잉생산은 비용이 증가되고, 부족생산은 피급식자가 실망하므로 이때 대치식단을 준비해야 한다.

급식관리를 효율적으로 운영하기 위해서는 정확한 수요예측이 필요하다.

① 과거의 기록 ② 급식식수 파악

③ 생산수요예측방법

- 직감에 의한 방법
- 공식적 통계자료를 이용한 방법

  단순 평균법 / 단순 이동 평균법 / 가중 이동 평균법 / 지수 평균법 / 선회귀법

④ 급식생산 계획회의 : 급식담당 관리자 및 조리종사자들은 메뉴와 생산계획을 의논하고, 작성된 생산계획표의 효과를 의논한다.

8. 생산예정표 작성의 장점

생산예정표를 작성하기 위해서는 생산성을 측정하여 표로서 작성한다. 급식산업에서 생산성은 다양한 재원의 투입과 산출의 비율이다. 투입(input)의 요소는 급식에 소요된 비용 즉 에너지, 노동력, 음식의 생산과정에 필요한 식재료, 시설 등이며, 산출(output)요소는 음식 또는 급식 수(meals, servings)를 의미한다. 급식소의 기능을 수행하기 위해 필요한 종업원의 수와 능력 및 자질을 고려하고 설정된 표준작업시간을 기준으로 적정위치에 적정인원을 배치하여 업무를 효율적으로 할당하여야 한다.

▣ 적정인원을 배치하기 위해 고려되어야 할 요소

㉠ 급식소의 운영형태 ㉡ 제공하는 식수

㉢ 식단의 형태 및 사용하는 식품의 종류

㉣ 사용하는 기기의 유형 ㉤ 음식의 제공 방법

㉥ 종업원의 숙련도 ㉦ 일회용 식기의 사용여부 등

작업에 필요한 적정인원을 산정하기 위해서 우선적으로 작업원의 업무를 파악하여 작업표준을 표준화하고, 작업에 소비되는 시간을 측정하여 업무에 따른 인원수를 산출한 후 작업의 난이도와 작업원의 숙련도를 고려하여 업무별로 적정 인원수를 결정하여 생산예정표를 작성한다. 이때 조리공정에 대한 지시와 작업시간의 배분, 기기사용 여건을 고려하여 생산예정표를 작성한다. 그 결과 작업공정 지시로 누가 어떤 일을 하고 작업시간의 장단, 작업의 난이도에 따른 배치 등으로 기록하여 다음 기간에는 회전식으로 작업하면 균등하게 일이 배분된다. 때로는 숙련도에 따라 균등하게 회전되지 못할 수도 있다.

9. 단체급식 조리절차 과정

조리에는 전 처리 작업과 조리과정으로 나누어진다.

1) 전 처리 작업

① 계량 : 무게 측정할 때 : 저울, 부피 측정할 때 : 계량컵, 계량스푼
온도 측정할 때 : 튀김용, 육류용, 캔디용 온도계

② 세정(씻기) : 쌀 세정 : 쌀겨, 무미성분, 먼지 제거. 채소류 세정 : 기생충

란, 농약제거

어패류 세정 : 아가미. 내장제거

③ 담그기 : 흡수와 팽윤의 목적 : 건물, 곡류, 두류

군 맛(냄새) 및 유독한 물질 추출의 목적(아린 맛, 쓴맛, 떫은 맛)

변색방지의 목적 : 연근, 우엉, 감자류, 과일

염분추출의 목적 : 염장한 생선, 염장한 채소

조미료 침투의 목적 : 식품에 맛들이기, 냄새제거

④ 해동 : 냉장시설이용, 유수이용, 마이크로 오븐 이용

⑤ 썰기 : 불가식부 제거, 열전도와 조미료 침투 용이.

모양의 정리(다양한 썰기 방법 포함)

⑥ 갈기 및 다지기 : 조직과 세포를 파괴하여 미세한 분상으로 효소활동을 좋게 한다. 강판, 믹서로 갈기. 칼, 기구이용으로 다지기

⑦ 섞기 : 재료의 균질화 : 고기완자, 후렌치 드레싱.

열전도의 균질화 : 루(roux). 팥소. 조미료 침투용이 : 무침, 조림.

거품내기 : 메링게, 케이크. 점탄성 증가 : 경단, 도우넛.

⑧ 혼합, 교반, 성형.

⑨ 압착(누르기), 여과 : 짜기 : 과즙, 팥소. 초밥, 주먹밥, 편육, 생선묵.

⑩ 냉각, 냉장 : 감각적 특질(맛, 향기, 질감, 외관). 건조되는 단점

⑪ 동결, 해동 : 육류의 크기가 줄지 않음

⑫ 담기 : 시각적, 미각적으로 음식에 대한 애정표현, 식욕증진 효과.

2) 조리작업

가열조리에는 습식가열, 건식가열, 전자레인지가열로 분류된다.

① 끓임 : 삶기 : 재료의 5~7배의 물의 사용. 불미성분제거,

식품조직의 연화, 선명한 색깔유지, 단백질응고

② 데침 : 채소 데치기 : 조직의 변화

③ 찌기 : 식품의 특성에 따라 온도 및 방법에 차이가 있다.

④ 구이 : 직접구이, 간접구이, 오븐구이.

⑤ 튀김 : 옷 입힌 재료 튀김, 해동여부에 따른 형태, 외관, 질감 차이

옷 입히지 않은 재료튀김

⑥ 조림 : 양념장의 2/3은 처음에 넣고 다 익었을 때 나머지 1/3넣고 조림

⑦ 볶기 : 소량의 기름사용

⑧ 전유어 : 표면적이 작을수록 잘 지져진다.
⑨ 무치기 : 조미료의 종류와 양에 따라 맛이 달라진다.
⑩ 냉각 : 초밥의 경우 밥을 식히기. 젤리, 냉면, 샐러드 등의 냉각.

10. 급식시설에 따른 적절한 배식방법

급식관리자들은 음식 준비가 끝난 후 안전하게 음식을 운반 및 배식을 해야 한다. 운반 및 배식관리는 음식을 각자의 식기에 담아서 피급식자에게 공급하는 최종 단계의 마무리 작업에 해당된다. 음식은 조리 직후가 품질이 가장 좋기 때문에 조리가 끝난 즉시 피급식자에게 운반, 배식이 되어야 한다. 그러나 생산되는 곳에서 소비(식사)하는 곳까지 떨어진 거리와 걸리는 시간에 따라 음식 품질의 잠재적인 손실이 증가하게 된다.

운반 및 배식관리의 기본사항은 다음과 같다.
① 음식과 식기가 조화를 이루고, 먹음직스럽게 담겨져야 한다.
② 적온으로 보존되고, 위생적이어야 한다.
③ 배식담당원의 태도가 좋아야 한다.

운반 및 배식의 주요 목적은 다음과 같다.
① 음식의 적온과 품질을 유지
② 제공되는 음식이 미생물적으로 안전성을 보장
③ 피급식자에게 외관상 만족스러운 음식을 제공
④ 에너지를 절약
⑤ 노동시간과 비용을 절감

운반 및 배식관리에 영향을 미치는 요인은 급식의 종류, 급식시설의 규모, 조리원의 능력, 노동비, 기기와 연관된 경제적인 요인, 음식의 일관된 품질과 미생물적 안전성, 식사제공을 위해 필요한 시간계획, 필요한 면적과 그 면적의 유용성을 모두 포함하는 급식제도의 유형에 적합한 운반과 배식관리를 하게 된다. 따라서 급식제도의 유형에 따라 운반과 배식방법 형태가 결정된다.

11. 배식방법 형태

1) 중앙집중식 배식방법(centralized service)

공동 조리장에서 준비된 음식을 원거리에 있는 급식소로 운반하는 방법이다. 이때에 준비된 음식은 대량 혹은 1인분씩 포장하여 냉동, 냉장 혹은 보온된 상태로 운반된다. 냉동의 경우는 재가열하고, 냉장 및 보온의 경유는 뚜껑 있는 콘테이너에 넣어서 넘치지 않도록 주의 한다. 음식 운반에는 식사시간에 맞게, 따뜻하게 배식되도록 시간을 맞추는 것이 중요하다. 냉동의 경우는 미리 운반하여 재가열하여 시간을 맞추고 저장 공간이 없는 경우는 배달시간이 반드시 식사시간, 재 가열시간 및 배식시간과 밀접한 관계가 있다.

2) 분산식 배식방법(decentralized service)

많은 양의 음식을 한 곳에서 만들어 여러 곳에 정해진 수량만큼 배분하고 이곳에서 피급식자에게 배식하는 방법이다. 병원급식에서 많이 이용되는 배식방법이다. 만든 음식을 각 병동마다 필요한 분량을 담아서 냉동차나 보온차로 옮긴 후 각 병동 주방에서 환자 개개인의 상차림을 하게 되고 급식을 감독하는 영양사가 주방마다 배치되어 있다. 그릇 닦는 일은 중앙주방이나 각 병동 주방에서 처리할 수 있다. 분산식 배식은 중앙식 배식보다 식기저장소가 많아지고, 종업원의 수도 많아지게 된다. 또한 음식이 배식 및 운반 때 감독자가 신속히 움직이지 못하면 감독자의 수가 많게 된다. 분산식 배식방법은 건물구조가 낮고 넓을 때 적절하고, 중앙집중식 배식을 배달이 곤란하거나 장거리 운반해야 할 때 온도유지를 위하여 노력해야 한다.

3) 자동수레 이동식 배식방법(automated cart transport system)

모노레일(monorail)을 이용하므로 소통에 방해받지 않고 배식하게 되므로 신속하고 안전한 장점이 있으나 건축설계 시에 설계해야 하므로 건설비가 큰 것이 단점이다. 이 방법은 대단위 병원이나 여러 건물에 배식할 때 적절하다.

12. 배식 시 온도보존 방법

적온유지는 맛있는 음식조건 중에서 절대적인 요소라고 이해해야 한다. 단체급식은 적온에 관한 시스템과 기술이 필요하다. 지금까지 조리과학이나 조리이론에서 적온에 대해서 논의되지 못했다. 특히 조리종사자인 경우 조리과학이나 조리이론에서 적온에 관한 인식이 부족하였다. 그것은 음식에 집착했던 시대에서 서비스 시대로 변화된 현상으로 이해할 수 있다. 적온을 강조하는 서양요리나 중국요리가 보급된 후, 적온 서비스는 단순한 작업의 시간만으로 성립되지 않고, 보온기기의 도입만으로도 이루어지지 않는다. 결국 기기설비나 적온기술은 얼마만큼 「시스템으로 성립」시키는가에 달려 있다. 배식은 음식을 담아서 피급식자에게 서빙하는 작업으로 급식생산의 최종단계의 마무리에 해당하는 부분이며, 품질관리상 매우 중요하다. 특히 조리생산과 음식섭취가 공간적, 시간적으로 분리되어 있을 때 조리생산단계에서 운반 배식되는 시간과 거리가 클수록 음식품질의 잠재적인 손실이 증가된다. 배식 시 온도관리에 영향을 미치는 요인은 급식시설의 규모, 조리원의 능력, 노동비, 기기와 연관된 경제적인 요인, 음식의 일관된 품질과 미생물적 안전성, 식사제공을 위해 필요한 시간계획, 필요한 면적과 그 면적의 유용성 등을 모두 포함한다.

1) 적온으로 배선하는 일의 어려움에 대한 이해

푸드시스템의 기본은 적온으로 배신하는 일의 어려움을 이해한다. "적온으로 제공해야 할 필요성은 무엇인가"를 이해해야 한다.

적온 배식에는 다음 사항이 필요하다.

① 급식담당자 전원이 적온으로 제공하려고 하는 의식의 확인.
② 사용기구와 작업의 타이밍으로 시스템화를 이루려는 필요.
③ 시간과 온도의 관계를 실측하고 체험하는 일.
④ 적온이라도 개인차가 있다는 것을 안다.
⑤ 적온대의 목표온도를 숫자로 명확하게 한다.
⑥ 적온으로 제공할 수 있도록 메뉴를 재검토할 것.
⑦ 적온시스템화에 필요한 예산 계획을 세운다.
⑧ 적온에 관한 직원간의 의견 조종을 통해서 팀웍의 확인을 한다.
⑨ 전 직원에게 적온을 가능하게 하는 필요한 여러 지식의 교육과 실제적인 훈련을 할 것

2) 적온을 축으로 하는 배식관리

① 제공하는 요리의 종류별로 적정온도를 설정할 것(실측치로 결정한다).

② 현상의 온도차와 모델의 온도차를 확인한다.
③ 조리와 상차림, 배선의 필요한 소요시간을 측정한다.
④ 시간경과와 온도변화의 추이를 확인한다.
⑤ 식사시의 온도변화의 상황을 확인한다.
⑥ 특정된 요리를 모델로 하여 적온을 실현할 수 있는 공정을 기획하고, 실시하여 시스템화로 선택한다.
⑦ 담는 식수가 적은 음식물부터 실시하여 실패결과를 만들지 않도록 한다.
⑧ 다음에 예정수를 거듭하여 매뉴얼을 만든다.
⑨ 기기의 성능, 기재의 취급에 관해 정보수집 혹은 시험적인 사용을 해서 「자유자재로 할 수 있게」의 기술수준을 보인다.

직원의 적온 강도테스트를 실시하여 동기부여를 강화한다. 적온인지 아닌지의 품질관리를 최종적으로 결정하는 것은 식사자이기 때문에, 배식을 담당하는 사람이 반드시 적온에 관하여 만족도 정도를 묻는 일이 중요하다.

3) 적온과 메뉴관리

적온의 실시는 식사계획의 단계에서 배려되고 있다. 메뉴에 기재되어 있다. 레시피(조리작업 지시서)에도 기재되어 있다. 기재가 없으면 상당한 정도의 담당자가 실시되지 못한다고 생각한다. 조리작업을 하고 있는 과정에서 적온에 대한 배려를 하지 않으면 확실히 온도 저하가 진행된다. 조리과정에서 온도저하를 관찰하면 이해할 수 있는데, 완성온도가 70도 정도에서는 담기, 배선의 단계에서 절망적이다. 따라서, 재가열함으로써 최종온도를 올리지 않으면 안 되게 된다.

4) 적온이 되지 못하는 사항

① 영양사・조리사 자신의 식사가 적온으로 먹고 있지 않다.
② 적온의 설비가 없으면 불가능하다고 생각하는 일이다.
③ 일손이 없다고 못한다고 생각한다.
④ 식단작성 시에 적온을 생각지 않는다.
⑤ 조리작업의 흐름을 파악하지 않고 있다.
⑥ 자신의 일에 시간관리가 없다.
⑦ 동정심이 없다.
⑧ 조리가 무엇인지를 모른다.
⑨ 시간개입을 싫어한다.

⑩ 빨리 일을 끝내고 돌아가고 싶다.
⑪ 지금 일에 만족하고 있다.
⑫ 사물의 전체를 파악하여 생각하지 못한다.

적온이란 작업자의 의식수준이 미숙하므로 기기설비만으로 가능하다는 착각에 의해서 설비가 있더라도 자유자재로 이용하지 못했기 때문에, 설비의 불안정함에 책임을 전가시키는 것이 보통이다.

5) 적온을 척도로 하여 요리된 음식의 가치를 본다.

적온을 품질관리의 기둥으로 삼고 조리시스템이나 음식담기 배선의 방법을 개선해야 한다. 적온을 엄격히 관리하므로 식품위생에 기여하게 되고, 요리된 음식물의 가치나 그 요리의 상품가치가 적온을 축으로 하여 재인식해야 한다.

6) 적온을 기대할 수 있는 기기류

① 전자레인지 ② 스팀 ③오븐 ④ 식기 보관고
⑤ 열장고 ⑥ 조리식 워머 ⑦ 보온고 ⑧ 보온차, 온냉 배선차
⑨ 조리품 전용냉장고

13. 배식 시 지연을 초래하는 원인

음식을 담는 작업은 배식 시 중요한 단계이다. 메뉴에 따라 주걱, 국자, 집게 등의 크기를 다양하게 준비하여 1회에 1인 분량을 배식하게 하고, 식사자 수가 많으면서 짧은 시간에 식사를 해야 하는 경우 배식 장소를 여러 곳 설치하여 기다리는 시간을 줄인다. 식사시간을 연장할 경우는 배식 받는 시간을 차이를 두고 배식한다. 배식장소를 음식별로 구분하면 여러 장소에서 자율배식이 가능하므로 빠른 시간에 배식이 가능하다.

이와 같이 배식을 여러 곳에 하기 위하여 필요한 기기는 다음과 같다.

① 냉장, 냉동음식의 재 가열 기기
② 음식담기에 필요한 기기
③ 보온, 보냉에 필요한 기기
④ 운반과 배달을 위한 기기
⑤ 배식에 필요한 기기

5 급식 평가

음식 종류별 또는 조리방법별로 개발된 평가지에 의한 검식과 기록은 급식 활동을 통제하고, 계획 및 실행과정을 개선하고 조정하는데 좋은 근거가 된다. 검식지는 평가요소를 세부적으로 기록할 때만이 평가자료서의 가치를 지니며, 생산계획 회의를 통해서 고객의 반응을 조리원에게 전달하거나, 정기적 또는 수시로 조리기술 지도를 통해 급식 품질을 개선하거나 향상시킬 수 있다. 특히 고객 불만을 면밀히 분석하여 그 원인을 제거함으로써 지속적인 품질 개선 효과를 기대할 수 있다. 급식품질은 표준을 잘 세워야 한다. 밥 짓기의 경우 밥 짓기 방법, 쌀의 양, 물의 양, 뜸 들이는 정도 등 표준화가 세워져야 하되 장소와 대상에 따라 표준화에는 차이가 있게 된다.

1. 검 식

검식은 단체급식소의 급식실시에 따른 의무사항으로, 완성된 조리가 계획된 식사의 내용으로 적정한지 평가하기 위하여 배식하기 전에 배식할 1인 분량을 상차림 하여 영양, 분량, 관능, 기호, 위생적인 면 등을 종합적으로 평가하여 기록, 보관하는 급식관리의 절차이다. 검식의 필요성은 완성된 음식을 평가함으로써 식사에 대한 불만이나 문제 발생을 줄이고, 새로운 식사계획에 반영하여 급식의 개선 자료가 된다. 배식하기 전에 검식을 하여 배식 후 음식에 대한 불만이 없도록 해야 한다. 검식은 객관적으로 실시하며 잘못된 것은 즉시 조정하고 문제가 재 발생되지 않도록 한다. 검식에 참여하는 자는 영양사, 조리실장, 조리종사자 등 최소 2인 이상이며, 그날에 배식할 때 사용된 그릇, 분량, 음식의 온도 및 상차림 등 조건을 똑같이 하여 검식하거나 5인 이상 모니터링하여 그 결과를 기록하여 저장한다. 법적인 검식 담당자는 영양사이다.

2. 검식부의 구비사항

검식방법은 전산으로 출력된 검식일지에 A(양호), B(보통), C(불량)로 기록한다. 검식일지 기록 시 검식자 서명이 반드시 필요하다. 검식 항목으로는 맛, 외관, 색상, 위생적인 조리 상태 등이며, 검식일지의 최종 승인은 영양사이다.

검식 후 사후 조치는 평가 "B"일 경우는 재 조리, 재 등급하고 평가 "C"일 경우는 폐기로 검식일지에 기록한다. 그 조치사항은 영양사에게 권한이 있다.

검식의 내용에는 다음 사항을 구비해야 한다.

1) 영양과 분량

① 1인 분량이 적합한가?

② 영양적으로 균형이 이루어졌는가?

- 식품의 조화가 이루어졌는가?
- 주·부식의 조화가 이루어졌는가?
- 조리법의 조화가 이루어졌는가?

2) 관능

① 색상의 조화가 이루어졌는가?

② 풍미의 조화가 이루어졌는가?

③ 질감의 대조가 이루어졌는가?

④ 온도의 조화가 이루어졌는가?

3) 위생

① 음식이 속까지 완전하게 조리되었는가?

② 음식에 이물질이 섞여있지는 않는가?

③ 배식용기가 위생적인가?

④ 1인분의 상차림이 위생적으로 되었는가?

4) 기호

① 음식이 맛이 어떠한가?

② 피급식자의 기호성에 적합한가?

※ 검식 후에는 반드시 검식부를 작성하여 보관해야 하며, 검식부에는 검식일자, 식단명, 평가내용, 검식자의 날인, 영양사의 날인 등을 기록하여야 한다.

표 2-39. 검식부의 예

결재	주임	과장

2002년 월 일 요일

구 분	식 단 명	평 가		비 고	
		조 리 사	영 양 사		
아 침	밥 채소 고기국 풋고추우엉 볶음 태극선 말이 오징어젓 무침 열무김치 우유			검 식 자 예정인원 실제인원 전체적인 조 화	 100
점 심	콩밥 솎음배추국 맛살어묵 꼬지전 불고기 치커리상추 절이 곤약냉채 포기김치			검 식 자 예정인원 실제인원 전체적인 조 화	 380
저 녁	밥 콩나물국 꽁치구이 달걀 장조림 양장피 잡채 깻잎맛살 튀김 열무김치 우 유			검 식 자 예정인원 실제인원 전체적인 조 화	 100

출처 : 대한영양사회, 국민영양2001, 1, 2 월호

검식부에는 메뉴에 대하여 요리와 맛의 조화방법, 1인 분량, 상차림 방법을 관찰하고, 각 요리에 대하여 맛과 양과 온도를 확인, 평가한다.

- 주식 : 질다, 되다, 적당하다
- 부식 : 식품의 배합, 질감, 색깔, 국의 농도, 염분, 온도, 유독성분 유무 등을 확인한다.

· 우유 : 냄새, 맛의 이상유무와 유통기한을 확인한다.

· 보존식 : 조리 후 72시간 동안 전용 냉장고에 보존한다.

기타 검식부의 구비사항으로는 기타요리에 대하여, 식기류의 사용방법에 대하여, 서비스에 대하여, 주·부식의 조화에 대한 것 등이 있다.

검식 시의 주의사항은 다음과 같다.

① 혀 전체로 맛을 본다. 맛에는 짠맛, 단맛, 쓴맛들이 있는데 맛을 느끼는 부위가 다르기 때문이다.

② 맛보기는 한 번만 한다. 맛을 여러 번 반복하여 볼 경우 다시 맛을 볼 대는 잠시 사이를 두어 물로 입안을 헹군 다음 보도록 한다.

③ 맛을 보는 것은 배고프지 않을 때 해야 한다. 또 맛은 차가울 때가 뜨거운 것보다 더 진하게 느껴지므로 뜨거울 때 맛을 보는 경우에는 약간 싱겁게 조미할 필요가 있다.

3. 보존식의 정의 및 필요성

식중독사고 발생에 대비하여 정확한 기능을 가진 냉장고에 급식으로 제공된 요리 1인분을 72시간 이상 보존하여 식중독 사고 발생의 원인을 확인하기 위하여 검체를 보존하는 것을 보존식이라고 한다.

만일 사고가 발생할 경우는 72시간 경과한 급식내용, 다소 변패한 것도 보관하여 보건소에 제출해야 한다.

4. 급식평가의 방법

급식을 평가할 때는 많은 자료에 기반을 두고 가장 적절한 방법을 선택하여 객관성을 높이는 것이 중요하다. 평가한 후 계획과 동일하지 않을 경우는 계획을 수정하며, 수정된 계획을 기초하여 다시 실시하여 되풀이 한다. 급식평가 대상은 급식 조직 체계를 운영할 때 통제 및 피드백 과정에 수행되는 내용으로서 급식생산 과정에서 평가되는 것이다. 평가 대상은 식단(식단평가표, 영양가 산출표), 피급식자의 식사에 대한 반응(섭취정도조사, 기호도 조사, 만족도 조사), 위생(위생점검표, 미생물검사), 수량(산출량 조사), 책(검수일지, 영구재고조사, 실사재고 조사), 작업(작업측정, 생산성 분석), 종업원의 직무태도(종업원의 직무만족도조사, 종업원의 업적 평가 조사), 시설(조리장 점검표), 재무(대차대조표, 손익

계산서, 재무 관련자료 분석) 등이 있다. 식단평가 내용은 점검표에 의한 영양, 관능, 관리측면에서 균형을 평가할 수 있다(표 2-40).

표 2-40. 식단평가 점검표의 예

항 목	응답란	
	예	아니오
영 양 :		
· 모든 식단이 영양요구량을 만족시키는가?	-	-
· 비타민 C가 풍부한 식품이 자주 표함되었는가?	-	-
· 비타민 A가 풍부한 식품이 1주일에 두 번 이상 포함되었는가?	-	-
· 철분이 풍부한 식품이 자주 포함되었는가?	-	-
관 리 :		
· 현재의 재고품목이 식단계획에 반영되었는가?	-	-
· 식단의 조리를 위해 기기 사용이 적절히 분배되었는가?	-	-
· 종업원의 작업량이 적절히 분배되었는가?	-	-
· 계획된 식단의 조리방법이 종업원의 기술수준과 일치하는가?	-	-
관 능 :		
· 색상의 조화가 이루어졌는가?	-	-
· 풍미의 조화(단백한 맛, 신맛, 단맛)가 이루어졌는가?	-	-
· 형태, 크기의 다양성이 있는가?	-	-
· 질감(바삭바삭함, 단단함, 부드러움)의 대조가 이루어졌는가?	-	-
· 어린이의 기호성에 적합한 것인가?	-	-
기 타 :		
· 계절식품의 적절한 사용이 이루어졌는가?	-	-
· 주기에 따른 식품비의 적절한 분배가 이루어졌는가?	-	-
· 예산범위 내의 식단계획인가?	-	-

메뉴 평가 내용은 메뉴 설계에 대한 평가, 메뉴의 다양성에 대한 평가 메뉴의 수익성 평가로 구분하여 볼 수 있다.

· 식단설계에 대한 평가 : 내용, 시각적 효과, 품격, 제작비
· 식단에 대한 평가 : 자체 평가, 고객에 의한 평가
· 수익성에 대한 평가 : 구성, 수익성, 미래에 대한 신축성

1) 식단평가표에 의한 평가

메뉴 평가표를 작성하여 식사 자를 대상으로 조사하여 고객의 평가내용을 점수화하여 식단을 분석하여 개선한다. 메뉴평가는 앞에서 살펴본 표 2-30과 같다.

2) 식단에 대한 고객의 반응 조사에 의한 평가

① 기호도 조사 : 설문조사, 그날 배식 시 조사.
② 섭취 빈도수 조사
③ 잔반량 조사 : 실측법, 관찰법, 설문조사법

고객의 식사에 대한 반응 평가는 다음과 같다.

① 섭취 정도 조사는 한 개인이 실제로 섭취한 음식의 양이나 종류 수를 조사한다.
② 고객의 수응도(음식이 실제 주어졌을 때 나타내는 선호도)와 기호도(음식 품목명에 대해 나타내는 선호도)의 측정 시 가장 많이 이용되는 척도로는 범주척도, 비율척도, 빈도척도 등이 있으며, 범주척도가 가장 많이 이용된다.
③ 고객의 만족도 조사는 시설, 식단, 식사의 양과 질 및 서비스에 대한 기대가 충족되어야만 만족할 수 있다. 소비자의 만족도를 조사하기 위하여 이용되는 방법은 IPA(Important Performance Analysis)를 들 수 있다.

산업체 근로자들을 대상으로 집계한 결과는 다음 표 2-41, 그림 2-2, 표 2-42와 같다.

표 2-41. 산업체급식소 운영 특성에 대한 중요성과 수행수준 평균점수 (5점 척도)

사업체 급식소 운영특성	수행수준[1] (N=973)	수행수준[2] (N=973)
1. 음식의 맛	3.15	4.41
2. 음식의 매력적인 형태	2.89	3.67
3. 차가운 음식이 차게 제공된다.	3.17	4.00
4. 뜨거운 음식이 뜨겁게 제공된다.	3.40	4.07
5. 인기있는 음식의 활용도	3.03	3.91
6. 식당의 환경 및 위치	3.18	4.21
7. 영양적으로 균형된 다양한 식단의 제공	3.25	4.32
8. 1인분량의 다양성	3.14	3.90
9. 서비스 속도	3.08	3.76
10. 청결성	3.25	4.60
11. 조리원의 친절성	3.19	4.07
12. 배식시간의 적합성	3.45	3.93
13. 영양정보의 원활한 제공	2.95	3.83
14. 영양상담 서비스의 제공	2.60	3.56
15. 영양사의 관리 능력	3.52	4.29
16. 식당서비스의 전반적인 수준	3.15	3.99
17. 점심식사의 질에 대한 전반적인 수준	3.29	4.21
18. 아침식사의 질에 대한 전반적인 수준	2.82	4.01
19. 저녁식사의 질에 대한 전반적인 수준	2.90	4.03
평 균	3.15	4.04

1) 1-전혀 수행되고 있지 않다. 2-잘 수행되고 있지 않다.
3-보통이다. 4-잘 수행된다. 5-매우 잘 수행된다.
2) 1-전혀 중요하지 않다. 2-중요하지 않다. 3-보통이다. 4-중요하다. 5-매우 중요하다.
출처 : 급식관리지도서. 대한영양사회. 2000

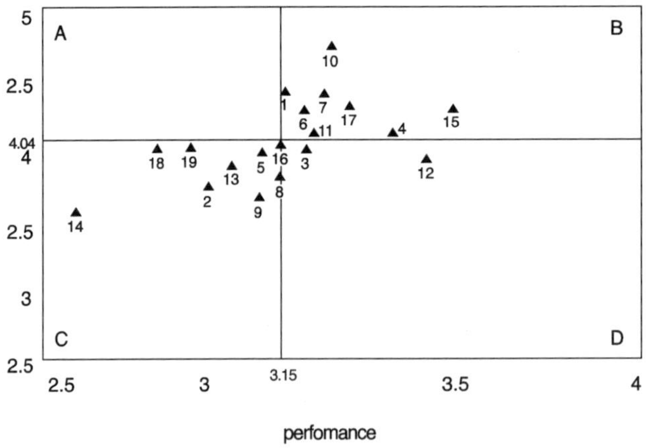

그림 2-2. 사업체 근로자의 IPA 격자도

표 2-42. 고객 서비스 평가척도를 이용한 설문

다음 문항에 대한 서비스의 발생빈도를 답하시오.	일상적으로 발생	비교적 자주	가끔	거의 없음
1. 서비스가 고객의 요구와 일치하여 적시적으로 발생하는가?	3	2	1	0
2. 고객과의 의사소통이 적시적으로 정확하며 완벽하게 수행되고 있는가?	3	2	1	0
3. 직무에 대한 의욕이 충분히 표시되고 있는가?	3	2	1	0
4. 고객으로부터 feedback을 제품의 질과 서비스를 개선시키는데 반영시키고 있는가?	3	2	1	0
5. 다른 바쁜 직무로 인하여 고객이 소외당한 느낌이 들게 하는가?	0	1	2	3
6. 고객의 구체적 욕구를 충족시킬 수 있는 서비스를 제공 하고 있는가?	3	2	1	0
7. 서비스 요원을 훈련시키는데 일선 감독자가 밀접하게 관련하고 있는가?	3	2	1	0
8. 고객의 불만처리가 우호적으로 이루어져 고객이 만족할 수 있는가?	3	2	1	0
9. 훈련과정에서 제언에 의한 판촉기술이 강조되고 있는가?	3	2	1	0

출처 : 급식관리지도서, 대한영양사회, 2000.

5. 수응도(acceptance)와 기호도(preference) 조사

수응도(음식이 실제 주어졌을 때 나타내는 선호도)와 기호도(음식 품목명에 대해 나타내는 선호도)의 측정 시 가장 많이 이용되는 척도(scale)로는 ① 범주척도(category scales), ② 비율척도(ratio scales), ③ 빈도척도(frequency

scales) 등을 들 수 있다. 범주척도는 정해진 점수나 범주(category)를 이용하는 방법으로서 음식(food item)에 대해 좋아하거나 싫어하는 정도를 여러 등급 중 하나로 평가하면 된다. 기호도 조사방법에는 9점 척도법, 7점 척도법, 관능검사지 조사법, 기호도 조사 설문지법 등이 있다. 그 예는 다음과 같다.

굉장히 좋다	9
매우 좋다	8
좋다	7
약간 좋다	6
보통이다	5
약간 나쁘다	4
나쁘다	3
매우 나쁘다	2
굉장히 나쁘다	1

그림 2-3. 9점 척도법

출처 : 급식관리지도서, 대한영양사회, 2000, p. 324.

· 음식명 :

· 위의 음식을 드신 후에 아래 특성들에 대해 평가해 주십시오. 당신의 의견을 가장 잘 표현하는 구절의 번호를 까맣게 칠해 주십시오.

겉모양	온 도	풍 미	질 감
보기에 매우 나쁘다 ······ □	너무 뜨거워서 먹을 수 없다 ··· □	매우 좋다 ······ □	매우 나쁘다 ······ □
보기에 나쁘다 ······ □	매우 뜨겁다 ······ □	졸다 ······ □	나쁘다 ······ □
보기에 약간 나쁘다 ······ □	약간 뜨겁다 ······ □	약간 좋다 ······ □	약간 나쁘다 ······ □
보통이다 ······ □	적당하다 ······ □	보통이다 ······ □	보통이다 ······ □
보기에 약간 좋다 ······ □	약간 식었다 ······ □	약간 나쁘다 ······ □	약간 좋다 ······ □
보기에 좋다 ······ □	매우 식었다 ······ □	나쁘다 ······ □	좋다 ······ □
보기에 매우 좋다 ······ □	너무 식어 먹을 수 없다 ···· □	매우 나쁘다 ······ □	매우 좋다 ······ □

· 위의 음식에 대해 전반적으로 평가한다면 당신의 의견은 어떻습니까?

□□	□□	□□	□□	□□	□□	□□
매우 좋다.	좋다.	약간 좋다.	보통이다.	약간 나쁘다.	나쁘다.	매우 나쁘다.

· 음식의 양에 대해서는 어떻다고 생각하십니까? 그밖에 음식에 대한 건의사항이 있으시면 기록해 주십시오.

그림 2-4. 관능검사 조사지의 예

출처 : 급식관리지도서, 대한영양사회, 2000, p.324.

아래에 열거된 음식을 얼마나 좋아하십니까? 아래의 각 음식에 대한 평상시 느낌을 해당되는 칸에 ○표를 해 주십시오. 또한 아래의 음식을 학교에서 점심으로 먹을 경우 몇 번 먹고 싶으십니까? 해당되는 칸에 ○표를 해 주십시오. 그 음식이 무엇을 뜻하는지 잘 모를 때에는 공란으로 남겨주십시오.										
	매우 좋다	좋다	그저 그렇다	싫다	매우 싫다	매일	일주일에 한 번	일주일에 두 번	한달에 한 번	전혀 먹고 싶지 않다.
쌀 밥										
보리밥										
콩 밥										
팥 밥										
완두콩밥										
수수밥										
오곡밥										

그림 2-5. 기호조사 설문지

출처 : 급식관리지도서, 대한영양사회, 2000, p. 325.

6. 잔식량 조사

잔식량 조사표는 자가기록 방법, 실제계측방법이 있다. 실제계측방법은 시간과 노력과 비용이 많이 들기 때문에 이러한 복잡성을 개선한 집합선택계측방법에 의해서 잔식량 측정방법이 더 많이 활용되고 있다. 이것은 미육군 Natick연구소에서 개발한 방법으로 개개인의 식사 후의 잔식을 일일이 측정하는 것이 아니라, 식단 구성별로 분류한 후, 모아서 집합적으로 측정하는 방법을 말한다.

7. 영양 출납표 조사

영양 출납표는 영양의 과부족을 작성한 장부로서 급여 영양량의 상태가 적정한지를 확인하는 것이며, 매일의 사용된 식품을 일정한 출납표에 기입하여 식품종류별 가중 표준 성분치에 의해서 영양량을 산출한 것이다.

이 숫자는 영양 보고서에 기재하는 숫자이고, 영양 출납의 작성순서는 다음과 같다.

1) 영양 출납표 작성방법

① 식단표의 1인당 각 식품의 순이용량을 18종류별로 분류하여 영양 출납표에 기입한다.

② 식단표의 1인당 에너지, 단백질, 동물성 단백질 및 지방의 섭취량을 기록한다.

③ 10~14일분의 기입이 끝나는 시점에서 순이용량과 ②을 합계한다.

④ ③의 실시 일수를 제외하고 1인 1일당 순 사용량 및 실제 급여 영양량(에너지, 단백질, 동물성 단백질, 지방)을 g으로 산출한다.

⑤ 식품류별 가중 평균 성분표를 사용하여 칼슘, 비타민(A, B_1, B_2, C)을 산출하고 합산한다(식품류별 가중 평균 성분 계산표 사용가능).

⑥ 1인 1일당 급여 영양량과 급여 영양 기준과 비교, 검토한다.

⑦ 1인 1일당 식품류별 영양량을 표준 식품 구성(식량구성)과 비교, 검토한다.

5) 단체급식 영양보고

각 단체급식 시설에서, 식사와 급여 영양량의 실태를 파악하고 지도하기 위하여 시, 도, 군 위생주관 부서는 단체급식 영양 보고서 제출을 요구하기도 한다. 단체급식 시설 영양 보고서와 영양출납표는 표 2-43, 44와 같다.

표 2-43. 단체급식 시설의 영양 보고서(산업체 급식)

소 재 지　　　　전화 ______________

시 설 명

서기　년　월분　　　　관리자명　　　　인

<table>
<tr><td>시 설 종 류</td><td colspan="5">식사 구분별 1일 평균 피급식사수 및 식재료비</td><td>관할 보건소명</td></tr>
<tr><td rowspan="5">Ⅰ사업소
Ⅱ아동복지 시설
Ⅲ사회 복지 시설
Ⅳ기 숙 사
Ⅴ기타
(　)</td><td rowspan="2"></td><td>정식</td><td>기타</td><td rowspan="2">총식수</td><td rowspan="2">식재료비
(정식1인 1식당)</td><td></td></tr>
<tr><td>식수</td><td>식수</td><td>급식운영</td></tr>
<tr><td>아침</td><td></td><td></td><td></td><td></td><td rowspan="3">직　영
준 직 영
위　탁</td></tr>
<tr><td>점심</td><td></td><td></td><td></td><td></td></tr>
<tr><td>저녁</td><td></td><td></td><td></td><td></td></tr>
</table>

출처 : 단체급식, 식품영양관련학과 교수협의회, 수학사, 1999.

표 2-44. 영양출납표

(월 일 ~ 월 일) 1인당

			일( )	일( )	합 계	평 균	미 량 영 양 표				
	일 (요)						칼슘 (mg)	비타민 A (RE)	비타민 B_1 (mg)	비타민 B_2 (mg)	비타민 C (mg)
급여영양	에 너 지(kcal)										
	총 단 백 질(g)										
	동물성 단백질(g)										
	지 방(g)										
	곡 류	쌀									
		강 화 비									
		면 류									
		밀 가 루									
		잡 곡									
	견 과 류										
	감자류	고 구 마									
		감 자									
		그 외의 감자류									
	설 탕 류										
	유 지 류										
	두 류	대 두									
		대 두 제 품									
		그 외의 대두류									
	어개류	생 물									
		건 물									
	수 조 육 류										
	알 류										
	유 류	우 유									
		유 제 품									
	녹황색야채										
	감 귤 류										
	그 외의 과실류										
	그 외의 야채류										
	해 조 류										
	건조야채류										
	침 재 류										
	조미료	간 장									
		식 염									
		그 외									
	합 계										

출처 : 단체급식, 식품영양관련학과 교수협의회, 수학사, 1999.

6 급식관리와 전산

1. 급식관리 전산화의 필요성

정보의 홍수 속에서 살아가는 현대인은 그 정보들을 어떻게 효율적으로 관리·운용하느냐에 따라 현대 사회의 승패를 좌우한다고 할 수 있다.

현대 생활은 고도의 자동화 시대에서 다량의 정보를 신속하고 정확하게 처리하므로 컴퓨터 사무자동화나 기업의 경영정보 체계에서 필수적인 요소로 이용되어 왔다. 최근 단체 급식소에서도 급식사무의 합리화를 도모하기 위하여 컴퓨터가 도입되어 급식관리의 계획 및 통제기능 등 급식경영 정보관리에도 유용하게 쓰이고 그 기능을 발휘하고 있다.

컴퓨터 활용은 급식경영에서 비용을 절약하여 생산성을 증가시키고, 보다 효율적이며 고객에 대한 서비스를 개선시키기 위한 것은 물론 투자 효과를 증대시키고 종업원들의 직업의식 향상을 도모하는데 필수적이다.

또한 영양 상담 시 컴퓨터 활용은 정보를 검색하여 찾아내고, 찾아낸 정보를 목적에 맞게 처리하며, 관련된 정보를 분류, 정리하고, 필요할 때 여러 가지 형식과 용도로 정보를 출력하는 등, 정보를 효율적으로 활용하기 위하여 컴퓨터를 적절히 사용하는 것이 도움이 된다.

영양상담시 식이섭취, 연령 및 성별에 따른 활동량을 토대로 영양평가를 하고, 이에 따라 영양처방 및 식이요법을 해야 한다. 이 과정에는 많은 시간이 소용되고 반복되는 계산 작업으로 인하여 잘못된 결과를 얻을 수 있으며, 영양상담 요원의 개인차에 따라 결론이 달라질 위험도 있지만 컴퓨터 활용은 효율적으로 일관된 처리가 가능하다.

컴퓨터는 표준화된 계획수립, 의사결정, 사후관리 등에 강점을 발휘하므로 영양상담에 관하여 컴퓨터 프로그램을 개발하여 활용한다면 상담요원의 개인차에도 불구하고 영양상담의 일정한 최소수준을 보장받을 수 있고 효율적이고 정확한 결론을 얻을 수 있어 사후관리가 쉬워질 수 있다.

1) 전산화된 급식업무

우리나라 급식관리 전산 프로그램이 개발되고 있으며, 대한 영양사회에서 개발된 프로그램으로는 「급식관리 프로그램 21-FMS 21」이 있다.

표 2-45.급식 관리 시스템

시스템별	내 용
메뉴계획 및 영양분석	메뉴관리, 사이클 메뉴, 예정메뉴작성 및 변경, 메뉴표(실시,예정), 레시피(작업지 사용)의 작성 및 프린트, 메뉴분석, 영양가 계산, 식품성분표
식수 관리	식수예상, 식수 입력에 따른 구입관리, 원가관리, 작업지시서와의 연계
구입 관리	발주, 납품, 지불사무의 자동화, 식재료 가격의 기입·재고조정
재고 관리	입출고 관리, 재고량의 조정, 월(기)말 재고조사
판매 관리	POS(Point of sale = 판매시점정보관리) 시스템에 의한 관리 ID(Identification card = 개인카드), prepaid card이용 판매, 상황의 파악, 식사 주문의 조정
원가 관리·경영관리	목록별 원가관리, 각종 data작성·분석 경영자료 작성
작업 관리	출근상황파악, 근무표 작성, 근무 평가표 작성, 인건비 계산
시설·설비관리	기기대장 작성, 유지관리, 각종 사양서 관리, layout작성 및 변경
고객 관리	급식상황 파악(전체·개인별), 기호, 분석, 잔반 조사 집계
평가 분석·보고서 작성	각종 업무에 대한 평가분석, 각종조사 분석 자료에 의한 보고서
영양 상담	컴퓨터 화상에 의한 영양지도, 지도 관계의 개인별 식사분석과 지도

2. 다른 나라와 우리나라의 급식 전산화 실태 비교

1) 미국

1986년 McCool과 Gorland의 미국내 단체급식소에서의 컴퓨터 이용 현황 연구보고에 의하면, 단체급식소의 규모가 커짐에 따라 컴퓨터 이용률도 높아지는 것으로 나타났다. 이에 의하며, 1일 10,000식이상 급식하는 업소의 약 90%가 컴퓨터를 이용하고 있었으며, 1일 500~1,000식을 급식하는 업소에서는 그 사용율이 상당히 낮은 것으로 나타났다. 또한, 재고관리와 원가분석분야에 컴퓨터를 가장 많이 이용하는 것으로 나타났으며, 대부분의 급식관리자들이 급식관리를 위해서 컴퓨터에 관한 지식과 경험이 필수적으로 요구된다고 응답했다.

Foodservice Information System(FIS)은 크게 다음의 세 가지 영역으로 분류된다. 첫째, 판매 전의 단계, 둘째, 판매단계, 셋째, 판매 후의 단계가 된다. 각 영역에서 포함하고 있는 내용은 표 2-46과 같다.

표 2-46. Foodservice Information System

판매전 (Presale Phase)		판매단계 (Point-of-Sale Phase)		판매후 (Postsale Phase)
Purshasing Receiving, Storing Precosting, Issuing Preparation Prechecking Order entry	~	Open checking Production Service Consumption Sheck tracking	~	Sales analysis Postcosting Inventory monitoring Menu engineering General accounting Financial reporting

출처 : 급식산업의 효율적 전산관리. 이진미. (국민영양, 1995, 7.8. p15.)

Brown과 Hoover(1998) 연구보고에 의하면, 단체 급식소에서는 주로 메뉴, 구매, 저장, 생산, 서비스, 관리정보의 다섯 가지 영역에서 가장 활발히 전산시스템을 사용하고 있었다고 한다.

또한 일반적으로 사용하는 분야는 봉급, 식품비, 예산분야이며, 전산화 정도는 급식소 유형과 규모에 따라 달라지는 것으로 나타났다. Foodservice Software의 영역을 크게 6분야로 나누어 도표로 나타내며 표 2-47과 같다

표 2-47. Foodservice Software

Precost module	*Precheck module*	*Sales module*
Ingredient file ↘ Recipe file ↙ Menu item file ↓ Precost cycle	Service ↓ Order entry ↙ ↘ Production link Open account	Precheck → Production ↓ Service ↓ Reconcilation ← Settlement
Account module	*Inventory module*	*Menu engineering*
Sales, Payroll General ledger Inventory ↓ Financial reporting	Purchase ↘ Issues ↙ Inventory ↓ Menu explosion	Produst cost → CM ↗ ↓ Menu price Menu power index ↗ ↓ Menu mix Avg. contribution margin

출처 : 급식산업에서의 효율적 전산관리. 이진미. 국민영양, 1995, 7. 8. p18.

1989년 Miller의 연구보고에 의하면, 미국의 식품영양학과 학부의 85% 정도가 전산연습실을 따로 갖추고 교육프로그램에 컴퓨터를 사용하고 있었으며, 교육진

들도 새로운 FIS(Foodservice Information System)프로그램에 대한 교육을 원하고 있는 것으로 나타났다.

우리 나라의 경우에도 대학에서 기본 FIS프로그램교육이 선행되어질 수 있도록 재정적, 제도적 뒷받침과 함께 교육프로그램 개발을 위한 계속적인 연구가 절실하다.

2) 일본

1985년 임상영양지에 발표된 내용을 요약한 것을 발췌하였다. 일본의 보건소에서 영양사업무가 건강증진, 성인병예방을 둘러싼 영양지도에 중점이 두어지게 되어가고 있지만, 영양지도에 있어서 다른 위생교육 및 보건교육의 경우와 같이 어떻게 참가자에게 흥미를 주고 강한 인상을 주어 그후의 행동패턴개선에의 동기를 부여할 것인가를 위하여 그 운영방법을 공부하는 것이 중요하다(국민영양, 96.3)

컴퓨터를 사용한 영양진단법은, 각종 프로그램 및 프로그램과 세트로 된 전용의 기기를 이용하면 손쉽고 빠르지만, 타인이 작성한 프로그램은 상당히 이해하기 어렵고, 또 사용과정에서 각각의 특수한 사정을 고려하여 세세하게 고칠 점도 많다. 특히 기기와 세트로 된 것은 상당히 값이 비싸기도 하다는 등의 결점이 있다.

영양진단 과정의 프로그램은 그다지 복잡하지 않아 초심자도 충분히 작성가능하고, 실제 사용하는 입장의 영양사가 프로그램의 내용을 이해하고 올바른 영양지도를 해야한다. 특히, 어떤 사용법을 쓸 것인가에 있어서는 기기 그것에서부터 선택하지 않으면 컴퓨터라 해도 결코 편리한 도구는 될 수 없다. 그러므로 어떤 장소에서, 어떤 사람들을 대상으로, 어떠한 내용의 지도를 하는가를 명확히 한 후에 프로그램과 기기의 선택을 구체적으로 연구해야 한다.

컴퓨터 사용목적은 영양지도의 대상자로서 성인의 경우는 일반주민, 반(半)병인으로서의 비만 및 성인병 경계역의 사림, 고혈압 및 당뇨병등 치료중의 사람으로 나눌수 있다. 일반주민은 보건영양교실 및 영양개선차, 어머니교실 및 영양개선동호회 등의 장에서 일반 가정부인을 주된 대상으로 한다.

다음으로, 반(半)병인들은 건강증진교실 및 집단검진 등의 장에서 비만 및 빈혈・고혈압・당뇨병의 경계역에 있는 사람들을 대상으로 한다. 양자 모두 균형이 갖추어진 식사내용을 지도목표를 만족시켜주는 시스템으로서, 정확하고 많은 인원수를 처리하는 능력 및 참가자 본인이 손댈 수 있는 간편성, 특히 보건소외에도 홀가분하게 나갈 수 있는 기동성 등이 필요로 될 것이다.

기기선택은 포케트 콤퓨터, 이른바 포케콤은 낮은 가격, 휴대에 편리하다는 이점이 있다. 또 고급언어의 BASIC도 어느 정도 짜여져 들어있는 것으로, 특히 프린터가 부착된 것도 있는데, 결과가 인쇄물로서 입수되는 등, 실용으로 쓰기 좋다.

퍼스널 컴퓨터, 이른바 퍼스컴은 가장 많은 기종이 있고, 영양진단 정도로부터 특히 복잡한 프로그램이 조직되어 있어, 칼라 표시, 그래픽 표시, 음악 등 다기능이고, 또 시판의 프로그램도 많이 매출되고 있는 것으로 여러 가지 면에서 이용할 수 있다고 생각된다. 다기종이 나와 있지만 사용목적에 적합한 것을 선택하지 않으면 안 된다. 우선 퍼스컴은 본체의 외부에 많은 주변기기(최소한 데이터 레코더, 프린터, 디스플레이장치)가 필요하지만, 필요한 조건인 기동성을 만족시키기 위해서는 이들 주변기기가 가능한 퍼스컴 본체에 만들어져 들어있는 것이 바람직하다.

이 조건에 적합한 기종은 「샤프」의 MZ731이다. 이 퍼스컴은 데이터 레코더와 프린터(흑・적・청・록의 4색 표시가 가능)가 짜여져 있고, 또 출력장소의 예를 들면 공・민・관 등에 반드시 설치되어 있는 가정용 TV를 디스플레이장치로 사용하기 위한 전환 장치도 짜여져 있다. 따라서 이 한 대로 보건소외에서 사용할 수 있다. 더구나 총 중량이 4.6kg이라 한 사람으로도 운빈가능하다. 기능적으로는 입문용 퍼스컴의 표준은 만족하고 있다. 가격 면에서도 적당하다.

식사섭취조사에도 이용한다. 먼저 1주간 정도의 식사내용을 기입하여 모으고, 식사내용을 진단한다. 조사용지에 이름・성별・연령・신장・체중을 기입하고 다음으로 전날의 식사내용을 아침, 점심, 저녁 등으로 식품명과 재료를 기초로 하루의 섭취량을 각 재료마다 계산하고, 다음으로 디스플레이장치의 표시에 따라 입력하여 간다.

퍼스컴을 사용한 영양지도에서 퍼스컴을 스스로 조립하는 것이 중요하고 그렇지 못할 경우는 상담하면서 프로그램의 내용을 이해할 수 있으면 된다. 기본적으로는 영양사와 참가자의 1대1의 대응이 필요하지만, 앞으로의 과제로서는 영양사의 도움 없이도 섭취량이 기입될 수 있는 방법, 특히 본격적인 치료로서의 영양관리에 사용되도록 방법이 연구되어야 한다. 참가자에게 흥미를 주어 컴퓨터가 영양지도에 충분히 실용성 있게 진행되어야 한다.

3. 급식관리 프로그램 개발 모형

급식관리 프로그램 개발은 페키지(Package)프로그램을 판매하는 소프트웨어 업체가 나타나고 있는 실정이며 더욱 널리 보급되어야 될 것이다.

급식관리 프로그램개발사례는 다음과 같다(최성경. 91. 국민영양 7, 8 월).

1) 급식관리 프로그램 개발 사례

(1) 연구대상

본 연구는 1987년과 1990년에 수행되었던 선행연구를 보완하고 실제 병원에서 활용하기 위하여 연세대학교 의과대학부속 영동세브란스병원 영양과와 협의하여 개발되었다.

(2) 연구자료 모집 및 분류

자료모집 및 분류는 업무를 정확히 파악하는 대상병원 영양과에서 시스템에 적합한 형태로 분류하였다.

① 코드부여

데이터베이스에서 가장 기본이 되는 작업은 코드부여 방법이다. 본 system에서 가장 기본이 되는 data베이스로 식단코드와 식품코드를 다음과 같이 부여하였다.

㉠ 식단코드 : 식단코드는 식사종류별, 조리방법별, 레시피의 일련번호를 고려하여 다섯 자리로 분류하였다.

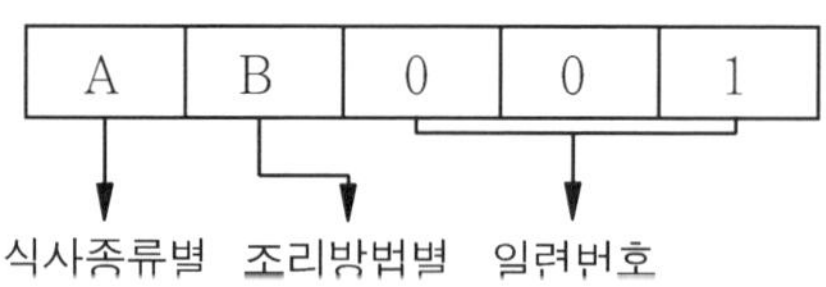

식사종류별 분류는 다시 세분하여 a : 환자일반식, b : 환자치료식, c : 직원식으로 분류하였고, 조리방법별 분류는 국(a), 찌개(b), 구이(c), 찜(d), 조림(e), 전(f), 볶음(g), 튀김(h), 젓갈무침 및 장아찌류(i), 일품요리(j), 생채(k), 숙채(l), 샐러드(m), 무침(n), 김치류(o), 소스류(p), 기타(q)이며 일련번호 001~999로 레시피에 부여하였다.

㉡ 식품코드 : 식품code는 영양가분석 화일, 원가분석 파일, 구매관련 파일, 재

고관련 파일과의 연관을 고려 여섯 자리로 분류하고 식품의 대분류, 소분류 및 일련번호로 나누어졌다.

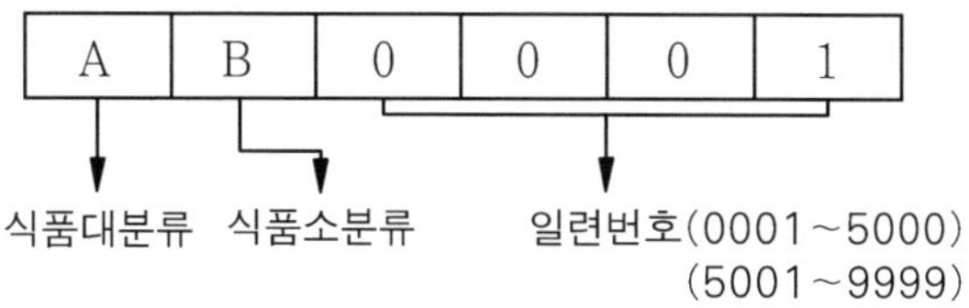

식품대분류(A)는 식품구매의 대분류 파일과 연관하여 a : 주식, b : 비과세품목, c : 과세품목, d : 미계약품목 e : 물품창고액으로 세분하였다.

식품소분류(B)는 식품거래처, 부식 청구서, 주문서 발송 관련항목을 고려하여 대분류항목 중 소분류항목이 있는 과세 및 비과세품목에 대하여 세분류하였다. 소분류항목이 없는 주식, 미계약품목 및 물품창고액은 (Z)로 통일하였다 소분류 항목은 다음과 같다.

a : 우유 및 유제품 b : 육류 c : 닭고기
d : 난류 e : 어류 f : 패류
g : 건어물류 h : 젓갈류 i : 해조류
j : 침채류 k : 김치류 l : 채소류
m : 과실류 n : 두류 o : 곡분 및 전분류
p : 종실 및 견과류 q : 조미료류 r :기타

일련번호 0001~5000은 농촌진흥청에서 발행한 한국인의 영양권장량(제5차개정)에 실린 식품분석표와 일치하도록 부여하였고, 5001~9999는 식품분석표에는 없으나 병원에서 사용하는 품목에 한하여 부여하였다.

② 입력 및 출력자료의 분류

급식관리업무에 필요한 입력 및 출력자료를 제시하면 그림 2-6과 같다.

(3) 시스템의 구조 및 개발 모형

본 연구를 수행하기 위하여 이용한 기기는 IBM-PC/AT 호환기종인 금성마이티 AT^{3+} 개인용 컴퓨터로, 이 기종에서 사용이 가능하고 데이터 베이스의 관리 및 처리능력이 우수한 Foxpro package를 이용하여 명령수행 화일과 프로그램을 개발하였다. 급식관리 시스템의 개발모형을 도시하면 그림 2-7과 같다.

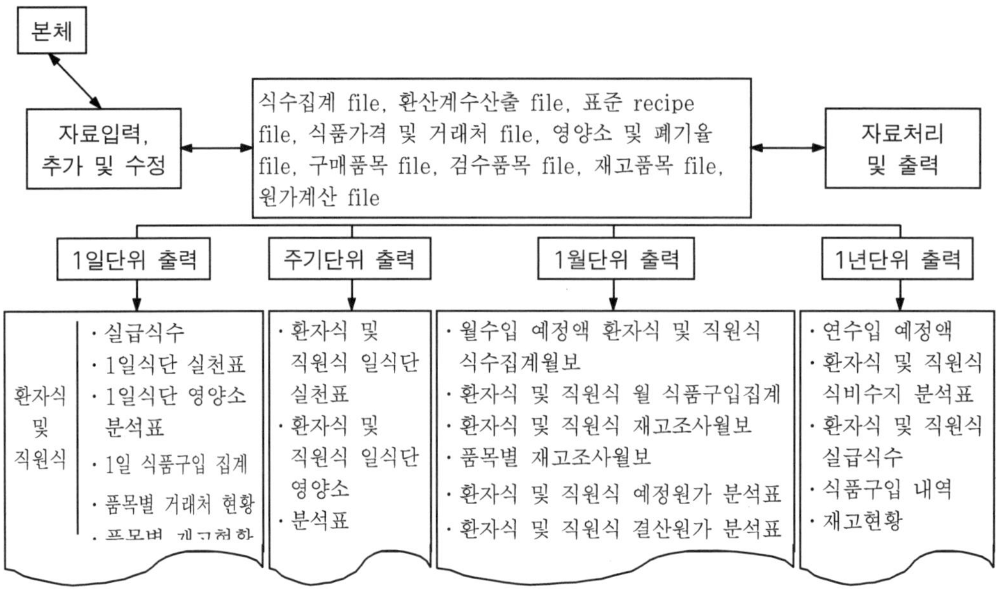

그림 2-6. 입 · 출력 자료의 설계

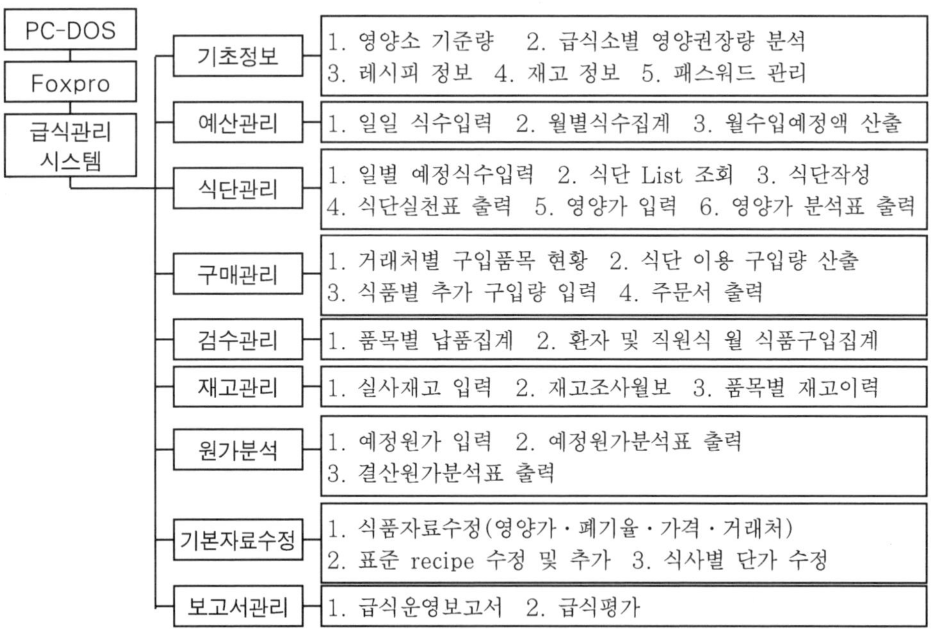

그림 2-7. 급식관리시스템의 개발모형

(4) 연구 내용 및 결과

본 연구에서 개발된 전산 프로그램은 여덟 가지의 Main 프로그램으로 분류되어 전산화되었고 각 관리분야는 3~5항목의 Sub-menu로 세분되어 시스템을 수행하게 된다. 프로그램이 작동되면 〈화면1〉이 제시되고 원하는 작업의 번호를 입력하여 각 관리분야로 들어간다.

① 예산관리

〈화면1〉에서 번호 1을 입력하면 〈화면2〉가 제시되고 일일 식수집계 및 환자식 및 직원식이별 식수가 월 집계 된다. 또한 식수와 식비단가로 월수입 예정액을 산출한다〈화면3〉.

② 식단관리〈화면4〉

환자 및 직원식의 일별 예정식수를 입력하여 레시피 file의 식단리스트를 조리방법별로 조회하여 월식단을 작성한다. 〈화면5・6〉 작성된 식단을 재료명, 1인량 및 총량이 기입된 식단출력표로 인쇄하여 조리 시에 이용하고, 부식을 제외한 나머지 식품재료 사용량을 영양가 입력화면에 입력하면 영양가 분석 file과 연결되어 식단의 영양가 분석표가 출력된다.

③ 구매관리〈화면8〉

거래처별로 구입품목 리스트를 code, 구입단위 및 단가, 환산단위 및 단가로 구분하여 기본 데이터로 작성한다〈화면9〉.

식단을 이용하여 재고량을 고려하여 자동으로 계산된 구입량을 산출한 후, 추가구입량이 고려되어야 할 경우 추가 구입량을 입력하여 실제 구매량을 작성한다〈표3〉. 또한 거래처별, 식품품목별 주문서를 출력, 발송한다〈표4〉.

④ 검수관리〈화면10〉

주문한 식품의 납품현황의 입고량으로 입력하여 확인한 후, 환자식 및 직원식별 월 식품 구매액을 출력한다〈화면11〉.

⑤ 재고관리〈화면12〉

재고관리는 영구재고조사기록을 바탕으로 하되, 실사재고조사를 병행하여 실제적 재고통계가 이루어질 수 있도록 하였고, 품목별 실사재고를 입력하면 환자식 및 직원식 재고조사 월보 및 품목별 재고이력을 통해 재고 손실량을 확인한다〈화면13〉.

⑥ 원가분석〈화면14〉

식단 출력표를 통해 자동계산 되는 부식비의 원가분석을 제외한 식품품목의 원가분석을 위해 1인/1식의 식품소요량을 입력하면 식단을 이용한 예정원가분석표와 실제 식품 구매액을 이용한 결산원가 분석표가 출력된다. 예정원가는 급식단가인 예정액의 몇 %를 차지하는지 알 수 있도록 예산비율이 함께 제시되고, 결산원가는 그 달의 식품실사용액을 총 식수로 나눈 1식 당 평균원가이다〈표5〉.

⑦ 자료수정〈화면15〉

영양가 및 폐기율, 식품가격 및 거래처, 표준 레시피의 수정 및 추가, 그리고 식사별 단가의 수정을 요할 경우 해당번호를 입력하여 화면에 나타나면 code를 입력하여 수정한다〈화면16〉.

급식관리의 전산프로그램이 실용화됨으로써 급식관리자는 정보를 신속히 파악, 처리하게 되고 효과적인 의사결정을 가능케 하여 급식운영 및 향상된 내용의 식단제공으로 종합적인 전산업무처리에 신속히 대응할 수 있다.

영양과의 전산 업무를 논하기에 앞서 반드시 필수적인 과제는 현재의 관리체계를 자세히 점검하여야 한다.

먼저, 식단관리의 전산화를 위하여 표준화 recipe를 준비하고 폐기율 및 표준화된 1인분양의 사용 등을 확인하여야 하며 식품의 입·출고 단위 및 사용하는 식품명이 각 관리 분야별 파일로 통일되어야 한다.

영양과의 급식업무를 전산화함에 있어 우선 영양사가 준비하여야 할 작업으로는 data base file을 구성하기 위한 일관성 있는 정보의 준비, routine work의 체계화, 입력정보 및 출력정보의 정확한 파악을 제언한다. 또한 단체급식 분과별로 업무의 표준화 체계를 확립한 후 표준화된 단체급식 분과별 프로그램을 개발하여 공동으로 사용할 경우 시간 및 노력, 비용의 절감을 가져올 수 있다.

급식관리 분야의 컴퓨터 프로그램 개발은 앞으로 그 대상을 확대시켜 초등학교 급식관리를 위해 교육부, 체육부 등에서 활용하여야 하겠으며, 산업체급식 등의 단체급식소 및 상업성의 외식산업 등 전반적인 급식산업에서 급식관리 제 분양에 걸쳐 활용가능하다고 사료된다.

4. 영양관리 프로그램 개발 모형

영양관리에는 영양소분석, 영양판정, 권장량제시 등 영양관리를 효율적으로 하기 위하여 처리해야 할 많은 계산과 자료의 저장 및 호출 등의 작업이 필요하다. 컴퓨터의 보급으로 시간절약, 정확한 판정 및 처방을 하게 되었다. 1962년 컴퓨터보조식단계획이 고안되어 영양과 식사관리에 이용되었으나 현재는 식단계획, 임상영양, 지역사회영양이 적용되고 있으며, 영양판정, 영양교육, 영양연구, 보고서 작성에까지 이용되어 그 영향과 효과가 크다. 최근에는 영양분석의 경우 영양소 분석과 동맥경화나 심장질환과 같은 특별한 질환의 식이요법을 위한 지방산의 분석, 아미노산의 분석과 단백가의 산출 프로그램으로 신장질환 환자의 영양관리를 위한 전산화 프로그램, 식사와 운동처방 등이 포함된 체중조절 프로그램, 다섯 가지 식품교환군의 교환수를 제시하는 프로그램 등이 개발되었다. 신체 계측치, 임상검사, 섭취영양소 분석과 식사처방 등의 자료에 의해 영양상태를 판정하고 영양상담 및 교육을 포함하는 영양관리의 프로그램이 개인적으로 개발되어 사용되기도 하고 일부대학 및 연구소에서 영양관리에 필요한 전산화 프로그램으로 운동선수의 식단작성, dBASE Ⅲ package를 이용한 식생활개선 프로그램, 표준 식단작성 프로그램, 재무관리를 위한 전산화에 대한 연구와 BASIC언어를 이용한 영양관리 프로그램, COBOL언어를 이용한 영양관리 전산화 프로그램, 영양상담을 위한 프로그램도 개발되었다. 그 외에도 영양관리 및 영양교육상담 프로그램 등이 있으며, 영양상담의 효과를 높혔다는 보고도 있다. 현재까지의 프로그램들의 개별적으로 개발이 이루어져 일부에서 사용되어진다는 보고가 있으나 프로그램을 원하는 영양학을 전공하는 학생, 영양사, 영양학자 등에게 보급이 미흡한 실정이다.

영양관리 프로그램 시스템의 개발모형은 다음 그림 2-8과 같다.

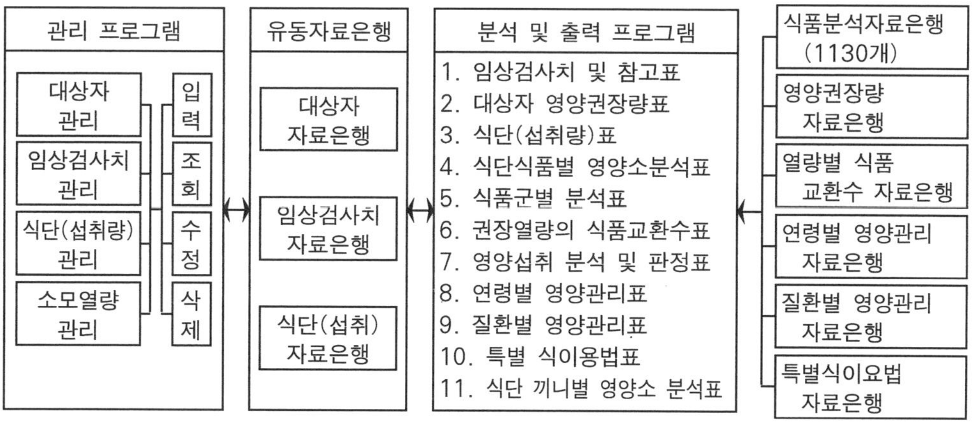

그림 2-8. 영양관리 프로그램 시스템의 개발모형

출처 : 영양관리를 위한 전산화 프로그램 개발 및 이용에 관한 연구, 홍순명, 국민영양, 1991. 7.8월호

1) 고정자료은행

① 식품분석자료 은행

한국인 영양권장량에 수록된 1,130개의 식품분석표를 입력하여, 입력된 식품번호는 한국인 영양권장량에 있는 식품번호를 사용하고, 각 식품은 식물성, 동물성에 따른 분류와 5가지 기초식품군과 한국인 영양권장량에 나타난 15가지 식품군으로도 분류한 고유번호도 입력한다.

② 영양권장량에 따라 대상자의 성별, 신장, 체중, 활동정도에 따라 열량 및 영양소 권장량을 산출하도록 입력한다.

③ 열량별 식품교환수 자료은행

열량에 따라 열량의 3대 영양소의 구성을 탄수화물 : 단백질 :지방질의 비율이 한국인 영양권장량에서 권장하는 65 : 15 : 20로 하여 당뇨병에서 사용되는 식품교환군으로 분류하여 군에 따라 산출한 식품교환수를 열량이 500kcal로부터 4,000 kcal까지에 해당하는 식품교환단위수를 입력한다.

④ 연령별 영양관리 자료은행

영아에서부터 노인 및 임신 수유부까지 생활주기에 의한 연령구분에 따라 영양관리 내용을 입력한다.

⑤ 질환별 영양관리 자료은행

위장질환을 비롯하여 14그룹의 48종류의 질환별 영양관리내용을 입력한다.

⑥ 특별 식이요법 자료은행

20여종의 특별 식이요법 내용을 입력하였다. 그리고 연령별, 질환별, 특별 식이요법 내용들은 수정이 가능하고 코드번호와 함께 내용을 첨가할 수 있다.

2) 처리 프로그램

관리내용에 따라 자료를 입력하는 관리 프로그램과 영양관리에 필요한 입력자료의 분석과 출력이 되도록 분석 및 출력 프로그램을 구성한다.

(1) 관리 프로그램

자료의 관리를 위하여 입력, 조회, 수정, 삭제하고 유동자료은행에 저장하는 프로그램이다

① 대상자의 일반사항으로 성명(단체명). 신장, 체중, 활동정도 등의 자료를 관리한다.

② 임상검사의 관리

대상자의 영양관리에 필요한 22종류의 임상 검사치를 관리한다.

③ 식단(섭취량)관리

아침, 점심, 저녁, 간식으로 구성된 식단이나 섭취량의 식품번호와 중량을 입력 저장 관리한다.

④ 소모열량 관리

대상자의 활동정도를 10단계로 분류하여 활동정도에 따른 시간을 입력하여 소모열량을 산출하여 출력한다.

(2) 분석 및 출력 프로그램

관리 프로그램에서 저장된 유동자료은행의 자료와 고정자료 은행의 자료를 받아 출력내용의 선택에 따라 분서하여 출력하는 프로그램이다.

① 임상 검사치 및 참고치표

모든 출력의 머리부분은 일반사항으로 대상자명을 비롯하여 휴식, 운동정도, 표준체중, 표준체중범위 등을 산출하고 표준체중의 산출방법으로 연령이 14세까지는 Kaup지수로, 15세 이상은 Broca변법으로 계산한다. 그리고 정지적인 신체검사결과에서 영양관련 임상검사치를 포함하여 영양관리에 필요한 임상검사치 22종류를 입력하고 참고치와 함께 출력하도록 한다.

② 대상자 영양섭취기준

현 체중 및 표준체중에 대한 열량 및 영양소 권장량을 한국인 영양섭취기준에 따라 출력하도록 한다.

③ 식단(섭취량)표

식단이나 24시간 회상법에 의한 식사 섭취량 등을 식품번호, 식품명, 중량으로 출력하도록 한다.

④ 식단식품별 영양소분석표

식단이나 섭취량을 각 식품번호와 분량에 따라 각 식품중량에 따라 영양소를 계산하고 합계를 출력하도록 하였다.

⑤ 식품군별 분석표

식단이나 섭취기준을 한국에서 분류한 다섯 가지 기초식품군과 한국인 영양섭취기준에서 분류한 15가지로 출력하도록 한다.

⑥ 섭취기준 열량의 식품교환수표

현 체중과 표준체중에 대해 산출된 열량 권장량에 맞는 식품교환수를 제시하고, 이를 위하여 1988년 대한영양사회와 한국당뇨병학회에서 새로 개정한 당뇨병의 식품교환체계를 이용하여 곡류, 육류(고, 중, 저지방), 채소, 과일, 유지류, 우유류로 나누어 교환수로 출력되도록 한다.

⑦ 영양섭취 분석 및 판정표

식단이나 섭취량의 영양소를 분석하여 산출하고 영양섭취기준과 비교하여 부족영양소나 과잉영양소의 그래프를 그리도록 한다.

⑧ 연령별, 질환별 영양관리표와 특별식 이용법표

해당 코드를 입력하면 저장된 자료가 출력되도록 한다.

⑨ 식단 끼니별 영양소분석표

식단이나 섭취량이 영양소 분석을 아침, 점심, 저녁, 간식, 합계로 분류하여 출력하도록 한다.

(3) 실험장치 및 방법

32bit personal computer를 사용하였으며, 언어는 c-언어로 pull - down menu 방식으로 프로그램이 사용법이 간편하도록 하였으며, color - moniter에도 맞추어 시각적 효과와 저장 시 소리가 나도록 하여 청각적 효과도 있도록 프로그램을 작성하였다.

3) 관리 프로그램

① 대상자 관리(연령, 신장, 체중, 활동정도, 운동 및 휴식)
② 임상 검사치 관리(실환별로 임상 검사치)
③ 식단(섭취량)관리(식품명, 식품번호, 중량)
④ 소모열량 관리(대상자명, 표준체중과 표준체중의 범위, 비만, 체중부족 정도를 표준체중에 대한 백분율(%)로 나타냄)

4)분석 및 출력 프로그램

분석 및 출력내용은 11가지 종류로 식단의 분석과 권장량과의 비교, 식단계획,

식사섭취, 식단의 영양소 부족, 과잉판정, 영양소분석과 권장량과의 비교, 개인식사의 개선방안제시, 특수영양소의 분석, 영양교육자료, 그림표 등 나타난 내용들이 포함된다. 본 프로그램은 출력을 원하는 항목을 선택하면 입력저장 된 유동자료은행에서 자료를 분석 및 출력 프로그램이 처리되어 화면에 출력되고 원하는 경우에는 인쇄한다. 또한 출력내용 전부가 필요치 않을 때는 필요한 부분만을 인쇄할 수 있도록 내용에 따라 화면을 분할하였다.

① 임상 검사치 및 참고표

입력된 임상 검사치와 함께 참고치가 출력되어 비교할 수 있도록 시도하였다. 특히 HDL-콜레스테롤, 중성지방, MCV, MCHC, 훼리틴, 혈청 무기질 등의 임상검사치는 동맥경화, 심장질환, 영양부족, 빈혈 등의 영양문제를 정확히 파악하여 영양관리를 효율적으로 하도록 하였다.

② 대상자의 영양섭취기준

성별, 연령, 활동정도에 따라 현 체중 섭취기준 뿐만 아니라 표준체중섭취기준까지 출력되어 체중조절 시의 영양관리를 할 수 있도록 하는데, 단백질은 동식물성으로 분류하고 비타민 B_1, B_2는 열량에 따라 조절되도록 한다.

③ 식단(섭취량)표

식단이나 식사섭취 식품의 식품번호, 식품명 및 중량이 출력된다.

④ 식단식품별 영양소분석표

식단이나 섭취량의 입력이나 모든 식품별로 영양소분석을 하므로 식단의 조정이나 식사조절에 영양성분의 가감을 위해 사용할 수 있다.

⑤ 식품군별 분석표

다섯 가지 기초식품군에 따라 분류와 권장량을 제시하고, 한국인 영양권장량에서 분류하는 15가지 식품군으로 분류되어 출력한다.

⑥ 권장열량의 식품교환수표

현 체중과 표준체중의 권장열량에 맞도록 식품교환군의 권장단위수를 제시하여 그에 맞는 식단을 작성할 수 있고 교육의 효과도 높일 수 있다.

⑦ 영양섭취 분석 및 판정표

식단이나 섭취량은 영양소별로 분석하고 현 체중 권장량을 제시하고 권장량에 대한 백분율을 표시하도록 하였다.

⑧ 연령별, 질환별 영양 관리표 및 특별 식이요법 표

입력코드에 따라 자료가 출력된다.

⑨ 식단 끼니별 영양소 분석표

세끼 및 간식의 영양소 분석이 출력되는데 이는 세끼 및 간식의 영양소 배분 및 균형상태를 판정할 수 있다. 이와 같이 개발된 영양관리프로그램은 학교, 병원, 산업체, 보건소 등에서 영양사, 영양학자, 의사들이 쉽게 영양관리를 할 수 있도록 한다. 앞으로 더 연구해야 하는 내용은, 다양한 식품들의 정확한 아미노산, 지방산, 특정 비타민, 특정 무기질의 분석자료 은행이 시급하며, 각 질환별 영양관리를 위한 검사치 내용이나 판정, 열량 및 영양소 권장량, 식단 작성 및 영양관리 등을 관리할 수 있는 간편한 프로그램이 개발이 되어야 할 것이다. 또한 사용에 편리한 프로그램으로 구성되어야 하기 때문에 영양학 전문가의 프로그램작성 언어에 대한 습득도 필요하며, 기본적으로 컴퓨터의 사용방법도 익혀야 할 것이다 (홍순명. 국민영양. 91.7.8호)

7 메뉴 관리

1. 단체급식소 메뉴의 이해

메뉴의 어원적 의미는 라틴어의 minutus, 영어의 minute에서 유래되었는데, 이는 '상세하게 기록한 것'이라는 의미를 갖는다. 원래 메뉴는 주방에서 음식을 조리하는 방법을 기술한 것이었다.

단체급식에서 메뉴란 인체에 필요한 영양식품을 균형적으로 보급하고, 과학적인 조리방법을 제시하는 식사계획으로 영양과 기호를 충족시킬 수 있도록 식품의 종류와 식품의 양을 정하는 것이다.

메뉴는 급식자의 식사계획을 구체적으로 표현한 것으로 급식업무에 있어서 매우 중요하다. 또한 메뉴는 급식관리의 계획서이며 조리사들의 작업지시서가 된다. 메뉴를 기반으로 식품의 구입계획, 조리, 배식이 이루어진다. 또 급식 실시 후에 메뉴는 급식기록서이며, 보고서가 된다. 학교급식의 메뉴는 부모들의 식생활개선의 지도서로도 쓰일 수 있다.

1) 단체급식소에도 판촉 전략이 필요하다!

(1) 사업체 급식

• 계절별로 식당 분위기를 바꿔본다.

직장인의 작업공간의 분위기를 바꾸는 것은 힘들지만 급식소의 분위기는 간단하게 변화시킬 수 있다. 예를 들어 봄철에 봄나물을 사용한 식단을 제공함과 동시에 봄을 느낄 수 있는 꽃으로 식당을 장식하면 고객의 만족효과는 더 클 것이다.

• 미디어의 정보에 민감하게 반응한다.

음식과 영양에 대한 미디어의 정보가 넘치고 있고, 미디어에서 "00 이 몸에 좋다"라고 한 다음날 "00"제품의 수요가 배로 늘어났다는 기사가 날 정도로 사람들의 관심이 증가하고 있다. 예를 들어 미디어에서 매실의 효능을 언급하여서 매실로 만든 음식이 인기라면, 후식으로 매실음료나 매실사탕을 제공하는 것은 어떨까?

• 만성 질환자에 대한 대비책을 마련한다.

사업체마다 특정한 작업환경이나 작업형태로 인해 발생하는 만성적인 직업병이 있기 마련이다. 또한 과로와 스트레스로 인한 고혈압, 당뇨 등 질병발병률이 높아지고 있다. 그러므로 고객의 건강관리를 위해 적절한 임상영양교육이 필요하며, 영양 게시판을 이용한 질병과 음식정보를 제공하거나 부서별 또는 개인의 임상자료집을 마련해 두는 것도 식당에 대한 반응을 높여줄 수 있다.

(2) 학교급식

가. 초. 중. 고등학교 급식

• 교실 이동급식의 경우 각반의 특성을 파악하자.

교실 이동급식이 이루어지는 경우 각 반마다 식사량과 좋아하는 식단에 대한 분석이 이루어져야 한다. 이것이 빨리 파악해야 식자재 손실을 막고 학생들의 불만을 줄일 수 있다.

• 학생들의 기호도를 분석해야 한다.

여학교의 경우 밥을 적게 먹기 때문에 반찬수를 늘려준다. 비빔만두나 떡볶이 등 여학생들이 좋아하는 식단을 제공하고 여기에 요구르트 후식을 함께 제공함으로써 만족도를 높힐 수 있다. 하지만 남자 학교에서는 이 식단을 사용할 수 없다. 남학생들은 밥을 많이 주면서 탕수육을 제공하는 것이 바람직하다.

- 교직원들에 대한 서비스도 잊지 말자.

교직원들의 노동이 중등도에 해당하므로 양질의 단백질 공급이 필요하다. 교사와 학생의 급식을 같은 식단으로 실시하는 학교의 경우 교직원용 식단을 별도로 짜서 제공한 학교에 비해 교사들의 호응도가 떨어졌다.

- 교육부의 규정에 귀를 기울이자.

초·중·고등학교 급식은 항상 학교급식법에 따라 교육부의 지도와 감독을 받게 되어 있다. 따라서 모든 업무는 정해진 규정에 따라야한다. 따라서 위탁의 경우에는 본사의 업무체계를 간소화 하고 교육부에서 지시하는 모든 서류 양식을 접목해서 업무의 통합이 필요하다.

- 급식도 교육의 연장이다.

학교급식의 목적 중 교육의 일환으로서 학교급식을 발전시켜 나가기 위해 학생들에게 식습관에 대한 시청각 교육을 실시하거나 성장기 영양섭취습관에 대한 교육, 영양상담 등이 이루어져야 한다.

나. 대학교 급식

- 대학급식은 외식산업이다.

대학급식은 단체급식에서는 영업급식으로 분류된다. 외식산업과 같이 학생들이 자기 돈을 내고 사 먹기 때문이다. 따라서 모든 전략은 외식산업으로서 고객을 얼마나 유치해 내느냐에 맞추어 진다.

- 다양한 운영형태를 제공하자.

대학교 급식은 정식코너, 양식코너, 스넥 코너 등과 같은 코너별 배식방식을 사용하고 있다. 최근 들어 카페테리아식의 배식방법을 이용한 운영방식도 활용되고 있으며 메뉴의 다양화라는 명분아래 스낵코너에 take-out을 두어 각종 패스트푸드를 제공하고 있다.

• 기다리는 시간을 줄여라.

식권 판매소 앞의 줄을 줄이기 위해 식권 자판기를 설치하고, 배식구 앞의 줄서는 문제는 수요 예측을 정확히 하여 일하는 사람의 배치를 늘려준다. 또한 퇴식구의 줄서는 문제를 해결하기 위해 컨베이어벨트를 이용하는 방법을 택한다.

(3) 병원급식

• 장기 입원환자를 위한 작은 이벤트를 준비하자.

장기입원 환자들을 위해 생일케이크를 제공해 주거나 어린이날에 소아병동에 초콜렛을 제공하는 등 작은 배려는 급식만으로는 한계가 있는 병원 급식에서 만족도를 높일 수 있다.

2) 메뉴분석

메뉴 개발 후 고객의 취향을 잘 맞추는지 가격은 적절한지를 분석을 해야 한다. 이런 메뉴분석을 통해 품목들의 총매출에 대한 기여도를 반영하여 메뉴품목들을 적절하게 선정할 수 있도록 만들며, 결과적으로 고객들의 만족과 매출의 극대화를 동시에 이룰 수 있게 된다. 메뉴분석의 방법에는 인기지수 분석법(popularity index),허스트의 메뉴 평가법(Hurst method of menu scoring), 손익분기점(break even point), 메뉴 엔지니어링(menu engineering)이 있다.

(1) 인기지수 분석법 (popularity index)

메뉴에서 각 품목간의 고객 호응도를 알면 메뉴를 평가하고 개발하기가 용이하다. 인기지수 분석법은 이러한 고객 호응도를 메뉴판매량을 이용하여 분석한 후 품목별 상품력을 측정하는 것이다. 분석기간의 길고 짧음에 따라 분석의 객관성이 달라질 수 있으므로 분석기간은 가능한 1개월 이상 하는 것이 좋다.

외식업체들은 메뉴의 인기측정을 위해 특정 품목을 선정하여, 선별한 품목의 개별 판매수, 선별된 품목들의 총 판매수, 총 판매수에 대한 개별품목들의 판매퍼센트를 측정한다. 각 품목의 측정된 %는 곧 인기도의 지표로 판매비 또는 인기지수라 한다.

① 고려사항

날씨와 계절에 의한 고객취향의 변화, 주말과 평일의 고객선호 품목의 차이 또는 경쟁업소로 인한 판매량 변화 등의 요인들이 인기지수에 영향을 미치기 때문에 이러한 변수들을 고려해야만 고객의 호응도를 정확하게 이해할 수 있다.

② 계산방법

표 2-48. 품목별 인기지수

메뉴 품목	판 매 량	인 기 지 수
김치버거	44	24%
불고기버거	54	30%
치즈버거	38	21%
더블치즈버거	32	17%
새우버거	14	8%
총 계	182	100%

위의 표의 경우 불고기버거가 가장 높은 판매량을 보이며 김치버거와 치즈버거가 그 뒤를 잇고 있다. 이것으로 보아 고객들은 느끼함이 덜하고 한국화 된 메뉴를 선호하는 것으로 생각할 수 있다. 이 세 가지 메뉴에 중점적으로 판촉 전략을 펼치고 다양한 한국형 햄버거를 개발할 필요성이 있다.

③ 인기계수 (popularity factor)

인기지수분석법에서 품목 수에 차이가 있는 A, B 두 그룹이 경쟁적인 입장에 있을 때에는 그 품목들의 선호 등급을 정하는데 어려움이 따른다. A그룹의 품목a가 0.25의 선호도를 갖고 있으며, B그룹의 b 품목은 0.20의 선호도를 갖고 있다면 보통은 a가 더 인기가 있다고 생각할 수 있지만 이는 사실과 다를 수 있다.

이런 어려움을 극복하고 객관적인 인기지수를 구하기 위해 도입된 방법이 인기계수법이다.

A그룹 내에 5가지 품목이 있다면 0.20의 기대인기지수를 구할 수 있고 이에 실질적으로 0.20의 인기지수를 얻었다면 인기계수는 1.00이 된다. 그러나 인기지수를 0.25라고 하면 인기계수는 1.25가 된다. 이렇듯 인기계수를 사용하면 상이한 그룹 내의 각기 다른 품목들 간의 인기지수 비교도 가능해 진다.

(2) 허스트 메뉴 평가법 (Hurst Method of Menu Scoring)

1960년에 미국 플로리다 주립대학 (Florida International University)의 마이클 허스트 교수는 가격정책, 원가, 인기도, 이익공헌도 등이 판매량에 미치는 영향을 측정하는 방법을 개발하였다. 이 평가 법은 메뉴에 준 변화의 결과를 분석하기 위한 것으로, 몇 가지 경리관련 자료만 가지고도 쉽게 계산할 수 있다.

계산 절차는 다음과 같다.

① 평가기간을 정하고 총 매출액에 공헌도가 높은 품목들을 선별한다.
② 선별품목의 총판매 수량에 비선별 품목들의 판매량을 모두 합하여 총판매 수량을 계산한다.
③ 선별품목들의 매출액과 식자재 원가를 구한다.
④ 선별품목들의 평균 객 단가를 구한다.(선별품목 총매출액 ÷ 선별품목 총판매량)
⑤ 선별품목들의 총수익을 계산하고 (선별품목 총매출액 - 선별품목 총 식자재 원가), 선별 메뉴 폼목의 총매출액에 대비한 총 수익률을 계산한다. (선별품목의 총판매수 ÷ 선별 메뉴품목 총매출액)
⑥ 선별품목들의 평균수익을 계산한다. (평균 객단가④ × 총 수익률⑤)
⑦ 업소 총 메뉴품목 판매수에 대비한 선별 메뉴품목의 판매율을 계산한다. (선별품목의 총판매수 ÷ 업소 전체 품목 판매수)
⑧ 메뉴스코어를 산출한다. (품목평균수익⑥ × 선별품목판매율⑦)

〈표 2-49〉 허스트 메뉴 평가법 A

(단위 : 개. $)

품 목	판매수량	판매가격	총 매 출	식자재원가	총식자재원가
새 우	100	6.00	600	2.00	200
쇠 고 기	500	8.00	4,000	3.28	1,640
칠 면 조	400	6.00	2,400	2.40	960
선별메뉴 총판매수	1,000		7,000		2,800
전체메뉴 총판매수	1,500				

(1) 객단가④ : 총매출액÷ 총판매수량 ($7,000 ÷ 1,000 = $7.00)
(2) 총수익⑤ : 총매출액 - 총식자재원가 ($7,000 - $2,800 = $4,200)
(3) 총수익율⑤: 총수익÷ 총매출액 ($4,200÷ $7,000 = 60%)
(4) 품목평균수익⑥: 객단가× 총수익률 ($7.00× 60% = $4.20)

(5) 업소 총판매수②: 1,500

(6) 선별메뉴 판매율⑦: 선별메뉴 총판매수÷ 전체메뉴 총판매수 (1,000÷ 1,500 = 66.7%)

(7) 메뉴 스코어⑧: 품목평균수익× 선별메뉴 판매율 ($4.20× 66.7% = $2.80)

〈표 2-50〉 허스트 메뉴 평가법 B

(단위 : 개. $)

품 목	판매 수량	판매 가격	총 매 출	총식자재원가
새 우	100	7.50	750	225
쇠 고 기	500	10.00	5,000	2,000
칠 면 조	400	6.00	2,400	600
선별메뉴 총판매수	1,000		8,150	2,825
전체메뉴 총판매수	1,500			

(1) 객단가④ : $8,150÷ 1,000 = $8.15

(2) 총수익율⑤: $8.150 - $2,825 = $5,325÷ $8150 = 65%

(3) 품목평균수익⑥: $8.15× 65% = $5.30

(4) 선별메뉴 판매율⑦: 1,000÷ 1,500 = 66.7%

(5) 메뉴 스코어⑧: 66.7%× $5.30 = $3.53

〈표 2-49〉과 〈표 2-50〉을 비교해보면 표2-50 의 메뉴 스코어는 $3.53으로 표 2-49의 메뉴 스코어 $2.80보다 126%증가했다. 우선적 변화요인은 새우와 쇠고기 판매가격의 상승으로 주로 요인에 의해 메뉴 스코어가 높아졌다고 할 수 있다.

이런 판매가격의 상승에도 변하지 않은 품목 판매수와 함께 칠면조의 낮은 식자재의 원가도 무시할 수 없는 메뉴 스코어의 상승요인이다.

하나의 메뉴 스코어는 그 자체만으로는 큰 의미를 갖지 않는다. 이것은 단지 메뉴 판매량이 가격, 판매 믹스, 식자재 원가, 총이익 등의 요소들과 어떻게 상호작용 하는지 보여줄 뿐이다. 가능한 여러 개의 메뉴 스코어를 산출해서 상호 비교·검토를 통해 얻은 결론만이 진정한 분석의 의미를 갖는다.

메뉴 스코어가 높을수록 그 메뉴의 수익성이 높아지는데 극히 미소한 차이도 이 분석법에서는 상당한 의미를 갖는다. 특히 품목교체나 가격 및 원가의 변화가 메뉴의 판매량에 미치는 영향을 실험해 볼 수 있다는 데에 허스트 평가법의 매력이 있기 때문에 가격상승의 영향을 알아보려고 하거나 새로운 품목을 소개했다면 메뉴 스코어를 계산해 보는 것이 좋다.

(3) 메뉴엔지니어링 (Menu Engineering)

메뉴 엔지니어링은 외식산업의 메뉴평가 도구로 마이클 카사바나와 돈 스미스에 의해 개발되었다. 이는 메뉴 관리상의 문제점을 해결하는데 도움을 주며 급식관리자가 메뉴에 대한 의사결정을 내릴 때 도움을 준다. 또한 메뉴 엔지니어링은 급식관리자가 현재 또는 미래의 메뉴에 대한 평가와 메뉴 가격을 결정에 도움을 준다.

업소에서는 일정 기간을 정하여 판매한 메뉴의 수익성과 선호도에 대한 평가를 수행해야 한다. 메뉴 엔지니어링은 식재료비 비율로만 메뉴에 대한 수익성을 평가하지 않고 메뉴의 마진과 고객의 메뉴에 대한 인기도를 기준으로 메뉴를 분석하여 시장을 평가하는 기법이다.

① 고려사항

가. 고객의 수요량(customer demand) : 일정기간 동안 업소를 이용한 고객의 수를 의미한다.

나. 메뉴 믹스 (menu mix) : 일정기간 동안 고객의 선호도에 따라 판매된 각 메뉴의 수량을 의미한다.

다. 공헌 마진 (contribution margin) : 각각의 메뉴들이 수익에 공헌하는 금액을 의미한라. 즉, 메뉴의 가격에서 식재료비를 제외한 금액으로 메뉴의 수익성을 반영한다.

② 계산방법

〈표 2-51〉 메뉴 엔지니어링의 예시

평가일자 :
급식소명 : 메뉴 제공기간 :

메뉴 A	판매량 (MM) B	판매가 (식단가) C	식재료비 D	공헌마진 (CM) E (C-D)	메뉴믹스 (MM%) F (B/N)(100)	메뉴 비용 G (B× D)	메뉴 수익 H (B× C)	메뉴공헌 마진 L (B× E)	공헌 마진분류 P (E.O비교)	메뉴믹스 분류 R (F.Q비교)	메뉴판정 S (P.R참고)
I	500	1,500	450	1.050	62.5	225,000	750,000	525,000	Low	High	Plow horse
II	300	2,000	900	1.100	37.5	270,000	600,000	330,000	High	High	Star
합계	800(N)	3,500			100.0	총비용 495,000 (I)	총수익 1,350,000 (J)	855,000 (M)			
								총비용 비율 K(I/J) 0.37	평균 공헌마진 O(M/N) 1068.75	메뉴믹스 비율 Q(1/N× 70%)	

a. 일정 기간동안 제공된 메뉴를 모두 기록한다. (A)
b. 일정 기간동안에 각 메뉴가 팔린 판매량(menu mix : MM)을 기록한다. (B)
c. 각 메뉴의 판매가 (식단가)를 기록한다. (C)
d. 각 메뉴에 대한 식재료비를 기록한다. (D)
e. 각 메뉴의 전체 판매량을 합한다. (N)
f. 공헌 마진(contribution margins : CM)을 계산한다. (M)
CM = 판매가(C) - 식재료비(D)
g. 각 메뉴에 대한 메뉴 믹스 비율(MM%)을 계산한다. (F)
MM% = kr 메뉴들의 판매량(B) / 전체 판매량의 합(N) × 100
(MM%는 일반적으로 70%로 사용하고 있다.)
h. 메뉴 비용을 계산한다. (G)
메뉴비용 = 각 음식의 판매량(B) × 식재료비(D)
I. 각 메뉴의 수익을 계산한다. (H)
메뉴 수익 = 각 음식의 판매량(B) × 판매가(C)
j. 총비용을 계산한다. (I)
총비용 = 메뉴비용(G)의 총 합계
k. 총수익을 계산한다. (J)
총수익 = 메뉴 수익(H)의 총 합계
l. 총비용 비율을 계산한다. (K)
총비용 비율 = 총비용(I) / 총수익(J)
m. 메뉴 공헌 마진을 계산한다. (L)
메뉴 공헌 마진 = 각 음식의 판매량(B) × 각 음식의 공헌 마진(E)
n. 총 메뉴 공헌 마진을 계산한다. (M)
총 메뉴 공헌 마진 = 각 음식의 메뉴 공헌마진(L)의 합계
o. 평균 공헌 마진을 계산한다. (O)
평균 공헌 마진 = 총 메뉴 공헌 마진(M) / 총 판매량(N)
p. 공헌마진(CM)을 분류한다(P)
공헌 마진 분류 기준은 공헌마진(E)과 평균 공헌마진(O)의 차이로 분류한다.
High : 각 메뉴의 공헌 마진:CM (E) 〉 평균 공헌 마진(O)
Low : 각 메뉴의 공헌 마진:CM (E) 〈 평균 공헌 마진(O)
q. 메뉴 믹스 비율(MM%)을 구한다. (Q)
메뉴 믹스 분류 기준 = 1/ N × 70% (N : 비교하는 메뉴의 수)
r. 메뉴 믹스 비율을 분류한다. (R)

High : 메뉴 믹스 비율 : MM%(F) ≥ 1/N × 70%
Low : 메뉴 믹스 비율 : MM%(F) < 1/N × 70%

〈표 2-52〉 메뉴판정 분류

공헌 마진 분류 (P)	메뉴 믹스 분류(R)	메뉴 판정 분류(S)
High	High	Stars
Low	High	Plowhorses
High	Low	Puzzles
Low	Low	Dogs

s. 공헌 마진 분류(P)와 메뉴 믹스 분류(R)에 따라 메뉴의 시장성을 판정한다. (S)

t. 메뉴 판정에 따른 각 음식에 대한 의사결정을 내린다.

u. 메뉴판정에 따른 의사결정

가. Stars : Stars로 판정된 메뉴는 수익성도 높고 인기도 높은 메뉴로 업체의 대표메뉴라 할수 있다. 음식의 양과 질을 현재 수준으로 유지하고 메뉴를 게시할 때 고객의 눈에 쉽게 띄는 위치에 배열한다.

나. Plowhorses : Plowhorses로 판정된 메뉴는 인기는 있으나 수익성은 낮은 메뉴이다. 그러므로 판매가 인상을 시도하거나 전체적인 식재료비를 줄여 공헌마진을 높이는 방법을 강구하여야 한다.

다. Puzzles : Puzzles로 판정된 메뉴는 수익성은 높지만 인기도가 낮은 메뉴이다. 선호도를 높이기 위해 판매가를 낮추거나 메뉴이름 수정 등 여러 판촉행위를 통해 판매량을 높이는 것이 필요하다.

라. Dogs : Dogs로 판정된 메뉴는 인기와 수익성 모두 없는 메뉴이다. 수익성과 선호도를 동시에 높여야 하지만 일반적으로 메뉴에서 삭제하여도 식당 운영에 영향을 주지 않는다.

3장
급식 구매

1 구매관리

1. 의의와 목적

급식관리에서 식재료 관리라 함은 식사계획에 의하여 식재료를 구입하고 식품의 특성에 맞는 방법으로 보관하는 것을 말한다.

구매란 정해진 예산범위 내에서 가능한한 신선하고 좋은 식품을 필요한 시기에 적정량을 적정가격에 구입하는 것으로 사용할 때까지 그 품질을 보존하면서 안전하게 보관하는 것은 매우 중요하다.

식품구매는 음식을 생산하는데 필요한 물품을 확보하는 기능으로서 구매,검수,저장,재고관리가 포함된다.

얼마나 피급식자에게 먹는 즐거움을 주는 맛있는 음식을 제공하느냐는 재료의 구입에 의해 결정된다고 해도 과언이 아니며 이러한 목적을 달성하기 위해서는 식품에 대한 지식, 구입방법, 업자의 선정, 식품감별법, 검수방법, 보관방법 등 전문적인 지식과 기술이 요구된다.

2. 구입 계획

급식에 맞는 적절한 양과 식품을 선택하기 위해서는 식사계획에 의하여 구입되어야 한다. 단체급식에 사용되는 식재료의 조건은 아래와 같다.

① 식단에 의한 종류와 형태일 것
② 신선하고 양질이어야 할 것
③ 위생적이며 안전할 것
④ 적정 가격일 것
⑤ 적정한 양이 적시에 공급되어야 할 것
⑥ 취급과 보관방법이 다량조리의 조건에 맞을 것

1) 식재료의 분류 및 구입방법

(1) 식품의 보관조건과 보관기간에 의한 분류

식재료의 분류는 보관기간과 보관조건에 의한 분류가 일반적으로 사용되고 있다. 보관기간에 따른 분류는 구입하여 바로 소비하는 생선식품과 구입하여 필요에 따라 사용하는 저장식품 및 냉동식품으로 구분된다.

표 3-1. 보관조건, 보관기간별 식품분류

	보관조건	보관기간	식품 예
생선식품 (당일소비식품)	냉장보관	1~3일	생선, 육류, 채소, 과일, 우유, 계란, 두부, 생면
저장식품 (상비식품)	실온	1주간~1년간	쌀, 스파게티, 두부, 건조식품, 병조림, 유지류, 조미료
냉동식품	냉동	3개월~2년간 (-18℃)	냉동생선, 냉동육, 냉동채소, 냉동과일, 냉동튀김, 냉동크로켓

보관조건을 온도에 따라 분류하면 실온저장, 냉장저장(0~5℃), 얼음온도저장(-2~2℃), 냉동저장(-18℃ 이하)으로 나눌 수 있다(표 3-1).

① 생선식품(당일 소비식품)

어패류, 수조육류 및 그 가공품, 우유와 유제품, 난류, 콩제품류, 곡류의 가공품(생면이나 빵류) 등이 이에 속한다.

이들 식품의 특징은 선도가 떨어지기 쉽고 계절이나 수요공급에 의하여 가격 변동이 심하므로 특히 구입에 기술이 요구된다.

② 저장식품(상비식품)

곡류 및 그 가공품(밀가루·빵가루·스파게티·마카로니 등), 두류(팥·콩), 통조림류, 건물류, 조미료류, 기타 저장 가능한 것이 이에 속한다.

이들 식품의 특징은 저장이 어느 정도 가능하므로 사용빈도, 구입자금, 단가, 저장공간 등을 고려하여 1회 구입량을 결정한다.

③ 냉동식품

전처리를 행한 식품을 급속냉동하고 -18℃ 이하로 보관하여 장기보존을 목적으로 한 것이다. 수산물, 농산물, 축산물의 소재식품과 스테이크, 튀김류 등의 조리식품 및 과자류로 나눌 수 있다. 보관용 냉동설비가 필요하며 조리된 식품은 가격이 비싸다는 단점이 있다.

(2) 가공도별 분류

최근에 조리작업의 간소화로 인하여 조리 가공식품이 단체급식에서 사용되는 빈도가 증가하고 있다. 가공도별 식품을 분류하면 표 3-2와 같다.

2) 식품 구입의 기준자료

(1) 물가 파악

식품구입 계획을 세우기 전에 시장의 도매시세, 구입단가, 소비자 물가지수, 신문의 물가란을 이용하여 정보를 수집하고 이용하면 유리하다.

(2) 출하기 파악

최근에는 생산 기술의 발달로 식품의 출하기가 연장되거나 또는 연중 생산되고 있다. 또 수입자유화로 인한 외국의 수입식품도 많이 출하되고 있다. 그러나 식품의 출하기를 정확히 알고 있으면 가격도 싸고 영양가와 맛이 좋은 식품을 구입할 수가 있다. 특히 어패류, 채소류, 과일류는 출하기를 알아두면 편리하다.

표 3-2. 가공도별 식품분류

분 류		실 온	냉 장	냉 동
1차 가공품	채소류	각종 채소통조림, 병조림, 절임류(김치류 포함)	절임류(김치류 포함), 절단 채소, 양배추 등	냉동 채소 냉동 완두콩
	어육류	건조 어육류	육포(썰은 고기류)	
	조미료류	설탕, 주류, 된장, 간장, 소금, 식물성 기름		
2차 가공품	채소류	잼, 넥타		
	계란류			오믈렛
	어육류		햄, 소시지, 베이컨, 훈제류	햄버거, 크로켓, 튀김류, 파이껍질
	조미료류	소스통조림류, 수프류(가루·통조림)	소스류, 마가린, 마요네즈	소스류
3차 가공품		제과, 칡가루		햄버거, 크로켓, 튀김류

(3) 유통기구 파악

식재료가 생산자로부터 소비자에게까지 들어가는 경로는 식품의 종류에 따라 다르다. 유통경로가 복잡할수록 유통경비와 이익이 더하여지므로 값싸고 신선한 식품을 파악하는 것이 중요하다.

참고로 중요 식품의 유통경로를 제시하였다(그림 3-1~그림 3-5).

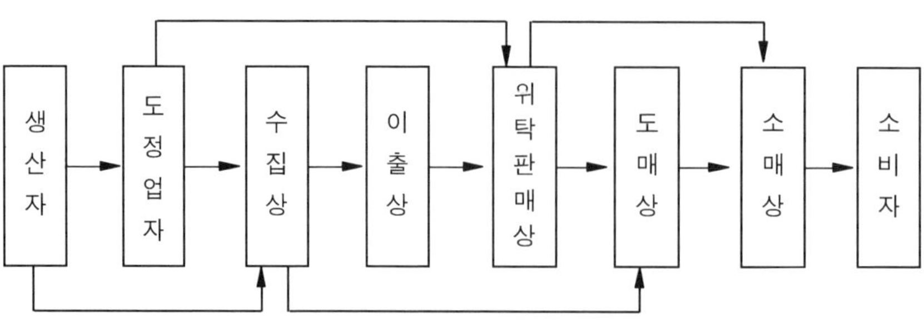

그림 3-1. 미곡의 일반생산조직의 유통경로

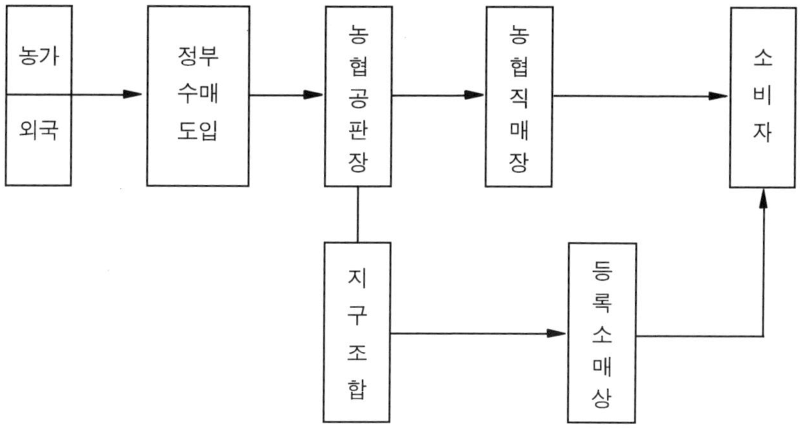

그림 3-2. 정부관리 양곡 유통경로

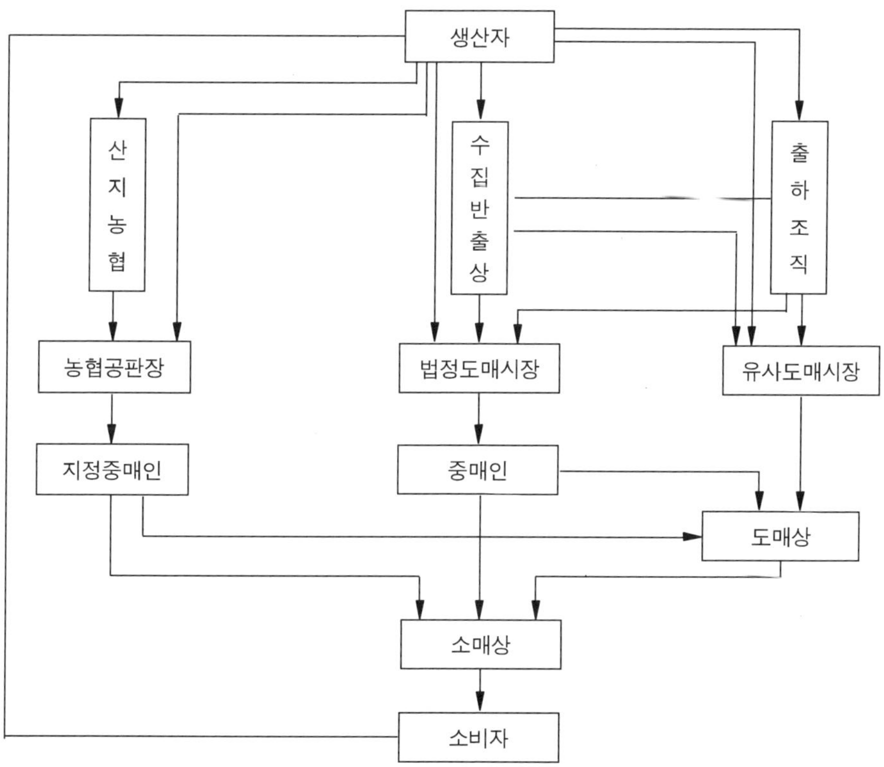

▣ 청과물시장 : 채소와 과일이 거래되는 자유시장조직으로서 다수의 농가에 의해서 소규모로 분산 생산되므로 수입과정이 필요하고 수집된 것을 소비지역으로 중계하는 중계과정, 최종소비자에게 분산시키는 분산과정이 필요하다.

그림 3-3. 청과물-채소와 과일의 유통경로

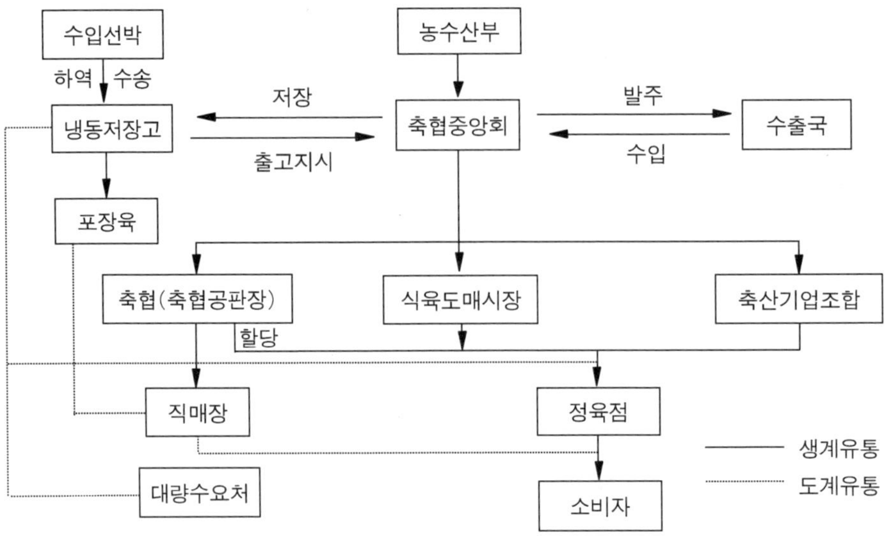

그림 3-4. 수입쇠고기 유통경로

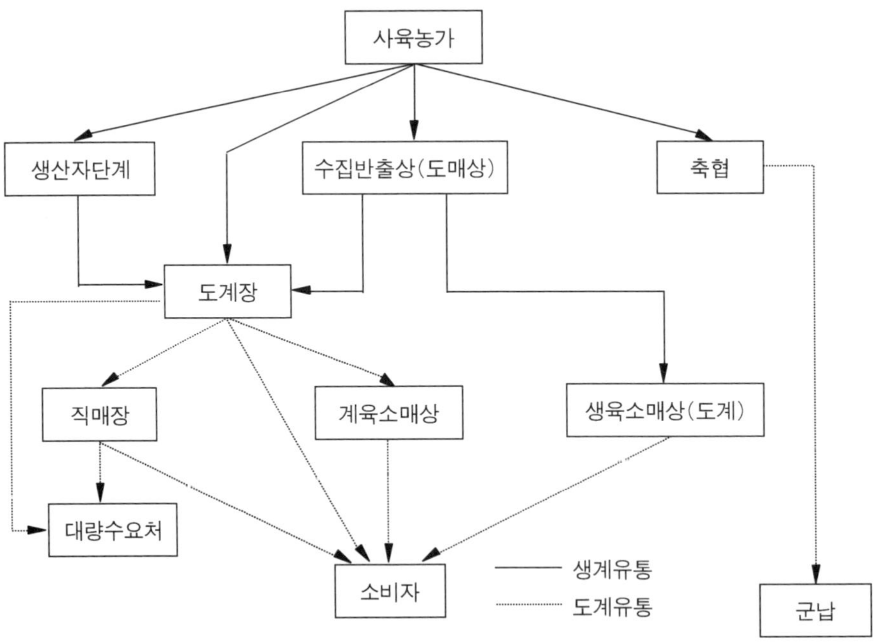

그림 3-5. 닭고기의 유통경로

3. 구입 방법

예정식단에서부터 조리실에 이르기까지의 구입계획 흐름을 그림 3-6에 제시하였다.

구입방법으로서는 산지직결구입, 도매업자에 의한 구입, 업자에 의한 구입 등 여러 방법이 있다. 신선하고 안전한 식품을 싼 가격으로 구입하기 위해서는 충분히 연구하여 업자선정을 하여야 한다.

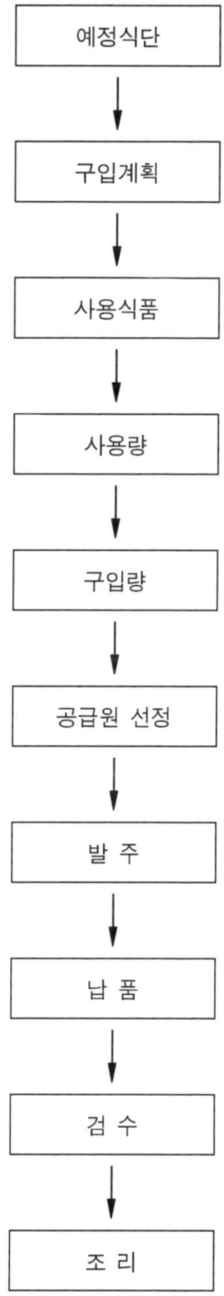

그림 3-6. 구입계획의 흐름

* 구매 방법의 종류와 내용

1) 구매담당부서에 의한 분류

(1) 집중 구매와 분산 구매

① 집중 구매방법

기업이 필요로 하는 물품을 한 개 업소에서 집중시켜 구매하는 방식이다.

㉠ 장점

- 일관된 구매방법을 확립할 수 있다.
- 구매가격과 비용이 절약된다.

㉡ 단점

- 한 개 업소에서 여러 가지를 취급하므로 비전문적이고 능률이 저하된다.
- 긴급 필요시 구매가 어렵다.

② 분산 구매방법

각 업소별로 필요한 물품을 분산해서 구매하는 방식이다.

㉠ 장점

구매절차가 간단하고 능률적이며 긴급시 유리하다.

㉡ 단점

경비가 많이 들고 고가로 구입하기 쉽다.

2) 구매 시기에 의한 분류

(1) 정기 구매와 수시 구매

① 정기 구매방법 : 계속적으로 사용되는 물품구입시 이용되는 방식으로 표준 재고량이 일정량에 도달하면 자동적으로 구매하는 경우와 구입계획에 의하여 정기적으로 구매하는 경우가 있다.

② 수시 구매방법 : 구매요구서가 들어올 때마다 수시로 구매하는 방법

3) 장기계약 구매와 당용 구매

① 장기계약 구매방법 : 어떤 물품이 계속적으로 필요할 때 장기계약을 체결하고 일정한 시기마다 일정량씩 납품되도록 하는 방식

② 당용 구매방법 : 당장 필요한 물품을 그때그때 즉시 구입하는 방식

4) 일괄위탁 구매

구매하고자 하는 물품이 소량이면서 다양한 경우 특정업자에게 구입원가를 정하고 일괄위탁하여 구매하는 방식

4. 구매 절차

1) 필요성의 인지

어떤 품목의 원재료가 얼마만큼 왜 필요한가를 구매부문에 구체적으로 인정시키는 과정이다.

2) 물품구매명세서 및 구매청구서 작성, 승인

물품구매를 요청하는 부서는 사진에 작성한 물품구매명세서를 근거로 구매 청구서를 작성하며 구매 청구서는 구매 담당자의 승인을 받아야한다. 구매부문의 실질적인 구매활동은 이 구매요구서를 접수함으로써 시작된다. 구매요구서는 2통을 작성하여 1부는 구매담당부문에 보내고 1부는 구매요구부문에서 보관한다.

최근에는 급식전산화 추세에 따라 전산출력양식을 사용하기도 한다.

3) 공급원의 선정

구매요구서를 검토한 후에 구매하여야 할 원재료가 결정되면 다음에는 어디에

서 누구로부터 그 원재료를 구입할 것인가를 결정하여야 한다. 공급원을 선정할 때에는 아래와 같은 조건을 고려한다.

① 업자의 규모, 시설, 경영내용, 신용, 판매실적 등이 좋은 곳
② 입지조건, 교통사정, 운반능력 등이 좋은 곳
③ 위생시설, 보관시설이 좋은 곳
④ 서비스가 좋은 곳

이상의 항목을 고려하여 1곳 또는 2곳을 선정한다.
공급업체 선정방법은 계약방식에 따라 경쟁입찰계약과 수의 계약으로 나눈다.
구매계약에 관한 내용은 뒤에서 다루기로 한다.

4) 발주량 결정 및 발주서 작성

구매부서에서는 구매 청구서에 의하여 발주량을 결정하고 공급업체에 발주량을 작성하여 보낸다.발주량산출은 식재료관리에서 언급하기로 한다.

발주는 일정한 양식을 갖춘 문서에 의해 행해지고 이것은 구매표(주문서)에 의해 공급자 측에 발송된다. 전화, 인편을 이용하였을 경우에도 후에 반드시 주문서를 발송하여야 하는데 이것은 최초로 법률적 효력이 발생하는 징표가 된다.

5) 납품서의 체크

납품서는 송장 또는 거래명세서라고도 하며 물품,수량,단가,공급가액,총액,공급자명등을 기록한 문서이다.

구매 담당자는 공급자가 지참한 납품서를 주문서와 대조하여 체크하고 주문한 물품이 도착하였을 때의 수령전표와도 대조하여 오류가 없이 모든 절차가 끝나면 불품의 대금 지불을 위하여 회계부문으로 넘긴다.

6) 검수

도착한 물품을 수령하고 불량품여부,수량확인 등을 체크하고 수령한다.

만약 배달된 물품이 정해진 검수기준에 미달되는 경우에는 물품을 인수하지 않고 반품서를 작성하여 물품과 함께 반품하도록 한다.

검수일지는 검수원이 작성하여 급식부서장과 회계부서의 결재를 받도록 한다.

검수에 대한 내용은 뒤에 설명하기로 한다.

7) 기록과 파일의 보존

이상의 모든 절차가 끝나면 구매담당자는 기록과 자료를 파일로써 보관하여 다음 주문시에 참고가 되도록 한다. 구매 주문서는 법률적인 계약 서류이므로 상당기간 보관하여야 한다.

8) 입고

마지막으로 창고에 물품을 입고시킨다.

5. 구매 계약

계약방법은 크게 경쟁입찰방법과 수의계약방법이 있다.

- 계약
  - 경쟁입찰
    - 일반경쟁입찰
    - 지명경쟁입찰
  - 수의계약
    - 복수견적
    - 단일견적

1) 경쟁입찰

(1) 일반경쟁입찰

입찰 및 계약에 관한 사항을 신문 또는 게시와 같은 방법으로 일정기간동안 일반에게 널리 공고하여 응찰자를 모집하고 입찰에 있어서 상호 경쟁을 시켜 가장 타당성 있는 입찰가격을 제시한 응찰자에게 낙찰시키는 계약방법이다.

■ 계약절차

공고기간은 보통 10일이며 긴급할 때는 5일로 할 수도 있다. 입찰공고내용에는 입찰에 붙이는 사항, 계약조항을 공시하는 상소, 경쟁 집행의 장소와 일시, 경쟁참가자의 자격에 관한 내용, 입찰보증금과 그 귀속에 관한 사항, 입찰수회에 관한 사항 등을 명시한다. 입찰은 2명 이상이 소정의 서류를 갖추어 입찰 보증금과 함께 응찰한다.

개찰은 공고에 표시한 장소와 일시에 입찰자의 면전에서 행한다. 낙찰 및 계약 체결은 입찰에 의하여 업자의 청약을 승낙하는 법률행위다. 계약체결시에는 목적, 금액, 이행기간, 보증금액, 계약위반시 보증금의 처분, 위험부담 등을 자세히 계약서에 기술한다.

① 장점
- 공평하고 경제적이다.
- 정실, 의혹을 방지할 수 있다

② 단점
- 긴급시 조달시기를 놓칠 수 있다.
- 자본, 신용, 경험이 부족한 업자가 응찰하기 쉽다.
- 공고부터 개찰까지의 수속이 복잡하다.

(2) 지명경쟁입찰

특정한 자격을 구비한 업자만이 계약내용을 이행할 수 있다고 판단할 때 이러한 자격을 갖춘 업자만을 지명해서 경쟁입찰시키는 계약방법이다. 절차는 업자를 선정하여 입찰안내서를 발부하고 입찰에 응하도록 하며 나머지 절차는 일반경쟁에 준한다.

① 장점
- 절차가 간단하고 경비가 절약된다.
- 계약이행의 확실성이 보장되고 경제성도 어느 정도 확보된다.

② 단점
- 계약에 독단성이 조성될 수 있다.
- 업자간에 업무내용이 동일하여 담합할 기회가 많다.

2) 수의계약

계약내용을 경쟁에 붙이지 않고 이것을 수행할 수 있는 자격을 가진 특정인과 계약을 체결하는 방법이다. 이 계약방법은 특정한 업무와의 계약이 가장 유리하다고 판단될 때 이용하는 방법이다. 일반적으로 특허품이나 독점품이 정해져 있는 경우, 특수한 기술이 필요한 경우, 납기가 급한 경우, 기밀유지가 필요한 제품인 경우에 많이 이용된다.

① 장점
- 절차가 간편하고 경비와 인원을 줄일 수 있다.
- 신용이 확실한 자를 선정할 수 있으므로 안전하다.

② 단점
- 취급에 공정성을 잃고 정실에 흐르기 쉽다.

- 불리한 가격으로 계약하기 쉽다.
- 숨은 유능한 업자를 발견하기 어렵다.

2 식재료 관리의 실제

1. 발 주

발주라 함은 식품재료를 주문하는 것이다. 예정식단에 의해 필요한 재료를 적시에 정량을 입수하기 위해 계획적으로 행해져야 한다.

2. 발주량 산출 방법

발주량은 폐기부분이 있는 식품과 없는 식품으로 구분하여 계산한다.

(1) 폐기 부분이 없는 식품

* 1인분량×급식예정인원수=발주량

예) 쌀의 1인분량이 120g이고 예상식수가 500명인 경우 쌀의 발주량을 계산하시오

쌀의 발주량=120g×500명=600kg

(2) 폐기 부분이 있는 식품

$$\frac{\text{순사용량}}{\text{가식률}} \times 100 \times \text{급식예정식수} = \text{발주량}$$

또는 1인분량×환산계수(출고계수)×급식예정식수=발주량

예) 김치의 1인분량이 50g,김치의 원재료인 포기배추의 폐기율은 10%,예상식수가 300명인 경우 포기김치의 발주량을 계산하시오.

$$\text{포기배추의 출고계수} = \frac{100}{100-\text{폐기율}} = \frac{100}{100-10} = 1.11$$

포기배추의 발주량=50g×1.11×300명=16.65g =17kg

다량조리의 경우 기계화, 조리법, 식품의 선도, 계절, 조리기술에 따라 폐기율이 달라질 수 있으므로 실제로는 식품성분표에 표시된 비율과 차이가 있을 수 있으므로 각 시설에서 실측한 폐기율을 이용하는 것도 좋은 방법이 될 것이다. 표 3-3에 참고로 발주 환산계수를 제시하였다.

표 3-3. 발주 환산계수표

폐기율 (%)	계수	폐기율 (%)	계수	폐기율 (%)	계수	폐기율 (%)	계수
1	1.01	26	1.35	51	2.04	76	4.17
2	1.02	27	1.37	52	2.08	77	4.35
3	1.03	28	1.39	53	2.13	78	4.55
4	1.04	29	1.41	54	2.17	79	4.76
5	1.05	30	1.43	55	2.22	80	5.00
6	1.06	31	1.45	56	2.27	81	5.26
7	1.08	32	1.47	57	2.33	82	5.56
8	1.09	33	1.49	58	2.38	83	5.88
9	1.10	34	1.52	59	2.44	84	6.25
10	1.11	35	1.54	60	2.50	85	6.67
11	1.12	36	1.56	61	2.56	86	7.14
12	1.14	37	1.59	62	2.63	87	7.69
13	1.15	38	1.61	63	2.70	88	8.33
14	1.16	39	1.64	64	2.78	89	9.09
15	1.18	40	1.67	65	2.86	90	10.00
16	1.19	41	1.69	66	2.94	91	11.11
17	1.20	42	1.72	67	3.03	92	12.50
18	1.22	43	1.75	68	3.13	93	14.28
19	1.23	44	1.79	69	3.23	94	16.67
20	1.25	45	1.82	70	3.33	95	20.00
21	1.27	46	1.85	71	3.45	96	25.00
22	1.28	47	1.89	72	3.57	97	33.33
23	1.30	48	1.92	73	3.70	98	50.00
24	1.32	49	1.96	74	3.85	99	100.00
25	1.33	50	2.00	75	4.00		

3. 검 수

검수라 함은 업자가 납품한 물품이 발주한 것과 같은가를 현품과 발주전표를 대조, 점검하여 수령하는 작업이다.

(1) 검수 내용

발주전표와 납품전표를 현품과 대조하는데 수량, 품질, 중량, 가격, 규격, 위생상태 등을 영양사나 시설의 장이 엄정한 태도로 행한다. 부적격 품이 납품되었을 때는 반품하고 대체품을 의뢰하거나 대치가 빠른 시간 내에 되지 않을 때는 급히 일부 식단을 변경하여야 한다.

(2) 검수 시 유의할 점

위생적 사고를 방지하기 위하여 검수실을 깨끗이 관리하고 업자는 조리실에 들어오지 못하도록 한다. 또 계량기, 간이작업대, 운반차 등을 배치하고 검수 즉시 냉장·냉동 식품은 바로 처리하여 신선도를 유지토록 한다.

(3) 검수 방법

① 전수검사법

납품된 식재료를 전부 하나하나 검사하는 방법이다. 시간과 노력이 많이 걸리고 경제적으로 불리한 경우도 있다. 또 물품의 성질상 전수검사가 사실상 불가능한 경우도 있다.

② 발취검사법

납품된 식재료 중에서 시료(sample)를 뽑아서 검사하여 그 결과를 판정기준과 대조하여 합격, 불합격을 판정하는 방법으로 확률도 비교적 높고 현실적인 방법이다.

일반적으로 검사항목이 많은 경우, 대량구입으로 어느 정도 불량품이 혼입되어도 무방한 경우, 검수비용과 시간을 절약해야 할 경우 또는 파괴검사일 경우에 많이 이용한다.

4. 식품의 검수 방법

식품의 감별은 관능검사(감각적 판단)와 이화학적 방법(객관적 검사)이 사용된다.

(1) 관능검사

시각, 미각, 촉각, 후각, 청각의 오감에 의하여 물품을 감별하는 방법인데 경험에 의한 숙련이 필요하다. 표 3-4에 중요한 식품별검수방법을 제시하였다.

(2) 이화학적 방법

일반적으로 관능검사로 감별이 안되는 특별한 문제가 있을 때 이용한다.

① 물리적 방법

경도, 건조도, 용량, 온도, 비중, 융점, 응고점 등을 측정하여 판단한다.

② 화학적 방법

성분, 유사성 첨가물, 항생물질, 농약 등을 분석하거나 pH, 효소활성 등을 측정한다.

③ 세균학적 방법

세균수, 병원균을 측정한다.

표 3-4. 식품별 검수방법

구분	품명		검수기준
곡류	쌀		• 색택이 맑고 윤기가 있어야 한다. • 곰팡이 냄새 등이 없어야 한다. • 낟알이 잘 여물고 고르며 덜 익은 쌀이 거의 없어야 한다. • 수분이 15~16%로 적당히 마른 것(수분이 많으면 변질 우려)이어야 한다. • 병해, 충해립 등이 없어야 한다. • 싸라기가 적고, 돌 뉘 등이 없어야 한다. • 가공한 지 오래되지 않으며 쌀알에 흰 골이 생기지 않아야 한다.
채소류	엽채류	깻잎	• 짙은 녹색을 띠고 향기가 나며 흰색 반점이 없어야 한다. • 잎이 마르지 않고 벌레 먹지 않아야 한다.
		대파	• 줄기가 시들거나 억세지 않아야 하며, 줄기 부분에 흰색 반점 등이 없어야 한다. • 흰대가 굵고 길어야 하며 부드러워야 한다.
		배추	• 잎이 두껍지 않고 연하며 굵은 섬유질이 없어야 한다. • 속에 심이 없고 알차야 하며, 누런 떡잎이 없어야 한다.
		상추	• 품종에 따른 고유의 색택을 띠며(청상추 : 청색, 적상추 : 붉은색 등), 잎의 크기가 적당하여 너무 넓거나 크지 않아야 한다. • 잎이 상하거나 짓무르지 않아야 한다..
		시금치	• 잎이 연녹색을 띠고 넓어야 하며 벌레 먹지 않아야 한다. • 억센 줄기나 대가 없으며 떡잎진 부분이 없어야 한다.
		양배추	• 심이 작고 속이 알차야 한다. • 잎이 연하고 떡잎이 없어야 한다.
	구근류	감자	• 잘 여물고 단단해야 하며 청색이 나지 않고 흠이나 부패한 부분이 없어야 한다. • 표면에 골이 많이 지지 않고 매끄러워야 한다.
		깐마늘	• 윤기가 흐르고 알이 단단해야 한다. • 깨물었을 때 탁 쏘는 맛이 오래도록 강하게 나야 한다. • 껍질은 완전히 제거되고 끝에 흠집이 있거나 썩어서는 안 된다.
		당근	• 외관상 모양이 통통하고 윗 부분과 아랫 부분의 굵기 차이가 많이 나지 않아야 한다. • 표면이 매끄러워야 하며 갈라진 부분이 없고 눈이 적어야 한다. • 절단시 심이 없고 심 부분에서 주위까지 같은 주황색이어야 한다.
		무	• 속이 꽉 차 있고 육질은 치밀하며 단단하고, 연하고 무거워야 한다. • 흠집이 없고 곧으며 뿌리 부분에 잔털이 많지 않아야 한다. • 절단시 바람이 들지 않고 까만 심이 없어야 한다.
		양파	• 외피가 짓무르지 않고 상처가 없어야 하며, 촉감은 단단하고 딱딱해야 한다. • 싹이 트지 않고 껍질은 광택이 있어야 한다. • 깐 양파의 경우는 적황색의 껍질이 벗겨져 흰색의 뚜렷한 내피가 드러나야 한다.

구분	품명		검수기준
채소류	과채류	오이	• 품종 고유의 색택(취청오이 : 진녹색, 다대기 : 연녹색)을 띠고, 가시가 많아야 하며 탄력이 있어야 한다. • 담백한 맛과 수분 함량이 많아 맛이 강해야 한다. • 육질이 사각사각 해야 한다.
		청고추	• 선명한 녹색을 띠고 윤기가 나야 하며, 맵지 않고 단맛이 나야 한다. • 휘어지지 않고 섬유질이 연하며 꼭지가 마르지 않아야 한다. • 생식용의 경우 질겨서는 안 되고 신선해야 한다.
		호박	• 품종 고유의 색택(애호박 : 연녹색, 돼지호박 : 진녹색)을 띠며, 윤기가 나야 한다. • 연하고 부드러운 맛이 나야 한다. • 휘지 않고 굵기가 균일해야 하며 탄력이 있어야 한다.
		홍고추	• 선명한 붉은 색을 띠며 윤기가 나고, 외피가 단단하며 씹었을 때 질겨서는 안 된다. • 약간의 매운 맛이 나고 휘지 않으며, 섬유질이 연하고 꼭지가 마르지 않아야 한다.
		피망	• 품종 고유의 색택(청피망 : 선명한 녹색, 홍피망 : 선명한 붉은 색)을 띠고 윤기가 나야 한다. • 외형은 굵고 타원형이며 윗부분부터 아랫부분까지 크기가 균일하여야 한다. • 표피는 조금 단단해야 하며 깨지거나 변색된 부분이 없어야 하고 흠집이 없어야 한다. • 육질이 연하고 꼭지가 마르지 않아야 한다.
육류	쇠고기		• 근육 속에 우유빛의 섬세한 지방이 고르게 많이 분포되어 있어야 한다. • 고기의 색이 선홍색을 띠며 윤기가 나야 한다. • 지방색은 유백색이어야 한다. • 결이 곱고 미세하며 탄력이 있어야 한다.
	돼지고기		• 고기의 색이 분홍색을 띠는 붉은 색이어야 한다. • 지방의 색이 희고 굳은 것이어야 한다. • 고기의 결이 곱고 탄력이 있어야 한다.
어패류	외관	표면	• 윤이 나고 싱싱한 광택이 있어야 한다. • 비늘이 단단히 붙어 있어야 한다.
		눈알	• 혼탁이 없어야 한다. • 혈액의 침출이 적어야 한다.
		아가미	• 신선한 선홍색을 띠어야 한다.
		복부	• 복부가 갈라지지 않아야 한다.
	냄새	전체 아가미	• 이취를 느끼지 않아야 한다. • 불쾌한 비린내가 나지 않아야 한다.
	단단함	등, 꼬리 복부	• 손가락으로 누르면 탄력을 느낄 수 있어야 한다. • 내장이 단단하여 탄력이 있다.
	점질물	표면	• 손으로 만져도 점질물에 거부감을 느끼지 않는다.

자료 : 교육인적자원부, 2003

표 3-5.식재료유형별 규격확인

구 분	규 격	비고
곡류 및 과채류	• 1차 농산물은 원산지를 표시한 제품	납품서(거래명세서)에 표기
어・육류	• 육류의 공급업체는 신뢰성 있는 인가 업체 • 육류는 도축검사증명서, 등급판정확인서가 있는 것 • 냉장・냉동 상태로 유통되는 제품	도축검사증명서, 증급판정확인서 첨부
어・육류 가공품	• 검사를 필한 제품 • 유통기한이 표시된 제품 및 유통기한 이내의 제품 • 냉장・냉동 상태로 유통되는 제품	납품서(거래명세서)에 표기
난류	• 위생란	
김치류	• 인가된 생산업체의 제품 • 포장상태가 완전한 제품	
양념류	• 살균처리하여 포장한 제품	
기타 가공품	• 모든 가공품은 유통기한이 표시된 것, 포장이 훼손되지 않은 것, 유통기한 이내의 제품	납품서(거래명세서)에 표기

자료 : 서울특별시 교육청, 2002

3 저장관리

식품의 보관

1) 보관 설비

납품된 식재료는 검수 후 사용할 때까지의 품질유지, 위생면을 고려하여 사용할 때까지 적절히 보관할 필요가 있다. 식재료에 따라 저장에 알맞는 조건을 찾아 저장하고 사용할 때까지 그 품질을 유지하도록 하여야 한다.

표 3-6에 각 식품의 알맞은 저장온도와 저장기간을 표시하였다. 식품에는 저온장애를 받는 식품(예 : 바나나의 검은 반점, 파인애플의 후숙불량, 토마토의 이상연화)이 있으므로 특히 저장온도에 유의하여야 한다.

2) 저장관리의 원칙

효율적인 저장관리를 위해서는 아래와 같은 원칙에 따라 관리하면 좋다.

(1) 저장 위치 표시의 원칙

저장된 물품의 위치 표시가 정확해야 출고 때에 시간과 노력이 절약된다.

(2) 품질 보존의 원칙

최초에 납품된 품질이 그대로 사용할 때까지 유지되도록 저장온도와 습도 등을 고려하여 저장하여야 한다.

관계자이외에는 창고에 접근하지 않도록 하여 식품의 품질이 유지되도록 주의한다.

(3) 분류 저장의 원칙

저장되는 물품은 종류별, 구역별로 분류하여 저장하여야 한다.

일반적으로 종류에 따라 분류한 후 가나다순,알파벳순 또는 사용 빈도순으로 정리한다.

표 3-6. 식품의 저장온도 및 저장가능기간

식품명	온도(℃)	저장가능기간
쇠고기	0~1	2~3주
햄	0~1	1~2주
돼지고기	0~1	3~7일
소시지	4~7	7~10일
오징어	0~2	7~10일
굴	0~2	1~2일
고등어	0~1	2~3일
우유	2~4	2~3일
계란	-1~0	5~6일
양배추	0~2	3~4개월
오이	7~10	6~8일
가지	7~10	10일
현미	10~15	10~12개월
빵	0~1	3~5일

(4) 공간 활용의 원칙

물품을 저장하는 기본공간 이외에도 물품을 운반할 수 있는 장비의 이동 공간이 필요하다.

(5) 선입선출의 원칙

먼저 입고한 물품은 먼저 출고하여 사용한다는 원칙이다.

물품을 진열할때에는 나중에 구입한 물품을 보관중인 물품의 뒤쪽에 두는 것이 좋다.

3) 저장시설의 종류

식품 창고, 냉장고, 냉동고로 나눌 수 있다.

(1) 식품 창고

① 보관창고

곡류, 조미료, 건물류, 통조림, 병조림류, 채소류, 침채류 등을 보관한다. 시설이 가능하다면 식재료의 성질과 종류별로 구분된 창고를 마련하면 이상적이다. 그러나 소규모 시설일 경우에는 코너로 구분하거나 적당한 용기 등을 이용하여 저장하도록 한다.

㉠ 곡류 창고

쌀의 보관장소로 세미기 시설이 가까운 곳에 준비하면 운반에 편리하다. 대규모인 경우에는 쌀저장탱크에서 세미기에 직결되는 장치를 이용하는 곳도 있다. 미곡창고는 습기와 쥐, 기타 해충 및 환기에 유의해야 하는데 환기방법에는 자연환기와 기계환기의 두 가지 방법이 있다.

자연환기는 창문을 이용한 환기로 바닥과 천장으로부터 약 50㎝ 높이에 구멍이나 창을 두고 창에는 방충망을 설치한다. 기계환기는 환기창을 바닥에서 30~50㎝ 높이에 두고 배기용 환풍기를 천장이나 천장 가까이에 설치한 다음 벽에서 70~100㎝ 정도 공간을 두고 곡물을 쌓는 것이 좋다. 그림 3-8에 미곡창고의 환기방법을 제시하였다.

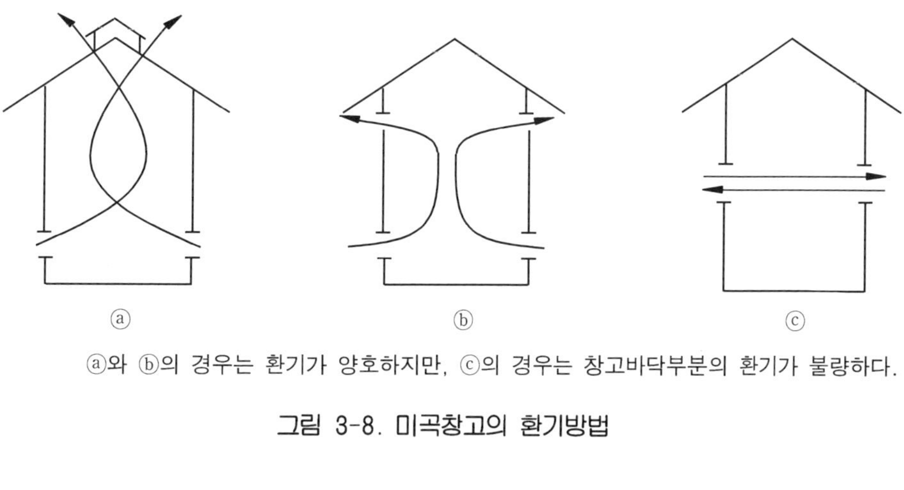

ⓐ와 ⓑ의 경우는 환기가 양호하지만, ⓒ의 경우는 창고바닥부분의 환기가 불량하다.

그림 3-8. 미곡창고의 환기방법

㉡ 건어물 조미료, 통조림용 창고

건어물은 방습성에 뛰어난 용기에 분류하여 수납한다. 선반은 목재나 스테인레스가 좋으며 4~5단 정도로 설치하고 선반의 폭은 60㎝ 이내가 사용하기에 편리하다.

내부 선반의 간격은 50~60㎝ 간격이 적합하며 선반의 1단에는 목재 평상을 깔고 간장, 된장, 식용유 같이 무거운 식품을 보관하여 사용한다. 선반 2, 3단에는 비교적 가볍고 자주 사용되는 식품을 보관해 두는 것이 좋고 통조림, 설탕, 밀가루 등 습기를 잘 흡수하는 식품은 선반의 높은 곳에 보관한다.

㉢ 침채식품 창고

침지액이 넘쳐 흐르지 않도록 위생적으로 관리한다.

② 저장시 유의점

- 온도, 습도, 환기를 조절한다.
- 쥐, 파리, 바퀴 등의 침입을 막는다.
- 배치장소는 사용빈도, 중량, 식품의 특성 등을 고려하여 결정한다.
- 수납한 순서대로 사용하면 편리하다.
- 창고는 정기적으로 청소하고 식품관계자 이외에는 출입을 통제하고 창고관리의 철저를 기하도록 한다.

(2) 냉장고(실)

① 보관식품

- 어패류, 육류, 계란, 채소류, 과일류, 콩제품, 우유, 유제품, 고형유지류(버터·마가린·라드), 조미된 식품 등을 보관한다.

② 저장시 유의점

- 식재료에 따라 저장 적온이 다르므로 어패류, 육류, 계란, 채소류로 나누어 구분하여 저장하는 것이 좋다.
- 식품을 대량으로 수납했을 때는 냉기의 대류를 방해하므로 수납량은 냉장고 용적의 60~65% 정도로 하는 것이 이상적이다.
- 냉장고에 수납되어 있어도 오랜 기간 안전하지는 못하므로 식품의 선도 확인을 반드시 하고 온도 유지가 10℃ 이하가 되도록 유의한다.
- 가열한 것을 넣을 경우에는 상온까지 식힌 후 저장하는 것이 좋다.
- 냉장고 내는 정기적으로 청소하고 깨끗하게 유지하도록 한다.

(3) 냉동고(실)

① 보관식품

- 각종 냉동식품, 완전조리 식품, 반조리 식품 등

② 저장시 유의점

- 장기보존이 많으므로 냉동고의 온도가 -18℃ 이하가 되도록 관리한다.
- 일반적으로 급속동결(-30℃ 이하)이 품질저하가 적다.
- 제조 가공 연월일이 확인될 수 있게 표시하고 품질보존기간 내에 사용한다.
- 식품의 저장장소는 생것, 조리된 식품, 반조리 식품 등을 구분해서 일정한 위치에 저장하도록 한다.

4) 재고관리

재고관리에는 발주시기,발주량,적정재고수준을 결정하고 이를 시행하는 제반과정이다.

이와같이 재고관리를 합리적으로 하면 ① 물품부족으로 인한 생산계획에 차질이 발생하지않으며 ② 적정재고수준을 유지할수 있어 유시비용이 감소되고, ③ 정확한 재고수량의 파악이 가능하여 적정주문량 결정시에 구매비용을 줄일수가 있다. ④ 또한 도난과 부주의로 인한 손실을 막을수가 있다.

(1) 재고관리의 유형

① 영구 재고 시스템

구매하여 입고되는 물품의 출고 및 입고시에 물품의 수량을 계속적으로 기록하여 물품의 목록과 수량을 알수 있도록하여 적정재고량을 유지하는 방법이다.

장점은 어느시점에서든지 그때의 재고량을 파악할수 있다는 점이고 단점은 매번 일일이 기록하여 시간이 많이 걸리고 수작업을 할때에는 정확성에 문제가 생길수 있다는 것이다.

② 실사 재고 시스템

주기적으로 창고에 보유하고 있는 물품의 수량과 목록을 확인하여 기록하는 방법으로 일반적으로 두사람이 필요하며 한사람은 각품목의 실제수량을 확인하고 다른 한 사람은 재고 기록지에 기록한다.

장점은 재고가치를 정확히 알수 있어 사용한 식품비의 산출에 필요한 정보를 제공해준다는 점이고 단점은 신속하지못하여 시간이 많이 걸린다는 점이다.

(2) 재고관리 기법

재고관리기법은 최근 급식소의 규모가 커짐에 따라 사용되는 식품과 품목이 다양해지면서 더욱 복잡해지고 동시에 중요한 문제로 자리잡게 되었다.

① ABC관리 방식

자재의 구매내지 재고관리시 물품의 가치도에 따라 ABC세등급으로 분류하여 그에 따라 차별적으로 관리하는 방식이다.A형품목들은 수량면에서는 전체재고량의 10-20%를 차지하나 재고액의 70-80%를 차지하는 품목들로 육류와 주류가 이에 속한다.

B형품목들은 전체재고가의 15-20%사이에 속하며 재고량의 20-40%를 차지하고 과일이나 채소가 이에 속한다.

C형품목들은 전체재고량의 40-60%를 차지하고 재고가는 5-10%에 해당되는 품목들로 값이 비교적 싼 것으로 밀가루나 조미료가 이에 속한다.

② 최소-최대 관리방식

실제로 급식소에서 많이 사용되고 있는 방법으로 일명 mini-max관리방식이라고 한다.

이 방식은 안전재고수준의 '최소한'의 재고량을 유지하면서 재고량이 안전재고량 수준인 최소치에 이르면 적정량을 주문하여 '최대한'의 재고량을 보유하는 방식이다.

5) 재고 회전율

재고 회전율이란 재고관리를 평가하는 방법으로 가장 널리 쓰이는 방법으로 현재 보유하고 있는 재고품목들이 얼마나 빈번히 주문되고 이 품목들이 어느 정도의 기간동안 사용되어지는지를 계산하는 것을 말한다.

즉, 재고 회전율은 일정기간 중에 재고가 몇 차례 사용되고 또는 판매되었는가를 의미하는 것으로서 재고 회전율치 계산은 실제 재고가 있을 때 주로 1달에 1회 산출한다. 산출공식은 아래와 같다.

$$\text{그달의 평균재고액} = (\text{초기재고액} + \text{마감재고액})/2 \pm \text{그달의 재고회전율}$$

$$= \frac{\text{그달의 식품비}}{\text{그달의 평균재고액}}$$

이렇게 계산된 재고 회전율은 급식소의 유형과 규모에 따라 다르며, 이외에도 재고수준을 유지하기 위해 보유하고 있는 현금 자산, 식수인원 또는 판매량, 저장창고들의 시설, 설비와 용량, 메뉴, 구매물품의 유행 등에 의하여 결정된다.

각각의 급식소에서는 그 급식소의 상황에 맞는 표준이 되는 재고회전율을 표준치와 비교하여 그 차이를 분석한다.

재고회전율이 표준치보다 낮은 경우에는 재고가 과잉수준임을 나타내는 의미로 식품의 부정유출이나 식품의 낭비가 심해질수 있다.

반면에 재고회전율이 표준치보다 높은 경우에는 재고식품이 고갈될 위험이 있고 이로 인하여 급히 물품을 구매하여야 할 경우에 구입비용이 증가할 가능성이 있다.

4장

위생 및 안전관리

1 위생관리의 의의

위생(sanitation)의 어원은 라틴어로 sanitas로 건강을 의미하는데, 급식소에서 위생이란 식품이 질병을 유발하는 물질에 오염되지 않도록 취급되거나 조리되어 피급식자에게 안전한 상태로 공급되는 것을 의미한다. 최근 위생은 식품안전시스템(food safty system)의 한 부분으로 식중독을 유발하는 요인을 중점적으로 관리하는 것을 주내용으로 하고 있다.

우리 주위에는 수많은 병원미생물과 기생충들이 존재하며, 이중 일부는 유해하거나 유독하다. 이것들은 음식물에 들어가서 인체에 해를 끼치는 일이 적지 않다. 그러나 조리과정에서 이들이 들어가는 것을 막거나 살균하여 음식물을 청결하고 위생적인 상태로 만들어서 건강을 유지할 수 있다.

가정에서 이루어지던 식사형태가 점차 급식산업에 의존하는 경향이 커지면서 외식업소, 단체급식소에서 식중독의 발생건수 또한 점차 늘어가고 있는 추세이며, 식중독은 오늘날 중요한 건강문제로서 식중독 발생은 환자 자신의 불행뿐만 아니라 급식소 전체의 경제적 손실과 나아가 사회적 신용까지 잃게 되는 막대한 손실을 초래한다. 따라서 급식산업에서 관리자는 비용절감과 이익창출 이상의 책임을 갖는데, 그것이 바로 안전한 음식제공을 통한 고객의 안전이다.

급식산업에서 위생관리의 목적은 식사를 계획하고 식품을 보관, 조리하여 제공하는 과정에서 여러 가지 위해요소들로부터 고객의 안전을 보호하는데 있다. 급식에서의 위생관리의 대상은 식품의 조리 및 취급, 조리장의 위생적인 시설, 조리용 기구 및 용기, 급식종사원의 개인위생이 모두 해당된다. 따라서 급식소에서 위생관리 업무를 훌륭하게 수행하기 위해서는 급식생산단계별 위생관리, 조리인력의 위생관리, 급식시설 및 설비의 위생관리의 3가지 측면에서 관리 체계가 확립되어져야 한다.

최근에는 단체급식에 식품위해요소 중점관리기준(Hazard Analysis Critical Control Point : HACCP) 적용이 제도화되면서 위생관리의 중요성이 더욱 부각되고 있으며, 2002년 7월부터 시행된 제조물 책임법(Product Liability : PL)의 시행대상에 급식소가 포함되면서 철저한 위생관리체계 확립의 중요성이 커지고 있다.

2 식중독

1. 정의와 발생 현황

식중독이란(food borne illness)이란 음식물을 통하여 체내에 들어온 병원성 미생물이나 그 독소 또는 유독, 유해한 화학물질 및 동식물의 취급에 의해 발생되는 위장장해를 말하며 영양불량, 전염병, 기생충 등과는 구별된다. 집단 식중독은 동일한 음식이나 물을 섭취한 후 2인 이상이 동일한 질병을 경험한 사건으로 역학조사에서 질병의 원인이 음식이나 물로 확인된 경우로 정의된다.

급식관리자가 위생관리를 성공적으로 수행하기 위해서는 먼저 식중독의 발생과 예방에 대한 지식이 필요하다.

한 나라에서 발생하는 식중독의 발생양상은 기후환경과 지역적 특성, 섭취하는 식품과 함께 위생상태에 따라 달라진다.

우리 나라는 식품위생법에 근거하여 식중독 발생시 보고체계가 규정되어 있어 통계화할 수 있는 기반은 있으나 대부분의 식중독은 증상이 경미하여 원인추적에 소홀할 가능성이 있으며, 발생한 식중독의 경우에도 정확한 역학조사가 뒤따르지 못하는 경우도 있나. 이에 따라 보고된 건수가 실제 발생되고 있는 식중독의 어느 정도인지는 파악하기 어려우나 공식적인 통계를 근거하여 식중독 동향을 파악하는 데는 도움이 될 것이다.

최근 국내의 식중독 발생현황을 살펴보면 학교급식 등 단체급식의 확대 및 외식 기회 증가 등 식생활 패턴의 변화와 실내온도 상승 등의 환경변화로 식중독 발생이 증가하고 규모 면에서도 집단화, 대형화되고 있는 추세이다.

표 4-1에서와 같이 연도별 식중독 발생현황(1995~2003)을 보면 식중독 발생건수와 환자수가 1995년 이후 급한 상승세를 보이다가 1999년 최고점에 도달한 후 2002년까지는 감소하였다. 이 때의 감소는 2002년 월드컵 대비 위생교육 및 감시의 효과로 평가되고 있다. 섭취장소별 식중독 발생건수를 살펴보면 2000년 이후 집단급식소 중에서도 학교급식에서의 발생건수가 가장 많았으며, 환자수 역시 학교급식에서 가장 높은 것으로 나타났다.

표 4-1. 연도별 식중독 발생 현황

구분 \ 연도	1995	1996	1997	1998	1999	2000	2001	2002	2003
건 수(건)	55	81	94	119	174	104	93	78	135
환 자 수(명)	1,584	2,797	2,942	4,577	7,764	7,269	6,406	2,980	7,909
환자수/건(명)	28.8	34.5	31.3	38.5	44.6	69.8	68.9	38.2	58.6

표 4-2. 연도별 규모별 식중독 환자 현황

환자수 \ 연도별	1998년		1999년		2000년		2001년		2002년		2003년	
	건수	환자수	건수	환자수	건수	환자수	건수	환자수	건수	환자수	건수	환자수
계	119	4,577	174	7,764	104	7,269	93	6,406	78	2,980	135	7,909
300명이상	2	675	3	1,752	5	2,669	4	2,031	0	0	18	2,952
100~299명	9	1,305	10	1,634	14	2,153	11	1,196	7	1,221	18	2,952
50~99명	15	961	29	1,957	15	1,007	16	1,146	9	616	25	1,768
49명까지	93	1,636	132	2,421	70	1,440	62	1,313	62	1,143	88	1,439

표 4-3. 연도별 섭취장소별 식중독발생현황

섭취 환자수 \ 연도별	1998년		1999년		2000년		2001년		2002년	
	건수	환자수	건수	환자수	건수	환자수	건수	환자수	건수	환자수
	714	7,764	104	7,269	93	6,406	78	2,980	135	7,909
가정집	26	396 (5.1)	12	206 (2.8)	5	90 (1.4)	7	117 (3.9)	7	81 (1.0)
음식점	71	2,056 (26.5)	25	803 (11.0)	34	1,075 (16.8)	29	586 (19.7)	46	1,441 (18.2)
호텔, 여관	3	114 (1.5)	2	78 (1.1)	2	111 (1.7)	-	-	-	-

연도별 / 섭취 환자수	1998년		1999년		2000년		2001년		2002년	
	건수	환자수	건수	환자수	건수	환자수	건수	환자수	건수	환자수
	714	7,764	104	7,269	93	6,406	78	2,980	135	7,909
집단급식소	53	4,600 (59.2)	43	5,670 (78.0)	41	4,792 (74.8)	16	1,392 (46.7)	67	6,130 (77.5)
회사·공장 등	9	377 (4.9)	3	56 (0.8)	5	209 (3.3)	7	586 (19.7)	18	1,509 (19.1)
학교	27	3,444 (44.3)	30	4,792 (65.9)	35	4,487 (70.0)	9	806 (27.0)	49	4,621 (58.4)
기타	17	779 (10.0)	10	822 (11.3)	1	96 (1.5)	-	-	-	-
기타*	19	544 (7.0)	22	512 (7.1)	9	290 (4.53)	26	885 (29.7)	15	257 (3.3)
불명	2	54 (0.7)	-	-	2	48 (0.75)	-	-	-	-

※ 기타 : 등산 및 야외, 행사장, 장례식장 등 (자료 : 식품의약안전청 2004)

2. 식중독의 종류

1) 세균성 식중독

식품 중에 특정의 세균이 증식한 후 이 식품을 경구적으로 섭취함으로써 설사, 복통, 구토, 발열 등의 급성 건강장해를 주 증상으로 하는 중독을 일으킬 때 이것을 세균성 식중독(bacterial food poisoning)이라고 한다. 국내에서 발생한 식중독의 경우에도 약 60%의 식중독 사고가 세균에 의해 발생함으로써 식중독에 있어서 세균성 식중독이 차지하는 비중은 대단히 크다고 할 수 있다. 세균성 식중독은 발병기전에 따라 세균에 의한 감염형과 그 대사산물인 독소에 의한 독소형, 그리고 생체 내 독소형으로 구분된다.

감염형에 속하는 대표적인 식중독균으로는 살모넬라, 장염비브리오, 병원성 대장균, 웰치균 등이 있으며 식품 중에 세균이 증식한 상태에서 그 생균을 대량 경구적으로 섭취하고, 섭취된 균이 장관에 장착, 증식하여 복통, 설사, 구토, 발열 등의 증상을 일으키게 된다. 이들의 대부분은 열에 약하기 때문에 식품 섭취 전 충분한 가열을 통해 예방이 가능하며, 또한 균의 증식을 억제하면 발생되지 않으므로 적절한 냉장보관으로 예방이 가능하다.

독소형은 식품중에 세균이 증식하면서 독소를 생산해내고, 그 독소를 식품과 함께 경구적으로 섭취함으로써 발생하는 식중독의 형태이다. 황색포도상구균, *Botulinus, Cereus* 등이 대표적인 독소형 식중독균에 속하며, 이들의 경우에는 원인균이 사멸했다 하더라도 독소가 잔존해 있다면 식중독을 일으킬 수 있다는 것이 특징이다. 따라서 섭취전 가열처리로 원인균을 사멸시켰다 하더라도 독소가 파괴되지 않을 수 있기 때문에 식중독이 발생할 수 있다.

마지막으로 생체내 독소형은 중간형이라고도 하는데, *Welchii*(A형), *Aeromonas*, *Cereus*(구토형) 등이 대표적인 식중독균으로 식품과 함께 섭취된 세균이 장관 내에서 증식 또는 장관 내에서 아포를 형성할 때에 독소를 생산해내고 그 독소에 의해서 일어나는 식중독이다.

국내에서 가장 흔히 발생되는 세균성 식중독은 주로 살모넬라균과 황색포도상구균, 대장균, 장염 비브리오균에 의한 식중독이다.

표 4-4에는 식중독의 원인이 되는 병원균과 그 주요 증상 및 예방법이 제시되어 있다.

표 4-4. 식중독의 원인, 주요 증상 및 예방법 (1)

질병	Salmonellosis Infection	Staphylococcal Intoxication	*Clostridium Perfrigens* Toxin Medicated Infection	*Bacillus Cereus* Intoxication
원인 식품	가금류, 샐러드 식품, 육류, 육가공품, 우유, 달걀 껍질, 달걀 커스터드와 소스, 기타 단백질 식품	재가열한 식품, 햄과 다른 육류 낙농 가공품, 커스터드, 감자샐러드, 크림이 든 페스트리, 기타 단백질 식품	낮은 온도에서 오랫동안 요리한 육류나 서서히 식힌 육류	쌀과 밥공기, 커스터드, 혼합건조식품, 씨리얼, seasoning, 소스, 채소접시, 고기 덩어리
잠복기	6~72시간	1~6시간	8~22시간	½~5시간
주요 증상	복통, 두통, 구역질 구토, 열, 설사	구역질, 구토, 설사 탈수증	복통, 설사	구역질, 구토, 설사, 경련
예방법	① 냉장식품, 차게 요리된 육류, 고기 가공품의 재오염을 피한다. ② 식품취급자의 분변으로부터의 오염을 피한다.	① 위생장갑착용(맨손으로 취급하지 않도록 한다) ② 식품 준비과정과 배식제공시 화농성 질환자 및 설사성 질환자는 식품을 취급하지 않게 한다.	요리가 된 육류식품을 다시 데우거나 식힐 때 시간과 온도 조절에 주의한다.	① 온도와 시간 조절에 주의한다. ② 더운 음식의 온도는 60℃ 이상으로 유지하고 다시 데울 때는 75℃ 이상으로 한다.

표 4-4. 식중독의 원인, 주요 증상 및 예방법 (2)

질병	*Botulism* Intoxication	Camphylobac-terosis Infection	*E. Coil* O157:H7 Infection	Listeriosos Infection
원인 식품	낮은 산성식품을 통조림처리하는 과정, 구운 양파, 스튜, 육류, 가금류	생야채, 살균되지 않은 우유와 낙농 가공품, 가금류, 돼지고기, 쇠고기, 양	충분히 조리되지 않은 쇠고기, 다른 육류, 수입치즈, 살균되지 않은 우유, 전처리 식품	살균되지 않은 우유, 야채, 가금류, 육류, 해삼물, 냉동식품, ready-to-eat 식품
잠복기	12~36시간	3~5일	12~72시간	1일~3주
주요 증상	현기증, 어지러움, 침을 삼키기 어려움, 호흡곤란	설사, 열, 구역질, 복통, 두통	출혈을 동반한 설사 복통, 구역질, 구토, 열의 증상	면역성에 따라 다름, 설사, 구토, 두통, 열, 오한, 유통, 수막염
예방법	① 불충분하게 가열된 통조림·병조림 식품을 사용하지 말 것 ② 완전한 시간과 온도 조절에 주의(가열 또는 적정 온도에서 냉장)	① 재오염을 피함. ② 충분히 가열	① 쇠고기, 그 밖의 고기를 충분히 조리하여 재오염을 피함 ② 안전한 식품과 물을 사용	① 살균된 우유와 유가공품을 사용하여 충분히 조리 ② 재오염을 피함

참고자료 : 김혜영, 최신단체급식, 2005, 효일문화사

2) 화학성 식중독

화학성 식중독은 여러 가지 유해, 유독물질들이 오용, 혼입, 잔류, 생성 등에 의하여 식품을 오염시키고 그러한 음식물의 섭취로 일어나는 식성 장해이다. 화학성 식중독을 일으키는 원인물질로는 유해금속류, 유해농약, 불량 첨가물 그리고 음식을 담는 용기, 기구, 포장 등에서 용출되는 유해물질이 식품에 혼입되는 경우, 제조공정 중 형성되는 유독물질 등이 있다. 또한 급식소에서 문제가 될 수 있는 화학적위해로는 세척제와 소독제 및 보존료, 조미료 등의 식품첨가물의 과도한 사용 등이 있다.

3) 자연독 식중독

자연독 식중독은 천연에 존재하는 식물이나 동물의 유독성분 또는 곰팡이의

대사 산물인 곰팡이 독을 섭취함으로써 발생한다. 우리가 식생활에 흔히 이용하는 것일지라도 계절 및 서식장소에 따라 유독성분이 생성되거나 특정부위에 유독성분이 집중되는 경우가 있다.

이와 같은 식품섭취로 발생되는 자연독 식중독을 예방하기 위해서는 식용가능한 식품과 독성이 있는 식품을 구분, 감별할 수 있는 지식을 습득하고 계절에 따라 유독화하는 시기를 피하여 섭취하도록 한다.

자연독 식중독의 특징은 세균성 식중독에 비하여 발생건수는 적으나 사망률이 높다는 것이다.

4) 바이러스성 식중독

바이러스 식중독이란 바이러스에 오염된 음식물을 섭취하여 일어나는 건강상의 장해를 말하며, 주로 개인위생 불량이나 음료수, 조리용수와 같은 식수의 오염에 의해 발생하며, 식품의 경우에는 굴, 홍합, 조개 등을 날 것이나 충분히 가열조리 하지 않은 경우에 발생한다. 주요 증상은 매스꺼움, 구토, 설사, 위경련 등이며 미열, 오한, 두통, 근육통을 동반하는 경우도 있다. 바이러스는 식품에서는 증식할 수 없지만 식품이 섭취될 때까지 활성을 지니고 있다가 섭취된 후 증식, 숙주를 감염시키게 된다.

세균성 식중독과의 큰 차이점은 10~100개의 미량의 개체로도 발병이 가능하고, 2차 감염으로 인해 대규모의 식중독을 유발할 수 있다는 점 등이 수인성 전염병과 유사하다. 주요 원인 바이러스는 노로바이러스(Norovirus) 그룹이며, Norwalk Virus 혹은 Norwalk-like virus 라고도 불린다. 미국이나 일본의 경우에 1998년 이후 해마다 100건 이상에 달하는 식중독 사고의 원인이 되고 있으며, 국내에서도 2001년부터 학교급식에서 발생, 보고되고 있다.

3. 식중독 발생 시 대책

식중독이 발생했을 때에는 24시간 내에 보건소에 통보하고, 사고의 피해를 최소한으로 줄이기 위해 노력하며, 급식인원을 파악해 두고 환자의 증세를 기록한다. 그리고 식품의 입수경로, 오염경로, 오염원 등 원인으로 생각되는 것을 기록하여 보존식과 함께 제출하여 원인 규명에 도움을 준다. 최종적으로 사고가 재발하지 않도록 세심한 주의를 기울이고 종업원에 대한 교육을 철저히 실시한다.

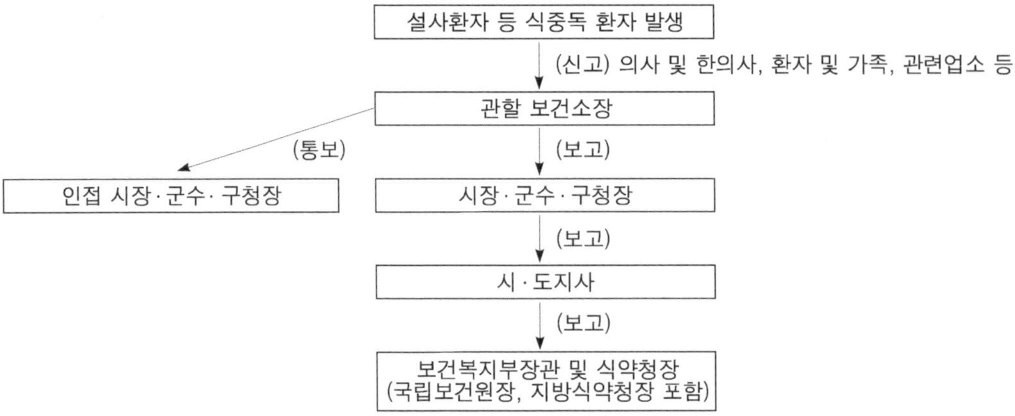

그림 4-1. 식중독 환자 발생시 보고

3 위생관리의 대상

1. 식품의 위생관리

1) 식품의 검수 및 입고

식품을 평가하고 감별하여 양질의 식품을 구입하는 것은 급식의 위생 및 안정성 확보 측면에서도 중요하지만 조리효과 및 피급식자들의 만족도를 극대화시키는 점에서도 매우 중요하다. 먼저 잠재적 위험성이 있는 식재료의 규격기준을 정하여 이를 준수하고, 식재료를 공급하는 업체의 선정 및 관리기준을 마련, 위생관리 능력과 운영능력이 있는 업체를 선정함으로써 보다 신선하고 안전한 식재료를 구입하여야 한다.

어떤 음식이든지 식중독의 원인이 될 수 있다. 자체 내에 독소를 함유하여 식중독을 일으키는 경우도 있으나, 우리가 먹는 쇠고기, 닭고기, 달걀, 돼지고기, 어패류 또는 유제품 같은 고단백식품은 식중독을 일으킬 확률이 가장 높다. 이와 같이 세균을 비롯한 미생물들이 빠르게 증식할 가능성이 높은 식품을 잠재적 위해 식품(potentially hazardous food : PHF)라고 한다. 따라서 식중독을 예방하기 위해서는 잠재적 위해식품을 식단에서 제외하는 것이 바람직하겠으나 이는 거의 불가능하므로 이들 식품의 취급에 특히 주의를 기울여야 할 것이다.

모든 식재료는 도착 즉시 검수를 실시하여야 하며, 검수자는 검수 시 손을 청결히 하며, 위생장갑을 착용하고 검수를 위한 검수대를 설치하여 식자재가 직접

바닥에 닿지 않도록 한다.

발주서에 따라 식재료명, 제조업소명, 제조일, 납품업자명, 규격 및 수량 등을 확인한 후 각 식품별로 검수기준에 따라 품질 검사를 하도록 한다. 또한 이 때에는 식재료 배송차량의 냉장, 냉동 온도 및 청결상태에 대해서도 확인할 필요가 있다. 각 식품의 검수방법에 대해서는 제3장 급식구매에서 자세히 설명하였다.

품질 검사 후 검수기준에 부적합한 식재료는 규정에 따라 반품 또는 교환조치를 취한다.

2) 보관 및 저장

철저한 검수를 거쳐 양질의 식품을 구매하였다 하더라도 검수 이후에 적정하게 보관 및 관리되지 않는다면 식재료에 오염이 일어날 수 있다. 따라서 최적의 품질 유지를 위해서는 신속하고 위생적인 식재료 보관 및 저장이 필수적이다.

위생적인 식품의 보관 및 저장을 위해서는 미생물의 오염을 막기 위해 철저한 시간 및 온도관리를 하여야 하며, 개봉되거나 찢어진 혹은 더러워진 포장에 의해 오염되지 않도록 청결한 상태로 보존하고, 저장소의 온도 및 습도 기준을 준수하여야 한다.

냉장·냉동고에 식품을 보관할 경우에는 먼저 표시사항의 보관방법 등에 알맞게 보관한다. 냉장고의 적정온도는 5℃ 이하, 냉동고의 경우는 -18℃ 이하가 되도록 유지하는 것이 이상적이며, 온도관리를 위해서는 먼저 적정량을 보관함으로써 냉기의 순환이 원활하게 일어나도록 해야 하며, 문의 개폐빈도를 적게 하고 식품의 출입을 신속히 해야 한다.

익히지 않은 음식은 뚜껑을 덮어 냉장고 하단에 저장하고 조리된 음식이나 요리가 필요하지 않은 음식은 냉장고의 상단에 보관함으로써 교차오염이 일어나지 않도록 한다. 또한 뜨거운 음식을 식힐 목적으로 냉장실을 이용해서는 안된다.

냉장·냉동고는 청결하게 관리하고, 냉동고의 경우 정기적인 성에 제거가 요구되며, 내부 비치도를 외부에 부착하여 냉장·냉동고의 내부 현황을 알 수 있도록 하는 것이 바람직하다.

3) 전처리 및 조리 단계

전처리는 조리작업을 실시하기 전에 적절히 처리 및 보관하는 것을 말한다. 전처리는 먼저 정해진 장소에서만 실시하여 비 오염 구역을 오염시키지 않도록 하며, 전처리 작업은 25℃ 이하에서 2시간 이내에 수행하도록 하며, 전처리 작업 중 식재료는 바닥에 방치되는 일이 없도록 하고 전처리를 하는 도중에 작업자는 다른 일을 해서는 안 된다.

전처리에 사용되는 기기 및 기구는 용도별, 식품별로 분리 사용하여 교차오염을 방지하고 수시로 소독하여 사용한다. 예를 들어 싱크대의 경우 구분하여 사용하고, 충분히 살균, 세척한 후 사용하며 구분사용이 여의치 않을 경우에는 채소류, 육류, 어패류의 순서로 사용한다.

세척수는 반드시 먹는 물을 사용하며, 특히 가열조리 하지 않고 제공되는 채소 및 과일류는 반드시 흐르는 물로 세척한 후 소독제(차아염소사산나트륨)를 사용하여 유효 잔류염소 농도 100ppm 용액에 5분간 침지한 후 음용수로 헹군다. 전처리 작업 중 해동시에는 식품을 완전 밀봉하여 냉장해동 또는 21℃ 이하의 흐르는 물에서 급속 해동하고, 실온에서 해동해서는 안 된다.

조리과정에서는 식품을 고온에서 가열할수록 위생적인 면에서는 바람직하지만 색, 향미, 조직, 영양가 등의 식품의 품질은 저하될 수 있다. 따라서 식품의 품질을 유지하면서 미생물을 사멸시켜 식품의 안전성을 확보할 수 있는 조리시간 및 조리 온도의 설정이 매우 중요하다. 그림 4-2는 위생관리에 필요한 중요 온도 범위를 보여주고 있다.

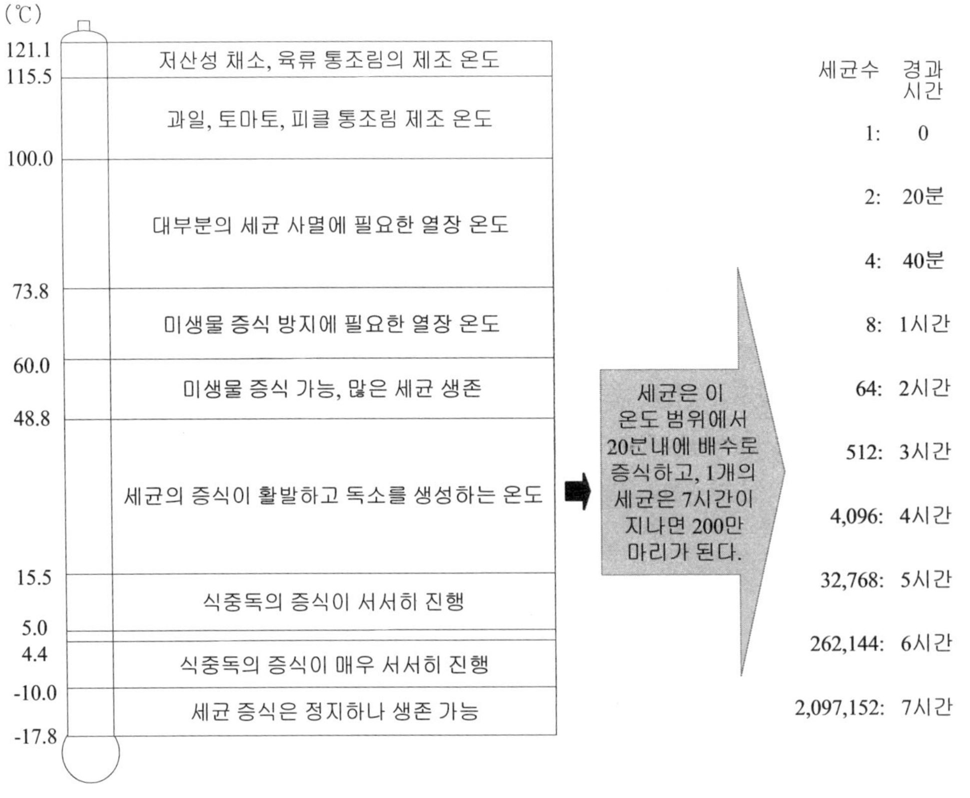

그림 4-2. 위생관리에 필요한 중요 온도 범위

5~60℃(특히 16~49℃)의 경우 미생물의 번식력이 가장 높은 온도범위로 위험온도범위(Food danger zone)라고 하며, 이 온도범위에서 4시간 이상 방치하지 않도록 한다. 가열조리를 할 경우에는 중심부가 74℃ 이상으로 가열되고 있는지를 확인하고 온도와 시간을 기록하며, 조리 시 자주 저어서 음식의 온도가 균일하게 되도록 하고, 조리 후에는 반드시 보관용기에 담아 덮개를 덮어두며 적온이 유지되도록 한다.

4) 운반 및 배식

조리 후 배식까지의 시간을 최대한 단축하도록 하는데 2시간 이내에 배식을 완료하는 것이 이상적이며, 배식되는 동안 적온급식이 이루어지도록 한다. 적정한 온도라 함은 따뜻한 음식은 60℃ 이상, 차가운 음식은 5℃ 이하여야 한다.

또한 배식 담당원은 위생복, 위생모, 마스크를 착용하고 손을 철저히 씻고 소독하며 위생적으로 살균, 소독한 기구를 이용하여 운반이 이루어지도록 함으로써 배식시 교차오염이 일어나지 않도록 한다.

배식 직전에 완제품을 그대로 소독된 보존식 전용용기 또는 멸균백에 음식 종류별로 각각 50g 이상을 담아 5℃ 이하에서 72시간 냉장 보관하도록 한다. 이처럼 보존식이란 식중독이나 전염병 등의 사고가 발생하였을 때 그 원인을 규명하기 위한 검사용으로 음식을 보관하는 것을 말한다. 보존식의 보관은 보존식 전용 냉장고의 사용이 바람직하나, 전용의 냉장고가 없는 경우에는 냉장고 내에서 교차오염 방지를 위해 전용의 보관장소를 마련하고 구분하여 관리한다.

2. 급식 종사원의 위생관리

식품이 급식시설에 도착하여 피급식자에게 공급될 때까지의 모든 단계에서 조리원은 음식을 오염시킬 수 있다. 그러므로 급식관리자들은 조리원들에게 위생적인 식품 취급에 대한 지식과 기술, 태도를 훈련시켜야 한다.

식품을 조리하는 사람은 바른 위생 지식과 자주적인 실행 태도를 가져야 한다. 우선 각 개인이 각자의 식생활과 건강에 주의하여 자신이 사고를 발생시키지 않음과 동시에, 위생에 대한 철저한 의식과 주의 깊은 태도 등을 겸비하고 업무에 종사함으로써 사고 발생을 미연에 방지토록 한다.

1) 건강관리

급식관리자는 조리종사자를 채용할 시에 반드시 건강진단을 행해야 하며, 채용후에도 정기적인 건강진단을 실시해야 하며, 매일 상처, 화상, 부스럼 및 감기 등 호흡기 질환 등의 식품의 안전성에 영향을 줄 수 있는 문제점이 없는지 점검하여 적절한 조치를 취해야 한다.

우리나라에서는 식품위생법상 조리에 종사할 수 없는 질병의 종류를 정해놓고 있다.

조리 업무에 종사할 수 없는 사람

① 제1종 전염병 중 소화기계 전염병(콜레라, 장티푸스, 파라티푸스, 세균성 이질)에 걸린 자
② 피부병 및 기타 화농성 질환이 있을 때
③ B형 감염(전염의 우려가 없는 비활동성 간염은 제외한다.)

채용 후에도 식품위생법 시행규칙 제34조에 의거 1년에 한 번씩 건강진단을 받아야 하는데 이를 정기건강진단이라고 한다. 년 1회의 정기건강진단 외에 필요한 경우 임시 건강진단을 실시하기도 한다. 임시 건강진단은 전염병이 발생하였거나 발생할 우려가 있는 때에 시장, 군수, 구청장의 지정을 받아 전염병의 감염여부 및 조리종사자의 건강 이상 여부를 확인하는 것을 말한다.

2) 개인위생

(1) 복장 기준

먼저 조리원은 조리실 전용의 깨끗한 흰색의 가운을 착용하며, 가운을 입은 채 조리실 밖으로 나가서는 안되며, 청소용, 조리용, 배식용 가운을 각각 구분하여 착용하는 것이 바람직하다. 머리카락은 세균의 증식처일 뿐 아니라 불쾌감을 주므로 조리원은 머리카락이 나오지 않도록 위생모나 머리수건을 반드시 착용하게 한다.

또한 기침이나 재채기 등을 통해 음식을 오염시킬 수 있으므로 작업중에는 반드시 깨끗한 마스크를 착용하도록 하며, 조리실에서는 조리장 전용의 신발을 착용, 외부로 신고 나가는 일이 없도록 한다. 신발을 선택할 때에는 방수가 되고 미끄러지 않으며 신고 벗기가 용이하고 피로감을 주지 않는 것으로 선택하며, 조리원은 신발을 구겨 신지 않도록 하며 신발 역시 매일 소독 사용한다.

기타 반지, 시계 등의 귀금속의 착용은 절대로 금해야 하고, 손톱은 짧게 자르며 여성의 경우 진한 화장과 향이 강한 화장품과 향수의 사용을 금하며, 남성의 경우에는 면도를 깨끗이 한다.

(2) 손의 위생

우리 손에는 육안을 보이지는 않지만 많은 세균이 존재하여 식품으로 전달하는 매개체 역할을 하므로 식재료 오염의 중요한 원인이 된다. 따라서 손을 자주 또 철저히 씻는 것이 개인위생에서 가장 중요하다. 손 세척용 싱크대는 전용 싱크대를 사용하여야 하며, 다음의 경우에는 반드시 손을 씻도록 한다.

- 조리작업 시작 전
- 식품 날재료를 취급했거나 식기를 세척한 경우
- 얼굴이나 머리, 전하기를 만진 경우
- 음식은 먹은 후 혹은 차를 마시고 난 후, 담배를 피운 후
- 화장실을 이용한 후
- 오염구역에서 비오염 구역으로 이동한 경우
- 코를 풀거나 기침, 재채기를 한 후
- 기구나 설비를 사용하기 전·후 등

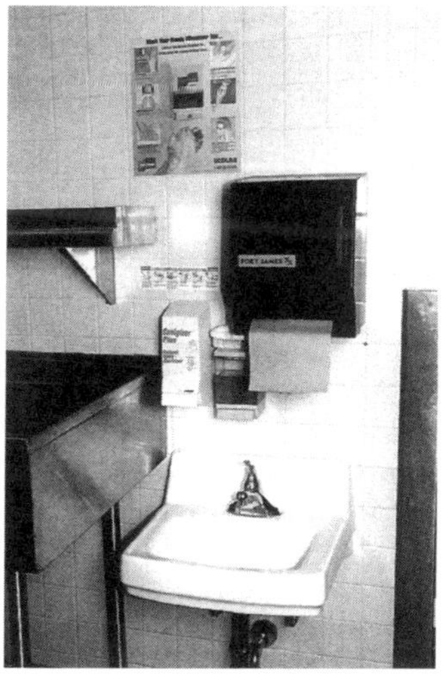

그림 4-3. 올바른 손 세정장치

올바른 손의 세정·소독법은 다음과 같다.

① 따뜻한 물에 손을 적시고 비누거품을 충분이 내어 팔목까지 씻고, 손톱 솔을 이용하여 손톱 밑, 손바닥, 손가락 사이 등을 꼼꼼히 문지른다.

② 따뜻한 물로 헹군 후 다시 비누를 묻혀 20초 이상 손을 서로 문지르면서 회전하는 동작으로 손을 씻는다.

③ 흐르는 물에 비누거품을 충분히 헹구어 낸다.

④ 1회용 종이 타월이나 온풍기를 이용하여 손을 충분히 건조시킨다.
⑤ 소독수를 손에 분무한 후 자연건조 시킨다.

손의 소독에는 70% 알콜 외에 독성이 적고 무색투명하며 살균력이 강한 역성비누를 많이 사용한다. 역성비누는 보통비누와 혼용하면 살균효과가 없어지므로 주의를 요하며, 점착성이 있어서 소독 후 잔류효과가 있다. 그러나 분변, 토물, 하수 및 음료수의 소독에는 부적합하다.

3) 위생 습관

조리 작업이 위생적으로 안전하게 수행되기 위해서는 조리원의 올바른 음식 취급습관과 작업습관이 중요하다. 조리작업을 할 때 손으로 머리를 긁거나 입을 닦거나 하는 행동은 위생에 좋지 않은 습관이다. 손의 세정 및 소독을 철저히 하며, 칼에 베이거나 상처가 난 경우에는 소독 후 1회용 밴드로 감은 뒤 위생장갑을 끼고 조리하여야 하며, 심한 경우에는 상처가 완전히 치유될 때까지 식품을 취급하지 않도록 한다. 음식을 준비, 배식하는 동안에는 손을 직접 사용하지 않고 1회용 위생장갑을 착용하거나 소독된 깨끗한 기구를 이용한다. 조리장이나 식당에서는 금연 규칙을 준수한다.

3. 시설과 설비의 위생관리

1) 환경위생

급식시설과 그 주변은 항상 청소를 철저히 실시하여 위생상으로 지장이 없도록 해야 한다. 주변에 쓰레기장이나 화장실 등의 오염원이 없도록 하고 환기, 통풍, 고온다습하지 않도록 유의하며, 종업원 전용 화장실을 이용한다.

조리장 안의 온도는 16~18℃를 유지하고, 식당은 20~23℃를 유지하도록 유의한다. 조리장 안에는 물의 사용량이 많으므로 습도가 높아지기 쉽다. 그러나 위생을 위해서는 50~70%의 습도를 유지하는 것이 바람직하다.

창은 채광상 바닥면적의 1/4이상이 되도록 하고 자연광선을 채광할 수 있도록 창의 위치나 구조를 고려해야 하는데, 창의 면적은 벽면적의 70%, 바닥면적의 20~30%로 하는 것이 바람직하다. 조명은 작업종류에 따라 차이가 있으나 작업에 적합한 충분한 밝기이어야 한다.

방충과 방서를 위해 창과 하수구에 금속망을 설치하며, 출입문에는 에어커튼을 설치하거나 자동개폐문을 설치한다. 살충을 위해 약제를 사용하는 경우에는 사용량과 사용법에 주의하고 살균 등을 설치하는 경우에는 면적과 조사시간에 유의한다. 살균등은 2~4평당 1등 정도가 적당하다.

2) 식기와 기구 위생관리 방법

급식의 위생적 안전을 위하여 식기, 조리기구, 식품 등의 세정과 소독이 완전하게 이루어져야 한다. 부착된 여러 가지 오염물을 제거하기 위해서 수세만으로 가능한 경우도 있으며, 이러한 경우 세제가 필요하다. 집단급식시설에서는 세정에 주로 중성세제를 많이 사용하고 있다. 중성세제는 비누에 비해 냉수, 경수, 그리고 다소 염분이 많이 함유된 물에도 비교적 잘 녹아서 세정작용을 발휘한다. 그러나 중성세제는 계면활성제 등의 인체에 유해한 물질이 함유되어 있으므로 고농도 고빈도의 사용은 가급적 피하는 것이 좋으며, 사용 후에 잔류물이 없도록 깨끗이 헹구어 내야 한다.

세척 및 소독의 일반적인 원칙은 다음과 같다.

- 세척하기 전에 소독이 끝난 용기, 선반 등 필요한 기구들을 미리 준비해둔다.
- 먼저 40℃ 정도의 음용수로 기구 및 용기에 붙은 음식 찌꺼기를 씻어내고 애벌세척을 한 후, 세재를 이용 이물질을 완전히 닦아내고 열탕, 약품, 자외선 소독 등 적절한 소독방법을 택하여 소독을 행한다.
- 소독 후에는 식품 접촉면을 공기로 건조하거나 청결히 보관할 수 있는 보관고에 넣어두어 재 오염이 일어나지 않도록 한다.

식기와 식품의 소독은 주로 식중독이나 소화기계전염병을 예방하기 위해서 행하는 것으로, 여러 가지 방법이 있다. 그러나 집단급식시설에서 주로 사용되는 대표적인 소독방법은 표 4-5와 같다.

표 4-5. 소독의 종류 및 방법

종류	대상	소독방법	비고
자비소독 (열탕소독)	식기 행주	- 열탕에서는 77℃에서 30초 이상	- 그릇을 포개어 소독할 때에는 끓이는 시간을 연장
건열살균	식기	- 식기표면온도 71℃ 이상	
화학소독	칼 도마 기구	- 용도에 맞는 "기구 등의 살균소독제"를 구입하여 용법/용량에 맞게 사용	

자료 : 학교급식 위생관리 지침서(제2차 개정판), 교육인적자원부 2004

화학소독에 사용되는 살균·소독제는 각종 작업대, 기기, 도마소독에 적합하며 염소계 소독제의 경우는 수돗물 소독에 이용한다. 염소계 소독제의 대표적인 것으로는 차아염소산나트륨(락스), 고도 표백분, 이염화이소시아눌산 나트륨 등이 있으며 이 중에서도 가장 널리 이용되고 있는 주방용 살균제는 차아염소산나트륨이다.

이 밖에 살균력이 강한 자외선(2,537Å)을 인공적으로 방출시키는 장치인 자외선 살균등을 이용하는 자외선 조사법이 있다. 이 방법은 주로 가열살균 할 수 없는 공기, 물, 무균실, 도마살균 등에 이용한다. 자외선 살균의 특징으로는 모든 미생물 살균에 효과적이며, 살균한 물질에 변패를 적게 주며 사용방법이 매우 간편하다는 장점이 있다. 그러나 자외선을 조사한 면에만 효과가 있어 표면살균에 한정되며 그늘진 곳에서는 효과가 없고 인체에 직접 닿게 되면 눈이나 피부에 해를 주는 단점이 있다.

3) 급식실의 위생

급식실은 다른 건물과 구별되어 청결이 유지될 수 있도록 독립된 건물이 좋다. 쓰레기의 배출과 식재료의 반입이 용이해야 하며, 냄새나 가스가 쉽게 배출될 수 있어야 하므로 옥상이나 지하실은 피하는 것이 좋다.

급식생산을 위생적으로 하기 위해서 작업과정을 순서대로 구분하고 그에 따른 기계와 기구를 적절히 배치하는 것이 중요하다. 작업장 구분으로는 검수 및 1차 처리장(다듬는 것), 보관하는 곳, 씻어서 써는 곳, 가열조리실, 세정 및 소독실, 사무실, 탈의실 등 목적에 따라 구분하고 종업원 전용의 화장실이 필요하다. 구조는 내구성이 있고 내수성이 좋아야 하고, 배수가 좋고 청소가 용이해야 한다. 바닥은 타일 또는 콘크리트가 좋다.

쓰레기는 세균의 번식, 악취, 곤충의 침입과 번식을 초래하므로 절대로 가열실에 두어서는 안되며, 또한 가열실에서 사무를 보거나 식사를 한다거나 옷을 갈아 입어서는 안되며 외부인의 출입을 금한다. 가열 때문에 나오는 증기에 의해 습도가 높아져서 세균이 번식되기 쉬우므로 작업이 끝난 후 환기장치를 이용하여 환기를 시키고 바닥은 가능한 한 건조하게 유지하도록 한다.

4 위생관리 계획

1. 식품위생 감시제도

식품위생 감시제도는 일종의 외부검사로 식품위생감시원에 의해 주로 이루어진다. 식품위생감시원은 급식소의 시설 등이 식품위생법의 시설 기준에 적합한지와 영업자 준수사항에 따라 급식소가 관리되는지를 감시하고 지도하게 된다. 이러한 식품위생 감시를 통하여 부적합하거나 비위생적인 사항에 대해서는 개선, 행정처분을 하거나 벌칙을 과하게 된다.

2. 자율적 위생관리

자율적 위생관리는 급식소 내부에서 자체적으로 실시되는 위생관리로 일상적 위생검사에 해당된다. 자율 위생 점검은 위생 점검표(표 4-6, 4-7)에 의해 기구 및 시설뿐만 아니라 급식종사자의 위생 상태나 근무상태 등을 점검하게 되며, 점검 대상에 따라 일별, 주기별, 월별 혹은 연도별로 실시할 수 있다.

급식시설은 항상 위생이 유지되어야 하므로 계획적인 청소와 계속적인 점검이 필요하다. 그러므로 당일 청소할 곳과 주간, 월간, 특별기간에 따라 청소계획표를 만들어서 매일의 청소와 더불어 실시함으로써 항상 급식실의 구석구석까지 청결이 유지되도록 해야 한다. 또한 급식실의 청소에서 조리작업 전의 청소는 먼지가 나지 않도록 한다. 정기적으로 청소와 소독을 실시한 후에는 청소와 소독과정에 대한 작업기록을 작성 비치한다. 일반적으로 조리실과 조리대, 조리기기는 매일 조리 전 후에 청결하게 세척 및 소독을 실시하며, 조리실 바닥도 작업 후에 바로 청소하도록 한다. 배수로의 경우는 3일 혹은 1주일에 한 번씩 구석까지 청소하도록 하며 벽면, 후드, 천장의 경우는 1~3개월에 한 번씩 대청소를 통하여 이루어지도록 한다.

표 4-6. 일일위생 점검표

구분	검 사 항 목	월 일 ( )	월 일 ( )
조리원	1. 조리인원	인	인
	2. 조리원의 건강상태 ㉠ 설사 ㉡ 감시 ㉢ 손가락·얼굴의 상처 ㉣ 종기	㉠ ㉡ ㉢ ㉣	㉠ ㉡ ㉢ ㉣
	3. 가운, 마스크, 삼각건 또는 모자의 청결	A B C	A B C
	4. 손의 소독이 완전한가?	A B C	A B C
	5. 조리실 밖에 나갈 때 가운, 삼각건은 벗고 있는가?	A B C ( )	A B C ( )
식품의 취급	6. 원재료 선도의 식, 부식 (특히 생선식품에 대해서 중점적으로 기재)	A B C ( )	A B C ( )
	7. 납입 식품의 취급은 위생적인가?	A B C	A B C
	8. 조리과정이 위생적인가?	A B C	A B C
	9. 조리 후의 취급은 좋은가?	A B C	A B C
조리실	10. 소독액은 더럽지 않은가?	A B C	A B C
	11. 조리기구, 기타 고장의 유무	있다 없다	있다 없다
	12. 식기, 기구의 보관 장소의 청결상태	A B C	A B C
	13. 쥐, 곤충류는 없는가?	있다 없다	있다 없다
	14. 냉장고의 정리, 청결상태, 온도	A B C	A B C
	15. 조리실의 온도	℃	℃
	16. 조리실의 통풍, 환기 상태	A B C	A B C
식기·기구 세정 소독	17. 식기의 밑세척은 적절한가?	A B C	A B C
	18. 세제의 농도는 적절한가?	A B C	A B C
	19. 식기, 기구의 세정은 충분한가?	A B C	A B C
	20. 식기, 기구의 소독은 적절한가? 끓는 물의 온도, 소독시간	A B C ℃, 분	A B C ℃, 분
	21. 도마의 세정 살균은 확실한가?	A B C	A B C
	22. 조리기계, 기구의 세정 소독은 적절한가?	A B C	A B C
	23. 행주의 세정 소독은 확실한가?	A B C	A B C
잔채의 처리 폐품	24. 빈깡통, 빈병 등 폐품은 청결히 처리되었는가?	A B C	A B C
	25. 잔채의 처리는 적절한가?	A B C	A B C
	26. 남은 음식 두는 곳의 청결상태	A B C	A B C
	27. 잔채 두는 곳, 용기의 청결상태	A B C	A B C
창고	28. 물자의 정리 정돈	A B C	A B C
	29. 쥐, 곤충류의 유무	있다 없다	있다 없다
	30. 통풍 습기의 상태는 좋은가?	A B C	A B C
	31. 급식 물자 이외의 것은 없나?	있다 없다	있다 없다
유의사항			

채 점 대 상 항 목	배점 기준	1회 채점	2회 채점	3회 채점
1. 장소 및 설비	40			
① 청결한 장소에 위치하고 있는가?	6			
② 건물은 충분한 내구력이 있는가?	5			
③ 독립 건물이거나 완전히 구획되어 있는가?	4			
④ 채광시설이 있고 완전히 구획되어 있는가?	6			
⑤ 조명시설은 법정 규정에 적합한가?	4			
⑥ 환기시설은 충분하게 되어 있는가?	5			
⑦ 조리장을 제외한 곳에 종업원 수에 따른 상당한 크기의 옷장 또는 강의실이 있는가?	4			
⑧ 살충기구와 악취 등을 제거할 수 있는 소독기구 및 소독약제를 비치하고 있는가?	4			
⑨ 기타 전반적으로 청결한가?	2			
2. 조 리 장	60			
① 급식수에 따른 충분한 넓이인가?	6			
② 조리과정, 또는 사용 용도별로 구획되어 있는가?	6			
③ 내구력이 있는 구조인가?	6			
④ 바닥과 내벽(바닥으로부터 1m까지)은 타일, 콘크리트 등 내수성 자재로 되어 있는가?	7			
⑤ 바닥과 벽은 배수 및 청소하기 쉬운 구조로 되어 있는가?	7			
⑥ 매연, 증기 등의 배기를 위한 환기시설이 되어 있는가?	6			
⑦ 창구, 출입구 등에는 방서·방충을 위한 금속망, 기타 적정한 설비를 하였는가?	6			
⑧ 식품 및 식기류의 세척을 위한 위생적인 고정된 세척설비와 소독시설이 있는가?	6			
⑨ 종업원 전용의 위생적인 수세설비가 있는가?	6			
⑩ 기타 전반적으로 청결한가?	4			
3. 식품 취급 설비	40			
① 기계, 기구류 중 식품에 직접 접촉하는 부분은 내수성이 있는 것인가?	6			
② 세척하기 쉬운 것인가?	6			
③ 열탕, 증기 또는 살균제 등으로 소독살균이 가능한가?	5			
④ 상당한 수의 식기류가 있는가?	4			
⑤ 상당한 수의 조리기구가 있는가?	4			
⑥ 금이 간 식기류를 사용하지 않는가?	4			
⑦ 식품 또는 원재료를 위생적으로 보관하는 충분한 냉장시설을 갖추었는가?	7			
⑧ 기타 전반적으로 청결하게 취급되고 있는가?	4			

채 점 대 상 항 목	배점 기준	1회 채점	2회 채점	3회 채점
4. 변소 시설	50			
① 조리장에 영향을 주지 않는 곳에 있는가?	5			
② 변기 뚜껑을 비치하고, 환기시설을 갖추고 있는가?	5			
③ 바닥, 벽, 천장은 타일, 콘크리트 등 내수성 자재인가?	7			
④ 출입문, 창구 등에는 방충, 방서를 위한 금속망, 기타 적당한 설비를 하고 있는가?	5			
⑤ 남녀별로 구분되어 있는가?	5			
⑥ 손 씻는 시설이 있는가?	5			
⑦ 종업원이 사용하는데 불편이 없는가?	6			
⑧ 종업원이 사용하는데 불편이 없는 구조로 되어 있는가?	6			
⑨ 기타 전반적으로 청결한가?	6			
5. 기타 설비	10			
① 급수는 수돗물 또는 공공시험기관에서 음료수로 적합하다고 인정한 것인가?	6			
② 폐기물용기는 목재 이외의 내수성 자재로 된 충분한 용량의 것으로 뚜껑이 있고 운반용일 경우 운반에 용이한 것인가?	4			
시설 조사 연월일 :				
총 점 :				
평 가 자 서 명 :				

참고자료 : 현기순 외, 단체급식, 1995, 수학사

표 4-7. 학교급식 일일 위생 안전 점검표

점검일자 : 200 . . . (:)

구 분	점 검 사 항	점검결과	비고 (시정사항)
1. 개인위생	가. 설사·발열·구토 및 화농성질환 여부 나. 가족 및 동거인의 상기질환 여부 다. 조리종산원의 심리적 안정상태 여부		
2. 원료 및 조리·가공식품 취급	가. 변질·부패 및 유통기한 경과여부 나. 저장조건, 포장·용기 등의 적정상태 다. 교차오염 방지를 위한 구분보관 여부 라. 적정보관 온도 준수여부 마. 가열조리식품과 비가열조리식품의 구분 여부 바. 가열조리식품의 신속냉각 및 적정 보관 여부 사. 과채류 등 원료의 절단시 세척 선행 여부 아. 식품 조리 및 배식 시 마스크 착용여부(권장) 자. 유통기한이 경과된 제품 보관 또는 조리 등의 가공 등 재사용 여부		
3. 조리·가공설비 및 시설	가. 오염구역, 청결구역, 준청결구역 구분 여부 나. 방충, 방서 및 이물질 혼입 방지 여부 다. 육류, 채소류 등 원료별 조리기구의 구분 및 사용 여부 라. 칼·도마·행주 등 조리기구 및 설비 등의 적정 세척, 소독 여부 마. 작업장 내 수세시설 및 소독시설의 구비 및 작동여부 바. 작업장 바닥의 물고임 방지 및 배수구 개폐용이 여부		
4. 안전점검	가. 수돗물이 아닌 물 사용 시 먹는물 수질검사 여부 나. 조리실 내 환기실시 여부 다. 가스기구(경보기, 기화기 등), 승강기, 환풍기, 전열기 등의 안전관리 상태 및 작동방법 인지 라. 조리기구 중 고장 및 수리를 요하는 것이 없는가 마. 소화기 적절한 위치에 잘 비치되고 사용방법은 잘 알고 있는가 바. 쓰레기 및 쓰레기장의 청결관리 여부 사. 작업 후 각종 전열기의 전원 관리 아. 작업 후 가스 중간밸브, 가스실 용기밸브 관리 자. 문단속은 잘 되었으며 수도꼭지는 잘 잠갔는가 차. 보일러실 연수기 작동상태 및 청관재, 소금은 적절하며 블로우는 증기압 1.5~2kg/cm2에서 실행하고 있는가?		
5. 종합의견			

※ 작성요령 : 양호 ○, 불량 ×(불량시는 비고란에 시정조치 내용을 기재)

점검자(위생관리책임자) : ㉧

자료 : 학교급식 위생관리 지침서, 교육인적자원부, 2003

5 위생교육

우리나라에서는 조리원의 건강진단 수첩 발급 시 위생교육을 받도록 되어 있으며, 급식소에서는 매월 1회 1시간 이상으로 영양교육을 받은 영업자 및 식품위생관리인이나 보수교육을 받은 조리사 또는 영양사가 조리원의 위생교육을 담당한다.

조리원들은 위생교육을 통해 직업에 대한 만족도 증가와 안전성에 대한 자신감으로 긍지를 가질 수 있다. 실시된 위생교육 내용 및 결과에 대해서는 기록·보관하도록 한다.

급식소에서 실시하는 위생교육의 내용에는 다음의 내용들이 주로 포함된다.

- 식품위생의 의의와 중요성
- 식중독 및 경구 전염병
- 개인위생관리와 작업습관
- 적절한 식품 취급 및 식품의 안전성에 대한 기초 지식
- 기구, 시설, 설비의 위생관리
- 위생곤충 및 설치류 관리
- 안전사고 방지와 위생점검 대책

위생교육의 내용은 단순하면서 흥미와 동기를 유발할 수 있는 내용으로 교육하는 것이 필요하며, 교육의 실시 후에는 반드시 평가가 이루어져야 한다.

6 위해요소 중점관리기준의 적용

1. 식품위해요소 중점관리기준의 개념

HACCP(Hazard Analysis Critical Control Point : 식품위해요소 중점관리기준)이라 함은 식품의 원료, 제조, 가공 및 유통의 전 과정에서 위해물질이 해당식품에 혼입되거나 오염되는 것을 사전에 방지하기 위하여 각 과정을 중점적으로 관리하는 기준을 말한다. 즉, 식품의 안전성을 보장하기 위해 특정 위해요소를 확인하고, 예방조치를 취하는 위생관리체계로서 최종 생산품을 검사하는 대신에 식품생산 전 단계에서 각 단계를 검사하고 잘못된 것을 알아내어 교정한

후 다음 단계로 이행함으로써 사전에 문제 발생을 예방할 수 있는 제도이다.

우리나라에서는 1995년 식품위생법을 개정하여 HACCP 적용을 규정한 이후, 1998년에 축산물 가공처리법에서 HACCP 적용을 규정하여, 현재는 식용가공품, 냉동수산식품, 유가공품 등의 제조·가공업에서 널리 적용하고 있으며 집단급식소에 대하여는 2000년 10월부터 적용되고 있다.

국제 식품규격위원회(CODEX)는 7원칙 12단계에 의해 HACCP 시스템을 현장에 적용토록 권고하고 있다.(그림 4-4)

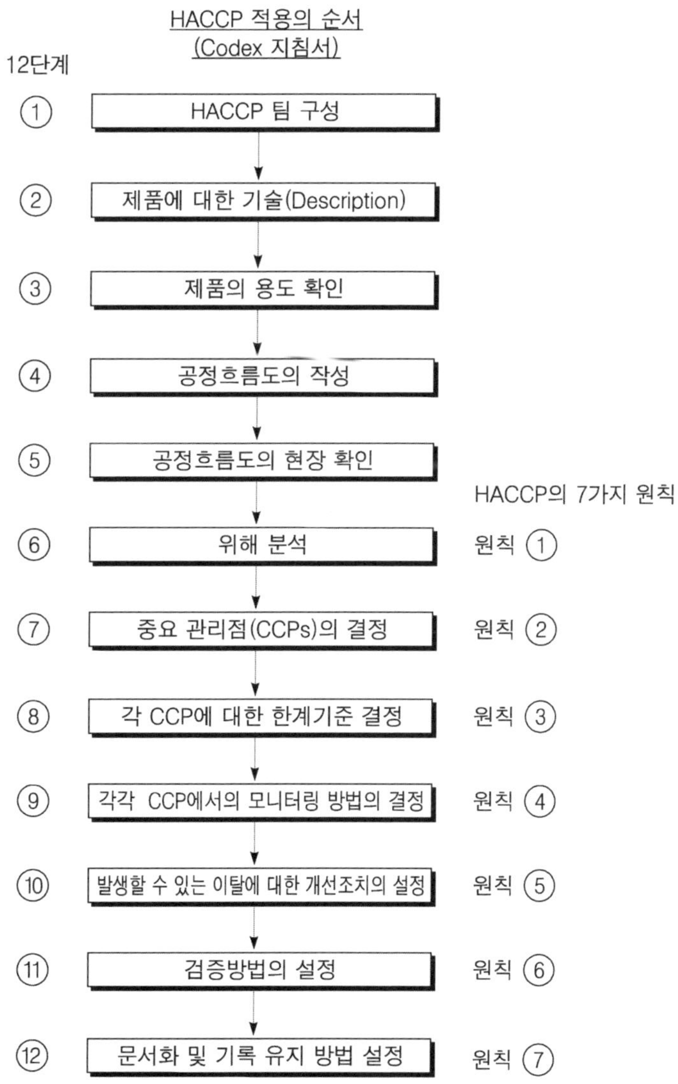

그림 4-4. HACCP의 7원칙 12단계

2. HACCP의 7가지 원칙

1단계부터 5단계까지는 HACCP팀 구성, 제품에 대한 기술, 제품의 용도 확인, 공정흐름도 작성 및 현장 확인으로 이루어져 있으며 이는 모두 HACCP 준비단계에 해당된다. 6단계부터는 HACCP의 7가지 원칙의 순서에 의해 구성되어 있다.

HACCP의 7가지 원칙에 대해 자세히 살펴보면 다음과 같다.

(1) 위해요소 분석(Hazard Analysis : HA)

위해요소라 함은 식품위생법 제4조의 규정에서 정하고 있는 인체의 건강을 해할 우려가 있는 생물학적, 화학적 또는 물리적 인자를 말한다. 위해요소 분석은 먼저 미생물의 증식 위험성이 높은 식품(Potentially Hazardous Foods : PHF)을 규명하게 된다. 일반적으로 PHF는 조리 및 가열하지 않은 육류, 유제품, 난류 등의 동물성 식품과 조리된 상태의 채소와 전분식품류가 포함된다. 그리고 음식생산 공정흐름도를 작성하여 각 생산단계별 위해요소 존재 유무를 파악하고, 미생물의 생존과 생육 가능성을 검토하도록 한다.

이렇게 해서 음식생산 전 단계를 검토하고 미생물의 오염, 생존, 증식에 영향을 줄 수 있는 요소들을 규명하게 된다.

(2) 중요관리점(Critical Control Point : CCP)의 규명

중요관리점이란 식품 위해요소를 예방, 제거, 감소시킬 수 있는 지점을 말한다. 중요관리점은 생산되는 음식에 따라 다르며, 동일 품목에 대해서도 급식소마다 시설 조건이 다르며 공정도 다른 경우가 있기 때문에 각 급식소마다 개별적으로 설정되어야 한다.

일반적으로 적용될 수 있는 중요관리점으로는 각 생산단계별로 특정한 온도, 소요시간, 가열, 냉각, 재가열, 보관단계 및 조리원 개인 위생 검토가 있다.

(3) 중요관리기준과 한계 설정

중요관리기준과 한계 설정은 위해요소의 관리가 한계치 설정대로 충분히 이루어지고 있는지의 여부를 판단하는데 필요한 기준을 정하는 것을 말한다. 한계 설정은 한계기준 혹은 허용한계(Critical Limit : CL)이라고 하며, 급식소에서는 중요관리점별로 온도, 소요시간, pH, 수분활성도의 한계 등을 정하게 된다.

(4) 중요관리점의 모니터링 및 개선조치

모니터링이라 함은 위해요소의 관리여부를 점검하기 위하여 실시하는 일련의 관찰이나 측정수단을 말한다. 모니터링의 목적은 관리 기준의 일치여부 확인, 적합성 확인 단계의 근거 제공 등이며, 그 방법으로는 온도-소요시간, pH, 수분활성도 측정, 그리고 관능검사, 조리원 관찰, 원재료 검수가 있다.

모니터링의 결과는 각각의 기록표를 작성하며, 감시결과 이상이 발생하는 시에는 위험의 정도와 기준과의 차이를 파악한 후 개선 조치방법을 설정하고 개선조치를 취하며, 그 기록을 남긴다. 이처럼 문제발생 시에는 즉각적 개선조치를 취할 수 있는 지식과 권한을 가진 사람이 평가하여야 하며, 이를 위해서 HACCP 관리기준서 작성시에 모니터링 담당자에 대한 적절한 자격요건은 물론 책임과 권한을 명확히 하여야 한다.

(5) 검증방법의 설정 및 기록체계 유지방법 설정

위생관리가 HACCP 시스템에 따라 효과적으로 수행되는지 혹은 계획의 수정이 필요한지 여부를 확인하기 위하여 절차, 시험검사 등의 검증방법을 확립한다. 검증에는 실무책임자 등이 행하는 자체점검과 위생감시원 및 외부전문가가 행하는 외부 점검이 있으며, 현장서류 및 기록 확인, 미생물 검사, 현장에서의 점검 등을 통하여 적합성 여부를 검증하게 된다.

마지막으로 HACCP의 제반 원칙 및 적용에 관계되는 모든 방법 또는 결과에 관한 문서보관 제도를 확립한다. 기록된 문서는 HACCP 계획의 적절한 실시에 대한 증거, 외부 감사에 대한 자료로 사용되며 식품의 안전성에 관한 문제가 발생했을 경우 위생관리 상태를 추적하여 조사할 수 있는 자료로서 원인규명을 용이하게 한다.

7 안전관리의 의의

단체급식에서 안전관리의 목적은 급식시설 내에서의 사고와 재해를 방지하고 작업원이 안전하게 작업할 수 있도록 운영하는 데에 있다. 그러나 조리작업은 화기, 동력, 칼날 등을 사용하여 상처, 화상, 감전, 화재 폭발재해 등을 일으키기 쉽다. 이와 같은 사고는 사고 당사자의 육체적인 고통만이 아니라 부자유스런 신체가 되면 직업적인 생명이 끊어지게 되고, 직장 동료들에게는 불안과 걱정을 갖게 하여 직장 전체의 사기에 큰 영향을 미치는 등 인명과 건물설비의 손실이 커, 급식경영면에서도 안전관리는 상당히 중요하다고 할 수 있다.

따라서 급식관리자는 가스누출, 화재, 작업도중의 상처, 부상 등의 사고가 일어나지 않도록 시설·설비의 점검을 철저히 하고 조리종사자에게는 기기의 안전취급, 작업방법, 작업동작 등에 대하여 교육훈련을 실시하여야 하며, 무엇보다도 중요한 것은 작업원 자신이 이 중요성을 이해하고, 업무에 의욕적으로 임하는 자세를 갖도록 하는 것이다.

안전 확보를 위한 점검내용은 다음과 같다.

(1) 시설 일반

- 건물의 상황은 안전면에서 어떤가?
- 급수원, 소화시설의 종류 등은 적절한가?
- 특수위험물(LPG)의 수납방법은 안전한가?
- 기기의 성능, 배치는 좋은가?
- 배기, 배연, 배수 설비는 안전한가?

(2) 통로

- 운반통로의 넓이는 충분한가?
- 바닥은 미끄럽거나 발이 걸려 넘어질 위험성이 없는가?
- 배수구, 배수로의 덮개는 안전한가?
- 비상구, 대피통로 및 그 표시판은 설치되어 있는가?

(3) 전기설비

- 감전, 누전의 위험은 없는가?
- 코드, 스위치는 안전하며 가연물과 접촉되어 있지는 않은가?
- 퓨즈는 적합한가?
- 취급책임자는 명확하게 정해져 있는가?

(4) 기계

- 기계는 정확하게 설치되어 있으며 안전장치는 충분한가?
- 고장시 처리절차와 취급책임자는 정해져 있는가?
- 기계장치의 관리 및 손질방법과 그 사용방법은 올바른가?
- 마모되거나 파손된 부분 및 파손되기 쉬운 부분은 없는가?
- 동력 차단장치는 안전하며 동력 전도장치의 방어는 안전한가?

- 운전속도는 적정한가?
- 냉동실에 비상벨 등은 설치되어 있는가?

(5) 위험물

- LPG의 안전점검, 올바른 사용방법이 실시되고 있는가?
- 도시가스의 올바른 사용과 가스 점검 확인이 정기적으로 실행되고 있는가?
- 배기후두의 필터가 돌출되어 떨어질 위험이 없으며, 청소는 완전한가?
- 식용유는 사용기기, 폐유 저장통은 인접기기로부터 인화할 위험이 없는가?
- 소화기, 방화용수, 모래는 가까운 곳에 준비되어 있는가?

(6) 정리, 정돈 청소

- 물품은 소정의 장소에 올바르게 잇으며 채광, 조명에 방해가 되지 않는가?
- 넘어지기 쉬운 물건에는 안전장치가 되어 있는가?
- 물품은 사용 후 제자리에 돌려놓았느가?(조리장의 소기구)
- 물건을 쌓아올려 놓는 방법은 올바른가?(큰 것은 아래, 작은 것은 위 등 안정되게 하였는지)
- 물품은 정해진 용기에 정해진 양이 보관되고, 선입선출이 되도록 명확히 표기되어 있는가?
- 불필요한 물품은 처리되어 있고, 파손된 것은 수리되어 있는가?
- 폐기물은 정기적으로 제대로 처분되고 있는가?
- 기기의 안퐈 및 가스버너의 청소는 안전한가?
- 후드, 후드필터에 먼지나 기름때는 쌓여 있지 않은가? 등

(7) 작업자

- 작업표준을 지키고 있는가?
- 작업능률은 좋은가?
- 문제의식과 책임의식을 갖고 있는가?
- 건강상태는 좋은가?
- 복장은 갖추었는가?(위생복, 위생모, 신발 등)

5장
경 영 관 리

1 경영관리의 개념

1. 경영관리의 정의

경영관리(business administration)가 학문으로 인식되게 된 것은 19세기 후반부터 20세기 초에 걸쳐서이고 주로 미국에서 발전·연구되어왔다. 경영관리는 조직체로 하여금 그의 목적을 달성할 수 있도록 함으로써, 그 조직체를 계속 유지 발전시키는 데 그 목적이 있다.

경영관리의 개념은 광의와 협의로 나누어 생각할 수 있다. 광의의 경영관리는 군대, 종교, 학교, 사회, 행정 등 어떤 목적을 가지고 있는 모든 조직체를 대상으로 실행되고 있다. 그러나 여기서는 경영관리를 협의로 보아 기업에 있어서의 관리대상으로 하는 것으로 좁혔고, 가능한 단체급식 또는 외식산업쪽으로 유도하였다.

이러한 점에서 볼 때, 경영관리는 기업체뿐만 아니라 모든 조직체의 운영에 없어서는 안될 주요한 직능인 것이다. 경영관리에 대한 몇몇 학자들의 정의를 살펴보면 다음과 같다.

쿤츠(H. Koontz)는"많은 사람들이 살고 있는 조직화된 집단에서 사람을 통하여 또는 사람과 더불어 일을 달성하기 위한 기술이다"라고 정의하였으며, 킴볼(D. S. Kimball)은"기업의 창설, 자본조달, 모든 주요 정책의 설정, 모든 설비의 준비, 조직형태의 계획, 주요 임원의 인선 등에 관한 모든 직무 및 기능을 포함한다"고 하였으며, 테리(G. R. Terry)는 "타인의 노력을 통하여 일정한 목적을 달성하는 것이다"라고 정의하였다. 그리고 데이비스(R. C. Davis)는"조직의 목적을 달성하기 위하여 타인의 활동을 계획하고, 조직하고, 통제하는 일을 의미한다. 이 관리의 일을 수행하는 것은 조직이 제공하는 재화의 생산과 배급에 관하여 타인을 지휘 감독하는 것을 포함한다"라고 정의하였다.

경영관리의 목표는 조직의 공동목표를 달성하기 위하여 개개의 구성원들이 노동, 물자, 자금, 시간 등을 최소로 투입할 수 있는 환경을 조성하거나 이용가능한 자원을 가지고 목표를 최대한 달성할 수 있도록 환경을 만들어 주는 것이다.

여러 학자의 견해를 검토해 볼 때 경영관리 개념에는 적어도 다음과 같이 6가지의 주요 속성이 있다.

① 계획(planing)
② 조직화(organizing)
③ 지휘(directing)
④ 동기유발(motivation)
⑤ 조정(coordinating)
⑥ 통제(controling)

2. 경영 이론의 발전 과정

일반적으로 경영 이론의 발전과정은 표 5-1과 같이 고전적 관리 이론, 행동 이론, 시스템 이론, 상황 이론의 네 단계로 크게 요약되는데 그 형태가 어떻든 인류의 역사와 더불어 오랜 옛날부터 존재해왔다. 그러나 과거의 관리는 오늘날의 관리와 비교해 보면 그 성격이나 형태가 엄격히 다르다.

표 5-1. 경영 이론의 발전과정

경영 이론	시 기	주요 내용	주요 사상가와 이론
고전적 관리 이론	1890년대~	조직의 능률과 관리 과정의 효율화를 위한 방법과 이론을 도입하여야 한다.	· 테일러(Taylor)의 과학적 관리법 · 페이욜(Fayol)의 관리 일반 이론 · 베버(Weber)의 관료 이론
행동 이론	1930년대~	인간의 행동에 대한 종합적인 이해가 필요하다.	· 메이요(Mayo)의 인간관계론 · 맥그리거(McGregor)의 XY 이론 · 아지리스(Argyris)의 성숙 이론 · 매슬로우(Maslow)의 욕구 이론
시스템 이론	1950년대~	경영 조직을 시스템으로 간주 하여야 한다.	· 베르탈란피(Bertalanffy)의 일반 시스댐 이론 · 카스트(Kast)와 로젠쯔바이그(Rosenzweig)의 시스템 이론
상황 이론	1960년대~	급변하는 경영 환경에서는 보편적인 원리보다 상황에 따라 의사결정을 내려야 한다.	· 피들러(Fiedler)의 상황적합 이론

(참고자료 : 양일선, 차진아, 급식경영학, 교문사, 2001)

과거의 관리는 역사적, 사회적 조건이 오늘날과 다르므로 관리대상이나 관리방법도 다를 수밖에 없다. 오늘날의 관리도 그 대상 자체가 대규모의 조직이며, 거대한 경제의 경영활동을 합리적으로 운영하기 위해서 형성된 과학적인 관리기법이다. 여기에서 전자를 경험적 관리라고 한다.

1) 고전적 관리 이론

(1) 과학적 관리법

과학적 관리법의 창시자인 테일러(F. W. Taylor)에 의해 제안된 과학적 관리는 노동자의 공평한 하루의 작업량, 즉 과업을 시간연구를 통하여 합리적으로 관리하는 체계로 과업관리라고도 한다. 테이러는 과업관리를 효과적으로 수행하기 위해 고임금, 저노무비의 원칙을 기본정신으로 과업관리 합리화를 위한 수단으로 기획부 제도, 기능적 직공장 제도, 작업지시표 제도, 차별성과급 제도가 제안되었다. 테일러는 생산능률을 개선시키기 위한 명확한 지침을 정의내림으로써 작업자나 경영자 사이에 정신혁명을 일으키려 노력하였으며, 이와 같은 테일러의 관리원칙과 사상을 테일러주의(Taylorism)이라고 부른다. 테일러는 시간 및 동작연구(time and motion study)와 같은 과학적인 작업 연구를 통해 과업을 결정하고자 하였다. 이로써 과학적 관리는 개별 생산공장에서 노무자의 작업수행에 대한 관리기술의 합리화를 가능하게 한 것이다. 그러나 계속된 경영의 근대화와 대규모의 기계화로 과업관리는 결함을 보이기 시작했다.

이에 공장의 작업조직을 철저하게 합리화하여 작업의 동시진행을 기계화로써 실현하고 동시에 관리활동을 자동화시킨 동시관리가 생겨났다.

① 테일러주의의 계승과 발전

• 간트

간트(Gant)는 테일러와 함께 미드베일 철강 회사에서 일했으며 테일러의 사상을 지지한 사람으로서 간트 차트(Gantt chart)의 창안자로 가장 잘 알려져 있다.

그는 작업의 계획과 통제의 비용은 물론 시간의 중요성을 강조하고 보다 나은 관리 통제가 가능하도록 계획을 도식화하는 간트 차트를 고안하였다. 이 차트는 오늘날 PERT(Program Evaluation and Review Technique)나 CPM(Critical Path Method)의 시초가 되었다. 또한, 과업 상여급제라고 하는 독특한 임금 형태를 고안하였는데 이는 성과가 표준 능률 미만일 때에는 기본 임금률은 보장해주고 성과가 초과 달성되면 상당한 액수의 상여를 지불하도록 하는 시간급제와 능률급제를 절충한 임금 제도이다.

• 길브레스 부부

길브레스 부부(Frank and Lilian Gilbreth) 역시 테일러의 사상을 보완하고 발견시키는데 공헌한 연구자들이다. 길브레스는 심리학자였던 부인과 더불어 과학적 관리의 연구에 전념하여 동작연구(motion study)를 창시하였고, 동작연구를 통해 동작 요소를 상세히 분할·검토하여 불필요한 동작 요소를 없애고 필요한 동작을 합리적인 순서로 재배열하여 작업을 효율적으로 수행할 수 있는 방법을 시도하였다.

길브레스는 이와 같은 동작연구를 통해 벽돌쌓기 작업에 소요되던 동작을 18가지에서 네 가지로 줄였다는 일화로 유명하다. 길브레스는 작업 연구를 하는 중에 인간이 행하는 모든 동작을 18가지의 기본적인 요소를 표현할 수 있다는 것을 발견하고 서블럭(therblig)이라고 불리는 분석 기호를 고안해냈다. 서블럭이란 인간의 동작을 분해 가능한 최소한의 단위로 나눈 기호들의 명칭으로 이러한 분석기호를 사용하여 작업 동작을 분석하는 것을 서어블럭 분석이라고 부른다.

테일러가 인간적인 측면보다는 작업 방법의 개선에 보다 더 역점을 두었던 반면에 길브레스 부부는 인간의 심리적인 면과 생리적인 면에 보다 더 관심을 가졌다. 따라서, 과학적 관리 원칙을 적용시키는데 있어서 우선 근로자들에게 관심을 갖고 이들의 인격과 욕구를 이해하여야 한다고 강조하고 작업여건, 작업대의 배치, 작업의 주위 환경을 개선함으로써 작업 능률을 향상시키도록 노력하였다.

- 포오드

자동차 왕이라고 불리는 포드는 컨베이어 벨트 시스템(conveyor belt system)을 고안하였다. 그는 고임금, 저가격 원칙을 실현하고자 하였고 이를 포드 시스템(Ford system) 또는 포디즘(Fordism)이라고 부른다.

포오드에 의해 실현된 동시관리는 경영을 하나의 봉사기관으로 전제하면서 고임금, 저가격을 기본정신으로 생산의 표준화와 이동조립법의 원리를 채용하였다.

2) 행동 이론

(1) 인간관계론

기존의 물적 측면을 강조하던 관리사고의 일대 변화를 가져온 이론이 바로 인간관계론이다. 이는 생산 능률에 있어서 인적 요소가 크게 작용하고 있다는 것을 입증하였으며 1930년대 이후로는 인간관계 개선에 바탕을 둔 경영관리가 각광을 받게 되었다. 인간관계 관리를 위한 여러 가지 구체적인 가술도 크게 발전되어 리더십, 인사 상담제도, 사기조사, 의사소통, 스트레스, 동기부여 , 제안제도 등의 다양한 관리 기술이 출현하게 되었으며, 인적자원관리가 현대 경영관리의 중심과제로 대두되고 있다. 이와 같은 인간관계론 발달에 직접적인 계기가 된 것이 효손(Hawthorne)실험이다.

(2) 행동과학

제2차 세계대전 이후 산업사회로 발전과 더불어 경영조직과 조직 구성원의 행동이 복잡 다양한 양상을 띠게 됨에 따라 종합, 과학적으로 접근하고자 하는 시도가 행해졌다. 행동과학(behavioral science)이라는 명칭은 1951년 포드재단이 행동학 프로그램이라는 연구비 지원 계획을 수립하면서 처음 사용되었다.

행동과학 분야에서의 사고방식은 고전적 관리이론과는 거의 정반대의 입장을 취하고 있었다. 즉 인간의 행동을 복잡한 대상이자 관리의 중요한 측면으로 보고 종업원의 동기부여를 강조하였으며 리더십 이론이나 직무만족, 직무설계에 대한 현대적 이해에 크게 기여하였다.

3) 시스템 이론

시스템적 접근 방법이란 상호 관련성이나 상호 의존성을 가진 부문들의 결합체를 하나의 시스템으로 파악하고자 하는 접근 방법을 가리킨다. 과거 테일러의 기계적 인간관이나 조직관이 본질적으로 환경과 상호관계를 생각지 못한 폐쇄적이고 기계적인 사고 체계였다면 시스템 이론은 환경과 시스템간의 역동적인 상호 관련성을 강조하는 개방적인 사고 체계를 제공하는데 기여하였다.

4) 상황 이론

과거 고전적 관리 이론은 작업의 관리나 조직 설계에 있어서 엄격한 규칙이나 절차에 의해야 한다고 주장하였고, 행동이론에서는 이에 대한 반론으로 구성원이 참여하고 자율적인 통제와 원활한 의사소통을 강조하는 행동적 관점을 중시하여 왔으나 상황적 관점에서는 조직 설계나 관리, 문제해결에 있어서 최선의 방법이나 어떤 보편적인 규칙이란 없고 상황적인 변수나 결정요인에 따라 다른 관점을 적용하여야 한다는 것이다.

여기서 상황적 변수란 외부환경과 내부환경을 말한다. 외부환경 요인이란 경제적, 사회적, 정치적, 기술적 환경을 일컬으며, 내부환경 요인이란 기업 내 제품을 만들고 서비스를 제공하는데 사용되는 내부적 기술과 조직 구성원으로, 이와 같은 상황적 변수에 적합한 경영이 이루어져야 한다는 것이다.

5) 최신의 경영관리 이론

(1) 글로벌 경영

글로벌 경영이란 새로운 시장 환경에 적용하기 위한 경영 원리로서 기업이 개별 국가 시장에 대해 각기 다른 전략을 취하기 보다는 전세계 시장을 하나의 시장으로 보고 통합된 전략을 적용하는 경영방식이다.

(2) 전략 경영

현대 경영활동에서 전략적 사고는 중요한 과제이다. 전략 경영이라는 용어 외에도 경영 전략, 마케팅 전략, 생산 전략과 같은 용어를 쉽게 접할 수 있으며 글로벌 경쟁 시대에는 한층 그 중요성이 강조되고 있다. 전략은 군사 용어에서 유래한 것으로 전쟁에서 승리하기 위한 군사적 전략을 경영활동에 적용하여 경쟁적 우위를 확보하고 환경에 대응할 수 있는 의사결정을 내리기 위한 것이다. 전략 경영이란 기업이 장기적인 목표를 결정하고 이를 실현하기 위해 각종 정책 등을 수립하여 이를 통해 자원을 배분하는 경영 활동을 말한다.

(3) 정보 경영과 지식 경영

정보 경영이란 기업의 경쟁력을 강화하기 위해 정보자원과 정보 기술을 효과적으로 이용하여 경영 활동을 수행하는 것을 말하며, 지식경영이란 기업이나 조직 구성원들이 지닌 지식을 채계적으로 발굴하여 기업내부에 보편화함으로써 기업 전체의 경쟁력을 향상시키고자 하는 경영 활동을 말한다.

3. 단체급식 시설의 경영관리

단체급식에는 여러 가지 형태가 있으므로 넓은 관점에서 생각하지 않으면 안된다. 최근에는 급식산업이 점점 대규모로 변화되고 있으므로 단지 회사, 공장, 병원, 학교 등에 부속되는 설비만을 논해서는 안된다.

대규모의 급식센터같은 것은 완전히 급식기업으로서 독립한 것이라고 보아야 할 것이다. 이 경우는 전술한 바와 같은 경영관리의 개념이 그대로 합치되는 것은 물론이고, 급식기업에 포함되는 경영활동이 일반기업과 다른 것은 전혀 없는 것이다.

1) 급식경영의 요소

경영이란 조직의 목적을 달성하기 위해 자원을 효율적으로 이용하는 과정으로 급식 조직에서 경영의 대상이 되는 자원으로는 다음과 같은 6가지 요소를 들 수 있다.

- 사람(Men) : 급식속에 필요한 노동력과 기술
- 원료(Materials) : 식재료, 공산품
- 자본 (Mony) : 급식 조직체 운영에 필요한 자본
- 방법(Methods) : 표준화된 조리법, 품질 통제 방법
- 기계(Machines) : 음식을 생산하기 위해 필요한 기기나 설비
- 시장(Market) : 급식 서비스의 대상이 되는 고객

2) 급식기업의 주요 직능

주요 직능은 생산(조리), 판매, 구입, 보관, 재무, 노무, 수송, 위생 등이다. 이것은 급식이란 사업목적을 달성하기 위하여 필요한 직능이며, 이들의 경영활동을 수행하기 위해서는 관리직능이 필요하게 되고, 생산관리, 판매관리, 노무관리 등이 같이 직능별로 분류되어서 각각 이루어지고 있는 것이다. 그러나 회사, 공장, 기숙사 등의 후생시설로서 부속되는 급식설비는 그 회사, 공장의 인사과나 후생과 등의 관리 하에 식당(급식설비)이 관리되고 있는 일이 많은 것 같다. 그러나 이 경우에 있어서도 식당 경영관리의 개념을 가지고 있지 않으면 안 된다는 것은 물론이다.

어떠한 조직형태 중에서도 단체급식이란 일의 관리에는 변함이 없으며, 단체급식에 있어서 하지 않으면 안될 업무를 모두 확인하고 이것을 바르게 관리해 나가야 한다. 즉, 일의 관리는 모든 일의 수행에 공통되는 것이며 관리의 직능인 계획, 조직, 지휘, 조정, 통제를 충분히 이해하고 일을 한다면 완전히 그 목적을 달성할 수 있다.

2 경영관리의 대상

1. 경영관리의 대상

경영체와 관리의 관계를 생각할 때, 경영체는 단적으로 표현하면 물품(설비·기계·원료 등의 기술적 요소)과 돈(자본·시장 등의 경제적 요소)을 포함하고 있는 물적 조직과 사람(공식적 조직체와 비공식적 인간관계)을 포함하는 사회적 조직으로 성립되어 있다(그림 5-1 참조).

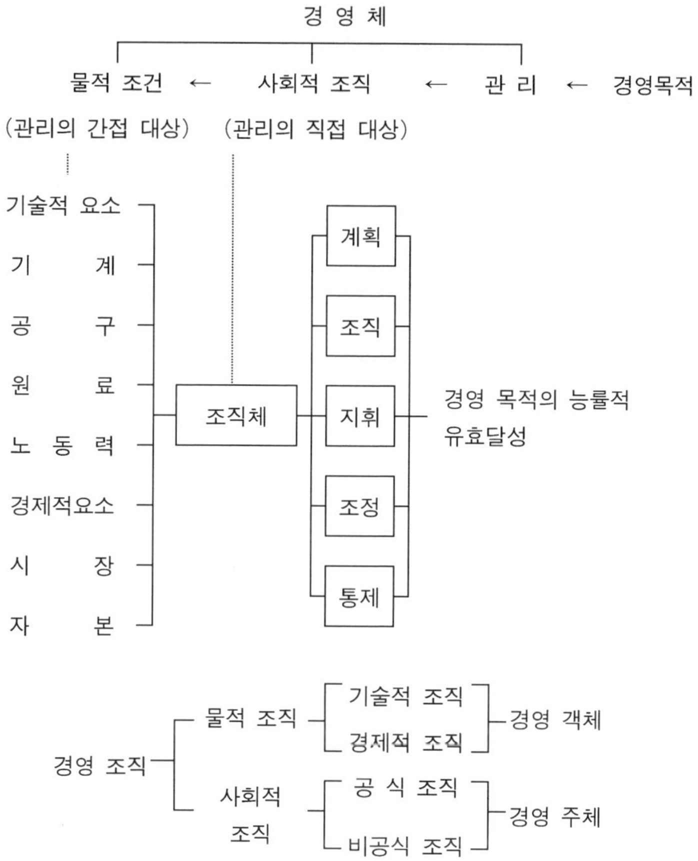

그림 5-1. 경영체에 있어서의 관리의 대상
(참고자료 : 현기순 외, 단체급식, 수학사, 1999)

관리의 직접적 대상은 사람을 포함하는 사회적 조직이며, 물질과 금전을 포함하는 물적 조직은 간접적 대상이다. 이 사회적 조직인 조직체를 관리함에 따라서 간접적 대상인 물적 조직에 작용하여서 생산 판매활동이 이루어지고 경영목적이 달성되는 것이다.

2. 경영관리의 순환 과정

하나의 기업체는 특정제품을 생산→판매→재생산의 순환과정을 통하여 이윤을 확보해간다. 이와 마찬가지로 경영관리도 순환구조를 가지고 있는 바, 이것을 매니지먼트 사이클(management cycle)이라고 한다.

그림 5-2에서와 같이 다섯 개의 요소는 하나의 관리과정, 즉 매니지먼트 사이클을 구성하며, 경영에 필요한 기본요소인 경영자(man), 원재료(material), 기계(machine), 자본(money), 시장(market) - 이를 5M이라 한다 - 등을 중심으로 상호 밀접하게 관련되어 통일적인 과정을 수행하게 된다.

이 매니지먼트 사이클에 관해서 미국에서는 옛날부터 POSDCORB란 말이 사용되어 왔는데, 이것은 다음의 일곱 가지 말의 첫 글자를 따서 만든 약어다. 즉 planning, organization, staffing, directing, coordinating, reporting, budgeting 등이다.

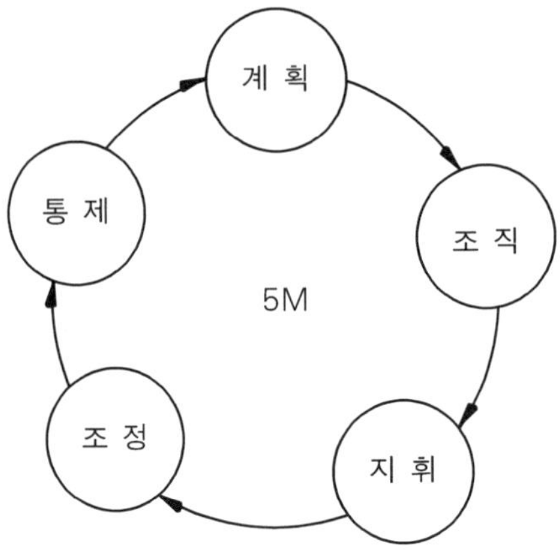

그림 5-2. 관리의 순환과정
(참고자료 : 김덕권, 급식경영학, 신광출판사, 1996)

3 경영관리의 직능

1. 경영관리의 직능

경영의 목적을 달성하기 위하여 필요한 직능을 종합하면 생산, 판매, 재무, 인사, 회계 및 관리 등이 있다. 이것에 의해서 관리직능은 경영에는 없어서는 안될 고유 직능의 하나라는 것을 알 수 있으나, 관리직능만은 다른 5직능과 별개의 것이라는 것에 주의하지 않으면 안 된다. 즉 다른 5직능은 물질에 대한 직능이며, 관리직능은 사람에 대한 직능이다. 이것은 또 조직체의 구성원을 통해서만 효과를 나타내는 것이다. 관리지능은 그것 자체로는 완전한 일을 나타내지 못하며 다른 경영의 5직능과 연결되어 본래의 힘을 나타내는 것이라고 할 수 있다.

일반적으로 생산관리, 판매관리, 재무관리, 인사관리, 회계관리 등이라 불리는 것은 생산직능 + 관리직능, 판매직능 + 관리직능 등을 나타내고 있는 것으로서 예를 들면 단체급식에 있어서 영양관리, 위생관리, 사무관리 등으로 주요 직능과 관리직능이 연결된 것이라고 생각할 수 있다. 달리 말한다면 관리직능은 모든 경영활동의 영역에 대해서 존재하며 그 활동의 목적을 능률적이고 효과적으로 달성하기 위하여 필요한 일을 하는 것이다.

여기서 중요한 것은 관리직능은 계획, 조직, 지휘, 조정, 통제의 5개의 요소로 성립되어 있다. 예를 들면 전술한 생산관리란 경영직능의 하나인 생산활동을 계획하고 조직, 조정, 지휘, 통제하는 것이며 마찬가지로 단체급식에 있어서의 위생관리란 위생활동을 계획하고 조직, 지휘, 조정, 통제하는 것이다.

경영관리 기능(management function)이라 함은 경영자가 직무 책임을 수행하는 데 기초가 되는 것이며 직능에는 다섯 가지가 있다.

1) 계획(planning) 직능

계획이란 행동에 앞서 조직의 장점과 약점, 그리고 환경요소에서 오는 기회와 위험요소를 파악하여 무엇이, 언제, 어디서, 누구에 의해서, 어떻게 행해져야 하는가를 결정하는 것으로 관리자가 목표를 설정하고 이러한 목표를 달성하기 위한 구체적인 방법을 강구하는 과정이다. 계획에는 단기계획, 장기계획 등이 있으며 계획의 목표에 따라 실천하는 방법과 일정 등을 말한다. 계획은 기업의 여러 활동에 대하여 목적을 설정하고, 그 목적을 효과적으로 달성하기 위하여 필요한 활동의 방향과 방침을 결정하는 기능을 하는 것이다. 계획은 장래에 대한 예측을 전제로 하기 때문에 어느 정도의 불확실성은 피할 수 없다. 그럼에도 불구하고 계획은 경영활동에 대하여 다음과 같은 장점이 있다.

① 경영자의 노력이 절약된다.
② 경영활동의 조정이 쉬워진다.
③ 권한의 위양이 용이하다.
④ 통제의 기초를 제공한다.
⑤ 유일 최선의 방법이 이용된다. 즉 비능률적인 노력이 제거될 수 있기 때문이다.
⑥ 경영자는 목표에 대하여 주의와 관심을 집중시킬 수 있다.

계획수립 과정에서 가장 중요한 것은 계획 그 자체보다는 계획수립의 합리적인 절차이다. 계획 그 자체는 앞으로 수행될 자원의 투입 및 이로 인한 결과가 조직에 미치게 될 영향을 인식하고, 장래의 자원 투입이 보다 원활하게 이루어지도록 하기 위한 예비적 준비단계에 불과하다. 따라서 계획 그 자체는 목적을 달성하기 위한 하나의 수단에 불과하며 보다 중요한 것은 최적 대안의 모색 및 계획수립 단계의 합리적인 관리 및 운영이다(그림 5-3 참조).

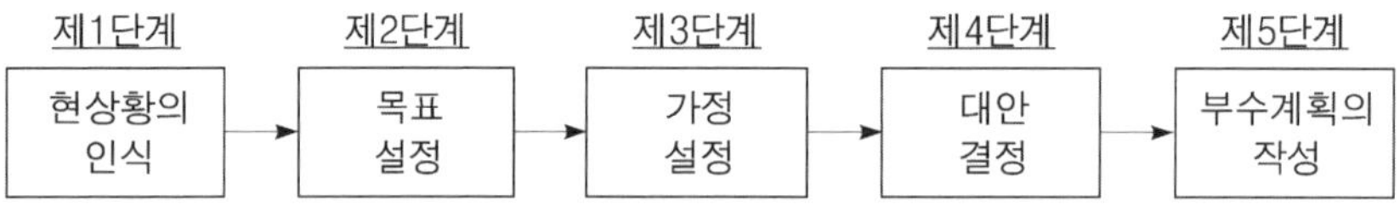

그림 5-3. 계획수립의 절차

(참고자료: 전희정, 주나미, 단체급식관리, 교문사, 1999)

2) 조직(organization) 직능

조직은 공동의 목표를 효과적으로 달성하기 위하여 수립된 계획을 수행할 수 있도록 뒷받침하는 기능이다. 즉, 조직체를 형성 및 유지시키기 위한 관리의 한 요소로 사람과 일을 결부시키는 직능으로서, 각 구성원에게 일정한 직무를 분담하고, 그 직무를 수행하는 데 필요한 권한과 책임을 명확하게 할당하고, 직무간의 여러 관계를 합리적으로 편성하는 관리의 한 기능이다.

3) 지휘(direction) 직능

지휘란 경영목적을 달성하기 위하여 구성원의 행동을 유효하게 일으키게 하는 기능을 말한다. 지휘는 계획이나 조직과는 달리 순전히 사람만 관련되는 직능이기 때문에 관리과정상 매우 중요한 과정이다. 따라서 경영자가 지휘를 유효하게 발휘하기 위해서는 그것이 전적으로 사람과 관련되는 직능이란 점에서 구성원들의 노력을 기업목적 달성에 유효하게 동원하기 위해서는 그들과 의사소통을 하고 필요한 동기를 부여하며 훌륭한 리더십(leadership)을 발휘하여야 한다.

4) 조정(adjustment) 직능

일정한 목표를 효과적으로 달성하기 위하여 여러 활동을 통일하고 서로 조화되게 결합시키는 기능을 말한다. 조정은 일반적으로 예견, 대책, 실시의 세 단계를 거쳐서 수행된다. 효과적으로 조정을 하기 위하 접근방법을 살펴보면, 첫 번째 방법은 기본 관리기법인 관리계층(managerial hierachy), 조직화동에 일반

지침을 제공해 주는 목표설정(goal setting), 활동을 지시해 주는 규정과 절차(rules and procedures)등을 이용한다. 비교적 많은 조정이 요구되지 않는 조직에서는 이외의방법이 필요하지 않을 수도 있다.

5) 통제(controlling) 직능

관리통제란 목표달성을 위하여 실제활동이 계획된 활동과 일치하도록 하는 과정이다. 계획과정에서는 기본적인 목표와 그 목표에 도달할 방법들이 설정된다. 통제과정은 목표달성을 위한 진행상황을 측정하고, 관리자로 하여금 적기에 계획과의 편차를 발견할 수 있게 하여 시정할 수 있도록 하는 것이다. 즉, 최초의 계획과 비교하여 실적을 측정하고 만약 계획과 실적 사이에 어떤 차이가 나타나면 그 원인을 밝혀서, 계획에 따른 목표달성이 가능하도록 그 차이를 수정하는 활동을 가리킨다.

통제를 필요로 하는 요인들은 변화하는 조직의 환경, 증가하는 조직의 복잡성, 조직성원들의 오류, 관리자의 권한위임 등이다.

통제의 절차는 기준의 설정, 업무활동의 평가, 시정조치의 3단계로 구분된다.

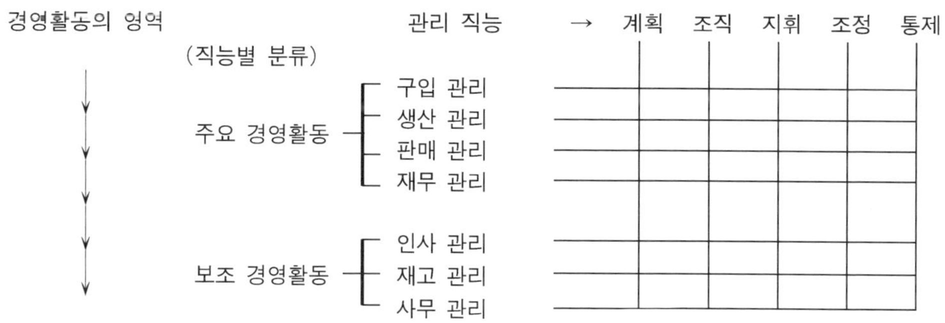

그림 5-4. 경영관리 직능과 경영활동의 제영역

(참고자료 : 현기순 외, 단체급식, 수학사, 1999)

2. 경영관리의 원칙

경영상의 모든 업무를 한 사람이 담당하는 경우에는 경영조직의 문제는 일어나지 않는다. 그러나 경영규모가 오늘날과 같이 확대되어 다수인이 업무를 분담해야 할 경우에는 경영활동이 일정한 경영목적에 따라서 합리적으로 운영되어야 하며, 그러기 위해서는 각 담당자 간에 밀접한 결합이 필요하게 된다.

경영조직이 그 목적을 효과적으로 달성하기 위해서는 일정한 원칙에 따라서 구성되고 운영되어야 한다. 이러한 조직의 원칙은 학자에 따라 여러 가지가 제시되고 있지만, 그 중에서 중요하다고 생각되는 것을 중심으로 간략하게 살펴보면 다음과 같다.

1) 명령 일원화의 원칙(principle of unity of command)

이 원칙은 각 구성원은 언제나 한 사람의 장으로부터만 명령을 받아야 한다는 것이다. 만일 한 사람이 다수의 상사로부터 명령을 받는다면 명령에 모순이 생기게 되고, 조직은 불안정하게 되어 혼란이 일어나게 된다. 또한 상·하 간의 관계도 불분명하게 되어 각자의 책임이 모호해지기 때문에 능률도 떨어진다.

2) 전문화의 원칙(principle of specialization)

조직의 각 구성원은 가능한 한 한 가지의 특수화된 업무만을 담당해야 한다는 것이다. 이같이 업무의 전문화에 의해서 각 구성원은 직무를 수행하는 데 필요한 전문적인 지식과 숙련을 쉽게 습득할 수 있기 때문에 경영능률이 향상된다.

3) 권한 위임의 원칙(principle of delegation of authority)

경영의 규모가 확대되면 될수록 상층 관리부문은 경영활동을 전부 담당할 수 있게 되어 권한과 책임의 일부를 부하에게 위양할 필요가 생기게 된다. 이와 같이 상층 관리부문은 기본적 사항과 내부 통제상 지배기능에 속하는 사항 이외의 업무는 하부조직에 위양함으로써 경영활동이 원활하게 수행되는 것이다.

4) 기능화의 원칙(principle of functionalization)

경영조직이란 '사람 본위'가 아니라 '해야 할 일' 즉 기능 본위로 형성된 다음에 각 직무에 합당한 요건을 갖춘 적임자가 배치되어야만 합리적이고 능률적으로 운영되는 것이다. 이러한 점에서 볼 때 이 원칙은 조직의 목표를 합리적으로 달성하는 데 중요한 원칙인 것이다. 이 원칙에 따라서 마련된 것이 직계제도이다.

5) 감독 한계 적정화의 원칙(principle of span of control)

한 사람의 장이 직접 지휘, 감독할 수 있는 부하의 수는 일정한 한계가 있다는 것이다. 일반적으로 감독의 이와 같은 한계를 결정하는 데 영향을 미치는 요소를 보면 감독자와 부하의 능력, 직무의 성질, 지역의 범위 등을 들 수 있다.

3. 경영관리 조직의 형태

관리조직의 형태는 업무활동의 분화와 권한관계의 형태에 따라서 여러 가지로 나타난다. 또한 경영의 목적이나 규모, 종류 그리고 경영을 구성하는 인적 요소 및 기업의 역사, 성격 등의 모든 조건에 따라서 그 유형은 달라진다.

그러나 근본적인 문제는 라인과 스탭의 관계이며, 이 관계가 어떻게 설정되어 있는가를 기준으로 하여 볼 때 관리조직의 형태는 직계조직, 직능식 조직, 직계참모조직의 세 가지 기본형으로 분류할 수 있다.

1) 직계(line) 조직

가장 오래되고 단순한 조직형태로서, 모든 경영자의 명령은 최상부에서 하부로 직선적으로 전달되는 조직형태이다. 이 조직은 명령 일원화의 원칙에 의해서 형성된 것으로, 일명「군대식」,「직선식」조직이라고도 한다. 이 조직에 있어서 커뮤니케이션의 종류는 명령과 보고뿐이므로 각 직위 간에는 라인(line) 관계만 존재한다.

(1) 장점

① 조직구조가 단순하고 권한과 책임이 명확하여 이해하기 쉽다.
② 조직이 비교적 안정되어 있으므로 통솔력이 강하다.
③ 결정이 신속하다.
④ 종업원의 훈련이 용이하며, 작업규율의 확보가 비교적 용이하다.

(2) 단점

① 관리자의 직무가 너무 광범위하므로 그 실행이 어려울 때가 많다.
② 관리자는 만능가가 되어야 하므로 관리자의 양성이 어렵다.
③ 각 부문의 독립성이 너무 강하기 때문에 각 부문 간의 유기적인 조정이 곤란하다.
④ 관리자의 독단적인 처사로 인한 폐해가 크다.
⑤ 유능한 관리자가 조직을 떠났을 때는 그에 대체할 만한 사람을 구하기가 어렵다.
⑥ 기업규모의 확대로 업무가 복잡해지면 업무수행이 어려워진다.

2) 직능식(functional) 조직

이 조직은 과학적 관리법의 창시자인 테일러에 의하여 제창된 것으로서, 직계조직의 결함을 시정하기 위하여 마련된 조직형태이다. 이 조직에서는 관리자의 업무를 모두 전문화시키고, 각기 다른 관리자를 두어 그들로 하여금 노무자를 전문적으로 지휘·감독하도록 하고 있다.

(1) 장점

① 감독을 전문화할 수 있기 때문에 능률적이다.
② 관리자는 만능이 아니기 때문에 단시일 내에 양성할 수 있다.
③ 각자의 과업이 설정되어 있기 때문에 그 성과에 따라서 보수를 가감할 수 있다.

(2) 단점

① 한 작업에 대하여 다수의 관리자가 그의 전문사항에 관해서 명령과 지시를 하기 때문에 통일되지 못한 명령으로 인해 모순과 충돌이 일어난다.
② 관리자의 전문적 직능의 합리적 분할이 사실상 어렵기 때문에 관리자 상호간에 권한 싸움이 생기며, 책임전가가 쉽고 파벌주의가 될 우려가 크다.
③ 이 조직에서는 수평적인 직능분화에 기초를 두고 있기 때문에 조직 전체로서의 감독 및 조정이 곤란하다.
④ 직능이 지나치게 전문화되면 간접비가 증대된다.

3) 직계참모 조직

이 조직의 창안자 에머슨이 1860년 프러시아 육군이 채용한 참모부제도에서 힌트를 얻어 이것을 기업조직에 도입한 것으로서, 한편에서는 전문화의 원칙을 이용하고, 다른 한편에서는 명령 일원화의 원칙을 확보함으로써 직계조직의 장점인 지휘 명령의 통일성을 확보하고, 동시에 그의 결점을 보완하기 위하여 참모제도를 절충시킨 조직형태이다. 즉 이 조직의 스탭은 라인부문에 대하여 지휘명령의 권한을 갖지 않으므로 명령통일의 원칙이 확보되고, 책임의 일원성이 유지되는 것이다.

(1) 장점

① line은 staff의 조언을 받으므로 자신의 업무와 무관한 사항에 시간을 소비할 필요가 없다.

② line은 가장 전문적인 부문에 주력할 수 있기 때문에 능률적이다.
③ line은 유능한 staff의 활용으로 보다 신중하고 유익한 의사를 결정할 수 있다.
④ 소수의 강력한 인물의 능력에 의존하는 위험성이 줄어 들고 사업이 안정된다.
⑤ 계획과 통제 및 실시가 분리되므로 방침의 일관성을 확보할 수 있어 조직의 관리 통제가 용이하다.

(2) 단점

① line부문과 staff부문이 혼동될 우려가 크며, 그 때문에 양자 간에 불화를 가져올 수 있다.
② staff은 line부문의 실정을 잘 이해하지 못하므로, 조언의 내용이 현실과 떨어질 수 있다.

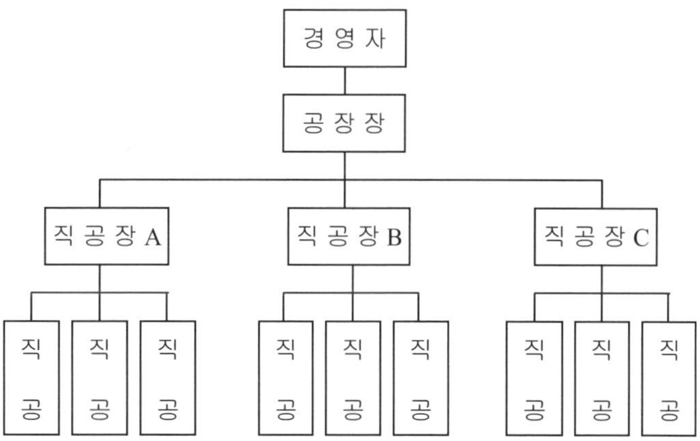

직계조직

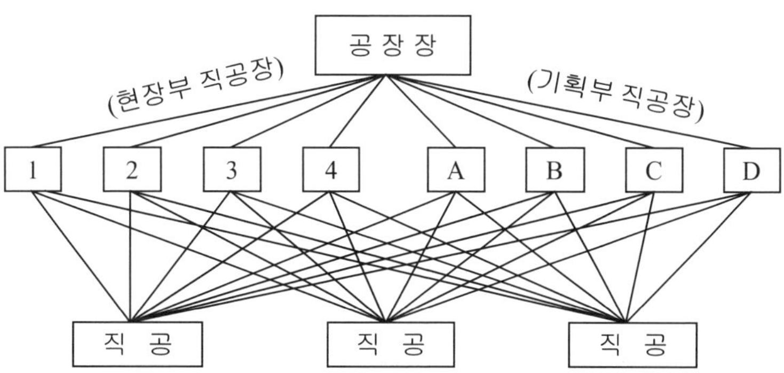

Taylor의 직능식 조직

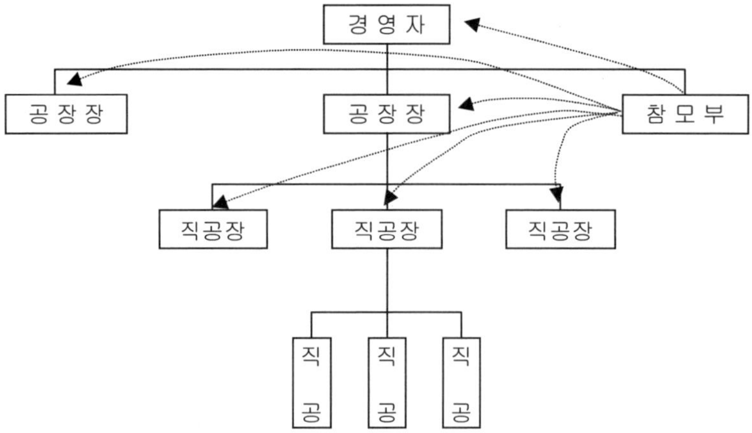

직계참모조직

그림 5-5. 경영관리 조직의 형태

(참고자료 : 김덕권, 급식경영학, 신광출판사, 1996)

③ staff부문이 조언한 사항이 line부문에 의해서 수용되지 않을 경우에는 불만이 생기게 되며, 양자 간의 조정도 어렵게 된다.

④ line부문은 staff부문에 지나치게 의존할 우려가 있고, 반대로 staff부문은 그의 조언의 한계를 넘어 조직 관리상 지장을 가져올 우려가 있다.

4. 경영 조직과 인간관계

경영조직은 인간에 의하여 만들어진 것이지만, 그 인간은 오직 노동력으로서 공식조직에 배치되는 것이 아니고, 공식조직을 통하여 생산력을 형성하는 현실의 산 인간인 것이다. 따라서 경영활동을 유효하게 조정하기 위해서는 경영조직을 형성하는 인간의 활동이 인간관계적 측면에서 고려되어야 한다.

그러나 인간은 조직의 업무만을 수행하는 노동력의 제공자로서만 한정된 존재가 아니라 다른 한편으로는 심리적, 감정적 요소를 가지고 있는 복잡한 존재이다. 이러한 심리적, 감정적인 요소를 다루는 것이 바로 인간관계의 중심과제이다.

한편, 경영조직은 인간의 활동을 경영의 목적 달성에 동원해야 한다는 과제를 가지고 있다. 이것은 단지 인간의 노동력만을 동원하는 것을 의미하는 것이 아니고, 인간의 두뇌와 마음까지 동원해야 한다는 것이다. 경영조직에 있어서의 인간관계의 구체적인 문제는 이와 같은 인간의 마음을 동원하는 데 집약된다. 이 문제는 다음과 같이 네 가지로 구분하여 고찰할 수 있다.

1) 수용, 유인, 만족의 문제

조직구성원이 조직을 어떻게 받아들이며, 조직에 대해서 만족하고 있는가, 만약 만족하고 있지 않은 경우에 조직은 인간이 만족할 수 있도록 하기 위해서는 어떻게 유인해야 할 것인가의 문제이다.

2) 비공식 조직의 문제

의식적, 인위적으로 형성된 공식조직의 문제가 아니고 심리적, 감정적 요인에 의하여 자연발생적으로 형성된 비공식조직의 문제이다. 이것은 경영활동의 능률화를 기하기 위해서는 대단히 중요한 문제이다.

비공식조직은 인간의 감정과 관습을 기초로 하여 형성되는 자연발생적인 인간집단으로서, 이를 자생적 조직 또는 informal 조직이라고도 한다. 조직이 일정한 목적을 합리적으로 달성하기 위하여 형성되는 사람과 사람 간의 공식적인 관계에 의해 형성된 공식(formal) 조직과 다음과 같은 차이점이 있다.

① 공식조직은 제도상의 조직인데, 비공식조직은 현실상의 조직이다.
② 공식조직은 인위적인 조직인데, 비공식조직은 자연발생적이다.
③ 공식조직은 외면적, 외형적인 조직인데, 비공식조직은 내면적, 내재적인 조직이다.
④ 공식조직은 성문화된 조직인데, 비공식조직은 생동하고 있는 불문적 조직이다.
⑤ 공식조직은 합리적 체계를 중심과제로 하고 있는데, 비공식조직은 인간관계를 그 중심과제로 한다.
⑥ 공식조직은 전체적인 질서인데, 비공식조직은 부분적인 질서이다.
⑦ 공식조직은 능률의 원리에 따라 구성되나, 비공식조직은 감정의 원리에 따라 구성된다.
⑧ 공식조직에 있어서의 권한은 상층의 위임으로 얻어지나, 비공식조직은 구성원 상호간의 양해와 승인으로 얻어진다.
⑨ 공식조직은 항상 확대 성장되어 나가나, 비공식조직은 항상 소집단상태로 유지된다.
⑩ 공식조직은 직위, 직계 등 법률상의 권한에 중점을 두고 있으나, 비공식조직은 인간과 그들의 관계에 중점을 둔다.

3) 협동의 문제

경영조직에 있어서 인간관계의 문제는 협동의 문제이다. 이 협동의 문제는 한편으로는 노사관계의 문제에 대한 해명을 필요로 하나, 인간관계론은 이것과 아울러 경영에 있어서 민주적 인간관계를 확립하려는 것이다.

이 민주적 인간관계를 형성해야만 비로소 복수의 인간활동을 합리적으로 통괄한 체계로서의 조직이 형성된다. 따라서 여기에서 문제되는 협동문제는 전근대적인 가부장제적인 것이 아니고, 민주적 인간관계라는 새로운 협동문제로서 제기되는 내용의 것이다.

4) 합리적 요소와 감정적 요소의 관계, 조직과 인간의 관계를 어떻게 조화시키는가의 문제

경영조직에 있어서 합리적 요소가 확대되면 될수록 감정적 요소와 충돌하게 되며, 또 조직적 요소가 개입하면 할수록 인간적 요소와는 모순되는 관계가 생긴다. 따라서 이들 간의 관계를 어떻게 조화시킬 것인가의 문제가 중요한 과제로 제기되는 것이다.

4 단체급식 시설의 조직 및 운영 형태

1. 단체급식시설의 조직 편성

단체급식시설의 일반적인 조직 편성은 그림 5-6(a~c)와 같다.

단체급식시설의 운영형태는 얼마 전까지만 해도 규모가 작고 또한 그 중요성이 인정되지 않았기 때문에 주로 그 시설의 설치자 자신에 의하여 비합리적인 방법으로 운영되어 왔다. 그러나 최근에 와서는 사회의 발전과 산업의 분화, 그리고 급식시설의 규모가 확대되고 또한 그 중요성이 점점 크게 인식되어 독립된 별도 기관이나 또는 전문경영인에 위탁하여 합리적으로 운영하는 방식으로 변환되고 있다.

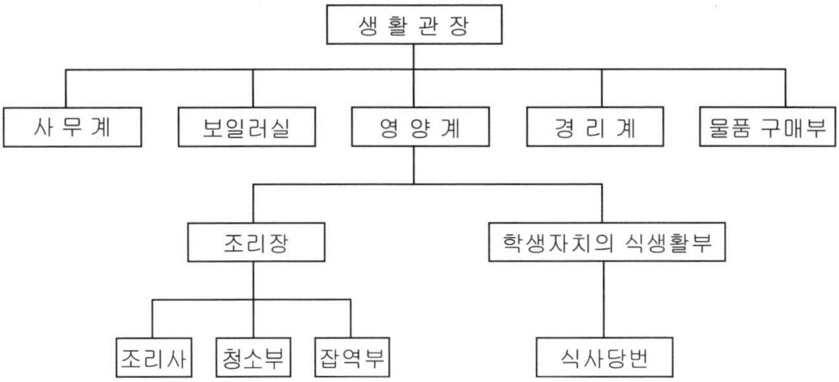

그림 5-6(a). 우리나라 S여자대학 기숙사의 급식 조직
(참고자료 : 김덕권, 급식경영학, 신광출판사, 1996)

1) 직영 방식

이 방식은 가장 초기적인 것이며, 소규모 급식시설에서 주로 이용하고 있는 운영방식으로서, 그 시설의 설치자 자신이 직접 운영하는 방식이다. 이 방식은 병원급식, 학교급식, 일부 산업급식 또는 복지시설급식에서 채택하고 있다. 일반적으로 수익성을 추구하지 않으므로 정해진 예산을 효과적으로 활용하고, 고객의 필요와 요구를 만족시킴으로써 급식운영의 합리화를 도모하는 것이 주된 목적이다.

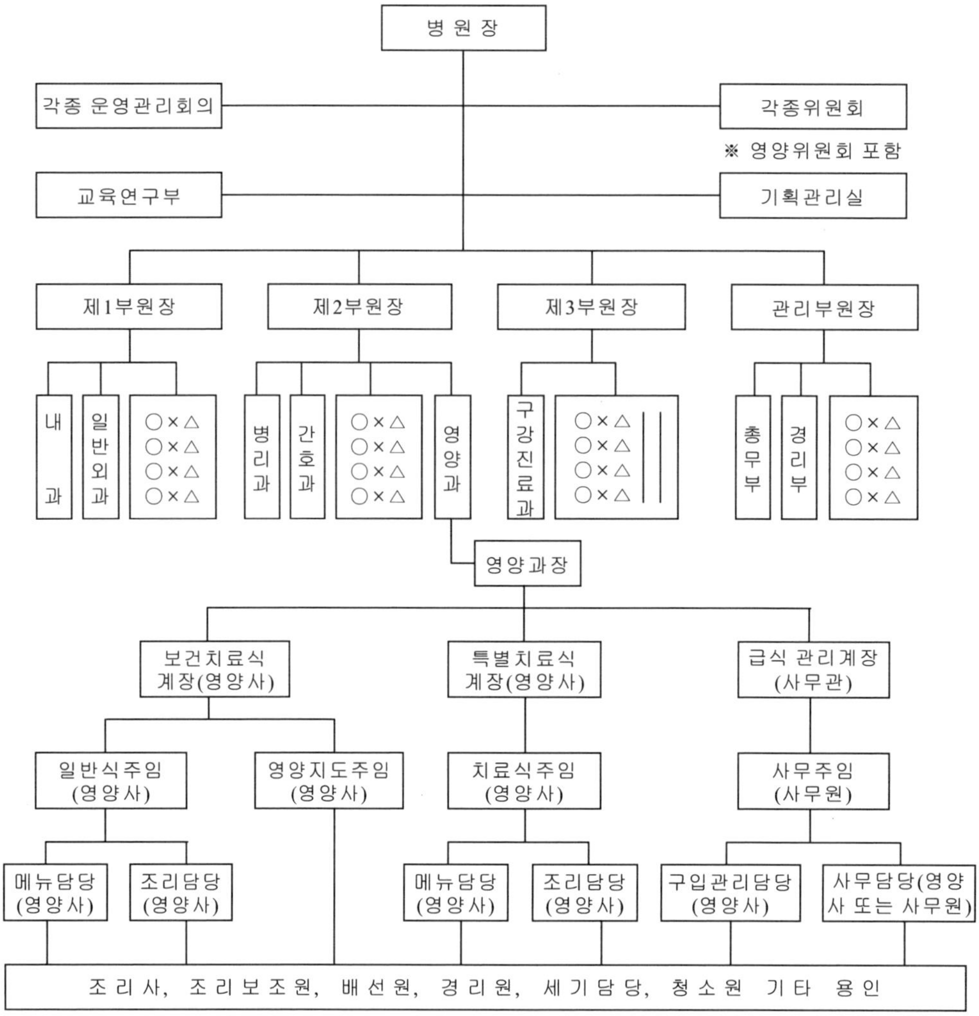

그림 5-6(b). 우리나라 S대학병원의 급식 조직

(참고자료 : 김덕권, 급식경영학, 신광출판사, 1996)

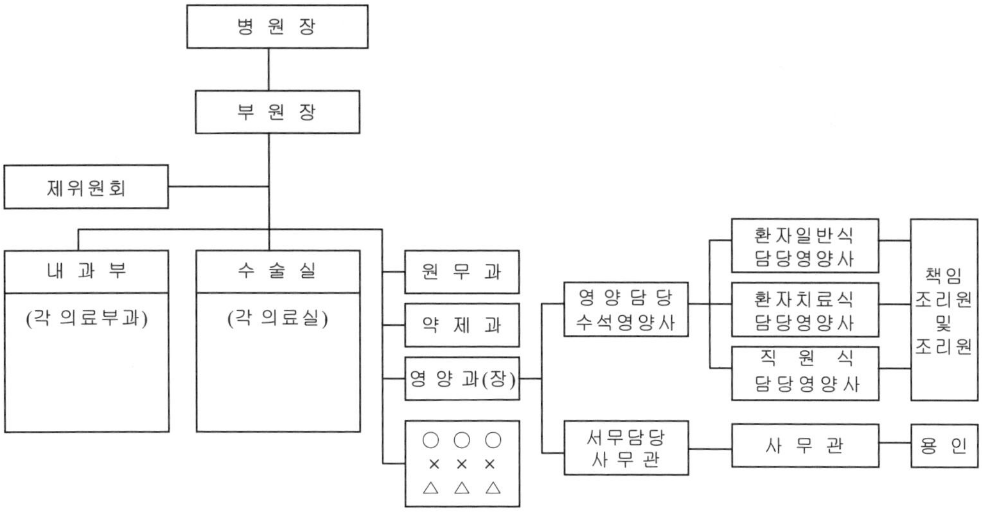

그림 5-5(c). 우리나라 S병원의 급식 조직

(참고자료 : 김덕권, 급식경영학, 신광출판사, 1996)

이 방식의 장점은 급식시설의 설치 목적이나 영양 및 위생면에 있어서 설치자의 운영방침이 그대로 적용될 수 있다는 점이고, 단점으로는 고용이 비교적 안정되어 있기 때문에 오히려 작업의욕이 떨어지고, 조리기술의 향상이나 작업개선이 결여되고, 경비절감의 실현을 기대하기 어렵다는 점이다.

2) 위탁 방식

이 방식은 단체급식시설의 운영을 전문 경영인인 제3자에게 위탁하는 방식으로서, 산업급식시설이나 기타 일부급식시설에서 채택하고 있다.

종류로는 전면위탁방식과 업무위탁방식이 있는 바, 전자의 경우는 급식업무를 전부 위탁하는 방식이고, 후자의 경우는 기술제공이 주된 목적이므로 재료비 등은 별도 계산하는 방식이다. 이 방식을 채택할 경우에는 급식 종사자의 노무관리문제나 급식업무의 번잡함을 피할 수 있고, 경비절감을 꾀할 수 있는 이점이 있으나, 반면에 전면위탁의 경우에는 설치자의 의사가 반영되지 않는 단점도 있다. 실제 위탁에 있어서는 식사시간이 길 경우나 대상자가 소수인 경우 또는 통상 경영이 곤란한 시설의 경우에는 업무위탁방식을 채택하는 것이 유리할 때가 많다.

최근 급식산업분야에서는 병원, 일부 기업체의 급식업무를 위탁받아 경영하는 급식위탁경영회사가 등장하여 급식관련분야에서 관심을 모으고 있다.

이와 같이 전문경영회사가 급식업무를 위탁받아 경영하게 되면, 저렴한 가격으로 식재료를 구입하며 작업 및 인력관리, 생산관리 연구나 기술 개발, 메뉴 개발, 업무에 전산시스템 도입 등으로 전문적인 경영에 의한 경영효과를 올릴 수 있다는 장점이 있다.

한편, 위탁 운영시의 단점으로는 다음과 같은 점들이 지적되고 있다.

① 원가조절을 위한 노무비 삭감으로 경험이 적은 신입사원이나 시간제직이 차지하는 비율이 높아져 이직률이 높고 오히려 식품, 시설, 설비, 위생관리에 소홀해질 우려가 있다.

② 계약 후 발생한 업무에 대한 경비를 추가로 지출해야 하는 경우가 생길 수 있다.

③ 명령계통의 이원화에 따라 업무지시의 혼선과 작업의 중복으로 신속한 업무수행에 차질이 생기고, 이에 따라 인건비 낭비가 발생할 수도 있다.

④ 전문성이 부족한 위탁 급식업체와 계약하면 기대에 미치지 못할 수 있다.

⑤ 계약기간이 짧을 경우 안정적인 급식경영을 하기 어려울 수 있다.

3) 조합 방식(준직영 형태)

이 방식은 급식시설의 설치자와 그 시설의 이용자가 협력하여 조합을 결성하고 그 조합으로 하여금 운영하도록 하는 방식으로서, 주로 사업급식 및 기타 일부 급식시설에서 채택하고 있다.

이 조합은 법인격을 갖고 있는 경우와 임의단체인 경우가 있으며, 이 방식은 직영방식의 경우와 같이 시설의 설치 목적에 부응할 수 있도록 되어 있으나, 현실적으로는 어려운 문제점들이 많이 있다.

이상의 각 방식들은 전술한 바와 같이 각각 장, 단점들을 가지고 있다. 따라서 급식시설면을 고려하여 어느 방식이 가장 합리적인가를 신중하게 고찰한 뒤에 가장 이상적인 방식을 결정할 필요가 있으며, 더 나아가서는 결점을 보완하도록 노력하는 것이 중요하다.

그러나 어느 방식을 채택하든 단체급식시설의 종사자 수가 적은 경우에는 신진대사가 잘 이루어지지 않고, 또한 인건비가 증대되면 전문지식 또는 기술의 흡수가 어려워지기 때문에 다른 시설과의 유대를 긴밀히 하여야 한다.

2. 단체급식의 기구

급식의 기구는 식품 구입으로부터 보관, 관리, 저장, 조리, 배식에 이르기까지의 사무를 합리적으로 하기 위하여 따로 독립된 조직을 마련하는 것이 좋다.

영양관리의 중요성을 인식하고 있는 미국에서는 그 조직이 강하고, 또한 그 위치가 상당히 높다. 그러나 우리 나라에서는 아직도 영양관리 즉, 급식조직의 권위를 인정하지 않고 있는 실정이다.

영양관리조직의 운영은 반드시 피급식자측 대표, 영양관리자, 보건관리자 등으로 영양관리위원회를 구성하여 민주적으로 운영하는 것이 좋다.

(1) 목적

급식을 합리화하는 동시에 영양, 기타 외 지식을 향상시키는 것을 목적으로 한다.

(2) 책임자

책임자는 서무과장으로 한다.

(3) 회합

책임자는 매월 1회 회의를 열고 회의록을 기록한다.

(4) 구성

서무과상, 영양사, 구입계, 취사주임, 의무부장 및 각 식당에서 1명

(5) 제안

식사를 취하는 사람은 식당위원을 통하여 제안한다.

(6) 결의

회의에서 결의된 사항은 원장 또는 소장의 결재를 얻어 신속히 실시한다. 이상과 같은 위원회회의를 통하여 급식에 대한 불평과 불만을 해결하고, 음식의 단가와 아울러 영양지도를 할 수 있다. 즉 서로가 실정을 알게 되며, 이해할 수 있게 된다. 급식위원회의 지도사항은 다음과 같다.

① 식단을 먹기 전날 제시
② 급식 전후의 청소와 소독
③ 매월 물가지수
④ 식단계획과 지도
⑤ 영양가 산출표 제시
⑥ 특별한 행사의 특별 식단 작성
⑦ 조리법의 통일 또는 표준

⑧ 조리기구의 연구 및 설치
⑨ 취사작업의 간소화
⑩ 음식의 온도

5 리더십, 동기부여, 의사소통

1. 리 더 십

1) 리더십의 개념

집단에 있어서의 개인은 각각 목표를 가지고 있다. 그 목표는 명확하게 인식되어 있는 것도 있으나 그렇지 않은 것도 있다.

리더십이란 집단목표의 달성을 위해서 구성원의 행동이 효과적인 행동이 되도록 도와주는 것이다. 이 기능은 권위라든가 권한에 의해 타인의 행동에 영향을 미치고 행동을 바꾸는 헤드십(headship : 수장성)과는 아주 다르다.

이러한 기능은 어떠한 집단에서도 볼 수 있는 기능이다. 공식조직 뿐 아니라 자연발생적 비공식조직에서도 볼 수 있으며 기업에서 관리자는 리더십과 헤드십의 2가지 기능을 가지고 있다.

어윅(Urwick L. F.)교수는 리더십을 '다른 사람들이 자연히 거기에 이끌리어 그 사람의 지도를 받고 싶어지게 되는 개인이 갖는 행동의 자력'이라고 정의하고 자신, 개성, 학력, 지성, 의사전달력, 판단력 등이 이에 속한다고 했다. 그 밖에도 학자에 따라 지능, 사교성, 의지의 강도, 지배욕, 독창성 등 여러 가지 인격특성이나 신장, 체중 등의 생리·신체적 특징을 포함한다고 한다.

2) 리더십의 네 가지 유형

(1) 전제형 리더십(autocratic leadership)

대부분의 의사결정을 리더가 내리고 작업을 분담하며 이에 대한 복종을 기대하고 평가도 리더의 기준으로 한다. 매사에 독단적이고 단정적이며 구성원에게 상벌을 내릴 수 있는 능력을 이용하여 지휘하려고 한다.

⑵ 지원형 리더십(supportive leadership)

리더로서 편안하고 우호적인 조직 분위기를 조성하고자 노력하며 따뜻한 인간관계를 중요시한다. 되도록 구성원간의 갈등을 최소화하고자 하며 의사결정에서도 조화를 추구하고자 한다.

⑶ 민주형 리더십(democratic leadership)

리더는 조직 활동의 촉진자, 조언자로서 모든 의사결정은 구성원에 의한 다수결 원칙으로 한다. 조직 구성원이 조직활동을 제안하고 결정하는데 직접 참여하는 것을 권장한다.

따라서 민주형 리더가 이끄는 조직은 응집력이 강하고 적극적이며, 작업성과가 우수하고 조직구성원의 만족도가 높은 경우가 많다.

⑷ 자유방임형 리더십(laissez-faire leadership)

리더가 권한이나 영향력을 거의 행사하지 않고 조직구성원들에게 독립성과 행동의 자유를 부여한다. 리더는 조직에서 소극적인 정보 제공자나 외부 환경과의 중재자로서 활동한다. 이 경우 때로는 조직에 분열이 생기고 성과도 낮아 문제가 될 수도 있다.

2. 동기부여

개인의 목표와 조직의 목표를 달성하기 위하여 사람들의 행위에 영향을 주는 것으로 관리자에게 대단히 중요한 요소이며 조직구성원들이 과업수행을 잘 할 수 있도록 스스로 노력하도록 유도하는 과정이다.

1) 동기부여 이론

(1) 매슬로우(Maslow)의 욕구 계층 이론

욕구란 개인의 만족 추구를 위해 충동을 느끼는 생리적·심리적 결핍 상태를 뜻하는데 개개인의 저차원적 욕구인 생리적 욕구로부터 고차원적 욕구인 자아실현 욕구에 이르는 욕구의 계층을 만족시켜 줌으로써 동기부여가 이루어질 수 있다고 본다.

(2) 허즈버그(Herzberg)의 이요인 이론

동기-위생요인 이론이라고도 한다.

위생요인은 불만족 요인이라고도 하며 직무환경과 관련이 있다. 즉 작업조건, 임금, 동료, 감독자, 부하, 회사정책, 고용 안정성, 대인관계 등과 같은 요인이 포함된다.

동기부여 요인은 만족요인이라고도 부르며 직무내용과 관련이 있다. 즉 직무에 대한 성취감, 인정, 승진, 직무자체, 성장 가능성, 책임감 등이 포함된다.

위생요인 자체가 조직구성원들에게 동기부여를 시키지 못하더라도 위생요인은 반드시 존재하고 있어야만 불만을 방지할 수 있으며 자신의 직무에 대해 만족감을 느끼려면 동기부여 요인이 존재해야 한다.

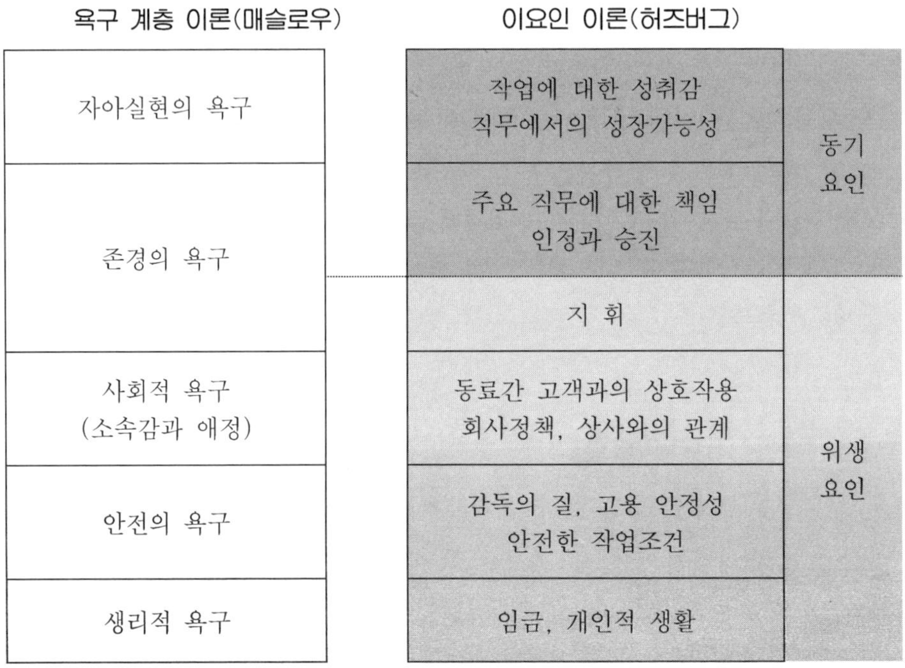

그림 5-6. 욕구 계층 이론과 이요인 이론의 관계

(3) 강화 이론

강화이론이란 보상이 직접적으로 주어지는 행위는 강화되고 반복되는 반면에 보상이 주어지지 않고 벌이 따르는 행위는 반복되지 않는 경향이 있다는 이론이다. 따라서 조직의 관리자는 각각의 상황에 적합한 긍정적 강화, 부정적 강화, 벌과 같은 다양한 강화기술을 이용하여 조직구성원들에게 동기부여를 할 수 있이야 한다.

2) 동기부여의 수단

(1) 임금과 상여금, 주식배당 등으로 공정한 보상이 이루어지도록 한다.
(2) 조직의 목표설정에 종업원을 직접 참여시킨다.
(3) 성과에 대해서 칭찬하고 포상한다.
(4) 직무의 범위와 내용을 확대시킨다.
(5) 경영자는 조직의 비젼을 제시하고 조직의 목표를 정확히 알린다.
(6) 조직 내에서 개인의 능력계발이 가능하도록 지원한다.
(7) 종업원 스스로 계획하고 실행하고 평가할 수 있는 기회를 부여한다.

3. 의사소통

의사소통(communication)의 본질은 단순히 의사의 전달뿐만 아니라, 의사의 상호소통까지도 포함하는 것이다.

의사소통을 한 마디로 표현하면, "둘 혹은 그 이상의 사람들 간에 사실, 생각, 의견 또는 감정의 교환을 통하여 공통적 이해를 이룩하고 수용자측의 의식이나 태도 또는 행동에 변화를 일으키게 하는 일련의 행동"이라고 할 수 있다. 이와 같이 의사소통은 상호간의 공통적 이해가 중심이 되는 것이므로, 의사의 단순한 전달만으로 이루어지는 것이 아니고, 상대방이 전달한 의사를 이해했을 때 비로소 성립되는 것이다. 이와 같은 의사소통은 주로 언어, 그림 및 동작을 매개로 하여 이루어진다.

한편, 의사소통의 원칙을 살펴보면 다음과 같다.

(1) 명료성의 원칙

상대방이 전달받은 내용을 정확하게 이해할 수 있으려면 무엇보다도 명확하고도 평이한 언어를 사용해야 한다는 것이다.

(2) 일관성의 원칙

전달되는 내용은 전후가 모순되지 않고 시종 일관성이 있어야 하며, 특히 중간관리층의 지시나 명령은 최고관리층의 그것에 부합되어야 한다는 것이다.

(3) 적기적시의 원칙

의사소통은 적기적시에 이루어지지 않으면 그 효력을 십분 발휘할 수 없다는 것이다. 따라서 시의적절한 시기를 택해야 한다는 것이다.

(4) 분포성의 원칙

의사소통은 고위층에서부터 하부에 이르기까지 골고루 분포되어야 한다는 것이다.

(5) 적량성(적당성)의 원칙

의사소통의 전달내용은 그 양에 있어서나 세부사항에 있어서 적당한 양이어야 하며, 너무 많거나 또는 너무 세분되거나 반대로 지나치게 간략하게 요약되어서는 안된다는 것이다.

(6) 적응성의 원칙

의사소통의 내용이 지나치게 세밀하게 규정되어 엄격한 제약성만을 고집한다면 효율적인 성과를 거둘 수가 없기 때문에 수용자가 상황에 따라 재량행동을 할 수 있도록 융통성과 신축성이 있어야 한다는 것이다.

(7) 수용성의 원칙

의사소통의 내용은 수용자에게 수용 가능한 성질의 것이어야 한다는 것이다. 그래야만 그들이 그 전달내용에 대해 적극적인 반응을 나타내게 되는 것이다.

2) 의사소통의 방법

(1) 공식적 의사소통

공식적 의사소통은 공인된 권한을 바탕으로 하여 정보의 흐름을 제도화시킨 합리적인 의사전달 체계이다.

공식적 의사소통의 목표에는 다음과 같은 세 가지가 있다.

- 계층제를 통한 상층 부문의 의사결정 및 방침의 전달
- 관리계층에게 조직의 전반 목표를 전달하여 이해시키는 것
- 업무계층에게 조직의 전반 목표를 전달하여 이해시키는 것

여기에는 상향적, 하향적, 수평적 의사소통이 있는데, 특히 상하 간의 의사소통은 명령이 하달되면 그것은 수용자의 행위가 되어 반응되고, 바로 보고로서 위로 전달되는 소위 이로적(二路的) 의사소통(two ways communication)을 형성한다.

① 하향적 의사소통(上意下達方式)

조직 상층부의 의사가 하부로 전달되는 의사소통으로서, 여기에는 명령과 통보가 있다.

명령이라 함은 지시와 같이 명령이라는 용어를 사용하지 않더라도 그 내용이 어떤 문제에 대하여 상사가 부하에게 작위를 요구하는 성질의 것인 경우에는 모두 명령의 의미로 사용된다. 이와 같은 명령은 관리활동의 중핵을 이루는 것으로서 목표달성에 절대 불가결한 것이다. 명령의 형식에는 문서명령과 구두명령이 있다.

여기에서 문서명령과 구두명령은 어느 방법이 더 효과적인가 하는 것은 경우에 따라 다르겠지만 다음과 같은 경우에는 문서명령이 훨씬 효과적이다.

㉠ 명령을 수령자 이외의 사람에게도 전달할 필요성이 있을 경우
㉡ 내용에 정밀한 숫자나 도표가 있을 경우
㉢ 작업방법이나 순서에 관해서 정확히 전달할 필요성이 있을 경우
㉣ 책임을 명백히 해야 할 경우
㉤ 장기간에 걸쳐서 많은 사람들에게 이행시킬 필요성이 있을 경우

이에 반하여 구두명령은 다음과 같은 경우에 효과적이다.

㉠ 긴급을 요할 경우
㉡ 간단한 지시나 조언을 할 경우
㉢ 문서명령을 한 뒤에 재강조의 필요성이 있을 경우
㉣ 수령자가 싫어하는 일을 시킬 경우

한편, 통보란 구성원에게 사실을 주지시키고 그들의 식견을 높이기 위한 목적으로 행해지는 모든 의사전달을 말하는 것으로, 이의 방법에는 편람, 핸드북(handbook), 게시판, 구내방송, 기관지(사내보) 등이 있다.

② 상향적 의사소통(上意下達方式)

조직의 하부의사가 상부로 전달되는 의사소통으로서 여기에는 보고, 내부결제제도, 기타 인간관계적 전달방법 등이 있다.

③ 수평적 의사소통

조직계층으로 보아 수평적인 관계에 있는 종업원에게 전달되는 의사소통으로서, 전형적인 것으로는 상호협조제도가 있다.

(2) 비공식적 의사소통

비공식적 의사소통은 합리적인 조직목표와는 관계없이 구성원 상호간에 자연발생으로 이루어지는 의사전달체계를 말한다.

조직의 공식적 의사소통이 아무리 잘 이루어진다고 하더라도 그것에 의하여 구성원들이 필요로 하는 모든 정보를 다 전달하기에는 부족한 것이다. 따라서 항상 비공식적 의사소통은 공식적 의사소통에 비하여 전달속도가 매우 빠르며 또한 융통성을 가지고 있다.

비공식적 의사소통은 다음과 같은 이점을 가지고 있다.

① 관리자로 하여금 종업원의 동태파악을 용이하게 한다.

② 종업원들의 심리적 긴장을 완화시켜 준다.

③ 엄격한 명령이나 지시를 인간적이고 부드러운 형태를 바꾸어 준다.

④ 공식적 커뮤니케이션이 공급하지 못하는 유익한 정보를 전달해 준다.

이에 반하여 비공식적 의사소통은 무책임한 소문을 유포시킬 가능성이 있다는 단점도 있다. 따라서 비공식적 의사소통은 조직 운영상에 불가결한 요소로 인정되고 있으며, 다른 한편으로는 조직에 있어서 여러 문제점을 야기시키기도 한다.

(3) 의사소통의 장애요인

조리관리상 공식적 의사소통이 아무리 합리적으로 운영되고 또한 비공식적 의사소통도 활발하게 작용한다고 하더라도 효과적인 의사소통을 위해서는 근본적으로 내재하는 여러 장애요인을 제거하지 않으면 안 된다.

일반적으로 상하 간에 의사나 정보 등이 원활히 전달되고 있는 것으로 생각되고 있으나 현실적으로는 예기치 못한 복잡한 요인이 발생하는 경우도 있고, 또 중간에서 차단되는 경우도 있으며, 때로는 왜곡된 상태로 전달되는 경우도 있다. 이러한 현상이 나타나는 장애요인을 살펴보면 잘 안될 때가 있다.

① 불통되는 용어의 사용

사용하는 용어 중에 어려운 한문이나 지나친 공식적 용어, 은어 등 이해가 잘 안되는 용어의 사용으로 전달이 잘 안될 때가 있다.

② 용어에 대한 관습의 차이

어떠한 용어를 사용할 때 상대방도 자기와 똑같은 이미지를 가질 것으로 생각하기 쉽다. 예컨대 임금이란 용어를 사용할 때 경영자는 비용을 연상하기 때문에 억제하려는 방향으로 생각하나, 종업원은 소득을 연상하기 때문에 쟁취하려는 방향으로 생각하게 된다.

이와 같이 상호간의 언어에 대한 관습의 차이 때문에 전달하고자 하는 의미가 상이한 형태로 전달되는 경우가 있다.

③ 환경과 표정에 따른 의미의 가감

정보의 내용은 전달자의 태도, 어도, 표정 등과 장소에 따라서 달라지기도 한다. 그렇기 때문에 전달하고자 하는 내용이 때로는 보강되기도 하고, 오해를 가져오기도 하며, 또한 수신자에 의해 정보가 간소화되기도 하고 변질되기도 한다.

④ 수신자 가치관의 상이

동일한 내용의 정보라 할지라도 수신자의 가치관이나 심리적 태도에 따라 상이한 내용으로 전달되는 경우가 있다. 인간은 자기의 태도나 가치관에 부합되는 정보에 대해서는 일반적으로 감수성과 수용이 빠르지만, 그것과 모순되는 경우에는 감수성이 둔하고 수용이 용이하지 않아 의사소통이 저항을 받게 된다.

⑤ 선입관에 의한 왜곡

사람은 어느 사태에 대한 선입관으로 인해서 정보의 내용이 왜곡되는 경향이 많다. 예컨대 어느 조직에서 감원이 곧 있을 것이라는 루머가 떠도는 중에 업무간소화 계획이 발표된다면 이러한 선입관으로 인하여 그 정보는 감원이 있을 것이라는 내용으로 와전되게 된다.

⑥ 정보의 고의적 독점

일반적으로 널리 전달해도 괜찮을 정보를 특정인이 고의적으로 독점함으로써 심리적 만족감을 느끼며, 그것으로 타인을 통제하는 수단으로 이용하려고 한다. 이러한 경향은 특히 불안정한 사람이 자기의 무능력을 은폐하려는 수단으로 이용하는 경우가 많다.

⑦ 지리적 거리

경영규모가 확대됨에 따라 조직단위 간의 지리적 거리가 멀어져 정보전달이 곤란해진다. 물론 통신수단의 발달로 어느 정도 해결할 수는 있으나 대면적(對面的) 전달이 불가능하므로 의사소통의 곤란성은 여전히 남게 된다.

⑧ 지위상의 차이

계층 간의 의사소통에는 수식과 왜곡을 가져오기가 쉽다. 특히 상사의 기분을 상하게 할 성질의 정보는 수식되거나 또는 아예 중단되는 경우가 많다. 그렇기 때문에 상층관리자들은 정확한 상황 판단이 자연히 어렵게 된다.

⑨ 전달자의 자기옹호

전달자의 개인적인 입장을 곤란하게 하는 정보는 그 사람의 의식적인 자기방어에 의해서 수식되거나 또는 묵살되는 경향이 있다.

(4) 의사소통의 개선 방안

이상에서 살펴 본 의사소통의 장애요인은 대부분의 조직에서 흔히 찾아볼 수 있는 것들이다. 이러한 장애요인들을 정확히 파악함으로써 관리자들은 조직 내 의사소통 개선에 필요한 올바른 조치를 취할 수 있다.

의사소통의 유효성을 개선하는 책임은 발신자뿐만 아니라 수신자에게도 있다. 다음에 제시하는 방안은 대인관계의 개선과 아울러 의사소통의 개선에도 많은 도움이 될 것이다.

① 의사소통 목적의 설정

의사소통에 임하기 전에 발신자는 의사소통을 통하여 무엇을 전달하려고 하는지를 결정해야만 한다. 의사소통의 목적 여하에 따라 의사소통의 형태가 달라진다.

예컨대, 의사소통의 목적이 정보를 단순히 파급시키는 데 있다면 말을 조리있게 하거나 글로 잘 써서 메시지를 전달하면 되지만 만일 목적이 다른 사람의 태도를 변화시키는 데 있다면 보다 능숙한 의사소통 솜씨와 감정이입적 의사소통이 요구된다.

② 적절한 언어의 활용

발신자는 자신이 전달하고자 하는 생각을 명확히 정리하여 적절한 메시지(구두, 문체, 몸짓 등)로 변환시켜야 한다. 여기서 적절한 언어란 간단하고 명료한 말을 뜻한다기보다 수신자가 쉽게 파악하고 이해할 수 있는 말이나 몸짓 또는 상징체제를 뜻한다.

그러므로 발신자는 수신자가 가장 잘 이해할 수 있는 언어가 무엇인지를 정확히 파악하여 가장 적절한 방법을 사용하여야 할 것이다. 또한 발신자는 언어적 메시지와 비언어적 메시지를 일치시켜 사용해야 하며 중요한 사항은 몇 번씩 강조해야 한다.

③ 감정이입적 의사소통

발신자는 수신자가 메시지를 받아들여 해석하는 준거의 틀(가정, 태도, 신념 등)을 이해해야만 한다. 이러한 형태의 의사소통을 감정이입적 의사소통이라고 한다.

감정이입적 의사소통을 하려면 발신자와 수신자가 자기 자신을 서로 상대방의 준거의 틀에 위치시켜야 한다. 감정이입적 의사소통은 여러 가지 의사소통 문제점을 해결해준다. 감정이입적 의사소통의 능력을 배양하기 위해서는 의사소통 당사자들이 상대방의 견해를 잘 알고 있다고 안심하지 말고 상대방의 견해를 완전히 이해할 때까지 성급한 판단을 피해야 할 것이다.

④ 발신자의 신뢰성 개선

논의되고 있는 주제에 대해서 발신자가 전무한 지식을 가지고 있거나 구체적인 정보를 가지고 있다면 그의 신뢰성은 증가된다. 또한 발신자의 행동 역시 신뢰성에 영향을 미친다. 우리는 주위에서 자신의 선거공약을 지키지 않아 신뢰성을 손실하는 경우를 자주 본다. 언행이 일치하지 않는 사람이 다른 사람에게 신뢰를 주지 못한다는 것은 너무도 당연한 사실이다.

⑤ 피드백의 독려

효과적인 의사소통은 발신자가 수신자로부터 적합한 피드백을 받았을 때에만 가능한 것인데 이와 같은 피드백은 수신자에게 메시지가 의도했던 대로 전달되었는지의 여부를 발신자가 알게 해준다. 쌍방향적 의사소통과 비언어적 메시지에 대한 민감성은 피드백이 활발히 이루어지도록 한다. 그러나 수신자가 생각할 때 자신이 보낸 피드백을 발신자가 진심으로 받아들이지 않거나 존중하지 않는다고 느낀다면 피드백은 아무 쓸모가 없다.

⑥ 신뢰분위기 조성

의사소통은 당사자들이 서로를 신뢰하지 않는다면 효과적으로 이루어지지 못한다. 만일 당사자들이 상대편에서 자신이 제공해 준 정보를 오용하거나 남용할까 두려워한다면, 정보제공을 망설이거나 피드백을 유보할 것이다.

그러므로 의사소통이 실제로 이루어지기 전에 미리 신뢰의 분위기부터 조성해야 한다. 그러나 만약에 의사소통이 효과적으로 이루어지지 않는 이유가 신뢰의 분위기 부족 때문이라면 그것은 의사소통상의 문제라기보다는 대인관계상의 문제인 것이다.

⑦ 적절한 매체의 선정

관리자들은 정보를 교환하기 위해 다양한 매체에 의존한다. 매체의 선정은 의사소통의 목적에 따라 달라진다.

레벨(D. Level)은 의사소통 매체를 선정하는 데 활용할 수 있는 지침을 다음과 같이 제시했다.

㉠ 구두매체만 사용해야 하는 경우 : 업무의 진행이 늦거나 업무처리내용이 불충분할 때 또는 구성원들 간에 불화가 발생했을 때 등 종업원들에 관련된 문제가 생겼을 때에는 구두매체만을 사용하는 것이 좋다. 그러나 조직의 지침, 공시사항, 정책변경 등 일반적으로 널리 알려야 하는 성격을 지닌 내용을 전달할 때 구두매체만을 사용하는 것은 좋지 않다.

㉡ 서면매체만을 사용해야 하는 경우 : 구성원들에게 널리 알려야 할 성격의 정보나 일정기간이 흐른 후에 행동에 옮겨야 할 일에 관련 정보를 전달할 때에는 서면매체를 사용하는 것이 바람직하다. 서면매체는 즉각적인 행동을 요하는 일에 관한 정보의 전달, 다른 사람과 상의가 필요한 일, 대인관계상의 문제해결 등에는 적합하지 않다.

㉢ 구두매체를 사용한 서면매체를 사용해야 하는 경우 : 이는 대부분의 상황에서 유효한데, 특히 즉각적인 행동을 요하는 일이나 업무관계 지시사항, 조직의 정책변경, 조직의 지침 등의 전달에 바람직하다.

㉣ 서면매체부터 사용한 구두매체를 사용해야 하는 경우 : 기업의 관리자들은 이러한 방법을 좀처럼 사용하지 않는 것으로 밝혀졌다.

⑧ 평가적 판단의 회피

발신자가 메시지를 완전히 전달하기도 전에 수신자가 그 내용을 성급히 판단하면 발신자의 메시지를 제대로 이해할 수도 없을 뿐더러 발신자를 방어적인 태도로 돌변하게 만들 수도 있다.

사람들은 다른 사람과 대화를 나눌 때, 상대방이 자기를 평가하고 있다는 사실을 알아차리면 그 사람의 호감을 사려고 최선을 다하는 경향이 있다. 그러므로 종업원들은 자신의 업무성과가 시원치 않을 때에는 관리자들과 대화하는 것을 꺼린다.

발신자에 대해서 긍정적인 평가를 성급히 하는 것도 부정적인 평가를 성급히 하는 것만큼이나 좋지 않은 결과를 초래한다. 왜냐하면 이러한 것은 다분히 피상적인 반응으로 여겨질 수 있기 때문이다. 그러므로 수신자는 수용과 신뢰 그리고 이해를 촉진시키는 분위기를 조성하는 노력을 해야만 한다.

⑨ 전제적 의미의 파악

수신자는 발신자가 전달하는 메시지의 전체적인 의미를 능동적이고 주의깊게 경청함으로써 신뢰와 이해의 분위기를 조성할 수 있다. 메시지에는 그것이 직접적으로 전달하고자 하는 내용과 감정이 포함되어 있는데, 수신자가 메시지의 의미를 완전히 이해하려면 이 두 가지 요소를 조화시켜 받아들여야 한다. 많은 경우에 메시지의 기저에 깔려 있는 감정이 메시지의 내용보다 중요할 때가 많다.

따라서 수신자는 발신자가 전달하는 메시지에서 그러한 감정의 요소를 잘 파악해야만 메시지의 전체적인 의미를 이해할 수 있게 된다. 또한 메시지의 감정요소는 대개 음성의 고저, 표정, 자세 등 비언어적 표현에서 나타나는데 수신자는 발신자의 메시지를 경청하면서 이러한 메시지도 감지해야만 메시지의 전체적인 의미를 완전히 이해할 수 있게 된다.

⑩ 반응적 피드백의 활용

반응적 피드백이란 발신자가 말하는 바가 무엇이고 발신자가 특정한 문제에 대해서 어떻게 느끼고 있으며 또한 그 문제에 어떻게 반응하는가 등을 수신자가 이해하고 있다는 사실을 발신자에게 일깨워 주는 반응을 말한다.

이와 같은 반응적 피드백을 하는 목적은 방어적 분위기가 감돌지 않는 건설적인 대화를 통하여 의사소통에 요구되는 공통적인 이해기반을 구축하는 데 있다고 할 것이다.

보다 능동적인 경청방법은 발신자에게 발신자가 느끼고 말하는 사실 등에 청취자가 관심을 갖고 있다는 반응을 보여주는 것이다. 이러한 반응은 발신자에 대해서 청취자(수신자)가 갖고 있는 관심이나 감정을 매우 효과적으로 전달해준다. 이러한 경청태도는 상대방으로 하여금 그와 유사한 태도를 보이게 한다.

수신자는 발신자가 말한 내용을 자신이 되풀이하여 진술해주거나 주연해 줌으로써 경청능력을 배양하는 계기를 마련할 수 있을 것이다.

6 장

인 사 관 리

1 인사관리의 기초

1. 인사관리의 의의

1) 인사관리의 의의와 목표

인사관리란 조직의 구성원들이 자발적으로 조직의 목적 달성에 적극적으로 기여하게 함으로써 조직의 발전과 함께 개인의 안정과 발전을 도모할 수 있도록 하는 조직내의 사람을 다루는 철학과 그것을 실현하는 제도 및 기법의 체계이다. 각 조직의 경영자는 인사 철학을 구체적인 인사방침으로 밝혀 인사결정을 내리는 데 있어서 항상 이와 같은 원칙을 따르도록 함으로써 합리적이고 일관된 인사관리가 이루어질 수 있도록 해야 한다.

인사관리의 목표는 생산성 목표와 유지목표를 함께 달성하는 것이다. 따라서 인사관리 시에는 조직의 과업 목표(생산성) 달성뿐만 아니라 조직자체의 유지 또는 조직원의 개인목표(인간성)도 함께 고려해야 한다. 즉 조직내에서 물건이나 돈이 관리대상인 생산관리나 재무관리와 달리 인사관리는 관리대상이 사람이므로 인사관리자는 사람의 행동특성을 잘 이해할 필요가 있다.

2) 인사관리의 중요성

인사관리는 경영활동의 성과에 큰 영향을 미친다. 기업이 자금과 기계, 원료 등의 생산요소를 결합하여 가치를 창조하는 것은 이를 결합하는 인간의 정신적·육체적 노력에 의한 것이며, 이들 성과는 기업에 참가한 많은 상이한 활동을 하는 사람들의 협동에 의하여 이루어지는 것이다.

이와 같이 인간이 조직을 통하여 그 각각의 능력을 발휘하는 과정을 적절히 기업 전체의 기능과 연결시키는 것은 경영성과를 높이는 데 중요하면서도 가장 어려운 기능 중의 하나이다.

특히 급식산업은 노동집약적인 산업으로 생산과정에서 인력의 의존도가 높다. 적절한 인원을 선발하여 적시적소에 배치하고 계획된 음식과 서비스를 제공하기위해 교육훈련, 관리감독하는 과정에서 인적자원의 투입과 활용이 매우 중요하다.

기업이 인사관리를 잘하여 기업의 성과를 높인다면 이는 바로 기업의 기본적인 기능, 즉 고객에게 보다 좋은 상품이나 서비스를 보다 좋은 조건으로 제공하는 결과를 가져오므로 이는 사회의 복지를 높이는 기본 방향이 된다.

2. 인사관리의 내용

인사관리의 내용은 각각 그 나라에 따라서 서로 상이한 특이성을 가지고 발달했기 때문에 동일할 수는 없다.

Dole Yoder는 인사관리의 내용을 기획, 감사와 검토, 부문관리, 연구조사, 인원충당, 교육 훈련, 임금관리, 인사고과, 승진·전직 및 퇴직, 안전 위생, 복리 후생, 노동관리, 기록 보고 등으로 분류하였다. 또한 일반적으로 인사관리는 직무 연구, 종업원의 채용 및 배치, 교육 훈련, 인사이동, 인사고과, 직계제, 복무 규칙, 임금·복리 후생, 인간성과 인간관계 훈련, 안전관리, 노사관계 등으로 구분한다.

인사관리에서 과거에 비해 최근 변화된 환경요인을 살펴보면 인적자원의 구성면에서는 여성인력과 중·고령층 인력, 시간제 근무자의 채용이 증가되었고, 전체적으로 주 5일제의 정착과 더불어 경제적인 여유가 생기면서 종사원들의 일에 대한 가치관이 변화되었다. 한편 조직의 규모가 확대되면서 인사관리 전담부서 설치, 인사관리 정보화 시스템 도입 등을 통한 체계적인 인사관리를 수행하고 있다. 또한 성별이나 학력에 따른 고용기회나 임금 격차가 점차 해소되고 있으며 기업 활동이 국제화되면서 외국에서 활동하는 인력도 증가되고 있다.

2 인적 자원의 계획과 확보

1. 직무관리

1) 직무 분석

직무분석이란 일정한 직무를 효과적으로 수행하기 위하여 종업원에게 요구되는 숙련, 지식, 능력 및 책임 등과 같은 직무수행상의 여러 조건을 결정하는 과정이다.

직무분석의 1차적인 목적은 직무기술서나 직무명세서를 작성하여 직무를 평가하는 데 있으며, 2차적인 목적은 종업원의 합리적인 채용관리, 교육훈련관리, 임금관리, 책임의 명확화, 작업조건의 개선 등을 위한 기초자료로 이용하고자 함이다.

(1) 직무 분석의 방법

직무분석의 방법 중에서 일반적으로 널리 이용되는 것은 면접법, 설문지법, 종합법이다.

① 면접법

면접과 관찰을 병용하여 직무를 분석하는 방법으로 가장 많이 이용되고 있다. 이 방법은 직무에 관한 지식을 비교적 정확하게 얻을 수가 있는 장점이 있으나 직무의 수가 많을 때에는 시간과 비용이 많이 소요되므로 광범위한 실시는 불가능한 단점이 있다.

② 질문지법

직무에 관한 지식 또는 근무조건 등을 질문지로 작성하여 종업원에게 기입하도록 하는 방법이다. 이 방법을 채택할 경우에는 직무에 관한 지식을 비교적 광범위하고 신속하게 얻을 수 있다는 장점이 있는 반면에, 질문지의 내용 구성이 쉽지 않으므로 보다 완전한 정보를 얻기가 힘들다는 단점이 있다.

③ 종합법

면접법과 질문지법의 장점을 도입하여 종합적으로 분석하는 방법이다.

(2) 직무기술서와 직무명세서

직무분석의 결과는 그 직무를 담당하거나 감독하는 사람들 또는 모든 관계인들이 용이하게 이해할 수 있도록 간단하고 명확하게 기록하고 정리하여, 언제든지 그들이 이용할 수 있도록 보존해야 한다. 이러한 필요성에서 마련된 것이 직무기술서와 직무명세서이다.

① 직무기술서

직무기술서는 직무분석의 결과 얻어진 각종 정보, 즉 직무의 내용, 성질, 수행방법 등에 관한 정보자료를 일정한 양식에 따라 기록한 문서로 직무해설서라고도 한다.

▣ 직무기술서의 작성에 유의할 점

㉠ 직무명칭

㉡ 직무활동과 절차, 수행되는 과업, 사용되는 원재료・기계, 다른 작업자와의 공식적 상호작용을 하거나 받는 감독의 성격과 범위 등

㉢ 작업조건, 열, 조명, 소음, 작업 장소, 물리적 위치, 위험한 조건 등

㉣ 작업 집단의 인원수와 작업수행에 필요한 대인간 상호작용의 양에 관한 정보 등

㉤ 고용조건, 작업시간, 임금구조, 임금형태, 부가급부, 공식조직에서 직무의 위치, 승진・이동의 기회 등

▣ 직무기술서의 작성에 유의할 점

㉠ 표현이 명료해야 한다. 직무기술서는 그 직위의 일을 묘사하여 다른 것에 의존하지 않고도 그것이 명확하도록 해야 한다.

㉡ 범위를 명시해야 한다. 직위를 정의함에 있어서는 그 일의 범위와 성격을 확실하게 지적하도록 해야 한다.

㉢ 구체적이어야 한다. 예컨대 일의 종류, 복잡성의 정도, 요구되는 기능의 정도, 문제가 표준화되는 정도, 일의 각 단계에 있어서 작업자의 책임정도 등을 구체적으로 기록해야 한다. 일반적으로 낮은 직위에 대해서는 보다 세세한 과업설명이 필요하고, 상위직에 대해서는 보다 넓은 측면에서 설명하도록 해야 한다.

㉣ 감독책임을 나타내야 한다. 직위담당자에 의해 감독책임이 어떻게 수행되는가를 명확히 보여 주어야 한다.

㉤ 단순해야 한다. 단순하고 정확한 표현이 직무기술의 목적을 가장 잘 달성한다.

㉥ 재검토를 해야 한다. 마지막으로 직무기술이 기본적 요건을 충족하고 있는지 다시 검토하여 새로운 종업원이 그것을 읽고 그 직무를 이해

할 수 있는지를 고려해야 한다.

② 직무명세서

직무에 대한 성질, 수행방법 등에 관한 것을 일정한 양식에 따라 기록한 문서이다. 이것은 직무표식, 직무개요, 직무내용, 직무요건 등으로 구성된다. 반드시 직무명세서로 종업원의 할 일을 명확하게 지시하는 동시에 책임의 한계를 인식시킨다.

▣ 직무명세서에 포함되는 내용

㉠ 직무명칭
㉡ 교육 : 최소 교육년수, 교육의 형태, 직무와 관련된 특정분야의 교육내용
㉢ 육체적 특성과 건강 : 일반적인 신체적 특성, 정서적 안정성 등
㉣ 지적 능력 : 지수화
㉤ 특수한 능력 : 타인과의 협동 작업능력, 손을 사용한 기능 등
㉥ 과거 직업경험 : 타 분야에 종사한 최소 1년 이상의 경험
㉦ 특수한 지식 혹은 기능 : 서류파일, 기록 확인, 자료정리, 보고서작성 등에 관한 지식·기능
㉧ 성숙 가능성 : 2년 이내 증가되는 책임을 담당할 수 있는 가능성
㉨ 기타 : 2년 이내 직무담당자가 승진할 준비가 될 수 있는가의 여부

2) 직무 평가

직무평가란 조직에 있어서 각 직무가 지니고 있는 중요도, 난이도, 위험도 및 생산효과 등을 평가하여 그 가치를 정하는 체계적인 방법을 말한다.

직무평가는 각 부서별 평가와 개인별 평가가 실시되는데 평가 결과는 임금 관리, 승진 등에 영향을 미칠 수 있으므로 공정한 평가가 이루어지도록 해야 한다.

직무평가 방법에는 서열법, 분류법, 점수법, 요수비교법 등이 있다.

(1) 서열법

가장 오래되고 간단한 방법으로 직무 수행에 요청되는 지식, 숙련, 책임 등을 비교하여 가장 단순한 직무를 최하위에, 가장 중요한 직무를 최상위에 배정함으로써 순위를 결정하는 방법이다.

이 방법은 직무의 등급을 신속하게 매길 수는 있으나 직무의 수가 많거나 그 내용이 복잡한 경우에는 실효성이 없다.

(2) 분류법

여러 등급으로 분류해놓고 각 직무를 적절히 맞추어 넣는 방법이다. 분류 등급은 직무의 수나 복잡성의 정도에 따라 달라진다. 이 방법은 서열법과 마찬가지로 직무 배정을 합리적으로 할 수 없다는 결점이 있다.

(3) 점수법

직무를 각 구성요소별로 그 중요도에 따라 점수를 매긴 후에 이 점수를 합산하여 직무의 가치를 평가하는 방법이다.

이 방법은 각 직무의 상대적 차별을 명확히 확인할 수 있으나 평가요소의 선정이 어렵고, 평가요소를 중요성에 따라 점수를 배정하는 과정에 어려움이 있다.

(4) 요소비교법

가장 핵심이 되는 몇 개의 직무를 기준으로 선정하고 각 평가요소를 기준이 되는 직무의 평가요소와 비교함으로써 모든 직무의 상대적 가치를 결정하는 방법이다. 이 방법은 실시과정이 복잡하지만 기준 직무만 적절히 선정하면 점수법보다 훨씬 합리적으로 평가할 수 있으므로 널리 사용되고 있다.

2. 인적자원의 확보관리

기업의 인적자원관리는 종사원을 채용하는 것에서부터 시작된다. 기업의 경영기능을 효율적으로 수행하기 위해서는 필요한 인적자원을 적정한 시기에 소요되는 양만큼 원활히 공급할 수 있어야 한다. 채용관리의 주요한 내용은 모집, 선발, 배치이다.

1) 모집

모집활동을 위해서는 모집직종과 직종별 인원을 결정하고 고용조건 즉 임금, 수당, 노동시간 등을 결정하여 모집방법을 결정한 후 모집안내를 작성하여 필요한 서류를 정하고 모집을 하게 되는데 모집방법에는 기업 내의 사람과 친·인척관계 또는 학연관계가 있는 사람을 채용하는 연고모집과 학교를 통하여 혹은 매스컴을 통하여 시험공고를 내고 모집하는 일반 공개모집이 있다.

고급기술 또는 관리인력일수록 학교와 교육기관, 관련단체 등이 중요한 모집원천이 되며 하위인력일수록 게시판이나 지역신문광고와 직업소개소가 비교적 많이 이용된다.

① 연고 모집방법

㉠ 전 종업원의 모집 : 이 방법은 과거에 회사의 사정이나 자신의 개인적 사정으로 인하여 퇴직한 전직 종업원 중에서 취업의사가 있는 사람을 구하는 방법이다. 이 방법을 사용할 경우, 기업은 저렴한 비용으로 직무에 익숙한 종업원을 구할 수 있다는 이점이 있고, 동시에 기업의 도의적 책임도 이행하게 된다. 또한 전직 종업원은 조직에 대한 이해도가 높기 때문에 빠르게 확장되어가는 신규사업에 대한 업무를 수행하고자 할 때 별도의 교육훈련 기간없이 인력 투입이 가능한다.

㉡ 현직 종업원을 통한 모집 : 현직 종업원을 통해서 기업에서 필요로 하는 사람을 모집하는 방법이다. 대개의 경우 그들의 친지나 친우들은 생활정도나 능력, 취미 등에 있어서 그들과 거의 비슷하기 때문에 기업에서 요구하는 적격자가 많이 있을 수 있다. 따라서 이들을 통한 모집방법은 가장 효과적이며 또한 저렴한 비용으로 적격자를 구할 수 있는 이점이 있다.

② 일반공고 모집방법

㉠ 공공 직업소개소를 통한 모집 : 공공 직업소개소를 통해서 모집하는 방법이다. 이 방법에 의하면 정실에 흐르지 않고 일시에 상당수의 종업원을 구할 수 있으므로 선진 각국에서는 많이 이용하고 있다.

㉡ 교육기관을 이용한 모집 : 전문교육을 받은 사람이 필요할 때 해당 교육기관에 추천의뢰를 해서 모집하는 방법이다. 우리나라의 대기업에서 널리 사용하고 있는 방법이다.

㉢ 매스컴을 이용한 모집 : 신문이나 라디오, TV 등의 매개체를 이용한 광고 모집방법이다. 일시에 많은 사람을 구하는 정규채용시에 자주 이용되는 방법으로서, 비용이 많이 드는 것이 결점이나 그 효과는 크다.

㉣ 게시광고모집 : 일정한 장소에 모집광고를 게시하여 모집하는 방법이다. 비용을 절약할 수 있는 이점이 있으나, 반면에 광고범위가 좁아서 많은 응모자를 모을 수 없는 결점이 있다. 보통 소수의 인원을 빠른 시일내에 채용해야 할 경우 이용된다.

2) 선발

지원자가 집결되면 지원자 중에서 적격자를 선발하게 되는데 여러 기업에서 실시하고 있는 선발방법으로는 서류심사, 필기시험, 면접, 신체검사, 신원조회 등이 있다.

각 조직에서는 직무나 직종의 특성에 적합한 선발방법을 적용하고 있으며 선발절차는 도덕적, 윤리적으로 공평하고 평등하게 진행되도록 정책적 또는 법적으로 보장이 되어야 한다.

(1) 서류심사

서류심사는 지원서에 의해 이루어지며 선발과정에서 가장 보편적으로 사용된다. 지원서에는 인적사항을 포함하여 기본적인 정보를 수집하기 위함은 물론 각 항목에 가중치를 부여하여 선발의 도구로 사용할 수 있다.

일반적으로 영양사 선발을 위한 서류심사에서는 대학 성적, 위생사·조리사·컴퓨터 활용능력 자격증 소지여부, 동아리 활동, 아르바이트 경력 등을 고려한다.

자기소개서의 경우 일정한 분량 범위 내에서 자신의 성장배경, 사회경험, 지원동기, 앞으로의 포부 등을 작성하도록 되어 있다.

최근에는 대부분의 기업들이 지원서와 자기소개서 등을 인터넷 상에서 지원하도록 관리하고 있으며, 지원자의 정보를 데이터베이스화하여 수시채용의 정보로 활용하기도 한다.

(2) 필기시험 및 인성검사

공개로 채용되는 종사원의 선발을 위해 대부분의 기업에서는 지식위주의 이론적 필기시험뿐만 아니라 적성검사나 인성검사를 병행하여 실시한다.

필기시험은 한 사람의 수험자가 동일한 조건 하에 몇 번 시험을 쳐도 동일한 결과를 얻을 수 있는 신뢰성과 측정하려고 하는 것을 확실하게 측정하고 있는지의 여부를 판단하는 타당성이 확보되어야 한다. 이와 함께 난이도와 비용면, 시험실시의 용이성이 함께 고려되어야 한다.

(3) 면접

면접을 실시함으로써 필기시험만으로는 알 수 없는 응시자의 용모, 경력, 성장배경, 성격, 가치관, 발표력, 사회생활에 있어서의 태도 등을 알아볼 수 있으며 부차적으로는 그의 지적 능력, 지식 등도 파악이 가능하다.

최근에는 면접시에 1, 2, 3차로 나누어 실무자 면접과 경영자층 면접을 나누어 실시하거나 집단토론, 프리젠테이션, 역할극 등의 다양한 면접방법을 도입하고 있다.

면접은 일률적·기계적인 방법으로 해서는 안 되며 지원자 개인에 적합한 방법으로 해야 한다. 면접시 면접자의 유의사항은 다음과 같다.

① 면접자는 우선 질문사항의 목록을 작성할 것
② 면접자는 절대로 편견에 치우치지 말 것
③ 면접자는 가능한 한 동일한 형식, 동일한 표현으로 요령있게 질문할 것
④ 면접자는 친근한 분위기 속에서 친밀한 태도로 할 것
⑤ 면접자는 지원자의 신뢰를 얻을 수 있도록 솔직하고 신중한 태도를 가질 것
⑥ 면접자는 지원자의 용모나 복장 등 외관을 보고 판단하지 말 것
⑦ 면접자는 암시질문이나 유도질문을 하지 말고 구체적으로 명확한 질문을 할 것

면접자의 일반적 질문사항으로는 근속성의 유무, 사상의 경향, 근면성, 협동성, 전공과 직무에 대한 이해력 등에 관한 것이다.

(4) 신체검사 및 신원조회

신원조회는 지원자에 관한 인적자료와 그 이외에 지원자에 관한 정보자료를 확인하고 또 필요에 따라 추가자료를 얻는 과정으로 지원자의 정보가 신빙성에 문제가 있는 것으로 판단되면 채용 전 신원조회를 통해 확인하는 과정을 거치는 것이 일반적이다.

신체검사는 조직체 생활에 적합한 건강상태를 가지고 있는가를 확인하기 위해 실시하며 조직의 장기비용을 감소시키는 역할을 한다. 특히 단체급식소에서 근무하는 영양사와 조리사의 경우는 채용시 신체검사뿐만 아니라 매년 정기적인 건강검진을 실시하고 기록을 보관하게 되어 있다.

3) 배치

적절한 공급원으로부터 기업에서 필요로 하는 사람을 모집 및 선발하게 되면 다음에는 적재적소에 배치하는 문제가 제기된다.

여기에서 적재란 직무를 효과적으로 수행할 수 있는 자격을 갖춘 적격자를 가리키며, 적소란 적재가 담당해야 할 직무를 의미한다. 그러므로 적재적소에 입각한 배치를 하기 위해서는 이들 적재와 적소가 요구하는 요건이 합치될 수 있는 점을 발견해야 한다. 그림 6-1은 적재적소 배치의 방법이다.

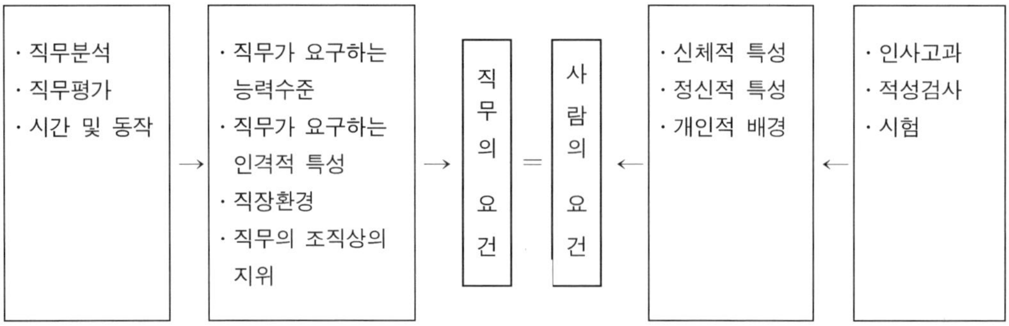

그림 6-1. 적재적소 배치의 방법
(참고자료 : 김덕권, 급식경영학, 신광출판사, 1996)

3 인적 자원의 활용과 유지

1. 직무 설계

인적자원과의 관계에 있어 조직을 말할 경우 합리적 측면과 상징적 측면이 있다. 인적자원을 가장 유효하게 활용하기 위해서는 합리적 차원에서 인적자원의 특성에 적합한 직무설계와 조직설계가 중요하다. 인적자원의 효율적 활용을 위해서는 상징적인 측면에서 적합한 조직분위기(풍토)나 조직문화의 정립도 중요하다.

1) 직무 설계(job design)

직무설계란 개개인이 수행해야 할 과업과 책임의 범위를 정하는 과정으로 누가, 언제, 어디서, 무엇을, 어떻게, 왜 할 것인가와 같은 다양한 요소들을 고려하여 직무의 구조를 명백하게 설정하도록 한다.

직무설계시에는 직무를 수행하는 사람에게 의미와 만족을 부여하려고 함과 동시에 생산조직이 그 목표를 더욱 효율적으로 수행할 수 있도록 일련의 작업과 단위직무내용 및 작업방법을 변경하도록 한다.

직무설계에서 가장 중요한 과제는 직무의 성과와 직무만족도를 동시에 높이도록 하는 것이다.

만약 종업원이 낮은 성장욕구를 가지고 있다면, 기계적 조직과 일상적인 직무설계(routine job design)가 이용되어야 하며 종업원이 높은 성장욕구를 가지고 있다면, 유기적 조직과 직무충실화(job enrichment)가 사용되어야 한다.

(1) 직무 단순화(job simplification)

직무단순화란 작업 절차를 표준화하여 명확하고 아주 전문화된 과업에 종업원을 배치하는 전략으로 예를 들어 단체급식을 위한 샌드위치 조리 시에 종업원이 컨베이어 벨트를 이용하여 빵을 놓고, 각 재료를 얹고, 커팅을 해서 포장하는 과정을 각각 나누어 작업한다든지 병원급식에서 배식용 컨베어 벨트를 이용하여 환자식을 메뉴별로 나누어 담아 직무를 단순화함으로써 정확한 양을 빠르게 상차림하도록 하는 경우이다.

(2) 직무 확대(job enlargement)

직무확대란 종업원이 수행하는 과업의 수와 다양성을 증대시키는 전략으로 지나친 전문화나 분업화에 따른 인간성 상실을 극복하기 위해서 작업의 흐름 속에서 기본 작업의 수를 증대시키는 것이다.

확대된 직무 범위는 직무단순화의 문제점을 극복함으로써 종업원의 직무 성과와 만족을 증대 시킬 수 있다.

(3) 직무 순환(job rotation)

직무순환이란 서로 다른 임무를 갖는 직무에 대해서 주기적으로 종업원을 순환시켜 다양한 과업을 수행하도록 하는 전략으로 급식소에서 임금수준이 동일한 여러 명의 조리종사원 중 특히 힘든 업무를 담당한 조리종사원이 있을 경우 일정한 주기로 업무를 순환배치하므로써 특정 종사원의 불만을 줄일 수 있다. 한편 관리자나 경영자를 양성하기 위한 교육훈련의 방법으로도 활용된다.

(4) 직무 충실화(job enrichment)

직무충실화란 직무의 범위뿐만 아니라 직무의 내용을 확대하려 한다는 점에서 여타의 직무설계 전략과 구별되며 허즈버그는 이를 직무의 수직확대라고 하였다.

이를 통해서 직무가 질적으로 개선되도록 하며 작업자에게 자신의 성과를 계획, 실행, 통제할 수 있는 자주성과 함께 책임을 보다 많이 부여하도록 직무를 재편성하는 것이다.

2) 조직 설계

모든 조직은 문화를 가지고 있으며 조직문화는 조직이 속해 있는 사회환경에 영향을 받는다.

조직문화는 조직구성원들의 활동의 지침이 되는 행위규범을 창출하는 공유된 가치나 신념의 체계이다. 이러한 조직문화는 구성원들의 행위기준을 제시함으로써 그들을 결합시키는 접착제 구실을 한다. 조직문화는 학습되고 공유되면서 전체 종업원에게 전이되어 조직의 발전의 원동력이 된다.

한편 조직분위기(풍토)란 조직의 여러 본질적 특성이나 속성에 대한 구성원들의 상대적이고 주관적인 지각의 총체이다. 따라서 조직분위기(풍토)는 객관적인 조직의 특성 그 자체가 아니라 주관적인 지각의 결과로서 나타나는 상대적인 개념으로 조직문화와 구별된다.

조직개발이란 조직의 인간적 측면, 즉 행위중심적인 측면에서 행동과학적 지식과 기법을 활용하여 조직목적과 개인의 성장의욕을 결부시켜 조직전체의 변화, 발전을 도입하려는 것이다.

2. 인사이동 및 징계관리

인사이동이란 조직의 일정한 질서 속에서 그 담당 직무의 위치가 변동하는 것을 가리킨다. 여기에는 승진, 전직, 강등, 해고 등이 포함된다.

인사이동은 유능한 후계자의 양성, 인력의 적재적소 배치, 승진욕구를 자극하여 높은 모랄(morale)을 형성, 동일 직위의 정착화를 배제하고 종업원의 근로의욕을 증진시키는데 목적이 있다.

1) 인사이동의 방법

(1) 승진

승진이란 종업원의 조직 내에서 더 유리한 위치의 직무로 이동하는 것을 의미한다. 따라서 승진을 하게 되면 보다 많은 권한이 생기며 임금 및 기타의 처우가 향상된다.

피고즈와 마이어즈는 "승진은 종업원이 보다 더 유리한 직무, 즉 직책의 증가, 위신의 증대, 소요 기능의 증대, 임금의 증액, 근무 및 환경조건의 향상 등을 수반하는 다른 직무로 옮기는 것이며, 승급은 동일한 조직단위에서 기능수준이 보다 높은 직무로 옮기는 것으로 어떤 의미에서는 소규모의 승진을 말한다"고 규정하고 있다.

▣ 승진의 집행의 일반원칙
① 적재적소의 원칙
② 업적주의의 원칙
③ 인재육성의 원칙
④ 동기부여의 원칙

▣ 승진 집행시 고려해야 할 점
① 고위직은 내부에서 승진시킬 것
② 유능한 부하의 내·외부 승진에 적극 협력할 것
③ 승진 경로를 명시할 것
④ 승진 결정시는 스탭의 협력을 얻을 것
⑤ 승진 후보자의 선정은 객관적 사실에 입각해서 할 것
⑥ 승진 탈락자에게는 그 탈락이유를 충분히 납득되도록 이해시킬 것

우리나라에서는 기존에 연공주의(年功主義)에 근거하여 근무경력을 기준으로 승진에 우선권을 주는 경우가 많았다. 이는 근무년수에 비례하여 개개인의 업무 수행능력과 숙련도가 신장된다는 기본적 사고에 근거하고 있다.

그러나 최근에는 조직구성원이 조직의 목표달성에 기여하는 업무 수행능력을 평가하여 승진에 우선권을 주는 능력주의를 도입하여 새롭고 빠르게 변화하는 경제동향에 대응하여 조직구성원의 직무수행능력을 극대화하여 기업의 효율성을 증대시키고자 하고 있다. 이와 같은 능력주의는 조직원의 직무수행능력을 평가하기 위해 합리적이고 정확한 직무분석 및 직무평가가 이루어진다는 것이 전제조건이 되어야 한다.

이러한 능력주의와 연공주의는 반드시 상호 배타적인 것이 아니라 상호 보완적인 의미를 가질 수도 있기 때문에 여타의 환경요소를 고려한 그 조직의 실정에 맞는 적절한 절충하여 적용되기도 한다.

(2) 전직

전직이란 종업원이 조직 내에서 동일한 수준의 직위로 수평 이동하는 것을 의미한다. 전직의 경우는 임금, 직책, 위신, 소요기능 등에 있어서 승진의 경우와 같은 차이가 발생하지 않는다.

이와 같은 전직의 형태를 보면 다음과 같다.

① 생산 상황에 기인한 전직

조직 내의 어떤 부문에는 노동수요가 감소하고 다른 부문은 노동수요가 증가할 때, 노동수요가 감소하는 부문의 종업원을 노동수요가 증가하는 부문으로 이동시키는 형태

② 인원 대체를 위한 전직

기업의 조업률이 전반적으로 떨어져서 각 부문에 걸쳐 일정한 수의 인원정리가 필요할 때 장기 근속자를 우대하기 위하여 취해지는 형태

③ 유능한 인재 양성을 위한 전직

조직 내 여러 가지 직무에 융통한 종업원 혹은 기업 내에서의 장래 유능한 상위 경영자를 양성하기 위해 교육훈련의 목적을 동반하여 취해지는 형태.

④ 근무시간 교체를 위한 전직

기업의 생산 활동이 24시간 계속되는 경우 종업원의 근무를 주야간으로 교체시키기 위해서 취해지는 형태

⑤ 구체적 전직

최초의 배치가 적당하지 않았다고 판단되거나 관리자나 동료와의 관계가 좋지 않을 때 또는 건강 등 개인상의 사유로 현재의 직무를 원활하게 수행하기 힘들 때 취해지는 형태

(3) 징계 및 해고

어떠한 조직에서든 상사는 그의 부하가 그의 지시와 명령에 복종해 주고 또 일정한 규율을 지켜줄 것을 기대한다. 그것은 조직의 질서 유지와 목적 수행을 위해서 조직 구성원의 협력이 요청되기 때문이다.

그러나 어떠한 기업에서든 상사의 지시나 규율을 지키지 않는 사람이 생기게 마련이다. 이와 같은 사람들의 행위는 그 조직 구성원들의 사기를 저하시키며, 나아가서는 기업 목표의 수행을 저해하고, 조직의 질서까지 파괴한다. 따라서 이에 대한 명확한 징계를 적용해야 하는 경우가 발생한다.

▣ 징계의 종류

① 구두에 의한 계고 또는 견책

② 문서에 의한 계고

③ 일시해고 또는 일정 기간의 출근 정지

④ 하위직 또는 불리한 직위로의 강등

⑤ 해고

징계 행위로서의 해고란 고용계약시 고용기간을 정했거나 정하지 않았거나 간에 경영자측의 일방적 의사표시에 의하여 고용계약을 해지하고 종업원을 이직시키는 것을 가리킨다.

그러나 경영자는 해고를 최후의 징계수단으로 삼아야 하며, 특히 다음과 같은 해고 기준에 따라서 집행하지 않으면 안 된다.

▣ 해고의 기준

① 심신조건의 부적격을 이유로 하는 것
② 능력상의 부적격을 이유로 하는 것
③ 노동력 삭감의 필요를 이유로 하는 것
④ 휴직기간의 만기를 이유로 하는 것
⑤ 취업질서의 위반을 이유로 하는 것
⑥ 노동조합으로부터 제명되거나 혹은 탈퇴한 것을 이유로 하는 것
⑦ 부득이한 업무상의 사정을 이유로 하는 것

(4) 이직

이직관리는 인적자원관리의 마지막 과정이다. 조직에 속해 있던 종업원은 언젠가는 조직을 떠나게 되지만 그들이 소속되어 있던 조직체와의 관계는 여전히 남게 된다. 즉 어떤 이는 고객 집단의 일원으로서 또는 자회사나 관련 납품회사의 종업원으로서 직·간접의 유대와 관계를 지속하게 된다. 따라서 조직을 떠난 종업원이 조직체에 대해서 호의적인 태도를 갖는가 또는 비호의적 태도를 갖는가는 중요한 의미를 갖는다. 따라서 인적자원관리에서 이직관리도 중요한 부분이라 할 수 있다.

우리가 조직에서 이직문제를 중요하게 다루는 또 하나의 이유는 이에 의하여 여러 가지 다양한 인사관리의 문제점을 파악할 수 있기 때문이다. 종업원들은 직무 자체에 만족하지 못하든지 직무환경이 불만족스러울 때, 보다 나은 다른 직종을 찾기 위해서, 또는 다른 종업원과의 관계가 원만하지 않을 때, 집안 사정 등으로 정상적으로 일할 수 없게 된 경우 이직을 생각하게 된다.

조직구성원의 이직율이 높을 경우 양질의 인력 확보가 어렵게 되어 생산계획에 차질이 생길 수 있으며, 또 다른 신규 종업원을 모집·선발·교육훈련하는 과정에서 막대한 비용이 추가로 소요된다. 더구나 이직율이 높은 조직의 경우 다른 종사원들의 사기에도 영향을 주어 결과적으로 조직의 목표달성에 차질이 발생할 수 있다.

이직이 지나치게 심하다든지 또는 거의 없다든지 하는 것은 조직의 발전을 위

해서 바람직하지 못하다. 왜냐하면 이직률이 높으면 높을수록 조직의 귀속감이 저하되고 전체 종업원의 사기를 떨어뜨리게 되어 결국 조직의 목표달성에 지장을 초래하게 된다.

이직은 그것을 결정한 주체가 본인인가 또는 조직인가에 따라 자발적 이직과 비자발적 이직으로 구분된다. 자발적 이직은 일반적으로 사직이라고 하며 비자발적 이직에는 해고, 일시해고, 정년퇴직 등이 포함된다.

① 자발적 이직의 관리 방법

종업원의 이직대책은 종업원의 모집・선발・배치에서부터 수립되어야 한다.

직무분석을 정확히 하여 직무의 성격을 적합한 종업원을 선발하고 채용시 종업원에게 담당할 직무, 직무수행방법, 근무조건 등도 함께 알려 주어 취업 후 개인의 기대수준에 어긋나지 않도록 한다. 우선적으로 채용기준에 적합한 종업원을 선발하기 위해서는 면접시험, 신체검사, 능력조사 등을 적절하게 실시해야 한다.

채용한 종업원은 새로운 직무에 배치하기 전에 충분한 오리엔테이션을 실시하여 조직의 경영방침 및 인사방침 등을 철저하게 이해시킴으로써 기업의 장래에 대한 비전을 가질 수 있게 하고, 직무수행방법에 대한 충분한 이해를 갖은 후 직무를 수행할 수 있게 하여 직무에 대한 자신감을 갖고 일할 수 있도록 한다.

이직이 발생할 경우 그 원인을 누가, 왜, 언제, 어디서, 어떻게, 이직하는가 등으로 다각적으로 분석하여 인사관리방법의 문제점과 개선점을 발견하도록 한다.

② 비자발적 이직의 관리 방법

비자발적 이직에는 일시귀휴와 일시해고, 해고 등이 있다.

일시귀휴는 불황이나 사업장의 사정으로 생산을 단축하거나 일시 정지하는 등의 사유로 사업을 일시적으로 축소하고, 그 때문에 종사원을 일정기간 휴무시키는 제도를 말한다. 예를 들어 대학교 급식소의 경우 방학기간 동안 학생들이 고향으로 가거나 아르바이트나 취업 준비 등으로 학교 밖에서 생활하는 경우가 많으므로 방학동안에는 종사원의 수를 줄여서 단축영업하거나 아예 일정기간동안 영업을 하지 않는 경우가 많다. 대학교 급식소를 운영하는 위탁급식업체의 경우 영양사는 방학동안 다른 지점에서 지원 근무하도록 하고 조리종사원의 경우 일정기간 휴무처리하는 경우가 있다.

일시해고는 일시귀휴와 같은 이유에 의해서 종사원을 임시로 해고하는 것을 의미하며 사업장의 사정이 호전되면 해고자를 우선적으로 재고용한다는 조건이 있는 것이 특색이다.

비자발적 이직관리 방법 중에서 가장 강경한 조치가 해고이다. 경영자나 관리자의 판단으로 종업원의 해고가 문제상황을 해결하기 위한 최선이라고 생각되어졌을 때라도 신중하게 처리해야 하며 경우에 따라서는 해고를 보류하지 않을 수 없다. 또한 장기근속 종업원의 경우 문제가 있더라도 함부로 해고할 수는 없는 경우가 있다. 해고의 대안으로서 가장 흔히 이용되는 것으로는 타부서로 전직, 감봉, 강등의 방법이 있다.

일반적으로 종사원을 해고 시키기 위해서는 종업원의 인사고과기록, 종업원의 과실을 시정하도록 지시한 메모, 최종경고사본, 조치이유를 설명한 해고장 등이 필요하다.

3. 인간관계 관리

1) 인간관계의 의의

인간관계론이 하나의 학문으로 대두된 것은 1930년대에 미국의 벨식 전화기회사인 서부전기회사(Western Electric Company)의 한 공장인 호손 공장에서 실시한 호손 실험(Hawthorne experiment)에서부터이다.

오늘날 인간관계가 크게 부각되고 있는 것은 집단의 목표달성을 위한 종업원의 협동과 능률 증진을 위한 작업상의 만족 등 근본적인 문제를 어떻게 해결하여 목표지향적인 협동체계를 확립하느냐 하는 기본과제 때문이다.

그러나 이러한 인간관계라는 말은 단순히 인간과 인간의 관계라든가 또는 인간과 인간의 사이를 좋게 하는 것만을 의미하는 것이 아니고, 그것은 집단 내에서 진실한 휴머니즘에 기초를 두고 집단의 협동관계를 구축하는 방법 내지는 기술이라고 할 수 있으며, 더 나아가서는 목표달성을 위한 협동관계와 협동체제를 확립하는 것이라고 할 수 있는 것이다. 따라서 인간관계를 간략하게 규정한다면 "고도의 사기를 통해서 자발적으로 목표지향적인 협동체계의 확립을 위한 수단 및 기술"이라고 할 수 있다.

일반적으로 감독자와 종업원 간에 또는 종업원들 상호간에 불평불만으로 인하여 원만한 협력관계가 형성되지 못하면, 사기는 저하되고 작업능률은 떨어지게 된다. 이와 반대로 이들 간에 원만한 인간관계가 형성되면 사기는 향상되고 작업능률도 향상되며, 품질도 개선되고 원가가 절감되어 경영목적이 효과적으로 달성될 수 있는 것이다. 더 나아가서는 합리적인 노동조건이 형성되고, 원만한 고객관계가 이룩되며, 다른 기업과의 경쟁에서도 유리해지는 것이다.

이러한 점에서 볼 때, 오늘날 인간관계 문제가 기업의 인사관리에 있어서 얼마나 중요한 과제인가를 쉽게 이해할 수 있게 되는 것이다.

2) 인간관계론의 생성 배경

(1) 과학적 관리법의 반성

경영에 있어서 인간의 중요성을 강조한 역사는 길지만 체계적으로 이를 다룬 것은 역시 과학적 관리법이라고 할 수 있다. 과학적 관리법에 이르러서야 본격적으로 경영에 있어서 인간의 문제가 다루어지고 이를 계기로 인간관계의 연구가 시작될 수 있었다.

테일러가 창안한 과학적 관리법(scientific management)은 ① 과업(task)을 기초로 한 업적의 측정, ② 작업과 계획부문의 분리, ③ 직능별 직장제도와 지시표, ④ 차별적 성과급제 등을 주요한 특징으로 하는 관리방식으로서 그 이전의 주먹구구식 관리방식(rule of thumb method)에 비하여 과학화된 새로운 내용을 많이 가지고 있다.

그러나 그러한 기법의 과도한 합리성으로 말미암아 그 관리방식이 기계, 과업, 임금 등을 중심으로 한 노동강화의 방향으로 흐르게 됨으로써 작업의 과학화는 근로자의 기계화, 비인간화, 저임금화 등을 가져오게 되었다.

여기에서 종래의 과학적 관리법은 사실상 능률향상에 기여하였음에도 불구하고, 그 방법의 일면성으로 말미암아 산업사회의 저변을 흐르는 기본문제를 충분히 해결하지 못하였고, 오히려 근본적 반성을 하지 않을 수 없게 되었다. 이리하여 경영에 있어서의 인간문제는 새로운 시각에서 중요시되기에 이르렀다. 말하자면 종래의 과학적 관리법의 결함을 보완하고 종업원의 사기앙양과 기업에 대한 협력증진에 의하여 경영의 작업능률을 향상시키는 것을 시도하게 되었다.

(2) 인간관계에 관한 연구

① 호손(Hawthorne) 실험의 개요

인간관계에 관한 연구는 하버드대학의 메이요(Elton Mayo) 교수를 중심으로 한 그룹에 의해서 시작되었다. 그들의 연구는 1924년부터 1932년까지의 8년간에 걸쳐서 미국 서부전기회사(Western Electric Company)의 호손 공장에서 실시되었다. 그들의 실험내용은 조명도 실험, 계전기조립작업 실험, 면접 실험, 배전기권선실험의 4차에 걸친 것이었다.

이 실험에서 최초의 목적은 '조직에 있어서의 인간행동의 새로운 이해'라는 것이었다. 그리하여 처음에는 산업에 있어서의 노동과 피로의 관계를 조사하였는데, 연구과정에서 인간관계의 중요성이 인식되었던 것이다.

② 호손 실험의 내용

㉠ 제1차 실험 - 조명도실험 : 제1차 실험에서는 조명도와 작업능률과의 관계를 알아내기 위하여 실내의 조명도를 변화시키는 실험집단과 조명도를 변화시키지 않는 고정집단으로 나누어 양 집단을 비교 관찰하였다. 그 결과 실험단은 조명도의 변화에 따라서 작업률이 향상되었다. 그런데 조명도를 변화시키지 않았던 고정집단에서도 작업능률이 향상되었다. 이 실험으로 조명도와 작업능률과는 관계가 없음이 밝혀졌으며, 작업능률에 영향을 미치는 다른 어떤 요인이 있음을 인식하게 되었다.

㉡ 제2차 실험 - 계전기조립작업실험 : 제2차 실험에서는 전화기에 사용하는 계전기를 조립하는 6명의 여공을 대상으로 하여 단조감 내지 피로감과 작업능률과의 관계를 알아내기 위하여 실시했다.

이 실험에서는 종래에 작업능률의 증진에 도움이 된다고 생각되어온 제 조건, 예컨대 작업시간의 단축, 휴식시간의 증가, 간식의 지급, 작업환경의 개선 등을 실시해 보았다. 그 결과 작업능률은 급격히 상승되었다. 그러나 일정기간 후에 이상에 실시한 작업조건을 갑자기 개선 전으로 환원시켜 보았더니 작업능률은 여전히 상승되었다. 이 실험을 통해서 단조감과 작업능률과는 관계가 없음이 입증되었으며, 1차 실험에서와 같이 작업능률에 영향을 미치는 다른 요인이 있음을 인식하게 되었다.

이와 같은 요인은 결국 실험집단의 심리적 변화에서 온 것으로서, 이것은 실험집단의 한 구성원이란 긍지와 긴장감, 또한 다른 사람들로부터 주시당하고 있다는 의식과 작업조건의 개선에는 그들의 의견이 반영되었다는 일종의 만족감, 그로부터 우러나오는 책임감 및 감정적 요인이 그들의 태도를 바꾸게 하여 작업능률의 향상을 가져온 것이라고 보았다. 이리하여 그때까지 비교적 경시해 오던 작업원의 감정이라든가 태도 등에 관한 문제가 연구과제로 등장하게 된 것이다.

㉢ 제3차 실험 - 면접실험 : 제3차 실험에서는 면접방법에 의하여 그 회사의 감독방법, 작업조건, 작업환경 등에 관하여 불평불만과 의견을 실제로 조사하였던 것이다. 이 실험을 통해서는 종업원의 감정이 작업능률에 어떻게 영향을 미치는가를 파악할 수 있었다.

㉣ 제4차 실험 - 배전기권선작업실험 : 제4차 실험에서는 앞에서 실시한 실험결과를 확인하기 위하여 14명의 종업원이 작업하고 있는 권선작업장을 대상으로 하여 실시한 관찰 조사였다.

이 실험을 통해서 작업장에는 기업의 공식조직과는 별도로 자연발생적인 비공식 조직이 있음이 확인되었으며, 동시에 작업능률의 향상에는 그와 같은 비공식조직의 영향이 크다는 것이 입증되었다.

③ 호손 실험의 결론

이와 같은 호손 실험을 통해서 작업환경이나 임금 및 작업시간 등과 같은 물리적인 제 조건을 개선하면 작업능률은 향상된다는 종래의 관리론은 근본적으로 뒤엎어지고, 인간성의 깊숙한 곳에 숨겨져 있는 그 무언인가에 의하여 작업능률이 향상된다는 새로운 사실이 발견되었다. 이것을 요약하면 다음과 같다.

㉠ 작업능률을 좌우하는 것은 노동조건이나 작업환경과 같은 물적 요소보다는 종업원의 감정이나 태도와 같은 심리적 요소가 더 중요하다.

㉡ 종업원의 감정이나 태도를 좌우하는 것은 개인적 및 사회적 환경, 사내의 세력관계, 그가 속하고 있는 비공식조직의 힘 등이다.

3) 인간관계론에 대한 비판

호손 실험을 계기로 인간관계론이 학계와 실무계의 많은 주목을 받고, 산업현장에 널리 적용되었으며, 인접 학문에 커다란 충격을 주었다. 그러나 인간관계론에 대한 비판도 여러 측면에서 제기되고 있다.

① 인간관계론은 '인간 개인과 인간' 관계의 측면만 중시하고 그것이 조직목표의 효율적 달성과 어떻게 연결되는가를 경시하였다.

② 비공식조직에만 관심을 집중하고 공식조직의 역할을 간과한 점도 지적되었다.

③ 인간관계론에서는 경제적 보상의 효과를 경시하였다.

④ 노동조합의 역할을 무시하였다. 특히 메이요는 적절한 인간관계만 이루어진다면 노조는 불필요하게 된다는 입장을 보여주고 있다.

그러나 이와 같은 많은 비판에도 불구하고 인간관계론은 여러 학문분야에 광범위한 영향을 주어 이들의 발전에 공헌하였다.

거시적 방향으로는 조직의 문제를 보다 폭 넓은 시각에서 해결하려는 산업사회학 등에 영향을 주었으며, 미시적 방향으로는 인간의 행동에 대한 이해를 깊게 하려는 산업심리학, 조직행위론, 집단역학 등의 발전에 새로운 계기가 되었다.

4) 인간관계 관리방식

인간관계에 관한 이론적인 연구는 호손 실험 이후 계속 진행되어 왔으며, 그의 관리방식도 다각적으로 발전되어 왔다. 이제 인사관리에 있어서 인간관계를 개선하고, 종업원의 사기를 앙양하기 위하여 널리 이용되고 있는 몇 가지 중요한 관리방식을 보면 다음과 같다.

(1) 인사상담제도

인사상담제도란 종업원 혼자 힘으로써 해결할 수 없는 어려운 문제를 가지고 있는 종업원에게 상담을 통하여 전문적인 조언을 하고, 문제해결에 도움을 줌으로써 인격성장을 촉진하고 아울러 직장의 사기를 높일 수 있는 제도이다.

인사상담은 다음과 같은 방법에 의해서 진행하여야 한다.

① 카운슬링은 가능한 한 상담실에서 행하는 것이 좋다.

카운슬링은 주로 인간의 정서적 혼란이나 심리적 갈등을 다루는 기술이기 때문에 가능한 한 조용하고 안정된 환경이 필요하며, 특히 다른 사람의 눈에 띄지 않는 장소에서 이루어져야 한다.

② 상대방으로 하여금 충분히 이야기할 수 있도록 한다.

카운슬러는 상대방이 마음놓고 그가 하고자 하는 이야기를 솔직하게 할 수 있도록 우호적 분위기를 빨리 만들어야 한다. 그리고 이야기가 시작되면 표면적인 문제도 진지하게 경청해야 하며, 그의 이야기를 비판하기 말고 문제의 전개를 적절하게 유도하여 충분히 이야기하도록 해야 한다. 이렇게 함으로써 상대방은 심리적인 불만이나 고민이 해소되든가 감소하게 되는 것이다.

③ 상대방의 감정이나 태도를 그대로 받아 들여야 한다.

카운슬러는 상대방이 무슨 이야기를 하든 간에 어떠한 비판이나 윤리적 판단을 해서는 안 되고 그의 생각을 충분히 표현할 수 있도록 격려해야 한다. 즉, 상대방이 표현하는 감정과 태도를 상대방의 입장에 서서 이해하여 그대로 수용해야만 상대방의 감정을 안정시킬 수 있고, 신뢰감을 갖게 하며, 대화를 계속적으로 진행시킬 수 있는 것이다. 이리하여 그로 하여금 문제점의 원인을 찾아내는데 도움이 될 수 있는 것이다.

④ 카운슬러는 가능한 한 질문을 하지 말아야 한다.

인사상담은 상대방이 원하는 정도에서 그쳐야 하며, 상담하는 문제에 대해서는 너무 깊이 질문하거나 또는 문제 전반을 조사하려고 해서는 안 된다. 그렇게 하면 상담이 순조롭게 진행되지 않고 따라서 인사상담의 근본적인 목적을 달성할 수 없게 되기 때문이다.

⑤ 문제의 해결은 상대방에게 맡겨야 한다.

카운슬러는 상담하는 문제에 대해서 직접 판단을 하거나 또는 그 해결방안을 제시해서는 안 되며, 절대 남에게 공개해서도 안 된다. 이것은 그 상담내용이 대부분의 경우 피상담자의 인격이나 자존심과 크게 관계되는 것들이기 때문이다.

따라서 카운슬러는 상담내용에 대해서는 엄격하게 비밀을 지키지 않으면 안 된다.

(2) 제안 제도

제안제도란 기업의 운영이나 작업수행에 관하여 여러 가지 개선안이나 새로운 아이디어를 일반종업원으로 하여금 제안토록 하고, 그것을 심사하여 우수한 제안은 기업에서 채택하고 동시에 제안자에게는 그에 상응한 적절한 보상을 하는 제도이다.

제안제도를 실시할 경우의 효과는 다음과 같다.

① 조직내 커뮤니케이션이 촉진된다.

② 종업원의 창의력을 개발시킨다.

③ 종업원의 경영 참가의식이 깊어지므로 작업의욕을 높이고 동시에 작업능률을 향상시킬 수 있다.

④ 원가절감이 가능해진다.

⑤ 노사관계가 원활하게 된다.

⑥ 종업원의 사기가 올라가고 인간관계가 개선된다.

⑦ 조직에 대한 일체감과 신뢰감을 가져온다.

⑧ 자기 직무에 대한 관심과 흥미가 생긴다.

이상과 같이 제안제도는 종업원에게 작업 방법이나 기업 운영에 관한 연구의욕을 자극하여 경영에 적극 참여하도록 유도한다. 다른 한편으로는 제안자에게 그에 상응한 경제적·심리적 보상을 하여 작업 의욕을 향상시키며, 동시에 조직내의 인간관계가 개선될 수 있다.

(3) 사기조사

사기조사란 종업원의 사기 또는 작업의욕을 저해한 요인과 그들의 불평불만의 이유, 나아가서는 기업의 불건전성에 대한 원인을 밝히고, 동시에 저해원인을 제거하기 위하여 내책을 수립할 수 있는 기초자료를 얻는 방법이다.

사기란 일반적으로 종업원의 감정이나 태도 등의 집합체임과 동시에 집단의 융합적인 감정을 토대로 하여 일정한 목적을 향해 매진하는 적극적인 행동을 자아내게 하는 독특한 정신 상태와 집단의 자율성이라고 정의되고 있다.

이와 같은 사기가 저하되면 종업원은 작업의욕을 잃게 되고, 사고가 빈발하며, 작업능률이 떨어진다. 다른 한편 심리적으로 불안하며 불평불만이 생기고, 종업원 간에 빈번한 언쟁이 일어나며 조직과 관리자에 대한 불신임, 태업, 법규와 명령의 위반 등 여러 가지 좋지 않은 현상이 나타나게 된다.

따라서 관리자는 사기저하의 원인을 철저하게 조사하여 이것을 사전에 제거하지 않으면 안 된다.

사기조사의 실제방법에는 통계적 방법과 태도조사 방법이 있다.

① 통계적 방법

㉠ 노동이동률에 의한 측정 : 노동이동률이 높은 경우에는 사기가 떨어져 있다는 증거이다. 노동이동률의 산출방법은 다음과 같다.

$$\text{노동이동률} = \frac{\text{일정기간 내의 이직자수}}{\text{동기간 내의 평균재직자수}} \times 100$$

㉡ 1인당 생산량에 의한 측정 : 사기가 높을 때는 작업능률이 오르기 때문에 1인당 생산량이 높지만, 이것이 낮을 때는 사기가 떨어져 있다는 증거이다. 또한 작업 중에 생기는 파손품이나 불량품 그리고 기계설비 등의 소모율도 사기측정에 도움이 된다.

㉢ 결근률 및 지각률에 의한 측정 : 결근률이나 지각율이 높은 경우는 사기가 떨어져 있다는 증거이다. 결근률의 산출방법은 다음과 같다.

$$\text{결근율} = \frac{\text{일정기간 내의 결근자수}}{\text{평균종업원수} \times \text{작업일수}} \times 100$$

㉣ 사고율에 의한 측정 : 사고율이 높은 경우는 사기가 떨어져 있다는 증거이다.

㉤ 고정이나 불평의 빈도 : 사기가 저하되어 있을 때는 고정이나 불평불만의 빈도가 높다.

② 태도조사방법

이 방법은 사기조사의 가장 일반적인 것으로 주로 종업원의 심리적·감정적 태도를 조사하고 실제 의견을 듣기도 하여 불평불만의 원인을 파악하는 방법이다. 태도조사방법에는 다음과 같은 것이 있다.

㉠ 면접법 : 이 방법은 종업원과의 실제 면담을 통해서 그의 태도를 조사하는 방법이다. 여기에는 유도면접법과 비유도면접법이 있다.

㉡ 질문지법 : 이 방법은 조사하려는 사항을 준비된 질문지에 열거하여 각 종업원이 직접 기입하게 하는 방법이다. 여기에는 자유회답법, 택일식방법, 서열법, 척도법 등이 있다.

(3) 사기의 앙양 방법

사기가 떨어져 있을 때에는 앙양시키지 않으면 안 된다. 그런데 사기의 앙양 방법에는 일정한 공식이 있을 수 없다. 따라서 여기에서는 평범하고 일반적인 방법에 관해서만 간단히 살펴보고자 한다.

① 훌륭한 리더십은 사기를 높인다.

종업원들은 관리자에게 훌륭한 리더십을 기대한다. 즉, 그들은 관리자가 타당한 결정을 내리기 바라며, 또한 집단의 이익을 보호해 줄 것을 바라고, 시종 일관성있는 방침을 기대한다.

또한 그들의 문제해결을 도와 주고, 여러 결정에 참여할 수 있는 기회를 주며, 그들에게 필요한 정보를 전달해 주고, 인격을 가진 인간으로 대우해 주기를 원한다. 따라서 바로 이와 같은 종업원이 원하는 훌륭한 리더십을 발휘할 때 종업원의 사기는 올라가게 되는 것이다.

② 원활한 의사소통은 사기를 높인다.

조직 내에서의 원활한 의사소통은 구성원 상호간의 이해를 깊게 하고, 동시에 그 조직의 한 구성원이란 자부심을 갖게 하기 때문에 사기가 올라간다.

여기에서 의사소통은 상부의 지시나 명령을 하부로 전달하고 하부로부터 상부에 업무상의 보고를 하며, 횡적으로 정보를 전달하는 공식적인 의사소통만을 의미하는 것이 아니고, 비공식적인 의사소통도 포함되는 것이다.

③ 적재적소 배치는 사기를 높인다.

종업원은 대부분 그들의 적성에 맞는 일을 하길 원하며, 더욱이 그 원하는 일을 수행하는 과정에서 그의 능력을 충분히 발휘할 수 있고, 개인적으로 발전할 수 있는 기회가 마련된다고 느낄 때 그들은 만족감을 갖게 되는 것이다.

이와 같이 적재적소 배치는 종업원으로 하여금 심리적으로 만족감을 갖게 하여 결과적으로 높은 사기를 이룩한다.

④ 의기상통하는 비공식적 조직은 사기를 높인다.

인간은 사회적인 동물이다. 따라서 개인으로서 아무리 우수하고 유능하다고 하더라도 그것 자체가 높은 사기를 보장해 줄 수는 없는 것이다. 인간은 한 집단 속에서 경쟁을 좋아하며, 참여를 좋아하고, 성공을 원하며, 실패했을 때는 동료들의 동정과 위로를 원하는 것이다.

이와 같이 인간은 한 집단의 구성원으로서 그 집단과 더불어 조화를 이루며 사이좋게 지내기를 바란다.

의기상통하는 비공식적 조직은 바로 종업원의 욕구를 충족시켜 주고, 불평불만을 제거하여 주며 높은 사기를 이룩해 주는 기능을 수행한다.

따라서 상사는 부하 개개인이 비공식적 조직에 뿌리를 박고 직장생활을 해나갈 수 있도록 도와주어야 한다.

⑤ 적당한 자존심의 인정은 사기를 높인다.

높은 사기는 때때로 자존심과 같은 의미로 사용될 때가 많다. 따라서 자존심이 손상될 때 사기는 저하되고 작업능률이 떨어진다. 이와 같은 현상은 두뇌노동인 경우에는 그 심각성이 특히 더하다. 그렇기 때문에 관리자는 부하들의 자존심을 적당히 인정할 수 있도록 평상시에 각별히 주의해야 한다.

따라서 관리자는 담당직무에 상응한 봉급과 그들의 특별한 기능이나 노력에 합당한 경제적 보수를 지급하여 사기를 높이게 되는 것이다.

(4) 고충처리 제도

고충처리란 종업원들이 직장생활에서의 애로사항이나 현장에서의 불만사항 등을 공식적으로 문서화한 불평 · 불만을 해결하기 위한 체계로 노사협력제도의 하나이며, 또한 제안제도와 함께 중요한 상향식 커뮤니케이션의 하나이다.

고충처리는 불평이 있는 종업원의 일선 감독자, 노조 현장대표가 먼저 해결책을 모색하여 실패하면 최고경영층과 노조대표로 구성된 고충처리위원회로 회부된다.

고충처리 대상은 작업조건, 승진, 임금, 규율, 감독, 작업할당 등 거의 모든 내용이 포함된다.

4 인적 자원의 개발과 평가

1. 교육훈련관리

1) 교육훈련의 의의와 목적

교육훈련이란 조직목표를 능률적으로 달성하기 위해 직접적으로 종업원들의 태도나 행동을 변화시키는 체계적인 과정이다.

교육이란 특정 직무의 수행과 관련되지 않은 일반지식과 교양을 습득한 것을 의미한다. 그것은 개인으로 하여금 자신의 생활환경에 대한 적응력을 높여 주고, 조직생활이나 사회생활에 숙달되도록 하여 장기적인 학습능력을 키우는 데 도움을 준다. 한편, 훈련이란 특정 직무의 수행에 관련된 지식 및 기술을 숙달시키는 것을 가리킨다.

이와 같은 교육훈련은 특히 오늘날과 같이 적정 유효인력이 부족하거나 노동조합에 의한 고용안정의 압력이 거세지고 사회 일반의 규제 및 기업환경의 변동이 극심할 때 그 중요성이 강조된다.

경영조직에서의 교육훈련은 직무행위 또는 조직성과와 관련되어 이루어져야 하는데 교육훈련의 목적은 사고율의 감소, 책임자의 부담 감소, 커뮤니케이션의 개선과 사기 향상을 통한 작업방법 및 품질의 개선, 이를 통한 낭비와 손실의 감소, 승진의 자극, 종업원의 불평과 결근 및 이동률 감소, 직무 습득기간의 단축 등이다.

단체급식소에서는 급식경영, 조리법과 위생, 서비스 등의 직무관련 교육훈련과 직원 인성개발을 위한 교육훈련이 실시되고 있다.

2) 교육훈련의 종류

① 신규채용자의 교육훈련(기초교육 또는 오리엔테이션)

신규 채용자에게 어떤 직책을 담당하기 전에 직무에 적응을 잘 하도록 하기 위한 교육이다. 오리엔테이션이 잘 실시되면 조직 내에서의 자신의 위치를 확실히 알 수 있어 조직 적응력이 향상되며 이직율도 감소하게 된다.

② 일반 종업원 교육

교육훈련 내용은 조직 내에서 그들이 수행하는 직무의 성격, 위치에 따라 달라져야 하며 기술의 숙련과 더불어 새로운 직무환경 변화에 대응하기 위해 새로운 지식과 기술 습득이 필요하다.

③ 감독자 교육

감독자 지위에 있는 사람을 대상으로 감독 능력을 향상시키기 위한 교육으로 부하들을 다룰 수 있는 관리능력과 직무상 지식과 기술을 증진시킬 수 있는 교육이 실시된다.

④ 관리자 교육

중간관리자 또는 고위관리자들을 포함하는 관리자를 위한 교육으로 리더십을 함양하고 관리능력을 갖추게 하여 의사결정 능력과 통솔, 지도력을 향상시키는 교육이다.

⑤ 직무훈련

직장 내 훈련(On the job training : O.J.T)은 가장 실제적이고 실무적인 지식과 기능을 전달하는 방법으로 실천적인 면과 응용적인 면이 강조되는 철저한 교육훈련이다. 직장 내에서 담당자들에 의해서 실시되므로 교육훈련을 위한 비용, 노력, 시간의 절감효과와 종업원들에게 강한 동기 부여 효과가 있다.

직장 외 훈련(Off JT : off the job training)은 종업원을 직무로부터 분리시켜 일정기간 동안 직장 외에서 교육에만 열중케 하는 방법으로 이것은 보통 집단적으로 실시된다. 종업원들이 직무로부터 해방되기 때문에 교육에만 전념할 수 있고 교육훈련이 통일적이며 조직적으로 진행될 수 있으나 직무수행에 지장을 가져올 수 있고 비용이 많이 소요되는 단점이 있다.

⑥ 자기개발

개인목표 내지는 개인의 욕구에 바탕을 둔 교육훈련으로 수동적·타율적인 형식에 지배받지 않고 자기 스스로가 자기업무의 목표달성에 대해 부족한 점을 파악하여 보강해 나가는 방법이다

3) 교육훈련의 방법

(1) 강의식 방법(Lecture method)

학교 교육과 마찬가지로 강사가 강단에서 강의를 하고, 교육대상자는 강의를 듣는 식의 일반적인 교육방법으로 가장 많이 이용되고 있다. 이 방법은 단시간 내에 많은 사람을 교육시킬 수 있는 장점이 있는 반면에 수강자는 참여 의식이 약하고, 문제 해결능력을 기르기 힘들며, 동시에 수강자의 이해 정도를 파악하기

힘들다는 단점이 있다.

(2) 통신식 방법(Correspondence method)

강의록이나 기타 인쇄물을 이용한 통신강좌를 통하여 훈련하는 방법으로서, 주로 강사진이 부족하거나, 교육대상자가 광범위한 지역에 산재해 있거나 또는 일단 훈련받은 종업원에 대하여 보충적인 교육을 실시할 경우에 많이 이용된다.

이 방법의 장점은 경비절약을 들 수 있으나, 단점으로는 교육자와 교육대상자와의 접촉이 적고 수동적이라는 점이다.

(3) 회의식 방법(Conference method)

참가자들이 일정한 장소에 모여서 특정한 주제에 관하여 각자의 지식, 경험, 견해를 교환하고 문제점 등에 대해서 토론하는 방식으로서 여기에는 자유식과 경험식이 있다. 이 회의식 방법이 충분한 효과를 거두기 위해서는 참가자의 지식수준이 비슷해야 하며 참가자의 수는 보통 10~15명 정도이어야 한다.

이 방법의 장점은 여러 사람의 지식이나 정보를 한데 모을 수 있고, 상호 협조심을 조장할 수 있다는 점이고, 단점으로는 참가자들이 주제에 대한 예비지식이 있을 때만 실용성이 있고, 또한 사회자가 회의 진행을 잘못하면 초점을 잃기 쉽다는 점이다.

(4) 시청각 교육 방법(Audio-visual method)

영화, TV, 슬라이드, 사진 등의 시청각 자료를 이용하여 교육훈련하는 방식이다. 이 방법의 장점은 강의식 방법만으로는 이해하기 어려운 경우에 특히 효과적이고 또한 흥미롭다는 점이다. 반면에 단점으로는 경비가 많이 들고 오락화될 우려가 있다는 점이다.

(5) 분임토의와 사례연구 방법(Case study method)

분임토의는 토론방법의 하나로 교육훈련대상자를 10명 내외의 소집단으로 분임을 편성하고 분임원 전체가 일정한 주제를 가지고 토론하여 결론을 유도하는 방법으로 집단적 과제 연구의 한 형태이다.

사례연구방법이란 특정한 주제에 대한 사례를 작성, 배부하고 토론하는 방법이다. 이 방법은 이론과 실제를 연결시켜 문제해결을 시도하기 때문에 참가자의 판단력, 분석능력을 기르며, 어떤 상황에서도 대처할 수 있는 자질을 갖추게 한다. 따라서 이 방법은 주로 관리자와 경영자의 교육훈련에 많이 이용된다.

이 방법의 장점은 주로 참가자의 분석능력과 문제 해결능력을 발전시키는 것이므로 고위층의 훈련에 특히 유용하다. 한편 단점으로는 시간이 많이 걸리며 소수 집단에서만 실효성이 있다는 점이다.

(6) 관련업체 시찰

교육목적과 관련하여 관계된 장소인 현장에서 경험하고 느끼게 하는 방법으로 교육훈련대상자들의 흥미와 이해도를 높인다는 장점이 있는 반면에 비용과 노력이 과다하게 소요되는 단점이 있다.

(7) 실무 실습

어떤 직위를 준비하는 사람에게 관련조직의 부서에서 업무를 실습시키는 방법으로 이론적·학문적으로 습득한 것을 실무에 적용시켜 양자간의 관계를 긴밀히 연결하는 가교적 구실을 한다.

(8) 순환 보직

일정한 계획 하에서 순차적으로 직무를 교대시킴으로써 지식과 경험을 쌓게 하는 교육훈련방법이다. 이 방법을 실시하는 이유는 조직 전체의 직무를 이해시키고 직무에 대한 지식과 경험을 풍부하게 하기 위해서 이다.

(9) 역할 연기 방법(Role playing method)과 감수성 훈련

교육대상자들에게 주제에 따른 역할을 실례로 연출하여 실연하게 함으로써 교육시키는 방법이다. 태도나 행동을 변화하게 하는 인간관계의 훈련에 적합한 방법이다.

이 방법의 장점은 감독자의 인간관계 훈련에 특히 효과적이며, 흥미와 현장감을 주고 문제점을 정확히 노출시킨다는 점이다. 반면에 단점으로는 사전준비가 필요하고 시간과 경비가 많이 든다는 점이다.

감수성 훈련이란 사전에 사회자나 주제를 정하지 않고 1-2일 동안 10인 내외의 소집단에서 훈련 대상자들이 자유롭고 솔직한 토론과정을 거쳐 집단 내의 자기 위치파악, 대인 관계의 이해, 대인관계의 개선을 도모하려는 인간관계의 대표적 기법이다.

(10) 브레인 스토밍(Brain storming)

미국의 오스본(A. F. Osborn)에 의하면 고안된 것으로 아이디어를 개발하기 위한 일종의 기술개발 훈련이다. 이것은 소집단 내에서 일정시간 동안 자유롭게 어떤 과제에 대하여 아이디어를 제출하게 하고 이것을 종합 검토하여 독창적인 아이디어를 얻어내는 기법이다. 따라서 이것은 종업원의 사고력이나, 창조성 개발에 이용되기도 하며 신제품이나 작업방법의 개선 또는 관리방법의 개선에 크게 이용되기도 한다.

4) 교육훈련의 효과 측정

교육훈련 후에는 반드시 평가를 통해서 교육훈련 결과를 피드백하도록 한다. 교육대상자의 일하는 상태나 태도 등을 관찰하거나 시험을 실시하여 평가하는 방법이 있고, 교육훈련을 받은 사람을 직접 면접하거나 교육훈련 전후의 작업실적을 비교 분석하여 교육훈련의 효과를 측정할 수 있다.

평가결과는 다음 교육계획수립이나 인사고과 등에 참고자료로 활용될 수 있으므로 일정기간 잘 보존하도록 한다.

2. 경력관리

경력은 직업생활을 영위하는 개인이 주체가 되는 직업 또는 직무의 장기적인 변화를 의미한다. 경력관리의 목적은 합리적인 인사관리, 특히 효율적인 승진관리의 목표달성에 그 기반을 두고 있으며 인재의 효율적인 확보 및 배분을 통한 조직 효율성의 증대와 종업원의 자아발전의 욕구충족을 목적으로 하고 있다.

전통적인 인사관리가 직무를 기본 대상으로 했다면 현대적 인사관리는 직무의 연결된 집합인 경력을 기본 대상으로 본다. 또한 전통적인 인사관리가 단기적인 시야에서 인력의 활용에 주력하였다면 현대적 인사관리는 장기적 시야에서 인력의 육성에 의한 기능과 기술의 축적에 관심을 갖는다.

경력은 과거의 경험만을 의미하는 것이 아니라 미래지향적이며 적극적인 개발을 의미하며 경력관리는 경력목표, 경력경로, 경력계획, 경력개발로 설명된다.

- 경력목표 : 개인이 경력상 도달하고 싶은 미래의 직위
- 경력경로 : 개인이 설정한 경력목표에 도달할 수 있는 길이며, 개인이 경험했거나 앞으로 경험해야 할 직위의 연속
- 경력계획 : 경력목표를 설정하고 이를 달성하기 위한 경력경로를 구체적으로 선택하는 과정
- 경력개발 : 개인적인 경력계획을 달성하기 위해 개인 또는 조직이 실제로 참여하는 활동. 직접 경험으로서 직무순환과 간접 경험으로서 교육훈련이 있음

경력개발제도를 활용함으로써 종업원 개인과 조직은 동시에 유효성을 성취할 수 있으며 조직은 종업원의 경력을 개발할 수 있도록 도와줌으로써 궁극적으로 이직률을 낮추고 인사비용을 절감하는 효과를 가져 온다.

인사부서에서는 경력교육을 위해서 경력개발 워크숍이나 경력개발 세미나 등을 통해 경력개발과 관련된 핵심적 개념을 교육시킴으로서 종업원들의 관심을 높여야 하며 인사부서가 종업원들로 하여금 자신의 경력을 계획하는 데 필요한 경력정보를 제공해준다. 또한 종업원들이 경력 목표를 세우고 이에 적합한 경력경로를 찾도록 돕기 위해 경력상담을 실시하기도 한다.

3. 인사고과관리

1) 인사고과의 의의 및 목적

인사고과란 조직구성원들의 현재 또는 미래의 능력과 업적을 비교 · 평가함으로써 각종 인사관리활동에 필요한 정보를 획득 · 활용하는 것이다.

과거의 인사고과제도는 주로 임금관리상의 승급 · 상여에 대한 사정의 수단으로 활용되어 왔지만 현대적 인사고과의 목적은 미래지향적이고 개발지향적인 것으로 종업원의 적재적소의 배치, 능력개발, 공정한 처우를 하기 위함이다.

인사고과란 어떠한 조직체에 있어서 부하 종업원의 평상시의 근무태도를 파악하고 평가하는 것으로서 합리적인 인사관리의 근거가 된다. 또한 인사고과는 임금관리, 승급과 승진, 배치와 전환, 교육훈련의 자료로도 사용된다.

이와 같이 인사고과가 인사관리의 기법으로 활용되기 위해서는 타당성, 신뢰성, 식별력 등을 갖추고 조직의 현실을 잘 반영할 수 있는 적합한 방법으로 실시되어야 한다.

2) 인사고과의 방법

인사고과의 방법에 관해서는 학자에 따라 여러 가지가 제시되고 있으나, 실무에 광범하게 활용할 수 있고, 또 타당성이 인정되며 쉽게 이해할 수 있는 방법은 서열법, 대조 리스트법, 평정척도법 등이다.

(1) 서열법(ranking method)

가장 오래되고 간단한 방법으로 직무평가의 서열법과 마찬가지로 종업원의 업무수행능력과 실적의 정도에 따라서 순위를 정해서 평가하는 방법이다.

이 방법에는 기업 내의 모든 구성원에 대해서 종합적으로 순위를 정하는 방법과 개별 평가요소마다 순위를 정하여 종합하는 방법이 있다.

① 장 점

㉠ 평가가 간단하다.

㉡ 종업원 수가 적을 때 효과적이다.

② 단 점

㉠ 종업원 수가 20~30명이 넘을 때는 평정이 어렵다.

㉡ 동일한 직무의 범위 내에서만 적용할 수 있으며, 각 부서 간의 비교는 불가능하다.

㉢ 평정이 구체적인 기준이 없이 이루어지기 때문에 평정결과에 대하여 설득력이 부족하며 비교시에 종업원의 불평이 생길 수 있다.

(2) 대조 리스트법(check list method)

이 방법은 평가에 적당한 몇 가지 표준행동을 배열하고 해당항목을 체크해서 평가하는 방법이다. 이 방법의 대표적인 것은 프로브스트(J. B. Probst)법과 오르드웨이(S. H Ordway)법이 있다.

평가자는 종업원을 직접 평가하지 않고 체크만 해서 보고하게 되면 인사담당부서에서 평가하는 방법이다. 평가자가 평가대상 종업원에 대해서 해당항목의 사실만 체크해서 보고하면 되므로 평가자의 부담은 경감하지만 종업원의 특성과 공헌도를 계량화하거나 종합하는 일이 어렵다.

(3) 평정척도법(rating scales method)

이 방법은 비교적 간단하여 기업에 널리 보급되고 있는 방식으로 분석적 능력이나 과단성, 창조성, 리더십, 직무성과, 조정 및 정서적 안정성 등의 전형적인 평가요소를 중심으로 사전에 정해진 등급에 따라서 평가하는 방법이다.

① 장 점

㉠ 분석적인 평정방식을 이용하고 있다.

㉡ 평가결과에 대한 타당성이 높다.

㉢ 평가결과의 수량화 및 통계적 조정이 가능하다.

② 단 점

㉠ 평가요소의 선성이 어렵다.

㉡ 평가요소의 비교결정이 어렵다.

㉢ 효과가 의심스럽다.

㉣ 평가결과의 인위적인 계량화로 현혹 효과(Halo effect) 등 평가오차의 방지가 어렵다는 점이다.

3) 인사고과의 평정 방법

인사고과 시 등급 매기는 기법은 아래와 같다.

① 상대비교 방법 : 종업원의 행동 전체를 다른 직원과 비교하여 평가하는 기법이다.

② 성적순위 방법 : 평정요소를 선정하고 근무성적의 순위를 매겨 그것을 기준으로 평가하는 방법이다.

③ 강제선택 방법 : 평정요소를 열거하여 사람에 따라 의미를 파악하는 방법과 내용이 다름을 구체적인 행동으로 제시하는 방법이다.

④ 점검표 방식 : 프로브스트가 고안한 것이 대표적이며, 각 평정요소를 체크리스트로 만들어 종업원의 행동 예를 체크하는 방법이다.

⑤ 평점단계 방식 : 성적의 단계를 표시하는 데 평점을 사용하는 법이다.

⑥ 단계택일 방식 : 단계를 표시하는 행동 예를 기준으로 어느 한 단계를 종업원으로 하여금 택일하도록 하게 하는 방식이다.

⑦ 평정척도 방식 : 평정하는 데 눈금이 붙은 자를 사용하도록 하는 방식이다.

4) 인사고과의 문제점과 개선 방안

인사고과과정에서 평가자는 최대한 객관적 사실에 입각하여 평가하려고 노력하겠지만 평가자 자신이 인간이기 때문에 심리적 요인이나 집단에서 오는 영향으로 인하여 평가에 주관적 판단이 게재될 수 있다.

따라서 평가결과의 타당성에 대하여 회의적이거나 비판하는 견해가 생기게 된다. 이와 같이 인사고과의 결과에는 일정한 한계가 있을 수 있다는 것에 유의하고 인사고과자의 오류가 최소화될 수 있도록 해야 한다.

인사고과의 평가과정에서 오류를 가져오는 일반적인 현상으로는 평가자의 심리적 현상에서 오는 오류와 집단의 분포도에서 오는 오류가 있다.

(1) 평가자의 심리적 현상에서 오는 오류

① 현혹효과(Halo effect)

일반적으로 특정 종업원의 평가시 평가자가 평소에 어떤 점에서 그 종업원으로부터 좋은 인상을 받았으면 그에 현혹되어 다른 항목도 전반적으로 높게 평가하게 된다. 반대로 어떤 항목에 대한 좋지 않은 인상을 받았다면 이에 영향을 받아 다른 평가항목에 대해서도 나쁘게 평가하게 된다.

이와 같이 종업원의 특정한 인상이 평가내용의 전 항목에 영향을 주는 현상을 현혹효과라 한다. 현혹효과는 평가자의 자질향상과 객관적인 평가기법의 활용으로 사전에 방지해야 한다.

② 논리오차(Logical error)

논리오차란 인사고과과정에서 두 평가요소 간에 어떤 논리적인 상관관계가 있는 경우 이 두 요소 중 어느 하나의 요소가 특별히 우수하면 다른 요소도 우수한 것으로 판단하고 높게 평가하는 경향을 말한다.

예를 들어 기억력이 좋으면 지식도 풍부하고 또 작업성과가 크면 숙련도가 역시 높다고 판단하는 경우와 같다.

(2) 집단의 분포도에서 볼 수 있는 현상

① 관대화 경향(Leniency tendency)

종업원의 근무 실제보다 관대하게 평가하는 경향을 가리킨다. 이와 같은 관대화 경향이 나타나는 원인은 평가자가 부하의 인사고과 결과가 나쁘면 그 이유가 평가자의 통솔력이나 리더십의 부족 등으로 오인될까 염려하기 때문이거나 평가자가 평가방법을 정확하게 이해하지 못했을 경우 혹은 평가자가 평소 부하들에 대해서 정확히 파악하고 있지 못할 때 또는 부하를 낮게 평가하여 그를 불리하게 만들 필요가 없다고 생각하기 때문이다.

② 중심화 경향(Centralization tendency)

이것은 평가자가 대부분의 부하를 '중' 또는 '보통'으로 평가함으로써 평가결과의 분포도가 중심에 집중되는 경향을 가리킨다. 이와 같은 중심화 경향의 원인은 평가자가 부하를 잘 모르거나 평가항목의 내용이 명확하지 않거나 평가구분이 애매할 때, 평가자의 능력이 부족하여 적당히 중간 정도로 평가하기 때문이다.

이상과 같은 평가오차로 인하여 인사고과의 결과에는 오류와 불공평 등이 생길 수 있다. 따라서 인사고과결과에 대해 세밀한 검토가 필요하다.

이와 같은 인사고과의 한계와 더불어 현행 인사고과제도의 문제점으로는 고과자의 고과경험과 훈련부족, 고과요소의 선정문제, 직무분석의 정확성 결여로 인한 영향, 고과실시상의 기술적 애로 등을 들 수 있다.

이러한 문제점을 개선하고 인사고과제도의 목적을 달성하기 위해서는 고과자에 대한 교육훈련이 필요하며 인사권이 상위경영층에 집중되는 것을 최소화하고 인사고과의 평정기준(평정요소, 평정척도)을 공개해야 하며 인사고과의 평정기준, 고과표 등의 양식이 어느 누가 보더라도 쉽게 알 수 있도록 간소화하는 것이 필요하다.

어떤 식으로든지 피평정자가 고과결과를 알 수 있도록 평정결과의 피드백이 이루어져야하며 나아가서는 본인에게도 자기신고 또는 자기평정을 함으로써 인사고과에 참가시키는 것이 바람직하다.

최근에는 상사에 의한 고과뿐만 아니라 자기평가, 동료평가, 부하평가 등의 다면평가가 많이 실시되고 있다.

5 인적 자원의 보상관리

1. 임금관리

임금이란 사용자가 근로의 보상으로 근로자에게 임금, 봉급 기타 여하한 명칭으로든지 지급하는 금품일체를 말한다. 기업가의 입장에서는 종업원이 조직에 제공하는 노동에 대한 댓가를 지불하는 것이며 종업원의 입장에서는 생활의 원천이 되는 소득이 된다.

1) 임금의 결정

임금수준이란 일정한 기간 동안에 특정 기업 내의 모든 종업원에게 지급되는 평균임금을 말한다. 임금수준은 종업원의 생계비 수준, 기업의 지불능력, 타사의 임금수준 등이 고려되어 결정된다.

또한 임금수준은 물가수준의 변동, 연공이나 인사고과 등에 따라서 매년 조정이 되는 것이 일반적이며 임금의 결정은 조직의 내·외부적 요소가 영향을 미친다.

조직 외부적 요소로는 정부의 임금통제, 노동조합의 요구, 국가의 경제상황, 조직간 경쟁 정도, 노동시장의 영향, 동일 산업 내 임금수준 등이 있다.

최저 임금제는 국가가 사용자에게 일정한 금액 이상의 임금을 노동자에게 지급하도록 법률로써 강제하는 제도로서 저임금 노동자를 보호하여 불황기에 임금수준의 하락을 방지함으로써 유효 수요를 유지하려는 정부의 경제정책이다. 우리나라에서는 1953년 최저임금제를 법제화하였으며 1990년 이후부터 상시 근로자 10인 이상인 모든 사업장에 적용되고 있다. 노동조합에서도 매년 경영자층과 임금 협상을 통해서 임금을 결정하며, 동일 산업 내의 동일 직종의 임금 수준도 임금 결정의 기준이 된다.

임금 결정의 조직 내부적 요소로는 기업의 지불능력, 경영자의 태도, 직무의 상대적 가치, 직무 수행자의 능력 등이 있다.

2) 임금의 체계

(1) 기본급

기본급은 생계비, 근속연수, 직무가치, 직무수행능력 등에 의해 결정되는데 기본급 결정에 어떠한 기준을 사용하는가에 따라 연공급, 직무급, 직능급 등의 유형이 있다.

연공급이란 근무연한에 따라 임금수준이 결정되는 것으로 학력, 연령, 근무연한이 중요한 요인이 된다. 직무급이란 직무에 따라서 임금에 차이를 두는 것으로 직무의 중요도나 난이도, 위험 조건 등을 감안하여 각 직무의 상대적 가치를 평가하고 직무가 같으면 개인의 학력이나 근무연한이나 연령에 관계없이 임금이 지급되는 것이다. 직능급이란 직무의 특성과 직무 수행능력을 고려하여 임금수준을 결정하는 것으로 직무급을 기초로 직무 수행능력이나 자격증 등 각 개인의 능력차를 고려하여 임금을 지급하는 것으로 임금의 사내격차가 만들어진다.

우리나라는 기본급 결정 시 연공급 형태를 가장 많이 적용하고 있으나 최근에는 능력위주의 평가나 연봉제 시행에 따라 직무급이나 직능급 형태가 점차 늘고 있는 추세이다.

(2) 부가급

부가급은 기본적 임금에 부수적으로 이를 보충하는 형식으로 지급되는 것으로 서양에서는 유급 휴가, 각종 연금, 보험금, 의료비 지원, 주식 배당의 형식으로 지급되고 있으며 동양에서는 각종 수당, 보너스, 퇴직금 등이 부가급으로 지급되고 있다.

3) 임금의 형태

임금의 형태는 임금의 계산 및 지불방법에 따라 시간급제와 성과급제 등으로 나뉜다.

(1) 시간급제

시간급제란 수행한 작업의 양과 질에는 관계없이 단순히 근로시간을 기준으로 하여 임금을 산정·지불하는 방식으로 일급, 주급, 월급, 연봉 등이 해당된다. 이 형태는 일정액의 임금이 확정적으로 보장된다는 장점이 있으나 작업 수행의 양과 질에 관계없이 임금이 지불되므로 작업능률이 오르지 않는다는 단점이 있다.

급식소에서는 조리종사원의 임금지급 시 시간급제를 많이 적용하고 있다.

(2) 성과급제

성과급제란 노동성과를 측정하여 측정된 성과에 따라 임금을 산정·지불하는 방식이다. 이 형태는 작업 성과와 임금이 정비례하므로 근로자들에게 합리성과 공평감을 주어 생산성 증대에 효과가 있으나 무리한 노동으로 인한 문제를 야기시킬 수도 있다.

최근 여러 기업에서 기업의 성과를 배분함으로써 종업원에게 동기를 부여하고 작업의 능률을 극대화하고자 인센티브(Incentive)의 성격으로 성과급을 지급하고 있다. 또한 조직체 전체 또는 주요 조직단위의 성과를 기준으로 임금을 배분해수는 조직체 성과급 제도인 스캔론 제도(Scanlon plan)를 도입하여 종업원의 참여의식을 높이고자 노력하고 있다.

2. 복리후생관리

임금은 노동의 질, 양, 능률 등에 따라서 차이가 있지만, 복지후생비는 신분기준에 따라서 운영되고 있다. 복리후생비는 기본적으로 집단적 보상의 성격을 갖으며 의료보험의 혜택이 질병의 사유가 발생한 경우에만 주어지는 것처럼 복지후생비는 필요성의 원칙에 의해서 지급되며 지급 형태도 다양하다. 임금은 직접 생활수준의 향상을 초래하지만, 복지후생비는 종업원의 생활수준을 안정시키는 기능을 갖는다.

1) 법정 복리후생

법정 복리후생이란 법률에 의해 기업이 의무적으로 종업원과 그 가족들에게 제공하여야 하는 것이다.

법정 복리후생의 종류는 질병, 부상, 분만, 사망에 대하여 보험급여를 실시하여 국민보건을 향상시키고 사회보장의 증진을 도모하기 위한 건강보험, 국민의 노령, 폐질, 사망과 같은 노동력의 사용가치의 상실에 대비하는 연금보험, 직장에서의 업무수행과 관련하여 발생한 부상, 질병, 사망 등의 재해에 대한 경제적 보상인 산재보험, 실직한 근로자에게 실업급여 지급, 적극적인 취업 알선을 통한 재취업의 촉진, 근로자의 작업안정 및 고용 구조 개선을 위한 고용안정 사업을 실시하기 위한 고용보험 등이 있다.

2) 비법정 복리후생

비법정 복리후생이란 기업이 자발적으로 혹은 노동조합과의 협의 하에 제공하는 것이다.

경제적 복리후생으로 주택대여나 주택 소유를 위한 재정적 지원, 종업원과 가족의 교육비 지원, 식사비, 구매 등 소비 생활 보조, 퇴직금과 의료비 등 법정 복리 이외의 추가로 부여되는 혜택 등이 있다.

보건위생 복리후생으로 종업원 및 그 가족의 질병치료 및 예방, 건강유지 등 종업원의 건강한 생활을 보장하기 위한 제도나 시설을 제공하는 경우가 있고, 기타 복리후생으로는 문화생활, 체육활동, 여가 관련 복리후생, 휴가 및 실제 일하지 않은 날과 시간에 대한 보상 등이 해당된다.

3) 복리후생관리의 원칙과 유의점

복리후생관리는 기업의 모든 종업원에게 절실히 필요하고, 경비부담이 적당하며, 동종산업이나 그 지역 내 산업과 비교하여 크게 차등이 없을 정도로 운영하는 것이 적정하다.

또한 복지후생에 관한 시설 및 제도는 기업 내에서만이 아니고, 국가나 지역사회에 의해서도 추진되므로 이들간에 서로 중복되거나 관련성이 결여되는 일이 없도록 합리적으로 조정, 관리하여야 한다.

한편 종업원들의 복지후생제도에 대한 이해와 평가가 완전할 때 종업원들은 동기가 부여되어 노동력을 확보하고 유지하는 데에 도움이 될 것이다. 따라서 종업원들에게 기업 내의 복지후생제도에 대해서 명확히 설명하도록 하며 종업원의 의견을 수렴하면서 복리후생 혜택이 공평하게 유지될 수 있도록 해야 한다.

7장
사 무 관 리

1 급식 사무관리

1. 사무관리의 의의 및 기능

사무란 원래는 기업체의 여러 업무 중에서 문서에 의한 서기적인 업무만을 의미했으나, 오늘날에 와서는 이러한 문서에 의한 서기적 업무 이외에도 각종 회담이나 연락 등에 의한 커뮤니케이션도 그의 중요한 내용으로 포함되고 있다. 따라서 사무란 정보의 기록, 전달, 정리 등을 목적으로 하는 행위라고 규정할 수 있다. 그러므로 사무의 기능은 단순한 문서처리기능에만 국한시켜서는 안되며, 정보처리 기능으로 보아야 할 것이다.

즉 사무관리란 사무상의 계획, 조직, 지휘, 조정, 통제 등을 종합적으로 집행하는 경영활동으로서 눈에 보이지 않는 무형의 힘에 의하여 조직의 목표를 달성할 수 있도록 지휘·감독하는 제 행위라고 규정할 수 있다. 따라서 그것을 집행적 기능과 저장적 기능에 속하는 것이다.

한편, 급식사무를 수행하기 위해서도 과학적인 정보 및 자료가 필요하다. 이와 같은 각종 정보 및 자료를 작성하는 것을 급식사무라 하고, 단체급식업무의 합리적인 운영을 위해서 이와 같은 각종 정보 및 자료를 경영원리에 따라서 합리적으로 처리하는 것을 급식사무관리라고 규정할 수 있다.

이와 같은 사무의 종류는 구체적으로 정보의 기록, 계산, 회의, 연락 및 분류 정리 등으로 구분할 수 있다.

2. 급식 사무관리

1) 식수의 파악

단체급식사무에서 정확한 식수를 파악하는 것은 합리적인 급식관리를 위하여 대단히 중요한 기본적인 과제라 할 수 있다. 그러나 식수는 피급식자의 인원변동으로 매일 달라지게 되므로 정확한 파악이 쉽지 않은 문제이나, 피급식자의 영양소요량이나 식품구성을 근거로 하여 급식시설의 실정에 맞는 합리적인 방법으로 정확하게 파악하여야 한다.

단체급식시설에서 피급식자의 인원변동을 중심으로 급식시설을 분류해보면 ① 학교, 군대, 사회복지시설, 기숙사, 장기입원한 환자가 많은 병원 등과 같이 피급식자의 인원이 월간 내지 연간을 통해 심한 변동을 나타내지 않는 급식시설과 ② 피급식자의 인원이 수시로 변동하는 급식시설 등이 있다.

이상과 같이 급식시설을 2개의 그룹으로 구분할 때 식수 파악방법은 이들 그룹에 따라 달라지게 된다.

첫 번째 그룹에서는 대체로 전원이 피급식자이므로 평상시에는 피급식자 대상에 수록된 인원으로 파악하여 식사전표 또는 식사표(diet slip) 등을 작성하면 되고, 인원에 변동이 있을 때에만 식수의 변경전표 형식으로 처리한다. 따라서 이 경우의 식수파악 문제는 그리 복잡하지 않고 간단히 해결될 수 있다.

그러나 두 번째 그룹에서와 같이 피급식자의 변동이 매일매일 심한 급식시설에서의 식수파악은 간단하지가 않으며 대체로 식권제도를 많이 이용하고 있다.

급식예정수의 결정법은 다음과 같다.

① 평균 급식수보다 약 1할 정도 적게 준비하고 그 부족분은 임시 식단(예 : 냉동제품, 달걀부침)으로 한다.

② 전일 오후 2시까지의 결식 신고수에 의해서 식당에 예정 인원수를 통지하고, 그 수에 따라 식수를 예정수로 한다.

③ 전날의 식수 및 당일의 종업원수를 생각하여 준비한다.

④ 총 종업원수의 약 2할을 뺀 수로 한다.

⑤ 매일의 급식수를 기록해 두고 1개월의 총 급식수에서 1일의 평균 급식수를 예정수로 정한다.

2) 식권제도

(1) 회수권식 식권

사전에 1개월 또는 수 개월분의 식권을 피급식자에게 분배해 주고 급식 때마다 1매씩 회수하는 방식이다. 이 방법은 비교적 많은 시설에서 이용되고 있는데, 결식하게 되면 식권이 몇 회분 모이게 되어 한 끼에 2회 정도의 식사도 가능해진다. 따라서 이로 인하여 급식수에 예상 밖의 변경이 초래되어 정확한 식수의 파악이 어려워질 뿐만 아니라 식권의 정리에도 많은 시간이 소요된다.

선택식권제를 이용하고 있는 급식시설에서는 1권에 몇 천원씩 하는 회수권식 식권을 주고 급식 때마다 금액에 해당하는 식권을 제출하도록 한다.

(2) 기명식 당일식권

회수권식 당일식권을 각자에게 주고, 급식 때마다 피급식자에게 일자와 성명을 기입하게 하여 제출하도록 하는 방식으로서 이 경우에 식수파악은 피급식자를 대장에 기입하여 급식수를 집계함으로써 이루어진다. 그리고 급식인원이 식권 발행수 이상으로 되지 않으므로 비교적 정확하게 파악할 수 있으나 사무가 번잡해지는 것이 결점이다.

(3) 카드식 식권

피급식자 전원이 각각 개인별 급식(1개월분) 카드를 사용하여, 급식 때에는 담당직원이 이 카드의 급식란에 날인하거나 눌러 확인하는 방식이다. 이 방법은 식권의 정리에는 문제가 없으나, 급식의 경우 일일이 날인해야 하므로 시간이 많이 걸려 피급식자의 수가 많은 시설에서는 사용하기가 불편하다.

(4) 셀룰로이드제 식권

셀룰로이드로 만든 식권을 미리 피급식자에게 나누어 주고 급식 때마다 제출하게 하는 방식이다. 장기간 사용이 가능한 이점은 있으나, 회수한 식권의 정리에 많은 시간이 걸리는 것이 결점이다. 한편, 선택식 제도를 채택하고 있는 급식시설에서는 식사의 종류나 가격에 따라서 셀룰로이드 식권의 색깔과 모양을 다르게 하여 사용하고 있다.

(5) 플라스틱제 식권

식권 자동판매기를 설치하여 피급식자가 급식 때마다 현금을 투입하면 그 금액에 해당하는 플라스틱제 식권이 발행되어 나오도록 되어 있다. 이 방식은 식권 판매에 따르는 인건비가 절약되고 혼잡을 방지할 수 있는 이점이 있는 반면,

피급식자가 항상 현금을 준비하여야 하는 불편함이 있다.

(6) 페파 식권

주로 선택식 제도를 채택하고 있는 급식시설에서 셀룰로이드 식권을 대신해서 사용하는 방식으로서 회수권 식권을 정리하는 데 필요한 시간을 절약할 수 있고, 또 식권에 일련번호를 매겨 발행매수의 확인을 쉽게 한다.

3. 장표류 성질과 종류

1) 장표류의 성질

장표란 사무작업의 수행시 도구로 사용하는 장부와 전표 두 용어의 복합어이다. 이 장표는 기능적인 면에서 볼 때는 일정한 형식, 기록방법 및 운영방법을 가지고, 일정한 목적을 달성하기 위하여 계속적으로 사용되는 사무용 문서를 가리키며, 외형적인 면에서 볼 때는 정보를 기입하기 위하여 정형으로 인쇄된 공백의 사무용지라고 말할 수 있다.

이와 같은 장표의 기본적 성질을 장부와 전표로 구분하여 살펴보면 다음과 같다.

(1) 장부의 성질

장부의 성질에는 고정성과 집합성이 있다.

① 고정성

장부는 사무의 흐름에 따라서 움직이지 않고, 일정한 장소에 항상 머물러 있으며, 사무가 반대로 장부 있는 장소에 찾아와서 수행되는 성질을 가리킨다. 즉, 장부의 고정성이란 특수한 경우를 제외하고는 다른 장소에 들고 갈 수 없으며, 일정한 장소에 항상 고정적으로 머물러 있는 것을 가리킨다. 따라서 장부를 제정할 때는 그 기재내용만 분명하게 하면 되는 것이다.

② 집합성

정보의 기재내용이 한 군데에 모여진다는 뜻으로서, 내면적으로 볼 때는 동일한 대상에 대해서만 여러 번 걸쳐 여러 가지가 기입되는 성질의 것을 가리킨다. 따라서 장부는 정보의 기재순서에 따라서 차례차례로 기록되어질 수 있도록 설계되어야 한다.

(2) 전표의 성질

전표의 성질에는 이동성과 분리성이 있다.

① 이동성

장부의 고정성과는 반대로 전표 자체가 사무의 흐름에 따라서 이동하면서 기록되는 성질을 가리킨다. 즉, 전표는 장부와는 달리 보통 2개소 이상의 담당 분야를 이동하면서 1회마다 새로 제작되는 것이 보통이다. 이것을 전표의 이동성이라고 한다. 따라서 전표의 설계시 기록사항은 가능한 한 간단하게, 또한 가능하면 무게나 크기, 부피 및 지질 등은 자주 이동하는 데 편리하도록 특히 신경을 써야 한다.

② 분리성

장부의 집합성과는 반대로 보통 1매에 1개의 사항만을 1회에 한하여 기입해야 한다는 것이다.

(3) 장표의 기능 및 원칙

장표의 기능은 일반적으로 정보의 전달, 정보의 처리 및 정보의 보전이라는 세 가지 기능으로 요약할 수 있다. 이들은 장부와 전표로 구분하여 좀더 구체적으로 살펴보면 다음과 같다.

① 장부의 기능

장부의 기능에는 기록, 현상의 표시, 대상의 통제 들이 있다.

㉠ 기록 : 장부의 가장 기본적인 기능으로서 어떠한 일이 발생했는가? 하는 것을 관계자들이 후일에 잘 알 수 있도록 기록해놓은 것을 말한다. 장부는 이와 같이 어떤 대상의 변화를 기록하는 기능을 수행한다.

㉡ 현상의 표시 : 현재 관리하고 있는 대상이 지금 어떠한 상태에 놓여 있는가를 표시하는 기능이다. 즉, 장부는 어떤 대상의 현재 관리상태만을 나타낼 뿐이므로 구체적으로 무엇을 표시하는가는 보는 사람의 판단에 맡겨진다.

㉢ 대상의 통제 : 어떤 대상의 현 상태가 파악되면, 그것을 이미 설정해 놓은 표준과 비교하여 어떤 편차가 발견되면 그 대상을 통제하여야 한다. 이와 같이 장부의 기록은 대상의 통제 수단으로 이용된다.

② 전표의 기능

전표의 기능에는 경영의사의 전달, 대상의 상징화가 있다.

㉠ 경영의사의 전달 : 전표가 가지는 이동성의 성질을 이용하여 상사의 경영의사를 각 담당자에게 전달해 주는 기능을 가리킨다. 이 전표의 기능에 의해서 각 담당자에게는 자동적으로 직무가 생기게 된다.

㉡ 대상의 상징화 : 전표는 그 성질상 보통 1매에 1개의 사항만을 기입하게 되므로 결과적으로 전표 그 자체는 그곳에 기입된 대상의 상징으로 볼 수 있다. 따라서 그 전표를 분류함으로써 그 대상을 구체적으로 관리할 수 있다.

(4) 장표의 기본 원칙

장표는 사무관리에 필요한 판단력을 최소한으로 줄이는 데 그 특색이 있다. 따라서 장표는 직무를 정확하게 파악할 수 있도록 설계되어야만 사무능률을 올릴 수 있다. 그렇기 때문에 장표를 실제로 설계할 때에는 다음과 같은 원칙들이 충분히 고려되어야 한다.

① 장표에는 필요한 자료를 기입할 수 있는 칸이 있어야 한다.
② 장표는 그 이용자에 대하여 중요한 것이라는 인상을 줄 수 있도록 만들어져야 한다.
③ 장표는 그 이용자가 자료를 용이하게 얻을 수 있도록 작성되어야 한다.
④ 장표는 자료의 기입 및 이용에 있어서 착오가 발생되지 않도록 만들어져야 한다.
⑤ 장표는 경제적으로 복사할 수 있도록 만들어져야 한다.

2) 장표의 종류

단체급식시설에서 사용되는 장표는 그 목적에 따라 여러 가지 종류가 있는데 현재 우리 나라에서 사용되고 있는 장표의 기본성질을 중심으로 살펴보면 다음과 같다.

(1) 식단표

식단표는 급식업무에 있어서 가장 중심적인 기능을 담당하고 있다. 이 식단표는 급식사무의 기본계획표로서 급식담당자에 의해서 작성되며, 관리자의 승인을 얻어야 한다. 이와 같이 관리자의 승인을 받은 식단표는 바로 관리자의 급식관계들에 대한 급식지시서가 된다.

급식작업이 끝난 후에 이 급식표는 급식업무의 실시보고서로서 보존하도록 되어 있다.

표 7-1. 식단표

(주별)

요 일 \ 구 분	아 침	점 심	저 녁	비 고
월 ○○ 일				
화 ○○ 일				
수 ○○ 일				
목 ○○ 일				
금 ○○ 일				
토 ○○ 일				
일 ○○ 일				

(참고자료 : 김덕권, 급식경영학, 신광출판사, 1996)

(2) 식품수불부

단체급식시설의 합리적인 운영을 기하기 위해서는 식품의 수불관계가 명확하게 기록되어야 한다. 따라서 모든 식품의 수불관계는 이 장부에 의해서 구체적으로 정확하게 기록된다.

표 7-2. 식품수불부

품명 :　　　　　　　　단위 :

월 일		적 요	수 입			불 출			잔 고		
			수량	단가	금액	수량	단가	금액	수량	단가	금액

(참고자료 : 김덕권, 급식경영학, 신광출판사, 1996)

(3) 급식일지

단체급식시설에 있어서 어떤 종류의 식사가 매일 얼마만큼 급여되었는가의 구체적인 내용이 과학적으로 기록되어야만 합리적인 급식관리가 가능해진다. 이와 같은 목적을 달성하기 위하여 마련된 장표가 바로 급식일지이다. 따라서 매일 급여되는 식사가 이것에 의해서 구체적으로 기록된다.

표 7-3. 급식일지

식 단 명	영 양 가		단 가	식 수	비 고
	열 량	단백질			

(참고자료 : 김덕권, 급식경영학, 신광출판사, 1996)

(4) 식품 사용 일계표

단체급식시설에 있어서 급식예정식단이 마련되어 사용해야 할 식품의 종류와 수량 등이 결정되면 이 식품사용 일계표에 기록되며, 이것에 의해서 식품의 출고전표가 끊어지게 된다. 한편 급식작업이 완료된 후 이 일계표에 기록된 사항은 식품수불부의 불출란에 전기된다.

표 7-4. 식품 사용 일계표

년 월 일

식 품 명	사 용 량					비 고
	상식	연유식	특별식	합계	직원식	

(참고자료 : 김덕권, 급식경영학, 신광출판사, 1996)

(5) 구매요구서

구매요구서는 식품의 사용 부문에서 작성하여 구매부문에 송부하는 것으로서, 구매청구서라고도 한다. 이것은 보통 두 통이 작성되어 원본은 구매부문에 보내지고, 사본은 요구부문에서 보관한다.

표 7-5. 구매요구서

No. 년 월 일

<table>
<tr><td>종목</td><td colspan="2"></td><td>사용
기간</td><td></td><td>요구
부서</td><td></td><td>주무</td><td>(인)</td><td>부서장</td><td></td></tr>
<tr><td rowspan="2">연번</td><td rowspan="2">물품
번호</td><td rowspan="2">품명</td><td rowspan="2">규격</td><td rowspan="2">단위</td><td colspan="3">수 량</td><td colspan="2">예상가격</td><td rowspan="2">비 고</td></tr>
<tr><td>소요량</td><td>재고량</td><td>구매량</td><td>단가</td><td>금액</td></tr>
<tr><td>1</td><td></td><td></td><td></td><td></td><td></td><td></td><td></td><td></td><td></td><td></td></tr>
<tr><td>2</td><td></td><td></td><td></td><td></td><td></td><td></td><td></td><td></td><td></td><td></td></tr>
<tr><td>3</td><td></td><td></td><td></td><td></td><td></td><td></td><td></td><td></td><td></td><td></td></tr>
<tr><td>4</td><td></td><td></td><td></td><td></td><td></td><td></td><td></td><td></td><td></td><td></td></tr>
<tr><td>5</td><td></td><td></td><td></td><td></td><td></td><td></td><td></td><td></td><td></td><td></td></tr>
<tr><td>6</td><td></td><td></td><td></td><td></td><td></td><td></td><td></td><td></td><td></td><td></td></tr>
<tr><td>7</td><td></td><td></td><td></td><td></td><td></td><td></td><td></td><td></td><td></td><td></td></tr>
<tr><td>8</td><td></td><td></td><td></td><td></td><td></td><td></td><td></td><td></td><td></td><td></td></tr>
<tr><td>9</td><td></td><td></td><td></td><td></td><td></td><td></td><td></td><td></td><td></td><td></td></tr>
<tr><td>합계</td><td></td><td></td><td></td><td></td><td></td><td></td><td></td><td></td><td></td><td></td></tr>
</table>

(참고자료 : 김덕권, 급식경영학, 신광출판사, 1996)

(6) 구매표(발주전표)

구매부문의 발주전표로서 구매요구서에 의해서 작성된다.

구매자측은 이로서 발주한 물품에 대한 대금 지불의 의무가 생기고, 판매자측은 대금을 청구할 수 있는 권한을 가지게 된다. 그렇기 때문에 구매자가 이 구매표를 발행하게 되면 즉각 벌률상의 계약이 성립하게 되어 그 계약에 대한 법률상의 구속을 받게 된다.

따라서 어떠한 경우에도 이 구매표에는 발주일자, 주문번호, 납품업자의 명칭 및 주소, 물품명 및 가격, 수량, 구매담당자의 서명, 기타 여러 조건 등이 구체적으로 기입되어야 한다.

표 7-6. 발주전표

요리명	식품번호	식 품 명	발 주 용					원가 계산용			
			1인분 사용량 (g)	순 사용량 (kg)	발주 단위	발주량	구입처	실시 사용량	단가 (원)	가격 (원)	1인분 가격 (원)
								합 계			

(참고자료 : 이애랑, 급식관리실무, 광문각, 1998)

(7) 급여영양기준 산출표

표 7-7. 급여영양기준 산출표

때	식품명	재료	분량 (g)	열량 (kcal)	단백질 (g)	비타민 A (R.E.)	비타민 B_1 (mg)	비타민 B_2 (mg)	비타민 C (mg)	가 격 (원)

(참고자료 : 이애랑, 급식관리실무, 광문각, 1998)

(8) 영양출납부

표 7-8. 영양출납부

조명	실시일	월 일 ( )
Class	No.	성명

식품군명		표준식품구성	1인 1일당 순사용량						합계	평균급여량	열량 (kcal)	단백질 (g)	지방 (g)	Ca (mg)	비타민				나트륨 (mg)
			일	일	일	일	일	일							A (RE)	B_1 (mg)	B_2 (mg)	C (mg)	
① 곡류 및 그 제품	곡식류																		
	면류																		
	빵류 및 과자류																		
	떡류																		
	합계										ⓓ								
② 감자 및 전분류	감자류																		
	전분류																		
③ 당류 및 그 제품																			
④ 두류 및 그제품																			
⑤ 종실류 및 그 제품	견과류																		
	종자류																		
⑥ 채소류	녹황색채소																		
	기타채소																		
⑦ 버섯류																			
⑧ 과실류																			
⑨ 육류 및 그 제품																			
⑩ 난류																			
⑪ 어패류	어류																		
	수산가공품																		
	패류																		
	기타																		

<table>
<tr><td colspan="2" rowspan="2">식 품 군 명</td><td rowspan="2">표준
식품
구성</td><td colspan="6">1인 1일당 순사용량</td><td rowspan="2">합 계</td><td rowspan="2">평균
급여
량</td><td rowspan="2">열
량
(kcal)</td><td rowspan="2">단
백
질
(g)</td><td rowspan="2">지
방
(g)</td><td rowspan="2">Ca
(mg)</td><td colspan="4">비 타 민</td><td rowspan="2">나
트
륨
(mg)</td></tr>
<tr><td>일</td><td>일</td><td>일</td><td>일</td><td>일</td><td>일</td><td>A
(R.E.)</td><td>B_1
(mg)</td><td>B_2
(mg)</td><td>C
(mg)</td></tr>
<tr><td colspan="2">⑫ 해조류</td><td></td><td></td><td></td><td></td><td></td><td></td><td></td><td></td><td></td><td></td><td></td><td></td><td></td><td></td><td></td><td></td><td></td><td></td></tr>
<tr><td rowspan="2">⑬ 유류
및
그 제품</td><td>유류</td><td></td><td></td><td></td><td></td><td></td><td></td><td></td><td></td><td></td><td></td><td></td><td></td><td></td><td></td><td></td><td></td><td></td><td></td></tr>
<tr><td>유제품</td><td></td><td></td><td></td><td></td><td></td><td></td><td></td><td></td><td></td><td></td><td></td><td></td><td></td><td></td><td></td><td></td><td></td><td></td></tr>
<tr><td rowspan="2">⑭
유지류</td><td>동물성
지방</td><td></td><td></td><td></td><td></td><td></td><td></td><td></td><td></td><td></td><td></td><td></td><td></td><td></td><td></td><td></td><td></td><td></td><td></td></tr>
<tr><td>식물성
지방</td><td></td><td></td><td></td><td></td><td></td><td></td><td></td><td></td><td></td><td></td><td></td><td></td><td></td><td></td><td></td><td></td><td></td><td></td></tr>
<tr><td rowspan="2">⑮ 음료
및
주류</td><td>음료류</td><td></td><td></td><td></td><td></td><td></td><td></td><td></td><td></td><td></td><td></td><td></td><td></td><td></td><td></td><td></td><td></td><td></td><td></td></tr>
<tr><td>차류</td><td></td><td></td><td></td><td></td><td></td><td></td><td></td><td></td><td></td><td></td><td></td><td></td><td></td><td></td><td></td><td></td><td></td><td></td></tr>
<tr><td colspan="2">⑯ 조미료류</td><td></td><td></td><td></td><td></td><td></td><td></td><td></td><td></td><td></td><td></td><td></td><td></td><td></td><td></td><td></td><td></td><td></td><td></td></tr>
<tr><td colspan="2">⑰ 조리가공 식품류</td><td></td><td></td><td></td><td></td><td></td><td></td><td></td><td></td><td></td><td></td><td></td><td></td><td></td><td></td><td></td><td></td><td></td><td></td></tr>
<tr><td colspan="2">⑨,⑩,⑪,⑬의 합계</td><td></td><td></td><td></td><td></td><td></td><td></td><td></td><td></td><td></td><td></td><td>ⓕ</td><td></td><td></td><td></td><td></td><td></td><td></td><td></td></tr>
<tr><td colspan="3">기준영양량에 대한
급여영양량의 비율</td><td colspan="3">곡류
열량비</td><td colspan="3">지방
열량비</td><td colspan="2">동물성
단백질비</td><td></td><td>ⓔ</td><td></td><td></td><td></td><td></td><td></td><td></td><td></td></tr>
<tr><td>ⓐ/열량 ×100

(%)</td><td>ⓑ/단백질 ×100

(%)</td><td>ⓒ/지방 ×100

(%)</td><td colspan="3">ⓓ/ⓐ ×100

(%)</td><td colspan="3">ⓒ×9/ⓐ ×100

(%)</td><td colspan="2">ⓔ+(ⓕ×χ)/ⓑ ×100

(%)</td><td>ⓐ</td><td>ⓑ</td><td>ⓒ</td><td></td><td></td><td></td><td></td><td></td><td></td></tr>
</table>

주) 조리가공식품을 사용하고 있는 경우의 동물성 단백질비의 산출은 사업체 23%, 병원 26%, 보육원 14%를 χ의 값으로서 부가한다.
(참고자료 : 이애랑, 급식관리실무, 광문각, 1998)

(9) 검식부

표 7-9. 검식부

조명	실시일	월 일 ( )
Class	No.	성명

◆ 메뉴에 대하여

항　　목	평　　가	이　　유
요리, 맛의 조화방법	아주좋다　좋다　보통이다　나쁘다	
1인분량	많다　적당하다　적다	
상차림방법	아주많다　좋다　보통이다　나쁘다	

◆ 요리에 대하여(이유는 반드시 명기할 것)

요리명	항목	평　　가	이　　유
주요부식 (　　)	맛	좋다　보통　나쁘다	
	양	많다　적당하다　적다	
	온도	적온　적온이　아니다*	
김　치 (　　)	맛	좋다　보통　나쁘다	
	양	많다　적당하다　적다	
	온도	적온　적온이　아니다*	
부　식 (　　)	맛	좋다　보통　나쁘다	
	양	많다　적당하다　적다	
	온도	적온　적온이　아니다*	
국 (　　)	맛	좋다　보통　나쁘다	
	양	많다　적당하다　적다	
	온도	적온　적온이　아니다*	
주　식 (　　) 중량　g	맛	좋다　보통　나쁘다	
	양	많다　적당하다　적다	
	온도	적온　적온이　아니다*	
디저트 및 과일 (　　)	맛	좋다　보통　나쁘다	
	양	많다　적당하다　적다	
	온도	적온　적온이　아니다*	

주) * 따뜻한 반찬의 경우는 "식었다", 냉채의 경우에는 "차갑지 않다"라고 생각
(참고자료 : 이애랑, 급식관리실무, 광문각, 1998)

(10) 급식(운영)일보

표 7-10. 급식일보

점포명:

년 월 일 요일 날씨 :

1. 매출현황 영양사 :

구 분		조 식	중 식	석 식	매출구분 계	비 고
식당	자판기					
	식권					
	기숙사					
	교직원					
	식구분 계					
	매출액 소계					
스낵	현금					
	기숙사					
	매출액 소계					
매출 일계						

2. 입속금/외상거래 현황

		판매수	입 금		송 금	
			일 계	누 계	일 계	누 계
현금	자판기					
	식권					
	교직원					
	합계					
외상	기숙사					
	합계					

3. 근태현황

구 분	총인원	출 근	결 근	결근사유
FS 사원				
M&M 조리원				
아르바이트				

4. 기 타

잔반량	잔식량	재고처리	특기사항	※위생점검 일지 ※재고관리 철저 ※고객만족 우선 ※조리원의 사원
kg	kg			

(참고자료 : 제일제당)

(11) 식수표

표 7-11. 식수표

날짜	조식				중식													석식				식당총합계
					한정식				일품				학생소계	교직원			중식계					
	V	C	기	소계	V	C	기	소계	V	C	기	소계		H	행사	소계		V	C	기	소계	

날짜	조식				중식													석식				식당총합계
	V	C	기	소계	한정식				일품				학생소계	교직원			중식계	V	C	기	소계	
					V	C	기	소계	V	C	기	소계		H	행사	소계						

(참고자료 : 제일제당)

(12) 납품전표

표 7-12. 납품전표

납 품 서

＿＿ 년 월 일＿＿ No.＿＿＿＿

＿＿＿＿＿ 주식회사 납품자

검수인

＿＿＿＿＿ 회사 ○ ○ ○ 귀중

품 명	수 량	단 위	금 액	비 고

(참고자료 : 이진영 외 3인 공저, 식품구매론, 효일문화사, 1997)

(13) 식사처방전

표 7-13. 식사처방전

종 류	지 시 사 항					비 고
	에너지(kcal)	단백질(g)	식염(g)	칼륨(mg)	수분(ml)	
급성 신부전식	1,800 ~ 2,000	30	2,000	1,500	1일 소변배설량 +500ml	

(참고자료 : 이애랑, 급식관리실무, 광문각, 1998)

(14) 입출고전표

표 7-14. 입출고전표

<table>
<tr><td colspan="4" rowspan="2">입 고 전 표
200 년 월 일</td><td rowspan="2">결재</td><td>담당</td><td>부장</td></tr>
<tr><td></td><td></td></tr>
<tr><td>저장번호</td><td>품 명</td><td>단 위</td><td>수 량</td><td colspan="3">비 고</td></tr>
<tr><td>1</td><td></td><td></td><td></td><td colspan="3"></td></tr>
<tr><td>2</td><td></td><td></td><td></td><td colspan="3"></td></tr>
<tr><td>3</td><td></td><td></td><td></td><td colspan="3"></td></tr>
<tr><td>4</td><td></td><td></td><td></td><td colspan="3"></td></tr>
<tr><td>5</td><td></td><td></td><td></td><td colspan="3"></td></tr>
<tr><td>6</td><td></td><td></td><td></td><td colspan="3"></td></tr>
<tr><td>7</td><td></td><td></td><td></td><td colspan="3"></td></tr>
<tr><td>8</td><td></td><td></td><td></td><td colspan="3"></td></tr>
<tr><td>9</td><td></td><td></td><td></td><td colspan="3"></td></tr>
<tr><td>10</td><td></td><td></td><td></td><td colspan="3"></td></tr>
<tr><td colspan="7">상기와 같이 입고합니다.
작성자 : (인)</td></tr>
</table>

○ ○ 식품

<table>
<tr><td colspan="3" rowspan="2">출 고 전 표
200 년 월 일</td><td rowspan="2">결재</td><td>담당</td><td>계장</td><td>대리</td><td>부장</td></tr>
<tr><td></td><td></td><td></td><td></td></tr>
<tr><td>저장번호</td><td>품 명</td><td>단 위</td><td colspan="2">수 량</td><td colspan="3">비 고</td></tr>
<tr><td>1</td><td></td><td></td><td colspan="2"></td><td colspan="3"></td></tr>
<tr><td>2</td><td></td><td></td><td colspan="2"></td><td colspan="3"></td></tr>
<tr><td>3</td><td></td><td></td><td colspan="2"></td><td colspan="3"></td></tr>
<tr><td>4</td><td></td><td></td><td colspan="2"></td><td colspan="3"></td></tr>
<tr><td>5</td><td></td><td></td><td colspan="2"></td><td colspan="3"></td></tr>
<tr><td>6</td><td></td><td></td><td colspan="2"></td><td colspan="3"></td></tr>
<tr><td>7</td><td></td><td></td><td colspan="2"></td><td colspan="3"></td></tr>
<tr><td>8</td><td></td><td></td><td colspan="2"></td><td colspan="3"></td></tr>
<tr><td>9</td><td></td><td></td><td colspan="2"></td><td colspan="3"></td></tr>
<tr><td>10</td><td></td><td></td><td colspan="2"></td><td colspan="3"></td></tr>
<tr><td colspan="3">특기사항</td><td colspan="5">재고현황</td></tr>
</table>

○ ○ 식품

(참고자료 : 이진영 외 3인 공저, 식품구매론, 효일문화사, 1997)

(15) 영양월보(영양보고서)

표 7-15. 영양월보

식품명 \ 영양량		월간 사용량 (kg)	월간 순사용량 (g)	식량구성기준량 (g)	1인 1일당급여량 (g)	1인 1일당 급여 영양량: 열량 (kcal)	단백질 (g)	지방 (g)	당질 (g)	Ca (mg)	Fe (mg)	비타민 A (R.E.)	비타민 B_1 (mg)	비타민 B_2 (mg)	비타민 niacin (mg)	비타민 C (mg)
곡류	쌀															
	보 리															
	밀가루															
	잡 곡															
종 실 류																
감자류																
설 탕 류																
유 지 류																
두류	대 두															
	된 장															
	대두제품															
어류	생 선															
	건 물															
수조육류																
난 류																
유류	우 유															
	유제품															
녹황색채소																
해 초 류																
건조채소류																
채소김치류																

영양량 / 식품명		월간		식량구성기준량 (g)	1인 1일당급여량 (g)	1인 1일당 급여 영양량										
		사용량 (kg)	순사용량 (g)			열량 (kcal)	단백질 (g)	지방 (g)	당질 (g)	Ca (mg)	Fe (mg)	비타민				
												A (R.E.)	B1 (mg)	B2 (mg)	niacin (mg)	C (mg)
조미기호품	간 장															
	식 염															
합 계							( )									
월간 총식수				영 양 기 준 량			( )									
				영 양 량 과 부 족												

(참고자료 : 현기순 외, 단체급식, 수학사, 1995)

2 원가관리

1. 원가의 정의와 목적

원가관리는 재무활동의 목표를 세우고 계획과 실제 결과를 비교하여 각 부문의 효율을 평가하는 통제(controlling)기능의 하나이다.(이보숙, 차진아, 한경수, 채민숙, 이건지, 2003년)

원가란 제품의 제조활동과 이에 관련하여 소비된 경제가격으로 다시 말하면 매입대금에 부대비용이 가산된 금액이다. 원가계산의 목적은 경제의 실체를 계수적으로 파악하여, 적정한 가격을 설정하고 능률적인 경영증진의 기초자료로 이용하는 데 필요하며 원가 계산의 목적은 다음과 같다.

- 원가관리 : 표준원가 계산을 통한 원가관리의 기초자료를 제공하기 위해 실시
- 예산편성 : 예산 편성의 기초자료로 이용하기 위해 실시
- 재무제표 작성 : 경영활동 결과를 재무제표로 작성하여 보고하기 위하여 실시
- 가격결정 : 제품의 판매 가격을 결정하기 위하여 실시

1) 급식비의 원가 계산

급식재료비란 일정한 기간에 소비된 재료의 수량에 단가를 곱하여 계산하는 것이다. 급식비의 원가계산은 위의 급식재료비를 포함하여 급식관계자들의 인건비와 급식실시에 필요한 일체의 비용을 실제적으로 또는 이론적으로 계산하는 것이다.

실제로 급식소에서 원가계산은 재료비, 노무비, 경비를 합계한 제조원가를 산출하고 여기에 관리비를 포함하여 산출하고 있다.

원가계산기간은 통상 1개월을 원칙으로 하나, 계산의 자료를 마련하기 위하여 3개월 또는 1년 단위로 한다.

2) 요소별 원가 계산

급식소에서 원가를 구성하는 요소에는 재료비, 노무비, 경비가 있다.

(1) 재료비(식료비)

급식재료로 소비된 비용을 말하며 급식예산 중에서 가장 큰 변수이다. 효율적인 재료비의 관리를 위해서는 식단의 계획, 식품의 구매와 가공, 저장, 조리 및 식사시에 합리적인 방법이 강구되어야 한다.

(2) 노무비

급료, 시간외 수당, 가족수당, 상여 등 급식으로 인해 소비된 노무가치이다.

노무비에 영향을 미치는 요인들로는 급식소의 서비스형태, 식단의 형태와 식품구매방법, 작업조건, 조리시설이나 주방의 배치, 자동장비의 유무, 초과시간 수당급여 등을 들 수 있으며, 급식담당자는 작업일정과 업무량을 보다 효율적으로 배분하여 이러한 노무비를 최소한으로 줄여야 한다.

(3) 경비

모든 원가요소에서 식료비와 노무비를 제외한 나머지로서 여기에는 공과금(전기·수도·가스 요금), 세탁비, 수선비, 전화료, 문구류비, 사무용품 및 청소비, 임대료, 보험료, 세금 등이 있다.

단체급식시설의 원가요소에 대해 세분화하여 살펴보면 단체급식시설의 운영과정에서 발생하는 원가요소는 다음과 같다.

① 급식재료비

조리제 식품, 반제품, 급식원재료 또는 조미료 등 급식에 소요된 모든 재료에 대한 비용을 말한다.

② 노무비

급식업무에 종사하는 모든 사람들의 노동력의 대가로 지불되는 비용이다. 여기에는 사보혐우

③ 시설 사용료

급식시설의 사용에 대하여 지불하는 비용을 말한다. 이것은 시설의 경우와 청소비 또는 수선비 등을 포함하는 경우도 있다.

④ 수도 광열비

전기료, 수도료, 연료비 등으로 구분된다.

⑤ 전화 사용료

업무 수행상 사용한 전화료이다.

⑥ 소모품비

급식업무에 소요되는 각종 소모품의 사용에 지불되는 비용이다. 이것은 식기, 집기 등의 내구 소모품과 소독저, 세제 등의 완전 소모품으로 구분되기도 한다.

⑦ 기타 경비

위생비, 피복비, 세척비 또는 기타 잡비를 가리킨다.

⑧ 관리비

단체급식시설의 규모가 큰 경우에는 그 시설의 직접경비 이외에도 종업원의 채용이나 결산서 등의 작성을 위해서는 별도의 간접경비가 필요하게 되는 바, 이것을 별도로 계산하는 것이다.

일반적으로 원가의 구성을 그림으로 나타내면 다음과 같다.

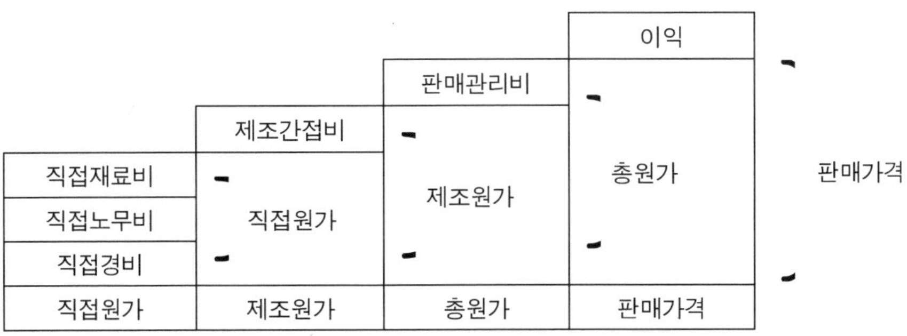

그림 7-1. 원가의 구성

(참고자료 : 김혜영, 최신단체급식, 효일문화사, 1999)

3) 원가 요소를 제품에 배분하는 절차에 따른 분류

① 직접비

여러 가지 제품이 생산되는 경우에 한 제품의 제조에 직접적으로 발생하는 원가로 직접원가라고도 한다. 이는 특정제품에 직접 부담시킬 수 있는 원가로 직접재료비, 직접노무비, 직접경비로 구분된다.

② 간접비

여러 가지 제품제조에 공통적으로 발생하는 원가로, 이를 제품별로 부담시키기 위해서 인위적으로 적당하게 배분해야 하는 비용이다. 간접재료비, 간접노무비, 간접경비로 구분된다.

이상과 같이 급식소에서의 원가요소는 직접적 요소와 간접적 요소로 광범위하게 나타난다. 비영리적으로 운영되는 단체급식소에서는 피급식자의 복리후생의 목적하에 급식이 이루어지므로 식품재료비만을 직접비로 간주하여 원가로 계산하거나 식품재료비와 소모품비만으로 급삭단가를 결정하기도 한다.

4) 원가 계산의 원칙

(1) 진실성의 원칙

제품의 제조에 소요된 원가를 정확하게 계산하여 진실하게 표현해야 된다는 원칙이다.

(2) 발생 기준의 원칙

현금기준과 대립되는 것으로, 모든 비용과 수익의 계산은 그 발생시점을 기준으로 해야 한다는 원칙이다.

(3) 계산 경제성의 원칙

중요성의 원칙이라고도 하는데, 원가계산에서 경제성을 고려해야 한다는 원칙이다.

(4) 확실성의 원칙

실행가능한 여러 방법이 있는 경우에 가장 확실성이 높은 방법을 선택해야 하는 원칙이다

(5) 정상성의 원칙

정상적으로 발생한 원가만을 계산하고, 비정상적으로 발생한 원가는 계산하지 않는다는 원칙이다.

(6) 비교성의 원칙

원가계산이 다른 일정 기간의 것과 또는 다른 부문의 것과를 비교할 수 있도록 실행되어야 한다는 원칙이다.

(7) 상호관리의 원칙

원가계산과 일반회계 간, 그리고 각 요소별 계산, 부문별 계산, 제품별 계산 간에 서로 밀접하게 관련되어 하나의 유기적 관계를 구성함으로써 상호관리가 가능해져야 한다는 원칙이다.

5) 원가 계산의 구조

① 요소별 원가 계산

제품의 원가는 먼저 재료비, 노무비, 경비의 세 가지 원가요소를 몇 가자의 분류 방법에 따라 세분하여 각 원가계산별로 계산하게 된다.

② 부문별 원가 계산

전 단계에서 파악된 원가요소를 분류·집계하는 계산절차를 말하는 것으로, 여기에서 원가부문이란 좁은 의미로는 원가가 발생한 장소를 말하며 넓은 의미로는 원가가 발생한 직능에 따라 원가를 집계하고자 할 때 설정되는 계산상의 구분을 의미한다.

③ 제품별 원가 계산

요소별 원가계산에서 파악된 직접비는 제품별로 직접 집계하고 분별 원가계산에서 파악된 직접비는 제품별로 직접 집계하고 부문별 원가계산에서 파악된 부문비는 일정한 기분에 따라 제품별로 배분하여 최종적으로 각 제품의 제조원가를 계산하는 절차를 가리킨다.

6) 급식의 원가 계산 방법

기간은 1개월(30일)을 원칙으로 하나 계산자료 구비기간의 길고 짧음에 따라 1일에서 1년으로도 한다.

① 급식의 원가 = 재료비 + 인건비 + 경비

② 식품재료비 = 소요재료량 + 소요재료량의 단위당 재료비

= 소요재료량 × (구입재료비÷구입재료량)

③ 인건비 = 소요시간 × 1시간당 임금 = 소요시간×(1일임금 ÷ 8시간)

= 소요시간 × (1개월 임금÷24시간)

④ 수도료 = 소요물량 × 소요물량의 단위당 요금

⑤ 전기료 = 소요전기량 × 소요전기량의 단위당 요금

⑥ 가스료 = 소요가스량 × 소요가스량의 단위당 요금

7) 손익분기 분석

어떠한 경우이든 경영의 목표는 적정 이익의 실현이다. 일정 기간동안의 판매수익에서 총비용을 감하고 남는 부분이 이익에 해당하고, 총비용에서 판매수익을 제한 부분이 손실을 의미한다.

손익분기점(Break-even point)이란 총비용과 총수익이 일치하여 이익도 손실도 발생되지 않는 지점을 말한다. 즉, 판매총액이 모든 원가와 비용만을 만족시켰을 때를 손익분기점이라 하고, 그렇지 못했을 경우에는 적자, 모든 비용을 충당하고도 이익을 남기면 흑자경영으로 돌아섰다고 한다.

손익분기 도표(그림 7-2)는 1910년 미국의 Knoppel에 의해 창안된 것으로 경영관리에 있어서 중요한 도구로 이용되고 있다.

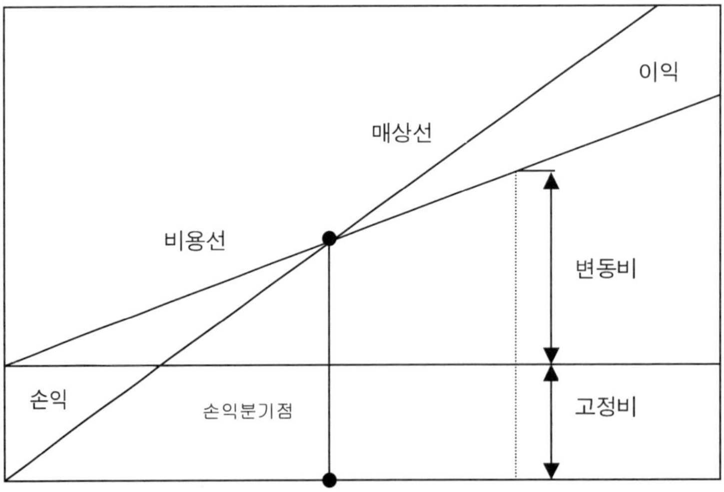

그림 7-2. 손익분기 도표

(참고자료 : 김혜영, 최신단체급식, 효일문화사, 1999)

기업의 경영규모가 커지고 복잡해지면서 고정비가 증대되는 반면에, 시장 경쟁의 심화 등으로 기업의 매출액과 비용, 수익관계의 과학적인 관리가 요구되었다. 이에 관리목표를 수립하고 경영활동을 수행하는 것들에 가장 적절한 것이 손익분기점 분석이라고 할 수 있다.

손익분기점은 일정기간의 매출액을 일정하게 책정한 경우, 그 손익은 어떻게 되고 일정 이익을 올리기 위해서는 총비용 혹은 총판매액을 얼마로 실현시켜야 될 것인가를 나타내 준다. 따라서 손익분기분석은 손익비용의 상호관계를 분석하는 것이라고 말할 수 있겠다.

원가관리를 정확히 수행하기 위해서는 손익계산을 잘 해야 한다. 급식산업에서 손익분기점은 최대로 중요한 시점으로서 경영관리를 강화하는 척도이다. 급식경영자가 손익분기점이 되려면 몇 명분의 식사를 얼마에 판매해야 하는가를 미리 계산해 보고 메뉴설계를 시작하면, 합리적인 예측을 할 수 있으므로 바람직한 결과에 도달하기 쉽다.

이러한 계산에는 임대료, 관리비, 광열비, 고정직원의 인건비 등 매출의 크기에 무관하게 발생하는 고정비용을 포함해야 한다. 따라서 손익분기점 산출에서 선결되어야 할 것이 총비용을 고정비와 변동비로 명확히 구분하는 것이다. 그러나 현실적으로 고정비와 변동비의 명확한 구분이 어렵다는 것이 난점이기도 하다.

$$손익분기점 = \frac{고정비}{1 - \frac{변동비}{총매출액}}$$

8) 원가 통제

원가통제의 기능은 효율적인 재무관리와 계획성 없는 급식운영으로 일어나는 손실을 사전에 예방하여 기업이 가능한 한 최대의 이익을 얻는 데 있다. 우리 나라의 급식산업에서 급식비의 원가통제에 영향을 미치는 원인들은 다음과 같다.

① 최고경영자의 이해 부족
② 심한 물가변동
③ 원가에 대한 종업원들의 인식 부족
④ 원가통제 관리분야의 전문가 부족
⑤ 종업원의 과잉 서비스
⑥ 수입상품의 범람

⑦ 규격화되지 않은 상품으로 인한 낭비
⑧ 재고에 대한 인식 부족
⑨ 급식업의 영세성

8장
작업관리

1 작업관리의 목적과 의의

단체급식은 식품의 손질부터 조리, 배식에 이르기까지 매우 다양한 과정을 거쳐 제공된다. 작업관리란 이런 다양한 과정을 거쳐 좋은 제품을 만들기 위해 최소의 인력, 시간, 비용으로 일하는 사람을 관리하며 작업을 개선하여 급식 전반의 효율을 높여 우수한 내용의 급식을 제공하기 위한 것이다. 과거에는 인건비가 저렴했으나 최근 인건비 상승으로 효율적인 작업관리방법에 따라 인건비가 급식비에 미치는 영향이 크므로 중요하다.

능률적인 작업관리를 위해서는 업무에 대한 정확한 작업분석과 필요한 인원수를 파악하고 올바른 작업을 종업원에게 지도하는 과정이 필요하다.

급식관리자는 급식부 내의 각 조리원의 위치와 기능, 책임한계 등을 나타내는 도구로 조직도(Organization chart), 업무분담표, 직무기술서(Job description), 작업일정표(Work schedule)를 작성하여 사용함으로써 효율적인 작업관리를 할 수 있다(표 8-1~8-6).

(1) 조직도

직책과 기능의 관계를 나타낸 도표로 업무 진행상 결재의 라인이 되므로 중요하다.

(2) 업무분담표

직책과 기능에 따른 각자의 업무를 명시한 표이다.

(3) 직무기술서

특정직책에 요구되는 기술과 책임을 나타낸 것으로 책임한계를 분명히 한다.

(4) 작업일정표

개인업무를 명시한 절차와 시간에 맞게 수행하기 위한 작업개요로 관리자와 조리원 간의 의사소통 수단이다.

(5) 작업과정표

작업과정을 나타내어 개인의 작업과정을 쉽게 평가하여 작업 분석한다.

표 8-1. 사업체급식소 조직도의 예

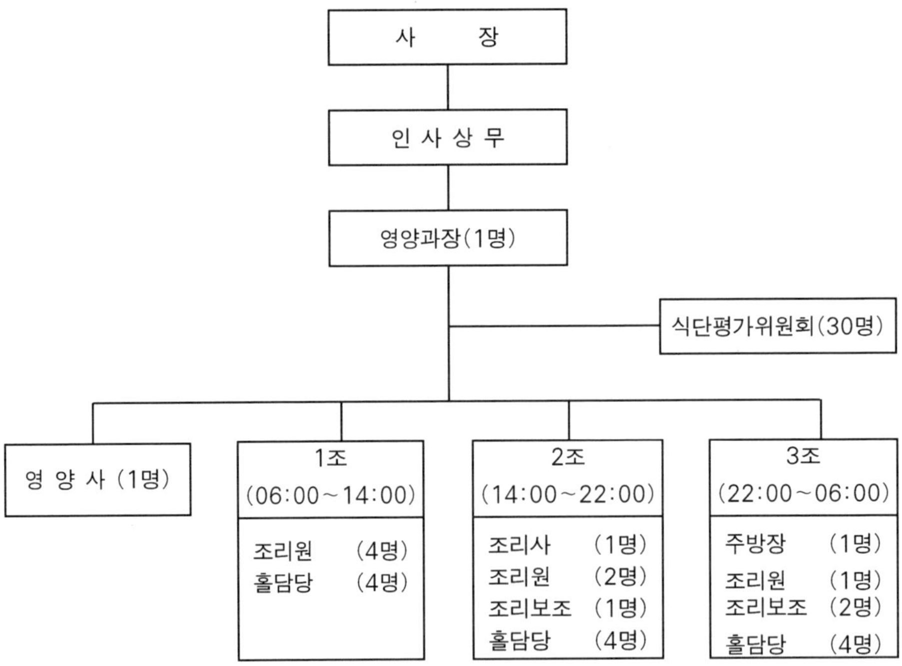

※식단평가위원회는 일반사원 중에서 선정되며, 임기는 3개월이다.

참고자료 : 급식관리지도서, 대한영양사회, 1996

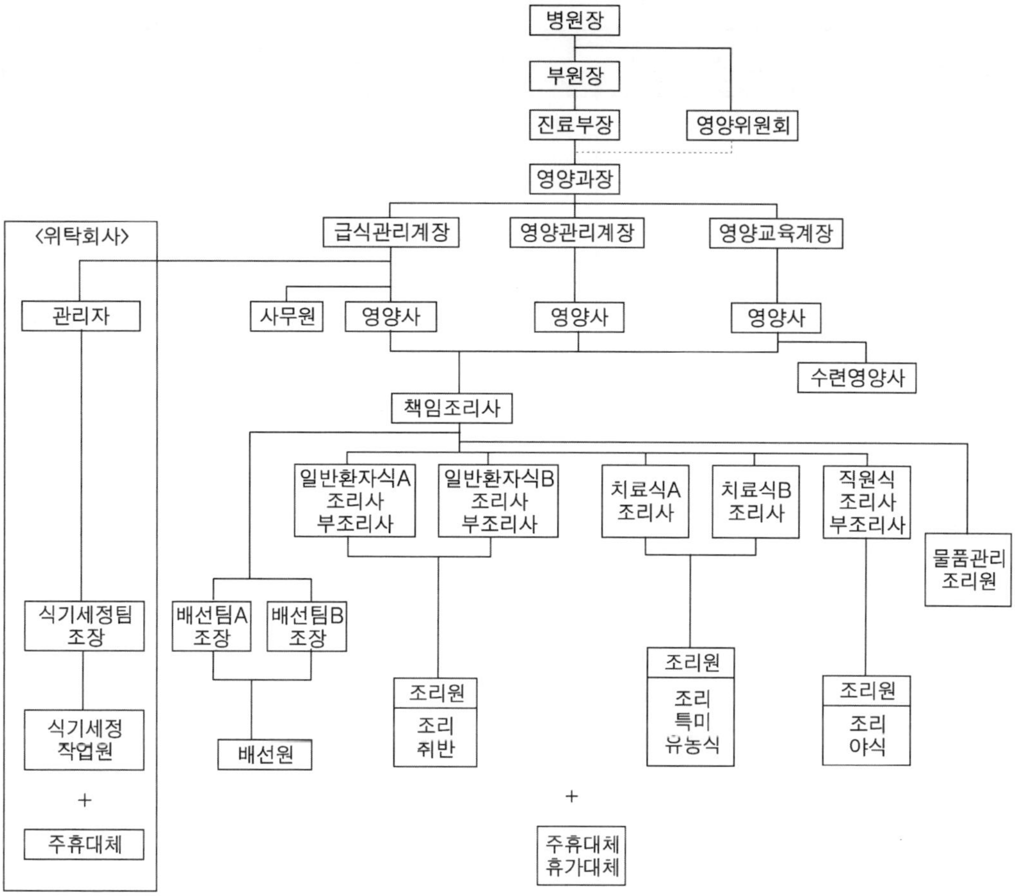
병원장
부원장
진료부장
영양위원회
영양과장
<위탁회사>
급식관리계장
영양관리계장
영양교육계장
관리자
사무원
영양사
영양사
영양사
수련영양사
책임조리사
일반환자식A 조리사 부조리사
일반환자식B 조리사 부조리사
치료식A 조리사
치료식B 조리사
직원식 조리사 부조리사
물품관리 조리원
식기세정팀 조장
배선팀A 조장
배선팀B 조장
조리원
조리 특미 유농식
조리원
조리 취반
조리원
조리 야식
식기세정 작업원
배선원
+
주휴대체
+
주휴대체 휴가대체

그림 8-2. 작업계획서

표 8-3. 조리원 업무분담표의 예

홀담당(12명)	조리보조(3명)	조리원(7명)	조리사(1명)	주방장(1명)
·식탁 및 양념장 청결유지 ·김치, 통에 담기 ·밥 푸고 밥솥 닦기 ·국 배식 ·행주, 칼 관리 ·자율배식대, 퇴식구 청결 ·채소 다듬기 및 세척, 썰기	·수저 열탕소독 ·밥짓기 ·보리차 끓이기 ·국 준비 ·자율배식 준비 ·주방바닥 청소 ·잔반발효기 청소 ·잔반통 수거 기록 ·발효기용 음식물 쓰레기 무게 측정 ·식품 썰기, 다듬기, 세척	·세척기 그릇받기 ·밥 푸고 밥솥 닦기 ·수저 세척 ·다과 준비 ·채소 및 생선, 고기 손질 및 썰기 ·튀김 및 부침 ·무침	·식품 검수 ·조리지시서에 의한 지시 및 감독 ·식품 양 나누기 ·조리 지도 ·위생점검일지 작성 ·청소 지시 및 감독 ·배식시 잔반검사 ·잔반량 기록 ·잔반발효기 관리 ·다과 준비	·조리사의 업무분담과 동일 ·가스점검일지 기록 ·사내 행사음식 총괄적으로 리드 ·주방내 사내규칙 준수 감독 ·팀웍 조성 ·특근시 근무인원 선정

참고자료 : 모토로라코리아(주), 1996

표 8-4. 직무기술서의 예

직 명	일반식 영양사
직 무 개 요	환자식·일반식 식단작성 및 식품재료 주문, 부식 검수, 조리지도 및 배식 점검, 환자방문, 영양가 분석, 소관업무 장부정리 및 통계
직 무 수 행 요 건	·책임 : 환자일반식 영양관리 및 작업·위생 관리 ·직무지식 : 영양학 및 단체급식관리의 기본지식과 식품재료 규격 및 검사법 ·정확도 : 식단계획시 식품재료 분량 결정과 통계처리에 정확성을 기해야 함. ·감독 : 영양과장의 감독 하에 있음.
자 격	영양학을 전공하여 영양사 면허증을 소지한 자로 병원이나 단체급식소에서 3개월 이상 현장실습을 한 유경험자가 바람직함.

참고자료 : 고대부속 구로병원 영양과

표 8-5. 취반담당자 작업일정표의 예(병원)

시 간	오 전 (05:30~13:30)	오 후 (11:40~19:40)
5:30		
6:00	아침밥, 죽 하기 당뇨밥 푸고 놓기 미음 앉히기	
7:00	아침 배선 및 배식	
8:00	휴 식	
8:30	점심 쌀 출고, 쌀 씻기 점심 취반 준비	
9:00	미음 거르기	
9:30	취반기 가동(1차・2차)	취반기 가동(3차)
9:50	취반 구역 정리	저녁・익일 아침 쌀 출고 및 쌀 씻기
11:00	점심 배선 및 배식	
11:40	뒷 정 리	
12:00 12:15		저녁・익일 아침 취반 준비 (3~4시 pm : 야식 도시락 반찬담기 보조)
13:00		취반기 가동
13:30 14:00		저녁 배선 및 배식
15:00 16:00 16:30 17:00 17:30 18:00 19:00 19:30		밥솥 닦기 및 뒷정리

** 밥팬 및 쌀소쿠리 닦기

** 아침 : 당뇨밥 푸기, 저녁 : 죽 푸기(치료식 죽 포함)

참고자료 : 급식관리지도서, 대한영양사회, 1996

표 8-6. 작업 계획서

작 업 계 획 서

○○○○년○○월 ○○일 각 메뉴의 총 분지량(300인분)
배식시간

메뉴	총배식량	필요한 batch size 및 개수	1인 배식량	작업 책임자		준비시간		필요한 기구
				지위	이름	총필요시간	시작 시간	
흰쌀밥	63kg	3개/100인분 (21kg)	210g	조리 보조	☆☆☆	2시간	9:20	스팀다단식 취사기
쇠고기 무국	75kg	3개/100인분 (25kg)	250g	조리원	♡♡♡	1시간 40분	9:40	가스회전식국솥
버섯볶음	21kg	3개/100인분 (7kg)	70g	조리원	♣♣♣	1시간 20분	10:00	가스회전식국솥
두부알찜	45kg	3개/100인분 (15kg)	150g	조리장	♤♤♤	2시간	9:20	스팀다단식 취사기

2 생산성 분석

급식업무에서 사용하는 생산성은 작업시간당 식사수 또는 1끼당 제공된 작업시간이다.

$$\text{작업시간당 급식수(식)} = \frac{\text{총 급식수(식)}}{\text{총 작업시간(시간)}}$$

$$\text{1인당 제공된 작업시간(분)} = \frac{\text{총 작업시간(분)}}{\text{총 급식수(식)}}$$

급식작업의 노무관리는 일반기업의 목표와 같이 종업원의 능력을 충분히 활용하여 생산력 향상에 연결시키는 것이다. 즉, 종업원의 자질을 향상시키는 것으로 이를 위한 효과적인 방법으로 종업원을 교육 훈련하는 것과 종업원의 활동의욕을 향상시키는 것이 있다.

종업원 교육 훈련에는 off-J-T(직장외 훈련)과 OJT (직장내 훈련)이 있다. 직장외 훈련은 외부에서 행하는 훈련강좌, 통신교육 등에 참가하여 교육을 받는 것이고, 직장내 훈련은 상사가 부하에게 일상업무를 통해 1:1로 교육하는 것이다. 종업원의 활동의욕을 향상시키는 것은 동기부여가 중요하다. 그 요인은 임금에 따른 노동조건이 다른 곳과 비교해 만족스러운지를 물어야 하고 일의 내용과 상사와의 관계가 중요하다.

노동에 대한 의욕은 직장의 충성심과 관계가 깊은데 의욕적인 경우 충성심이 높으며 노동생산성은 높아진다. 또 근래에는 소집단에 TQC 활동을 도입하는 것이 활발하다. TQC는 소수인원의 직장그룹을 편성해 이에 대해 생산성 향상의 테마를 주고 현상에 비해 보다 좋은 생산성과를 올리기 위해 필요한 개선책을 공동토의를 통해서 연구・회의하는 기술법을 말한다. 이로써 자주적인 현상문제점을 탐구하여 문제의 해결책에 관해 토의・검토하여 그 내용을 실제로 구체화하여 생산성을 향상시키는 것이다.

3 작업 연구

작업연구는 작업을 함에 있어서 좋은 물품을 저렴하고 빨리 쉽게 생산하기 위해서 어떻게 해야 하는가를 연구하는 것이다.

작업연구의 방법으로는 공정연구, 작업시간연구, 동작연구가 있다(표 8-7).

표 8-7. 작업 연구의 주요 방법

방법	작업 연구의 내용
공정연구 (분석)	기본적인 현상분석 수법의 하나로 재료가 가공, 변형, 변질되어 가는 과정을 대상으로 한다. 생산공정과 작업방법의 내용을 가공, 운반, 검사, 정체(또는 저장)의 4가지로 분류 후 순서에 따라 표시하여 각 공정의 조건을 분석・조사하는 방법으로 생산공정과 작업방법의 개선, 설계 및 공정관리제도와 레이아웃(layout)의 개선, 설계에 도움이 되는 것을 목표로 한다.
시간연구 (분석)	주로 스톱와치(stopwatch)를 이용하여 한 작업을 요소작업으로 분석하고 그것들의 시간을 관측 기록하여 작업방법, 사용재료, 제품, 기계, 기구, 공구, 환경 등을 분석・검토하는 방법으로 그 목적은 작업방법의 개선과 표준화, 재료, 제품, 기계, 기구, 환경 등의 개선과 표준화, 표준시간의 설정, 인원 및 기계설비대수의 결정, 생산성 측정, 효과적인 원가관리 및 원가견적 등의 기초자료를 얻기 위한 것이다.
동작연구 (분석)	작업자의 작업동작을 자세히 분석・검토하여 동작 그 자체의 개선과 동작계획을 하기 위한 방법이다.

1) 공정 연구

작업의 현상분석으로 재료가 상품으로 변형되어 가는 과정을 가공, 운반, 검사, 정체 4가지로 분류하여 분석하는 방법으로 그 종류는 다음과 같다.

(1) 단순 공정분석

현상을 파악하고 전체의 개요를 단시간으로 조사, 개선의 중점을 발견하거나 나중에 할 상세한 분석을 위한 사전조사에 이용한다.

(2) 제품 공정분석

원료, 제품, 부품 또는 제품을 주체로서 공정이 어떻게 흐르는가를 분석·조사하는 방법으로 단일형, 조립형, 분해형의 3가지가 있다.

(3) 작업자 공정분석

작업자를 주체로 하여 그 작업동작을 일어나는 순서대로 기록하고 작업점의 레이아웃(layout), 작업순서, 작업동작을 개선하기 위해 한다.

2) 시간 연구

시간연구는 작업자가 주어진 작업조건 하에서 표준작업방법에 의해 작업을 수행할 때의 표준시간을 산정하기 위한 연구로 작업측정이라고도 한다. 표준시간 측정은 다음 목적을 위해 사용한다.

① 임금이나 임률(賃率)을 설정하기 위한 자료를 제공한다.
② 표준원가의 자료, 예산통제 등의 원가관리의 자료가 된다.
③ 기준 일정의 작성, 작업량 계획 및 진도관리 계획 등의 자료가 된다.
④ 소요되는 작업원의 수 및 기계설비 등의 산정자료가 된다.
⑤ 작업능률의 측정, 작업개선이나 작업 훈련의 자료 등 업적평가를 위한 자료를 제공한다.

(1) stopwatch법

1사이클의 작업시간이 짧은 경우에는 그 작업을 요소작업으로 분석하여 각각의 요소작업이 어느 정도의 시간을 요하는지, 실제작업의 몇 사이클인가를 stop watch(일반적으로 1/100분계)로 관측한다.

(2) 연속가동 분석

1사이클의 작업시간이 길거나 발생하는 요소작업을 예측할 수 없을 경우에는 그 작업에 대하여 연속적으로 종일 관측하고 가동상태를 기록하는 방법으로 관측효율은 나쁘며 자연상태를 관측하는 것도 어렵다.

(3) work sampling법

1사이클의 작업시간이 상당히 길든가 관측하여야 하는 대상(작업자 · 설비 등)의 수가 많은 경우에는 연속관측을 하게 되면 측정하는 시간이 너무 걸리므로 random인 시각에 작업내용을 관측하고 관측도수에 의해 시간비율을 구하는 방법으로 다수의 대상을 동시에 관측할 수 있는 방법이다.

(4) 기정(旣定)시간표준법

기정시간표준법(pre-determind time standards, PTS법)의 기본적인 사고방식은 작업을 세밀하게 분해하여 가면 어떠한 작업이라도 보편적인 몇 가지 기본동작으로 조합 구성되어 있으며 그들 기본동작은 특정 작업조건 하에서는 모든 사람이 같은 시간에 하고 있다고 하고 실험연구를 통하여 기본이 되는 각 시간치를 설정한 것이다. 따라서 관측대상작업의 내용을 기본동작까지 분해하여 각각의 기본동작의 작업조건을 분석하면 직접 작업을 관측하지 않아도 그 작업의 작업시간을 기정의 동작시간표준표에서 구할 수가 있다.

이외에도 8mm 또는 16mm의 카메라를 이용하여 1초간에 1코마(coma)로 작업을 촬영하여 보통의 속도로 영사하여 작업시간을 알 수 있는 것과 VTR을 이용하여 작업을 녹화하고 시간을 측정하여 작업측정을 하는 방법이 있다.

▣ 표준 시간과 여유 시간

표준시간은 소정의 작업방법과 설비를 이용하여 소정의 작업조건 하에서 그 일에 대한 적성과 숙련도를 갖춘 작업자가 소정의 작업속도로 1단위의 일을 완성하는 데 필요한 시간을 말하며 여기에는 꼭 여유시간이 포함된다. 표준시간은 제조원가와 납기의 견적을 낼 때라든가, 일정 · 종업원수 · 설비대수 등의 계획과 관리, 원가통제 및 비교평가 등 넓은 범위에 이용된다.

$$\text{표준시간} = \text{정미시간} \times (1 + \text{여유율})$$

단, 정미시간 = 주작업시간 + 준비시간

여유시간은 작업을 하는 데 피할 수 없는 또는 필요한 지연을 회복하는 시간이다. 즉, 단체급식에서는 메뉴표를 보거나 기계를 손질하는 시간, 상사의 지시를 듣고 있는 시간, 재료 배달을 기다리는 시간, 생리적 요구, 피로여유시간 등이 있다. 피로여유율은 대체로 가벼운 작업일 경우 5~10%, 중등 정도의 작업일 경우 10~20%, 중노동작업일 경우 20~30%이다(여유시간은 기계조작은 약 20%, 자동기계는 약 10%, 수작업은 약 25% 정도).

3) 동작 연구

F. B. Gilbreth(1868~1924)는 벽돌 쌓는 작업의 능률 향상에서 일반에게 적용할 수 있는 미세동작 분석까지 발전시켜 그 방법으로 therblig를 제안하였다. 이 therblig라는 명칭은 자기 이름인 Gilbreth를 거꾸로 나열한 것이다.

표 8-8. therblig 기호 설명

번호	therblig 명칭	원어 및 약자	기 호	기호 설명	그룹별
1	찾는다.	search(S.H.)	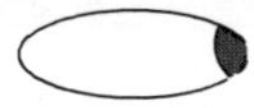	눈으로 물건을 찾는 상태	Ⅱ
2	찾아냈다.	find(F)	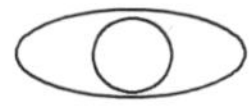	찾아낸 상태	Ⅱ
3	선택한다.	select(S.T)		선택한 것을 지시하는 상태	Ⅰ
4	잡는다.	grasp(G)		물건을 쥔 상태	Ⅰ
5	운반한다.	transport loaded(T.L)	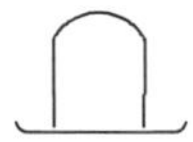	접시에 물건을 올려 놓은 상태	Ⅰ
6	위치를 바로 정한다.	position(P)		하중이 손 끝에 있는 상태	Ⅱ
7	조립한다.	assemble(A)	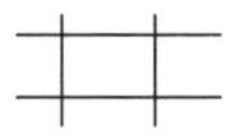	물건을 서로 조립시킨 상태	Ⅰ
8	사용한다.	use(U)		컵을 상향시킨 상태	Ⅰ
9	분해한다.	disassemble (D.A)		조립한 것에서 하나를 분리시킨 상태	Ⅰ
10	검사한다.	inspect		렌즈의 모양	Ⅰ
11	준비한다.	pre-position (P.P)		컵을 하향한 상태	Ⅱ
12	놓는다.	release loaded (R.L)	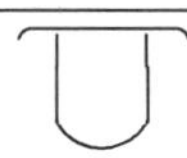	접시를 하향한 상태	Ⅰ
13	빈손으로 이동한다.	transport empty(T.E)		빈 접시의 모습	Ⅱ
14	쉰다.	rest(R)		사람이 의자에 앉아 있는 모습	Ⅲ
15	불가피하게 지연한다.	unavoidable delay(U.D)		사람이 넘어 지는 모습	Ⅲ
16	피할 수 있는 지연	avoidable delay(A.D)		사람이 자는 모습	Ⅲ
17	생각한다.	plan(P)	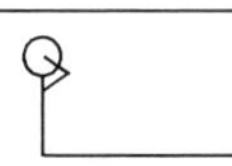	머리에 손을 대고 있는 모습	Ⅲ
18	쥐고 있다.	hold(H)		자석이 물건을 잡아 당기고 있는 상태	Ⅲ

표 8-9. 동작경제의 원칙

	개선점 발견의 힌트	동작방법에 관한 사항	작업영역배치에 관한 사항(작업장소)	기계, 공구 이용에 관한 사항
Ⅰ. 동작을 쉽고 편안히 한다.	① 힘이 들어가는 일 ② 부자연스러운 자세 ③ 주의가 필요한 일 등의 피로 원인을 먼저 없애도록 한다.	① 무거운 것은 움직이지 않는다. ② 중력, 관성 등의 다른 힘을 빌린다. ③ 저항을 없애는 연구를 한다.	① 작업점의 위치와 작업하는 신체부위와의 관계를 가볍게 한다. ② 방해물을 없앤다. ③ 복잡한 장소나 바닥에 웅크리고 앉아서 하는 작업을 없앤다.	① 간단한 작업 또는 힘을 필요로 하는 작업은 다리를 사용한다. ② 동력공구를 적극적으로 이용한다. ③ 기계는 자동운반, 정지하는 것을 택한다. ④ 공구의 손잡이와 길이를 연구하여 힘주기 쉽게 하고 자세도 편하도록 한다.
Ⅱ. 필요한 기본동작 수를 최소로 한다.	①「붙이거나, 떼어내는」 동작을 간략화 한다. ②「찾다」「선택하다」「생각하다」「들고 되돌아 가다」와 같은 동작을 없앤다. ③ 작업의 동작수를 될 수 있는 한 줄인다.	① 모든 동작은 불필요하다는 생각을 가진다. ② 한번 손을 대면 여러 가지 목적을 달성하도록 한다. ③ 하나하나 잡거나 놓거나 하는 것에 주의한다. ④ stopper, guide를 적극적으로 이용한다.	① 다른 공구, 재료 등이 섞여 있지 않도록 한다. ② 재료, 부품은 직접 목적장소에 옮긴다. ③ 재료와 공구를 취급하기 쉽도록 한다.	① 재료와 부품 취급이 용이한 용기와 기구를 이용한다. ② 2개 이상의 공구를 하나로 결합한다. ③ 반복되는 동작을 줄이기 위하여 조건을 올바르게 하도록 한다.
Ⅲ. 일을 할 때는 양손을 항상 동시에 사용 한다.	①「한손에 집고 있기」「보류」 등을 없앤다. ②「기계를 기다리기」「감시」 등의 무작업상태를 없앤다.	① 양손은 동시에 동작을 시작하고 동시에 끝낸다. ② 양손이 동시에 반대방향으로 대칭적 방향으로 하는 것이 리듬있다.	① 재료, 부품 등은 좌우 대칭형식으로 둔다.	① 목적물을 유지하는 데는 손이 아닌 유지기구를 이용한다. ② 감시를 하지 않으면 안되는 기계와 장치 그 자체가 기술의 약점을 나타내고 있다.
Ⅳ. 개개의 동작 거리를 최단으로 한다.	① 팔을 움직이는 거리를 줄인다. ② 어깨를 크게 움직이는 동작을 적게 한다. ③ 한발 내민다든가, 몇 발자국 걷는 것을 없앤다.	① 재료, 부품, 공구는 모두 보통작업 범위 내에 둔다.	① 작업영역은 지장이 없는 한 좁게 한다. ② 재료와 공구는 작업의 순서대로 배치한다. ③ 계속되는 공정은 같이 연결시킨다.	① 중력 이용의 보급장치를 이용한다. ② 마룻바닥에 물건을 두지 않는다.

어떤 작업이라도 그것을 할 때의 동작을 세밀하게 나누어 가면 표 8-8에 제시한 것과 같이 18가지의 동작요소로 성립되어 있으며 이것들이 조합되어 있는 것을 Gilbreth가 정리하여 그 명칭, 기호, 내용 등을 정하였다.

서블릭의 분석에 의해 작업의 개선점을 찾으려 할 때 우선 중요한 것은 서블릭의 성질을 Ⅰ, Ⅱ, Ⅲ의 세 그룹으로 분류하는 일이다.

Ⅰ그룹에 속하는 서블릭은 대개 작업을 진행시키는 데 필요한 것이지만 합리적 순서와 조합을 고려해 보다 쉽고 빨리 작업할 수 있도록 개선, 연구할 필요가 있다. Ⅱ그룹에 속하는 서블릭은 주의나 판단 또는 망설임을 요하는 동작이므로 이들이 있으면 작업을 지연시킨다. 따라서 가급적 이들은 생각하는 동작 외에는 제거하는 것이 유리하다. Ⅲ그룹에 속하는 서블릭은 작업수행에 거의 역할이 없는 것으로 작업개선은 이들 부류를 제거하는 것이 가장 효과적이다.

표 8-9는 작업을 하는 데 쓸데없는 동작 없이 쉽게 작업할 수 있도록 하는 원칙을 정리한 것으로 동작경제의 원칙이다. 즉, 최소의 피로로 최대의 생산을 올리는 것이다.

4 급식의 작업관리

급식소의 작업관리는 다음과 같이 운영사무, 조리작업, 운반작업으로 나눌 수 있다.

표 8-10. 급식에서 작업관리의 대상

분 야	내 용	관련 직원
운영 사무	·메뉴작성 ·식재료, 그외 제경비의 파악 ·식재료의 발주 ·입출고, 재고량 관리 ·식재료 이외의 물품 발주 ·급식수, 판매고의 파악 ·피급식자 수의 파악	급식부문 관리자 영양사 사무원
조리 작업	·조리작업 ·식당의 청소, 정비 ·배식, 서비스 작업 ·식재료의 검수·보관, 조리기기의 보수 ·식기·기구 등의 세정, 청소, 정비 작업	영양사 조리사 조리원
운반 작업	·배식을 하기 위한 요리의 운반 ·식재료 구입에 동반되는 운반	조리원 배선원

참고자료 : 김동승 외 3인, 급식경영학, 광문각, 1999

급식작업의 내용에 따른 관리를 크게 조리작업관리, 배선·배식의 작업관리, 식기세정·수납 및 청소 작업관리로 나누어 살펴보고자 한다.

1) 조리작업관리

단체급식의 조리작업관리는 급식작업의 1/2 이상을 차지하는 주요 작업으로 식단에서 시작된다. 예정식수, 요리명, 식품명, 재료량, 조리순서 등이 식단표에 의해 지시되고 조리되어지므로 조리작업관리의 목적은 식단표에 제시된 분량과 품질대로 만들어 피급식자에게 제공하는 것이다. 하지만 단체급식의 식단은 매 끼마다 변화가 있어야 하므로 식단의 변화에 따라 작업내용, 작업방법, 작업량이 바뀌므로 이런 변화에 합리적으로 대응하여 계획성 있는 작업관리를 하는 것이 필요하다.

작업에 소요되는 시간은 급식수, 조리원의 숙련정도, 조리시설의 배치, 조리기기의 기계화와 성능 등에 따라 달라지고 식사의 내용과 다양화 정도에 따라 조리소요시간이 영향을 받으므로 다음 사항이 요구된다.

① 작업을 분해해서 단순화한다.

② 작업의 기준을 만들어 표준화한다(1인분량, 품질기준, 기기사용법, 조미료 사용 기준).

2) 배선·배식의 작업관리

배선·배식의 작업관리는 완성된 음식을 식기에 담고 피급식자에게 제공하는 작업으로 피급식자에게 기다리게 하지 않고 좋은 환경에서 요리를 가장 맛있고 위생적인 상태로 식사하도록 하는 것이 목적이며 이를 위해서는 다음의 사항이 필요하다.

① 메뉴 작성시 완성된 조리분량을 예측하여 분량을 정하고 식기선정, 음식담는 방법, 1인분량의 정량화 등을 습득한다.

② 각 음식마다의 최적온도로 배식되도록 적온급식에 유의한다.

③ 위생적이고 안전한 보관이 되도록 차가운 음식은 7℃ 이하, 따뜻한 음식은 75℃ 이상으로 보관하도록 한다.

④ 피급식자가 급식에 대해 좋은 인상을 가질 수 있도록 친절한 태도와 서비스 정신을 지녀야 한다.

3) 식기세정 · 수납 및 청소 작업관리

식기나 조리기기의 세정작업과 조리장 주변의 청소작업은 급식시설의 위생적 안전을 위한 중요한 작업으로 하루의 급식 총작업시간의 30~45%를 차지하며 단조로운 동작의 반복작업이면서도 노동강도가 높고 피로도가 큰 작업이다.

(1) 식기류 세정·수납 작업관리

식기류 세정작업은 1회 식사의 식기사용수에 비례하고 식기의 재질과 형태에 따라 세정방법이 각각 다르다.

세정작업의 흐름은 먼저 식사가 끝나고 식기를 회수하는 작업에서부터 시작된다. 회수방법에 따라 세정작업의 담당자 배치, 작업시간, 인원수가 달라진다. 사용한 식기를 피급식자가 식기 반납코너까지 운반하는 경우, 식기반납코너에서 잔반을 버리고 세정코너와 연결된 컨베이어에 놓는 경우, 혹은 종업원이 회수하여 정리, 운반하는 경우 등이 있는데 급식시설의 특징과 배식형태에 맞추어 적정한 방법을 택하여야 한다.

음식찌꺼기에는 단백질, 지방, 전분, 색소가 있으며, 세정하기 위해서는 40℃ 온탕에 담갔다가 40~50℃의 온탕과 세제와 물리적 압력으로 오물을 제거한 뒤 온탕으로 헹구어 잔류세제를 없애도록 한다. 세정이 끝난 뒤에는 식기의 살균을 위하여 소독(식기보관고에 의한 열풍소독, 자비소독, 증기소독, 차아염소산나트륨 50~100ppm을 이용한 소독)을 하고 식기를 종류별로 분류, 정리하여 보관고에 수납한다.

(2) 청소 작업관리

조리장바닥, 선반, 배수구, 조리실 주변의 청소는 쓰레기 및 잔반을 제거하여 기름 등의 더러움을 없애고 쥐, 파리 등 해충류를 제거하며 이취 발생을 방지하는 등 매일 작업이 끝날 때 실시하는 작업이다.

이와 같은 관리는 급식의 위생면과 작업의 안전면으로도 상당히 중요하며 매일 실시하는 것은 물론 정기적으로 작업일을 정하여 철저하게 실시하는 것이 필요하다. 또한 조리과정에서 나오는 쓰레기는 시설의 입지조건과 최종적인 회수방법에 따라 구별하며, 일시적으로 보관·수집할 때는 이취와 해충 발생이 없도록 관리하여야 한다.

5 작업 배분과 작업 인원의 적정화

작업 배분은 작업원의 능력과 특성 등을 고려하여 적재적소의 배치를 하여 적정한 노무량의 배분을 하는 것에 중점을 둔다. 이를 위해 작업예정표와 작업지시서를 작성한다. 이 경우 해당 작업자에게 충분히 그 내용, 순서 등을 이해시켜서 능률개선을 하여 업무분담을 계획적으로 행하지 않으면 안된다. 작업배분과 노무의 사용이 적절한 지 상세히 검토하여 정확하고 신속히 행하고 경제효율이 높도록 작업배분을 해야 한다.

작업 인원을 고려할 때 필요한 사항은 다음과 같다.

① 시설의 종류(1일의 식사횟수, 급식형식 등)에 따라 필요인원은 다르다.
② 급식수(1회의 식수가 많은 경우 비용이 할인된다)
③ 급식내용(병원과 같이 3식 완전급식이고 개인의 증상이 달라 급식내용이 다른 경우)
④ 작업원의 작업능력, 개별적인 작업숙련도에 따른 경험연수 등의 요인
⑤ 급식시설, 설비의 효율성(시설설비의 좋고 나쁨)

이상의 여러 요인이 작업 인원의 편성에 영향을 미친다. 특히 급식 작업이 정해진 시간에 완료되어야 하므로 일정한 표준절차가 있는지, 작업원의 피로도는 어떤지 등 여러 노동조건을 잘 고려하여 검토하여야 한다. 작업원의 능력에 관해서는 성별, 연령별로 산출한다(예를 들면 남 1 : 여 0.8로 계산).

1인당 평균급식수는 요리종류와 비용에 따라 달라지겠으나 일반 사업소급식은 100식에 3인을 기초로 500식까지는 50식 증원할 때 1인씩 증가하고 501~1000식은 100식 증원에 1인 증원이 적당하다. 인원이 예산에 영향을 크게 미치므로 인건비는 총경비의 30~50%를 유지해야 한다. 일요일 등의 휴일 출근이 있으면 할증금을 고려할 필요가 있고 또 대휴자와 돌발사태를 위한 예비인원도 고려한다.

학교급식 종사원은 표 8-11과 같다.

표 8-11. 학교급식 종사원 수의 기준

학생 수	종사원 수
100인 이하	1인 또는 2인
101～300인	2인
301～500인	3인
501～900인	4인
901～1300인	5인
1301인 이상	6인에 학생수가 500인씩 증원되면 1인씩 증원

주) · 종사원의 업무는 주로 검수, 조리, 배분 및 청소이다.
· 종사원의 근무시간은 1일 8시간 정도이고 종사원의 대부분은 여성으로 중등 정도의 노동을 한다.

9장
시설설비관리

1 시설 · 설비의 개요

1. 시설·설비 관리의 의의

집단급식을 원활히 운영하기 위해서는 좋은 환경과 적절한 시설·설비가 필요하다. 좋은 급식시설이란 음식을 안심하고 먹을 수 있도록 위생적인 시설로 위생적으로 조리하고 조리작업을 하는 작업인도 노력의 낭비 없이 안전하고 능률적으로 작업할 수 있는 환경, 시설을 말한다.

시설·설비의 좋고 나쁨과 이의 효율적인 이용은 급식운영 전반에 크게 영향을 미치므로 급식관리자는 조리설비, 기기, 기구의 배치에 대하여 충분한 지식을 갖추어야 됨은 물론이고 항상 연구하여 개선 및 신설 등의 계획에도 적극적으로 대응할 필요가 있다.

2. 시설·설비의 조건

단체급식의 시설·설비는 일반적으로 건물 및 환경, 건물 및 기기와 관련된 설비, 기기, 기구류의 기능과 배치, 집기비품 및 식기류로 나눌 수 있다.

단체급식소에서 갖추어야 할 시설, 설비의 조건은 다음과 같다.

① 음식을 위생적으로 처리할 수 있을 것
② 경제적이며 능률적이고 취급하기 쉬울 것
③ 안전하고 쾌적하게 일할 수 있을 것
④ 일정한 시간 내에 조리와 배식이 가능할 것

3. 시설·설비의 기본 계획

각 급식시설·설비는 각각의 급식목표를 달성할 수 있도록 고려되어야 하는데 일정한 시간 내에 급식이 완료될 수 있도록 식재료의 반입에서 조리 가공되어 반출될 때까지의 과정을 기능별로 구분하여 각 부문에서 필요한 기기와 설비를 계획하는 것이 바람직하다. 급식시설을 배치하는 결정조건은 청결하고 밝으며 관계 부서와의 연락이 쉬운 곳이 적당하다.

주방의 위치를 건물의 층별로 비교한 것을 표 9-1에 표시하였다.

표 9-1. 층별로 본 급식시설(주방)의 비교

조 건	지하층 주방	지상층 주방	최상층 주방
독립된 넓은 공간	·상층의 폭과 대들보 사이에 의해 지배되기 때문에 불리 ·돌출되어 있으면 문제는 적음.	·별개의 건물이거나 돌출되어 있으면 자유 ·돌출되어 나오지 않으면 불리	·병동 등 하층건물의 형태이거나 폭을 늘리면 불리
천장 높이	·대단히 부자유 ·경제적으로도 높은 천장은 불리	·일반적으로는 부자유 ·별개의 건물일 경우는 자유	완전히 자유
주방의 평면형	·돌출되지 않는한 상층 평면에 지배됨. ·돌출되어 있으면 자유	별개의 건물이거나 돌출되어 있으면 자유	완전히 하층평면에 지배되어 자유가 없다.
광 선	넓은 건조된 공간이 필요하여 불리	·일반적으로 양호 ·별개의 건물일 경우 top light 천장으로부터의 채광도 됨.	·대단히 양호 ·top light도 자유롭게 달 수 있음.

조 건	지하층 주방	지상층 주방	최상층 주방
자연 통풍	·극히 불리 ·극히 강력한 기계환기가 절대 필요	·약간 양호 ·단 양쪽이 열리는 문이 필요 불가결함.	대단히 양호
방충 · 방서	불리	불리	대단히 유리
방 습	대단히 불리	유리	대단히 유리
열	대단히 덥다.	덥다.	다소 덥다. 지붕의 충분한 단열이 필요
방 취	·상층으로 올라가므로 불리 ·냄새를 없애기 위하여 특별한 환기와 배기관이 필요	·일반적으로 불리 ·별개의 건물로 하면 약간 좋다.	냄새는 하층으로는 흐르지 않기 때문에 대단히 유리
식품의 구입	·엘리베이터가 필요 ·엘리베이터가 없으면 대단히 불리	·대단히 유리 ·특별한 설비가 필요 없다.	·엘리베이터가 필수 ·경제적으로 불리
식사공간으로 식사 운반	엘리베이터나 lift에 의함.	별개의 건물일 경우 엘리베이터, lift 등도 설치 가능	엘리베이터 또는 lift에 의해 운반 가능
바닥방수	방수가 필수	간단함.	극히 완전히 방수가 요구됨.
배관설비	다소 불리	대단히 유리	다소 불리
환경 조정설비	막대한 설비투자가 요구됨.	다소 투자를 하지 않으면 작업환경이 개선되지 않는다.	설비투자가 적어도 자연환기로서 어느 정도 작업환경조성이 가능함.
급식규모 및 변화에 대한 적응성	대규모에서는 돌출되지 않으면 상층건물에 지배되어 변형한다거나 실배치 동선에 불리하다. 증축은 어렵다.	별개의 건물로 하거나 돌출되게 하면 쉽게 증개축이 가능함.	증개축은 거의 불가능하며, 대규모에서는 하층의 건물에 의해 지배되어 면적부족이나 모양이 좋지 않은 주방이 되기 쉬워 실배치, 동선 등에 불리함.

2 주방 위치 및 각 부분별 작업 공간 계획

1. 위 치

급식의 종류와 규모 및 운영방법에 따라 위치선정은 달라지는데 작업능률, 위생, 환경이 우선적으로 고려되어야 한다.

위치선정의 조건은 다음과 같다.

① 재료의 반입, 오물의 반출이 편리한 곳
② 통풍이 잘되고 밝고 청결한 환경
③ 음식의 운반과 배선이 편리한 곳
④ 급수와 배수가 잘 되고 소음, 잡음, 기름연기, 냄새 등을 처리하기 쉬운 곳
⑤ 사고 발생시 대피하기 쉬운 곳
⑥ 급식대상자의 왕래가 편리한 곳

이상의 조건으로 볼 때 지하보다는 지상 1층이 좋으며 지하시설은 채광, 통풍, 환기, 배수가 나쁘고 고층인 경우에는 식재료의 반입과 폐기물의 반출이 어려운 문제가 있다.

2. 면적과 형태

급식시설면적의 산출은 급식목적, 급식횟수, 급식시간(동시 또는 교대제), 공급형태(정식·cafeteria·바이킹식 등), 경영형태 등에 따라 달라지므로 이들의 요소를 고려하지 않으면 안 된다.

1) 일반적인 면적의 산출 항목

(1) 주방 면적

주방의 면적은 기기의 종류와 크기, 배식수, 조리인원, 식단 등을 고려하여야 한다. 오늘날 급식유형은 식당에 비해 주방면적을 줄이는 경향이 있다. 일반적인 주방면적의 산출방법은 바닥을 점유하는 기기영역과 조리를 하기 위해 필요한 작업영역으로 대별되며 이의 합계가 필요한 면적이다.

기기 영역 (바닥차지 기기 표면적 합계)	+	작업 영역 (작업영역의 기준은 표 9-2 참조)

① 대규모 시설 : 기기 바닥 점유 면적 × 3~4
② 소규모 시설 : 기기 바닥 점유 면적 × 2~2.5
③ 사업소 급식 : 식당 면적 × 1/2~1/3
④ 사회복지시설 급식 : 식당 면적 × 1/3~1/4

표 9-2. 작업공간 기준

상 태	필요 치수(mm)
1인 보행	750 이상
2인 보행	1,900 이상
짐 운반(손으로 운반)	750 + 짐 폭 + 1.5배
짐 운반(어깨로 운반)	1,800~1,900(높이)
운반차 이용	운반차 폭×1.5배
가열 기기 앞	1,000~1,200
냉장고 등의 앞	냉장고문 폭 + 750

※ 동경 시설급식협회

(2) 식당 면적

급식형태, 급식 인원수에 의해 결정되는데 급식대상자 1인당 $1.0m^2$를 기초로 하며, 식기회수로 인한 잔반처리, 허드레 씻기, 식기 회수하는 차(dish-car)를 설비할 경우 이를 위한 최소공간을 더한다.

예를 들어 1회에 500명을 수용하는 식당은 $1.0m^2 \times 500$, 식기회수공간 10%를 더하여 $500m^2 \times 1.1 = 550m^2$로 결정한다. 또 동시 급식인원 및 이용 회전수에 의하여 결정할 경우는 다음과 같이 계산한다.

$$\text{식당면적} = \frac{\text{급식수} \times 1\text{좌석당의 면적}}{\text{좌석의 이용 회전수}}$$

식당에 있어서 1인당의 면적은 $1m^2$ 이상으로 되어 있다.

2) 형태

급식 작업은 광범위한 공정을 거치는데 대체로 요철이 없는 정방형이 무난하다. 식당이 인접하는 경우는 배식방법과 급식대상자의 동선을 고려한다. 주방의 구성형태는 공정의 조합방법에 따라 그림 9-1과 같이 나눌 수 있다.

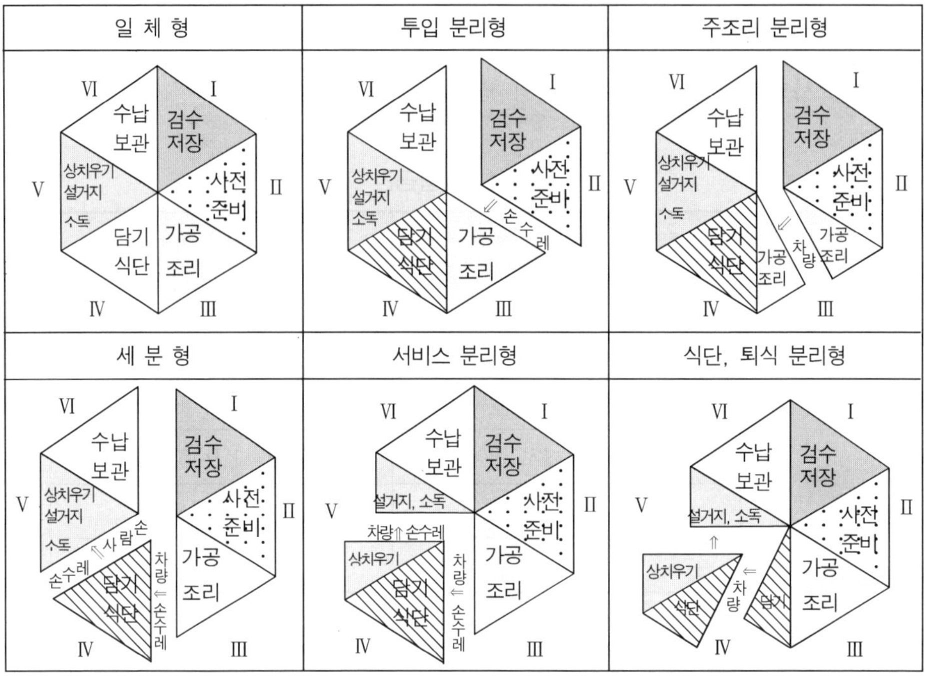

그림 9-1. 작업 공정에 따른 주방 형태

(1) 일체형(一体型)

규모의 크기에 관계없이 대부분의 주방은 이 형에 속한다. 이것은 주방이 1실의 공간으로 되어 있는 것으로서 다른 형은 분리, 분할되어 있는데 이 형태는 정방형에 가까운 장방형이 좋다(종횡의 비율 = 1 : 1.5~2.0).

예) 학교, 사업소, 병원(중앙배선), 레스토랑

(2) 투입분리형

대규모 조리실에서 볼 수 있는 형으로 사전에 준비한 후 식재료는 승강기 또는 손수레에 의해 가공·조리공정으로 운반된다.

예) 호텔, 연회장

(3) 주조리실 분리형

식품공장의 성격을 갖고 있는 중앙 주방에서 식재료를 반가공하여 각 점포에 자동차를 이용하여 운반한 후에 조리하여 제공하는 형태

예) 패스트푸드점, 패밀리레스토랑, 레스토랑

(4) 세분형(細分型)

조리, 서비스, 후처리라고 하는 기능공간이 각각 독립되어 있어 각 공간은 사람의 손 또는 손수레에 의하여 연결된다.

예) 각종 카페테리아

(5) 서비스 분리형

학교 급식센터에서 볼 수 있는 형태로 가공 조리된 식재료를 그릇에 넣어서 손수레 또는 차량으로 운반한다.

예) 급식센터, 병원(병동배선)

(6) 배선, 하배선(下配線) 분리형

조리된 식재료를 제품으로 만들어 보내는 급식공장에서 볼 수 있는 형태로 여기에서의 차림은 회수 기능까지 갖는 것이 많다.

예) 각종 도시락점

3) 각 부문별 작업 공간

(1) 반입과 저장 공간

반입과 저장 공간은 식당의 종류에 따라 달라지는데 이 공간은 빠르고 쉽게 식품을 취급할 수 있도록 설계한다. 반입, 검수 공간은 청소하기 쉬워야 하고 검수가 끝난 물품에 관한 서류를 보관할 선반이나 책상을 설치하고 충분한 광선이 들어오거나 조도가 높도록 시설해야 한다.

저장공간은 식품 검수실, 조리실과 가까운 곳에 설치하고 출입구는 조리실과 연결되어야 한다. 일반창고와 냉장창고, 냉동창고로 크게 구분한다.

(2) 전처리 공간

이 공간에서는 육류와 어패류, 채소 등의 불필요한 부분을 제거하고 다듬는 공간이다. 주조리실과 가까운 곳에 설치하는 것이 좋고 작업대 옆에 쓰레기 처리장치, 폐수장치를 한다. 2차오염을 방지하기 위해 채소 처리공간과 육·어류 처리공간을 구별하는 것이 좋다.

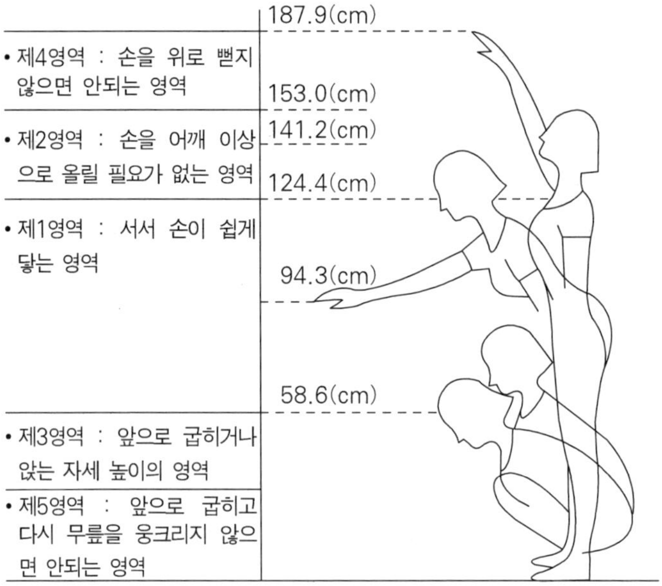

그림 9-2. 작업에 알맞은 동작 치수

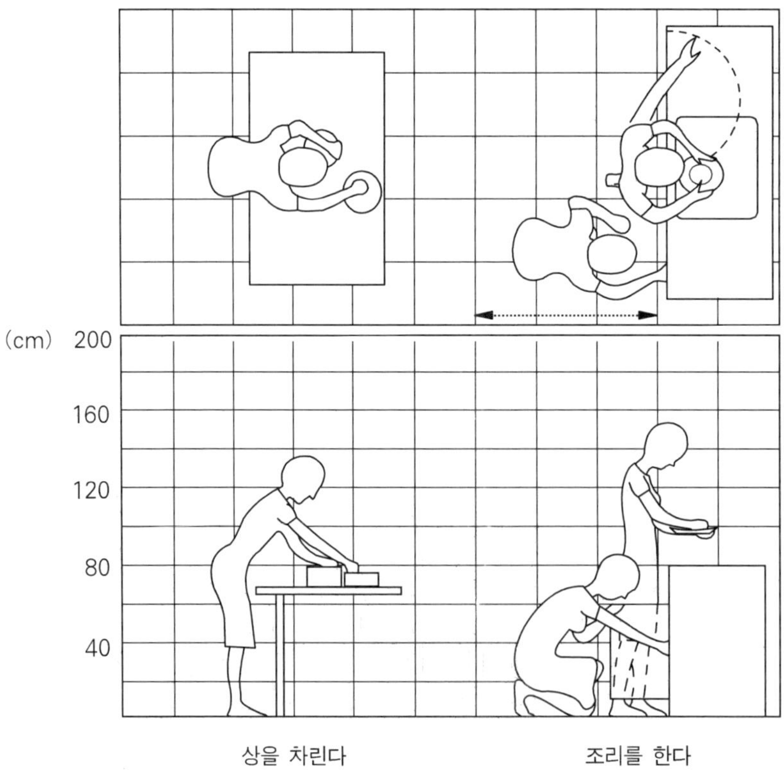

그림 9-3. 조리의 동작 공간

(3) 주조리 공간

주방의 중심이며 전처리 공간, 식기 세정공간, 저장공간, 배식공간과 가깝게 설치한다. 작업센터를 중심으로 작업동선이 짧도록 작업대를 배치하는데 배치형태는 일렬형, T자형, L자형, 병렬형, C자형, 아일랜드형이 있다.

작업대의 높이는 한국인의 평균신장을 고려할 때 82~90㎝가 적당하며, 작업면은 스텐레스 스틸이 청소하기에 적당하고 반영구적이다. 작업에 적당한 동작치수, 조리동작공간, 작업에 적당한 기구의 치수 등을 그림 9-2~그림 9-4에 제시하였다.

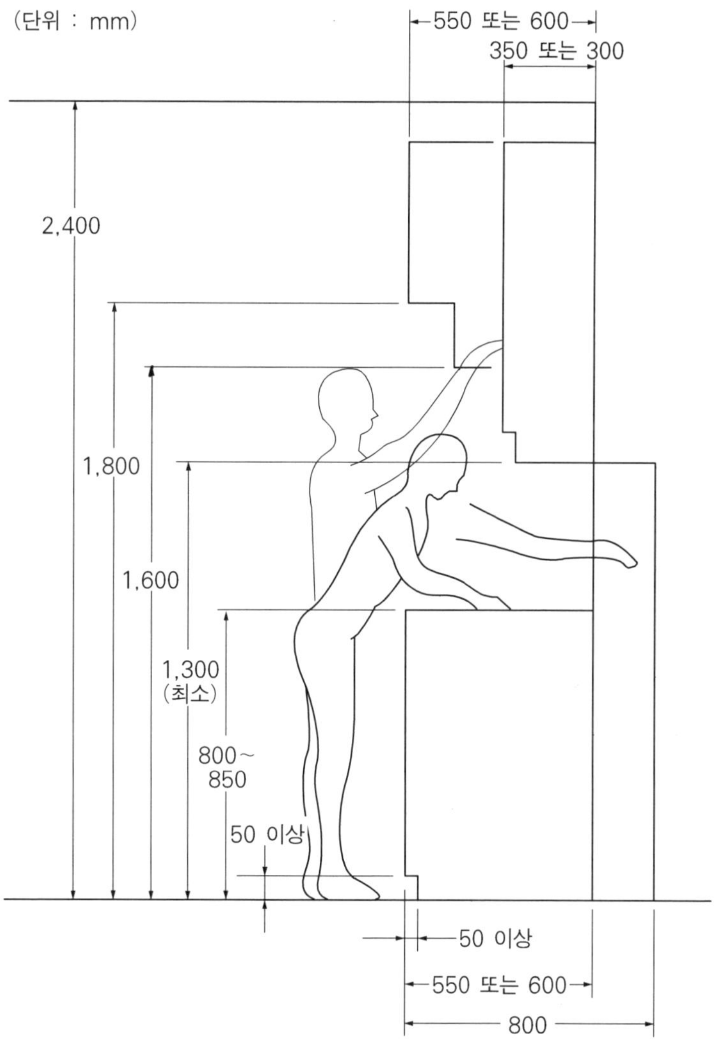

그림 9-4. 작업에 적당한 기구의 치수(일본, 시스템키친의 규격)

(4) 배식 공간

① 배선실

주방과 식당 사이에 위치하며 주방에서 조리된 음식을 그릇이나 식판에 담아 식당으로 운반하거나 병원처럼 다른 곳으로 운반하는 곳이다. 소규모이거나 카페테리아에서는 카운터로 대신하기도 한다. 보온 기구, 스팀 테이블, 식기 선반 등을 배치한다. 카운터 위의 배치와 크기를 그림 9-5~그림 9-7에 제시하였다.

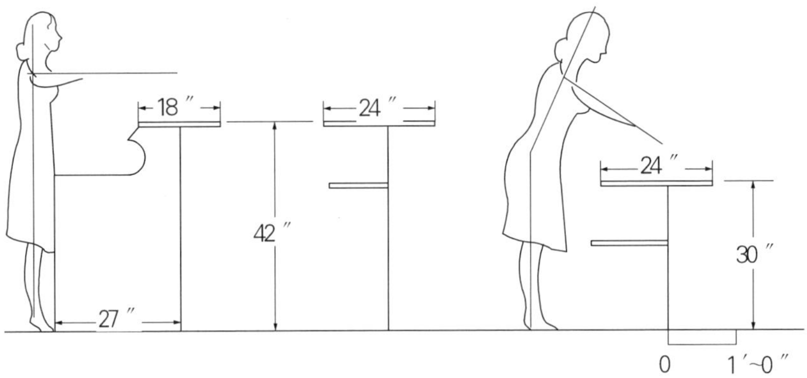

그림 9-5. 카운터의 높이와 넓이에 따른 작업자의 평균 높이

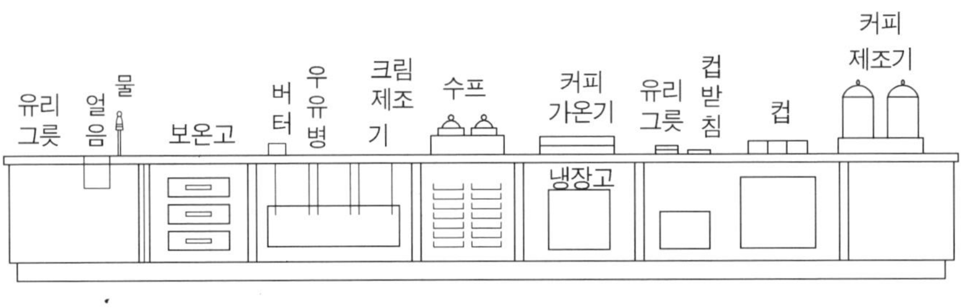

그림 9-6. 카운터 서비스의 배치 예(1)

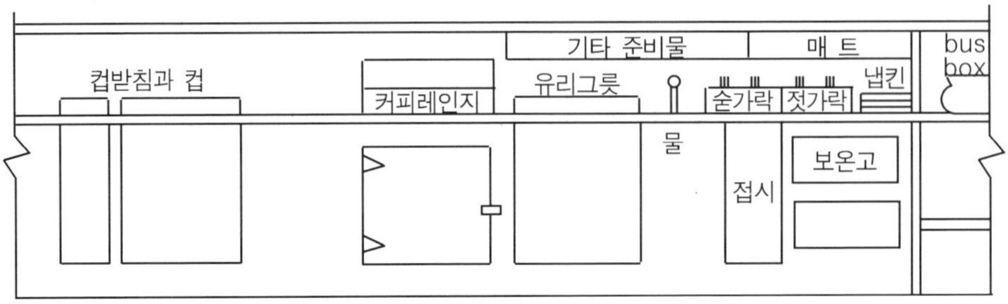

그림 9-7. 카운터 서비스의 배치 예(2)

② 식당

식사와 함께 휴식을 겸하는 장소로 조용하고 안정감이 있고 통풍과 채광 또는 조도가 적당한 곳이 좋다. 식탁은 4인용, 6인용, 8인용이 있는데 보통 4인용이 사용된다. 쾌적한 분위기를 내기 위해서는 음향과 세면기, 자판기(차나 음료용)를 설치한다.

(5) 식기 세정·소독 공간

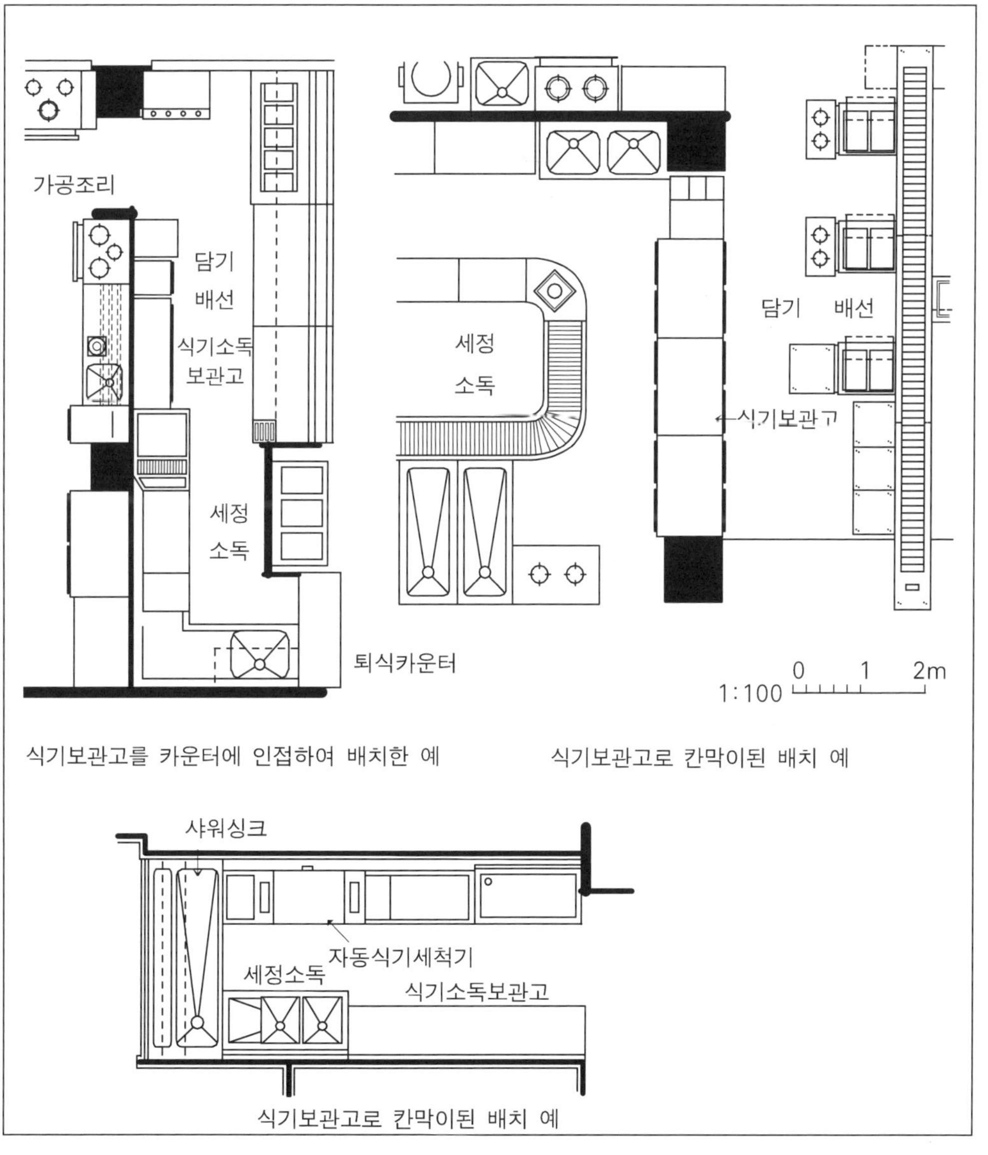

그림 9-8. 세정, 소독, 저장 시설

음식차림 준비 후, 식기 세정은 손으로 씻는 방법과 기계 세정방식이 있으며 급식형태나 급식규모에 따라 선택된다. 급배수시설과 배기시설은 필수적이며 배수구를 향한 바닥의 기울기에 유의하여야 한다. 기타 운반차, 온수기, 식기 저장공간이 필요하다.

(6) 기타 공간

사무실은 급식시설을 운영하는 데 필요한 기획을 하고 작업기록을 보관하며 직원을 훈련, 감독, 지도하는 공간이다. 책상, 서류 보관공간, 컴퓨터 등이 필요하고 사무실 앞면을 유리로 처리하면 감독을 효과적으로 할 수 있는 이점이 있다. 기타 탈의실, 세면기, 샤워시설, 조리원 전용 화장실 설치가 요구된다.

3 조리실의 내장과 설비

1. 바 닥

강도가 강하고 내구성, 내마모성인 동시에 내수성, 내습성, 내유성 등의 성능이 요구된다. 조리원에게 사용상의 미관과 함께 촉감이 좋고 미끄러지지 않는 등 안정성이 중요하다. 습식방식에서는 바닥청소를 물로 하기 때문에 물 빠짐을 좋게 하기 위하여 구배를 내는데, 보통 1/100 이하의 구배가 적당하다. 구배가 크면 피로도가 증가하고 기기를 놓을 때 높이를 조절하기 어렵다.

조리원의 건강관리, 피로도 등의 작업환경이나 일의 능률면에서는 건식방식(dry system)이 바람직하며 이 때는 바닥재의 선정과 바닥구조 등을 충분히 검토할 필요가 있다.

2. 벽

방화성, 내열성, 내수성, 방습성, 방부성이 요구되며 미관이 좋고 청소가 쉬워야 하며 바닥청소시 오염에 대응하기 쉬운 재질을 선택한다. 색은 밝고 깨끗한 것이 좋으며 요즘 주방을 개방화하는 인테리어(open kitchen interior)가 증가하고 있어 식당과 같은 색상으로 하는 것도 좋은 방법이다.

마감재는 자기타일, 자기모자이크타일, 금속판, 합성수지타일 등이 쓰인다. 바닥에서 최저 1.5m까지는 타일로 하고 특히 불을 다루는 주위는 2배 이상 방화구조로 한다. 바닥과 접하는 부분은 코너용 타일을 사용하고 타일 이외의 것은 방수처리한다.

3. 창

채광을 주목적으로 하며 창면적은 바닥면적의 1/2~1/5, 벽면적의 70%로 하는 것이 바람직하다. 보온을 위해서는 하이새시를 설치하고 파리, 모기, 기타 해충의 침입을 방지하기 위해 방충망을 설치한다.

4. 출입구

조리원과 피급식자의 출입구는 명확히 구별하고 식재료의 운반, 기기 반입·반출에 지장이 없도록 한다. 위생관리와 작업능률면에서 자동문이 바람직하다.

5. 천장

천장은 방화, 내온, 방음성이 있는 것이 좋으며 높이는 240cm 이상으로 하고 재질은 내화보드, 불연성의 석면이나 알루미늄, 금속판 등을 사용한다.

6. 급배수 설비

1) 급수

조리를 위하여 필요한 물과 수압을 공급하는 시설로 수도에서 직접 공급하는 방법, 수도로 옥상의 급수탑에 저장하고 공급하는 방법, 수도에서 저수탱크에 물을 저장한 후 펌프로 공급하는 방법이 있다.

수압은 최저 1kg/㎠ 이하에서 사용되는데 각 수도에서는 0.3kg/㎠, 샤워, 수압 세미기 등에는 0.7kg/㎠, 기타 0.5kg/㎠ 이상이 필요하다.

필요 급수량은 1인 1식당 공장급식은 5~10ℓ로 평균 7ℓ, 병원급식은 10~20ℓ로 평균 15ℓ, 학교급식은 4~6ℓ로 평균 5ℓ, 보통급식은 6~10ℓ로 평균 8ℓ, 기숙사급식은 7~15ℓ로 평균 11ℓ이다.

2) 급탕

급탕설비는 온수를 공급하기 위한 것으로 순간 온수기를 이용하는 개별식과 온수 보일러를 이용하는 중앙식 급탕법으로 구분한다.

온수의 적당한 온도는 손으로 설거지하는 경우는 40~50℃, 식기 세정기는 60~95℃가 적당하며 급탕량은 급수량의 1/2~1/3로 한다.

주방 급탕설비의 사용온도를 표 9-3에 표시하였다.

표 9-3. 급탕설비의 사용온도

용 도	온 도(℃)	비 고
일반 청결용	40~50	
손씻는 것	40~45	
식기・손씻는 것 헹굼 더운물 수조	40~50* 50 60	*50℃ 이상은 단시간이 아니면 안된다.
조리용 냄비용구 세정용	60~71	
설거지용 제1조 제2조 제3조	60** 70~75*** 80~95	**제1조는 60℃ 이상으로 하면 식기에 붙는 경우가 있다. ***70℃ 이상의 사용온도는 급탕수를 가스, 전기 등으로 재가열하여 사용한다.
기구 오물 제거(기름)	70~90	
자비소독	100	

3) 배수

배수설비는 배수구를 통하여 사용한 물을 하수구로 버리는 것으로 배수설비에는 배수구, 배수관, 바닥배수 트렌치, 싱크 등이 있다.

(1) 배수구

습식방식에는 바닥에 배수구를 설치하는데 배수 막힘이나 역류가 없도록 관의 크기와 구배(1/100)를 고려한다. 습식방식은 청소는 쉬우나 습도가 높아져 세균의 번식, 해충(바퀴벌레), 쥐 등의 통로가 되기 쉬우므로 실내의 불결함이 높아지는 결점이 있다.

드라이시스템은 실내의 청결함은 높으나 배수 막힘이 일어나기 쉬운 결점이 있다.

(2) 배수관

트랩의 형태는 배수구와 배수관이 벽, 바닥에 연결되는 상태에 따라 곡선형인 S트랩, P트랩, U트랩 중 선택하여 설치하는데 찌꺼기가 많은 오수의 경우는 수조형이 효과적이다.

그리스 트랩(grease trap)은 배수구 말단에 가설하여 배수 중에 용해되어 있는 유지가 배수관 내에서 고형화되는 것을 막고 배수 중에 혼입된 주방 찌꺼기, 잔반을 제거하는 설비다(그림 9-9).

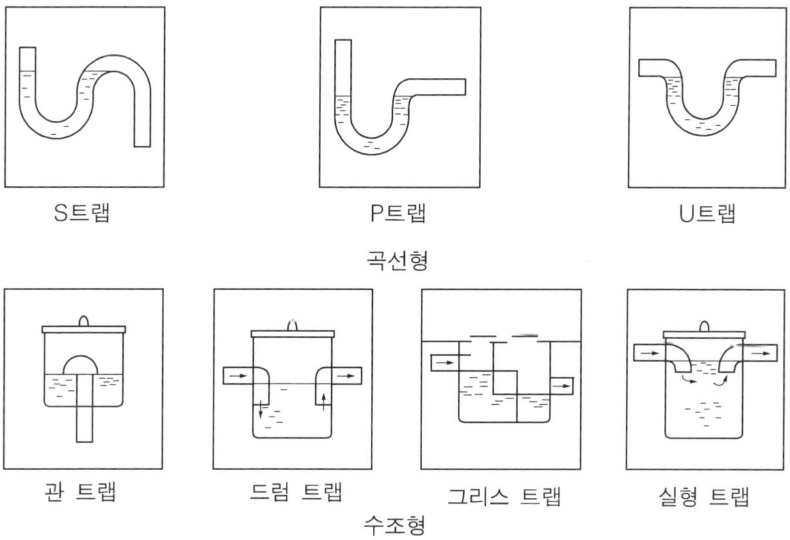

그림 9-9. 배수관의 형태

7. 열원 설비

급식시설의 조리용 열원으로는 전기, 가스, 증기, 석유 등이 있으며 사용 목적, 경제성, 안정성을 고려하여 선택한다.

1) 가스

비용이 저렴하고 취급이 편리하여 조리실에서 가장 많이 이용되는 열원이다. 그러나 취급 부주의로 인한 폭발위험이 있으므로 프로판가스는 화기, 직사일광, 동결, 진동 등 안전상의 문제가 있는 곳은 피하여 설치하는 것이 좋다. 프로판가스의 열효율은 55~65%, 도시가스는 60~65%이다.

2) 전기

전기에너지를 열로 전환하여 가열하기 때문에 비용이 상당히 높아진다. 가열 조리의 주요 열원으로는 불리하나 청결하고 그을음이 없으며, 취급이 간편하다. 전기의 열효율은 65~70%이다.

3) 석유

석유는 조절이 가능하고 비교적 가격이 낮으나 점화가 불편하고 그을음과 냄새가 나기 쉬우므로 환기에 유의하고 소화상태를 확인한다.

열효율은 55~65%이다.

8. 환기 설비

연소공기 공급, 산소부족 방지, 실내 발생열의 제거, 방취, 방습 및 식재료의 품질유지에 있어 불가결한 설비이다.

환기방법에는 자연 환기, 기계 환기, 후드(hood) 등이 있다.

1) 자연 환기

창문에 의한 환기로서 풍력과 실내와의 온도차 때문에 생긴 대류현상에 의해 행해진다. 온도차가 클수록 효과가 커진다.

2) 기계 환기

외기를 송풍기에 의하여 강제적으로 실내 공기와 교환하는 것으로 주방의 적정 환기량은 100~150㎥/시간, 환기횟수는 40~60회/시간이나 식당은 15 ~20회/시간 정도가 적당하다.

3) 후드

유지를 다량 사용하는 곳이나 연기 등이 다량 발생하는 영역에 설치한다. 먼지와 유지를 제거하기 위해 grease filter를 사용하고 후드 주위는 기름 찌꺼기가 고이지 않게 직립판을 둘러싼다. 배기관으로 화재가 옮겨가지 못하게 장치를 가설한다.

후드의 형태는 4방 개방형이 효율적이며 형태는 그림 9-10에 표시하였다.

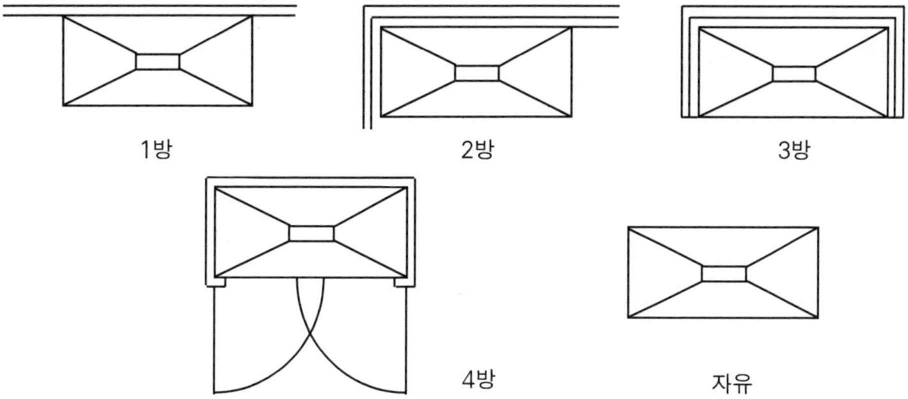

그림 9-10. 후드의 형태

9. 조 명

주방의 조명은 작업을 쉽게 하여 눈의 피로를 경감하고 능률이 좋은 작업환경으로 만든다. 밝기와 식품의 색 등을 고려할 때 햇빛과 가까운 것이 바람직하다. 또한 조명의 위치는 작업상황에 맞게 설치하고 작업면과 역광선이 되지 않도록 주의한다. 또 실내 마감재료와 마감방법, 조명기구의 형태와 배치 등에 따라 조도에 차이가 크므로 세심한 계획을 세워 적은 전력 소모로도 효과적인 결과를 얻도록 한다.

표 9-4. 주방의 조도

위 치	조 도 (lux)
전처리 공간	400~500
주 조리실	400~500
배 선 실	400
식기 세정실	350~400
식기 소독실	350
냉동고, 냉장고	250~300
종업원 휴게실	300~350
검 수	400
컨테이너실	300~350
짐 받는 곳	300
창 고	100

일본의 조리실의 표준 조도는 200lux이다. 천장 안에 설치하여 먼지가 앉지 않도록 하는 것이 좋으며 뜨거운 물이 닿는 곳은 피한다. 주방의 조도를 표 9-4에 표시하였다.

10. 냉·난방 설비

온도와 습도, 공기의 흐름을 조절하여 쾌적한 실내공간을 유지하기 위해 냉·난방 설비를 한다. 조리작업에 적합한 실내온도는 여름 25℃, 봄과 가을은 22~23℃, 겨울은 18~21℃이다.

난방방식은 부분 난방방식과 보일러를 이용한 중앙 난방방식이 있다. 냉방방식은 선풍기나 에어컨디셔너를 이용한 부분 냉방과 중앙 공급식 냉방(대형 공기조화기)이 있다.

11. 소음 조절 설비

주방에서 기기와 식기 다루는 소리, 사람들의 대화 등의 소리가 야기되는데 이러한 소음은 작업자와 급식자 모두에게 불쾌감을 줄 뿐만 아니라 피로감도 더하게 된다.

자동 윤활장치가 있는 기계와 고무바퀴 달린 운반차, 작업자의 신발 밑창 고무 사용 등을 이용하면 소음을 줄일 수 있다. 천장도 흡음이 잘되는 재료인 장식 판자나 타일 등을 이용한다. 또 소음이 반사되지 않도록 카펫, 커텐을 이용하면 소음을 최소화할 수 있다.

4 기계 · 기구류 및 보수관리

1. 기기의 선정

1) 구입 목적

일정 시간 내에 대량의 급식을 하기 위해서는 급식설비 기기를 자동화나 대형화하는 것이 바람직하다. 또 인건비 절감, 조리 작업원의 피로 경감, 식품의 위생적 처리 등을 위해서도 조리기기 도입이 필요하다.

구입할 때는 어떤 목적으로 기기를 도입할 것인가를 명확히 하고 구체적으로 선정계획을 세우는 것이 좋다.

2) 기기 검토

기기 전시회, 견본 등을 직접 볼 수 있는 기회가 되면 적극적으로 참가하여 지식을 넓히는 것이 중요하다.

① 가동률 : 사용하는 빈도, 시간, 양 등에 의하여 기기의 용량, 능력, 필요한 대수를 결정한다.

② 설비용량 : 시설의 급배수, 열원(가스·전기 등)의 용량을 조사하여 설치 가능한가를 확인한다.

③ 기능 : 기기의 성능, 자동 제어장치, 안전장치 보수관리 요령을 조사한다.

④ 유지 관리비 : 유지 관리비를 비교 검토한다.

3) 업자의 선정

회사의 방침과 내용(카탈로그, 자료, 업계정보)을 검토하고 보수관리(점검, 정비, 사고, 고장)가 잘 되는지를 확인한다.

4) 구입 순서

기기 구입순서를 그림 9-11에 제시하였다.

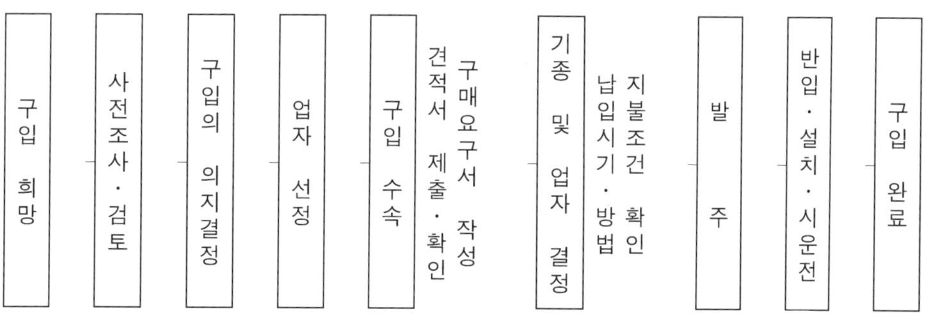

그림 9-11. 기기의 구입 순서

2. 작업 구분, 용도별 주요 조리기기 및 보수관리

1) 작업 구분

조리 작업공정은 복수 공정이 동시에 진행되며 매우 복잡 다양하다. 작업 구분을 크게 6가지로 분류하고 이에 필요한 조리 기기를 제시한다.

작업구분을 공정 Ⅰ(수납・저장용), 공정 Ⅱ(전처리용), 공정 Ⅲ(주조리용), 공정 Ⅳ(담기・배선용), 공정 Ⅴ(세정 소독용), 공정 Ⅵ(수납・보관용)로 나누었다.

그림 9-12. Dry system을 갖춘 위생적인 주방의 예

2) 공정별 주요 조리기기와 용도

(1) 공정 Ⅰ(수납·저장용)

식품재료의 품질관리를 합리적으로 한다. 웨곤, 운반차, 작업대, 서울, 계량기, 쌀 저장탱크, 식품 저장고, 냉장고, 냉동고가 필요하다. (그림 9-13)

조리기기나 저장고의 보수관리는 표면의 피막에 흠이 가지 않도록 사용하고

중성세제나 입자가 작은 cleanser, 가루비누로 때를 씻고 물로 씻거나 마른 천으로 닦는다.

식품의 경우 -20℃ 이하는 냉동식품(어패류 · 육류), -12~-20℃는 일반 냉동식품, -12 ~-4℃는 햄 · 버터 · 염건물, -4℃ 이상은 어패류 · 육류 · 채소 · 과일로 분류하여 저장한다.

냉장고 관리는 주 1회 식품 점검을 겸하여 불결해지기 쉬운 부분을 중심으로 대청소를 실시한다. 손잡이와 문의 바킹은 스펀지에 세제를 묻혀 닦고 서리를 제거하며 온도계, 기계 전체 등을 특히 여름이 되기 전에 반드시 점검한다.

그림 9-13. Walk-in type 냉장고

(2) 공정 Ⅱ(전처리용)

주조리를 하기 전에 하는 작업으로 기기를 도입하여 작업시간 단축과 노력을 경감시키도록 배려한다.

개수대(싱크), 세미기, 구근탈피기, 식품절단기(food cutter), 초퍼(chopper), 슬라이서(slicer), 조립 조리기계 등이 필요하다. 세미기는 수도 수압으로 쌀을 씻는 기기로 구조가 간단하고 전력이 필요 없다.

구근탈피기(peeler)는 감자나 당근 등을 회전판 안에 넣어 껍질을 벗긴다. 수율이 90~95%로 손으로 깎는 것보다 성능이 좋다.

식품절단기(food cutter)는 여러 형태가 있는데 채소를 여러 형태로 썰어주는 베지터블 커터(vegetable cutter), 육류를 일정한 두께로 져며 내는 슬라이서(slicer), 식품을 다져내는 초퍼(chopper) 또는 그라인더(grinder)가 있다 (그림 9-14~그림 9-19).

그림 9-14. 구근 탈피기

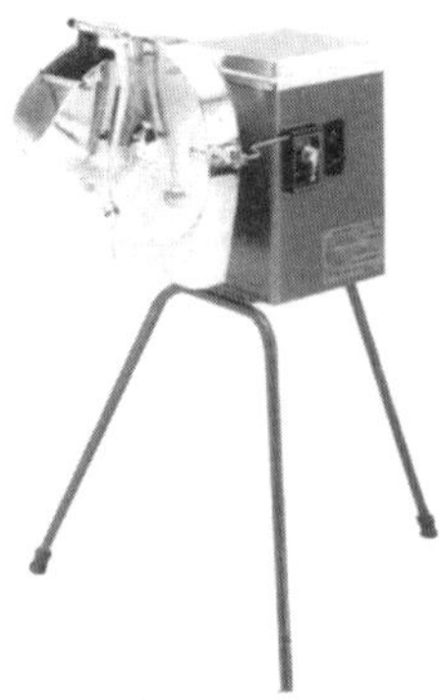

그림 9-15. 베지터블 커터

그림 9-16. 슬라이서

그림 9-17. 초퍼

그림 9-18. 그라인터

그림 9-19. 세미기

(3) 공정 Ⅲ(주조리용, 가열용)

가열작업은 조리가공 중에 매우 중요한 부분으로 시설 규모도 크고 빈번하게 사용하는 기기가 많다.

취반기, 스팀솥(steam kettle), 가스레인지, 오븐(oven), 번철(griddle), 회전식 프라이팬(tilting frypan), 브로일러(broiler), 튀김기(fryer) 등이 주로 가열 조리용으로 사용된다.

① 입체식 가스 취반기

입체식(가스)으로 되어 있는 것은 다량의 밥을 지을 수 있으며 열의 손실이 적고 보온해 둘 수도 있다. 가스 취반기는 보통 쌀과 물의 배합을 1:1로 하고 취반시간은 찔 경우 10~60kg/회의 쌀일 때는 30~45분이면 된다(그림 9-20).

그림 9-20. 가스 취반기

② 증기 취반기

증기를 열원으로 하며 이중솥으로 되어 있고 증기압력은 0.5~0.8kg/m^2이다. 1일 30~180kg의 밥을 할 경우 취반시간은 증기압 0.8kg/m^2도 20~25분, 쪄지는 시간을 합하여 30~40분/회이다. 솥류는 세척 후 물기를 없애고 잘 건조시켜 둔다.

③ 가스레인지(gas range)

주방에서 가장 기본이 되는 가열 기기로 오븐이나 브로일러와 겸용인 것이 많다. 형태가 단순하여 쉽게 청소가 되는 것이 좋다. 레인지 표면은 기름걸레로 잘 닦아서 때를 없애고 기름을 두거나 중성세제를 이용하여 흠집이 나지 않도록 잘 닦아준다. 녹이 생겼을 경우에는 샌드페이퍼로 닦고 녹씀 방지용 도장을 해두면 좋다.

④ 오븐(oven), 브로일러(broiler)

빵이나 식품을 고온으로 굽는 기기이다. 오븐 내의 환풍기에 의하여 공기를 강제적으로 순환시켜 열풍에 의해 식품을 가열하는 컨벡션 오븐(convection oven)과 극초단파로 식품을 익히는 마이크로 웨이브 오븐(micro wave oven) 등이 있다(그림 9-21).

그림 9-21. 콘보텀

브로일러는 복사와 적외선에 의해 생선이나 조류를 굽는 기기로 선반에 식품을 올려 놓으면 복사열로 상부에서 단시간 내에 굽기가 된다(그림 9-22).

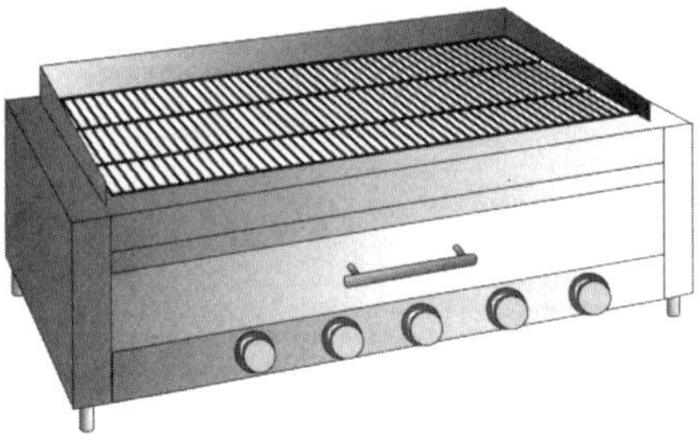

그림 9-22. 브로일러

⑤ 번철(griddle), 회전식 프라이팬(tilting frypan)

번철은 철판구이 방식의 부침기기로 기름이 흐르도록 철판을 약간 경사지게 하고 120~454℃(250~850°F)로 온도를 유지시키기 위해 자동온도 조절기를 부착하는 것이 좋다(그림 9-23).

그림 9-23. 번철

회전식 프라이팬은 볶는 것, 굽는 것, 삶는 것 등 이용범위가 넓은 기기로 평평한 바닥에 고정시켜 사용한다(그림 9-24).

그림 9-24. 회전식 프라이팬

⑥ 튀김기(fryer)

각종 식품을 튀길 때 사용하는 기기로 튀김망이 있으며 네모형 또는 둥근형의 뚜껑이 있는 기름통이 1~2개 있고 가스 등으로 가열한다. 온도조절장치가 부착되어 있어 자동으로 온도조절이 가능하여 튀김을 하기가 쉽다(그림 9-25).

그림 9-25. 튀김기

⑦ 스팀 솥(steam kettle), 스팀 쿠커(steam cooker)

스팀 쿠커는 채소와 그외 여러 식품을 15~20분만에 쪄내는 기기로 압력은 보통 팬이 1~2개인 경우 15파운드이며 타이머와 안전밸브 및 압력 게이지를 부착하는 것이 좋다.

스팀 솥은 국이나 수프, 죽 등을 끓일 때 사용하는 기기로 형태는 회전식, 운두가 깊은 솥(deep kettle), 운두가 얕은 솥(shallow kettle) 등이 있다. 솥에 물을 붓기 쉽게 온·냉수 혼합 꼭지를 연결하면 편리하고 청소도 쉽다. 사용 후에는 즉시 세척하고 물기를 없앤 다음 잘 건조시켜 둔다(그림 9-26, 그림 9-27).

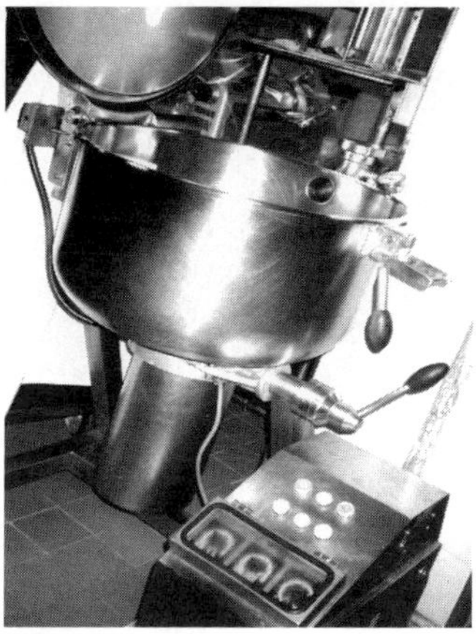

그림 9-26. 스팀솥

그림 9-27. 여러 종류의 스팀쿠커

(4) 공정 Ⅳ(담기·배선용)

적온급식은 급식 서비스상 매우 중요하며 급식까지의 온도관리가 필요하다. 온장고, 냉장고, 냉동고, 냉장 쇼 케이스(cold show case), 제빙기, 냉장 테이블(cold table)과 기타 작업대, 컨베이어(conveyer), 카운터, 배상차(냉·온장치) 등이 준비되어야 한다.

그림 9-28. 제빙기

① 온장고(warmer)
음식을 조리한 후 배식하기 전에 식지 않도록 보온장치를 한 것이다.

그림 9-29. 온장고

바쁘지 않은 시간대에 음식을 만들어 둘 수 있으므로 작업피크를 낮출 수 있다. 일반적으로 65~80℃로 보온되며 열원은 가스나 전기, 증기 등이 사용된다.

② 배상차

각 급식장소까지 음식을 운반하는 데 사용하는 장치로 운반도중에 음식이 식지 않도록 보온하거나 보냉한다(그림 9-30, 그림 9-31).

그림 9-30. 급식용 배선차

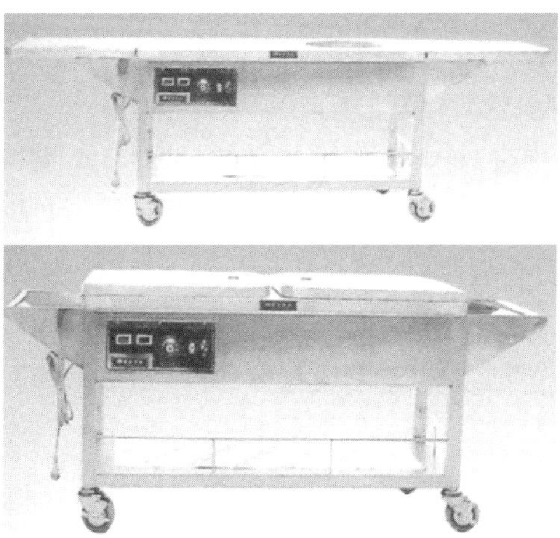

그림 9-31. 보온배식 운반 카트

③ 컨베이어(conveyer)

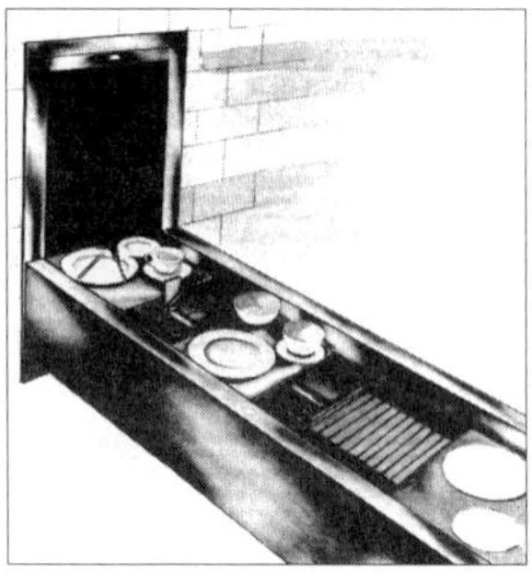

그림 9-32. 컨베이어

음식을 보내거나 병원이나 학교에서 트레이 운반, 주방에서 설거지할 그릇을 보낼 때에 이용하면 편리하다. 이것을 적절히 이용하면 시간과 노력, 소음방지, 접시 파손 감소 등에 효과가 있다(그림 9-32).

(5) 공정 V(세정·소독용)

배식 후 설거지하는 과정과 소독은 단순 노동이나 노력이 요구되는 작업이다.

이 작업에는 자동 식기세척기, 자비소독기, 자외선살균등, 칼살균기, 증기소독기, 저장탕비기, 순간탕비기, 캐비넷, 식기소독보관고 등이 필요하다.

① 자동 식기세척기

식기를 선반에 넣어 세제를 녹인 온수를 분사시켜 세척하고 깨끗한 물로 씻은 후 열풍을 보내어 건조시키는 기기다. 수작업보다 위생적이고 시간과 노동력을 절약하는 데 도움이 된다. 식기세척기를 사용할 때는 그릇에 묻어 있는 음식찌꺼기를 제거하고 넣어야 한다.

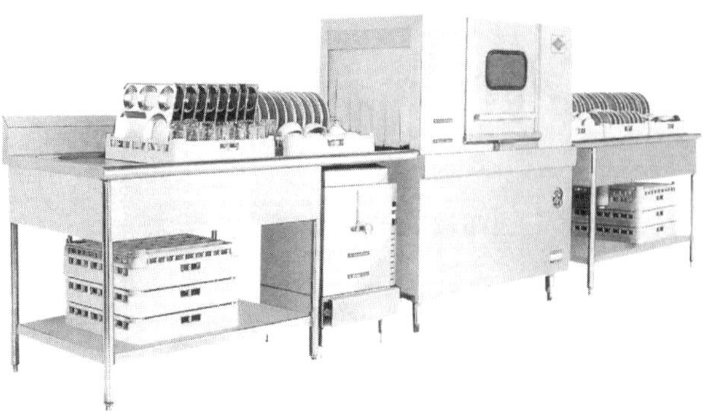

그림 9-33. 랙타입 식기세척기

초음파 식기세척기는 두 개의 원형 수조가 있어서 선반 내에 가지런히 넣은 식기를 제1조(아래에 있음)에서 회전샤워로 헹구고, 제2조에서 초음파에 의해 식기의 음식찌꺼기를 제거한다. 세척력이 좋으며 유지비가 싸다.

보수관리는 모터나 스위치에 물이 들어가지 않도록 주의하며 기체 내는 호스로 잘 씻고 특히 세척 노즐을 잘 씻는다(그림 9-33).

② 식기 소독보관고, 칼 · 도마 살균기

세정한 식기를 선반에 넣어 그대로 보관고 내에 열풍을 불어넣어 소독, 건조, 보관한다. 열원은 증기가스, 전기 등이 좋다.

식기 소독보관고의 종류에는 건열식과 습열식이 있는데 습열식이 소독효과가 높다. 식기 가열습도는 식기의 재질에 따라 차이가 있는데 화학합성식기는 변형되는 일이 있으므로 주의한다(그림 9-34~9-37).

그림 9-34. 식기 소독보관고

그림 9-35. 행주소독보관고(열풍)

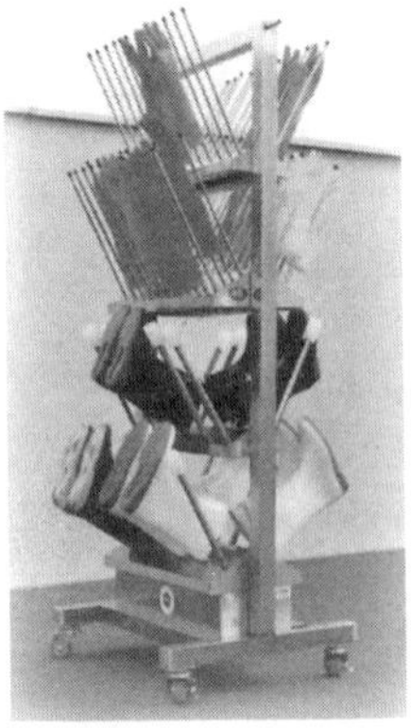

그림 9-36. 다용도 소독 건조대

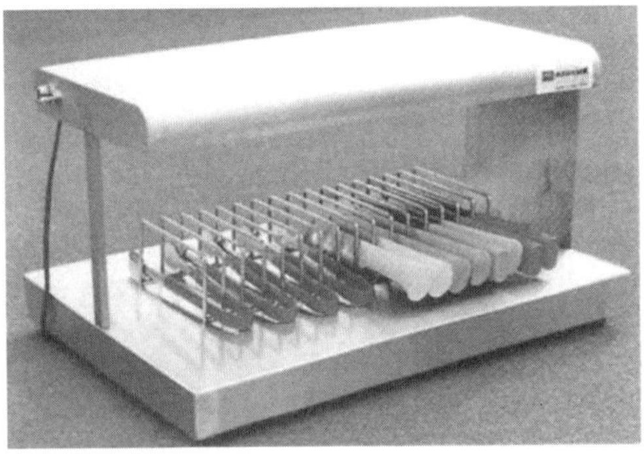

그림 9-37. UV 집기 살균기

칼이나 도마, 소형 조리기구 등을 살균고 내에 넣어 자외선살균 등으로 살균하며, 살균하고 보관하는 칼·도마 살균기도 있다.

(6) 공정 VI(수납·보관용)

비품 보관과 다음의 작업을 능률적으로 진행하기 위해서 매우 중요하다.

식기소독보관고, 칼·도마류의 소독보관고, 식기캐비넷, 이동차, 운반차가 필요하다. 이동차, 운반차(carts·tucks)는 음식이나 식기, 유리그릇, 트레이, 접시, 수저 등을 옮길 때 사용된다. 선반이 있는 것, L자형 등 모양이 다양하다.

(7) 기타 소형 조리용구

기타 주방에서 사용하는 소형 조리용구로 각종 칼과 도마(육류용·생선용·채소용 등), 계량스푼, 계량컵, 거품기, 육류 파운더, 여과기, 구멍 수저, 망사 수저, 젓가락 등이 필요하다(그림 9-38~39).

그림 9-38. 주방용운반차

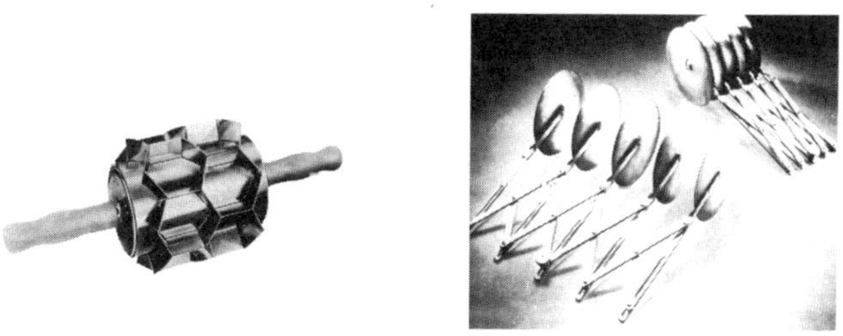

그림 9-39. 각종 소형 조리용구

5 식기와 집기

급식용 식기류는 기능면에서 선정되는 일이 많다. 내구성이 우수하고 취급하기 쉽고 위생적인 것이 중요한데 요리와의 조화 등 미적인 점도 고려할 필요가 있다. 식기의 좋고 나쁨은 급식률에도 영향을 주므로 될 수 있는 대로 가정의 식기에 가까운 감이 있는 것이 좋다.

1. 식기 선정 시의 주의점

① 위생적인 면 : 흠이 잘 생기지 않고 더럽혀지지 않고 세척, 표백, 소독하기 쉬운 것

② 능률적인 면 : 세척 및 수납이 쉬운 형태가 좋고 운반하기 편리한 것
③ 내구성 : 착색이 잘 안되고 내열성이고 내알칼리, 내약품성인 것
④ 감각성 : 손에 든다거나 입에 대었을 때의 촉감이 좋고 적당한 중량감이 있는 것
⑤ 경제적인 것

2. 식기의 필요량

급식대상자 수의 20~30% 증가하여 보유하는 것이 좋다. 기타 급식시간, 급식형태, 식단의 종류에 따라 필요량을 가감한다.

3. 집기류

작업내용, 사용기기, 작업인원을 고려하여 종류와 수량을 결정한다. 위생적이며 취급하기 쉽고 파손이 적고 기능적인 것을 사용한다. 목공품(도마·주걱 등), 죽제품(긴 젓가락·소쿠리) 등은 흡수성이 높고 표면에 흠도 생기지 않기 때문에 비위생적으로 되기 쉬우므로 보관에 주의한다.

6 레이아웃

레이아웃(layout)이란 일정한 공간에 작업의 흐름에 따라 기기류를 배치하는 것으로 도면은 이것을 정확하고 알기 쉽게 표현한 것이다.

1. 레이아웃상의 주의점

작업의 능률, 안전성, 위생적 조건 등을 고려하여 공간을 효과적으로 사용하는 것이 중요하다. 작업동선에 따라 기기를 배치하고 적절한 작업공간을 확보하고 건물의 구조와 내장, 설비와의 관계를 점검하도록 한다.

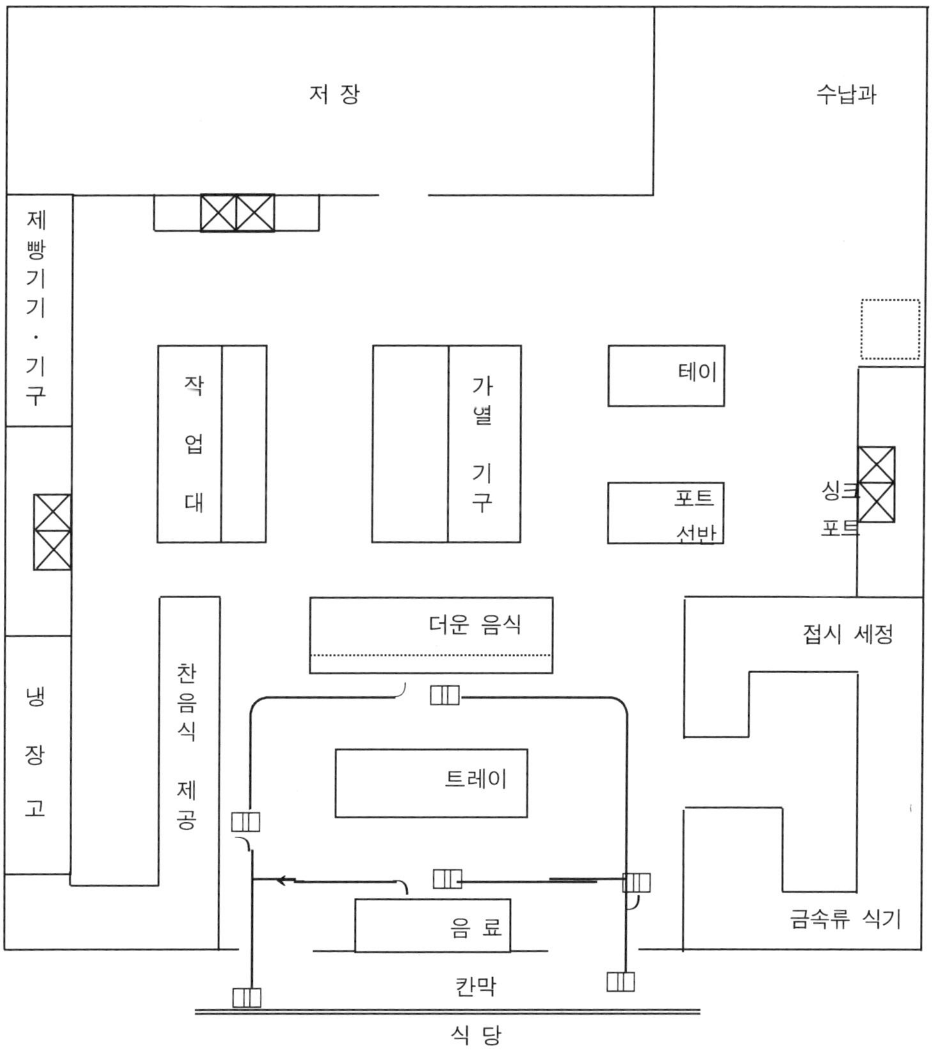

그림 9-40. 주방의 작업 공간과 서빙 공간의 예

2. 도 면

조리실의 도면은 매우 복잡하여 전체를 체크하기 위해서는 숙련을 요구하나 평면도, 확대 평면도, 단면도, 창호도, 조명 상세도, 가구 상세도 등이 기본적으로 필요하다. 척도의 단위는 mm이며 단위의 기호는 붙이지 않는다.

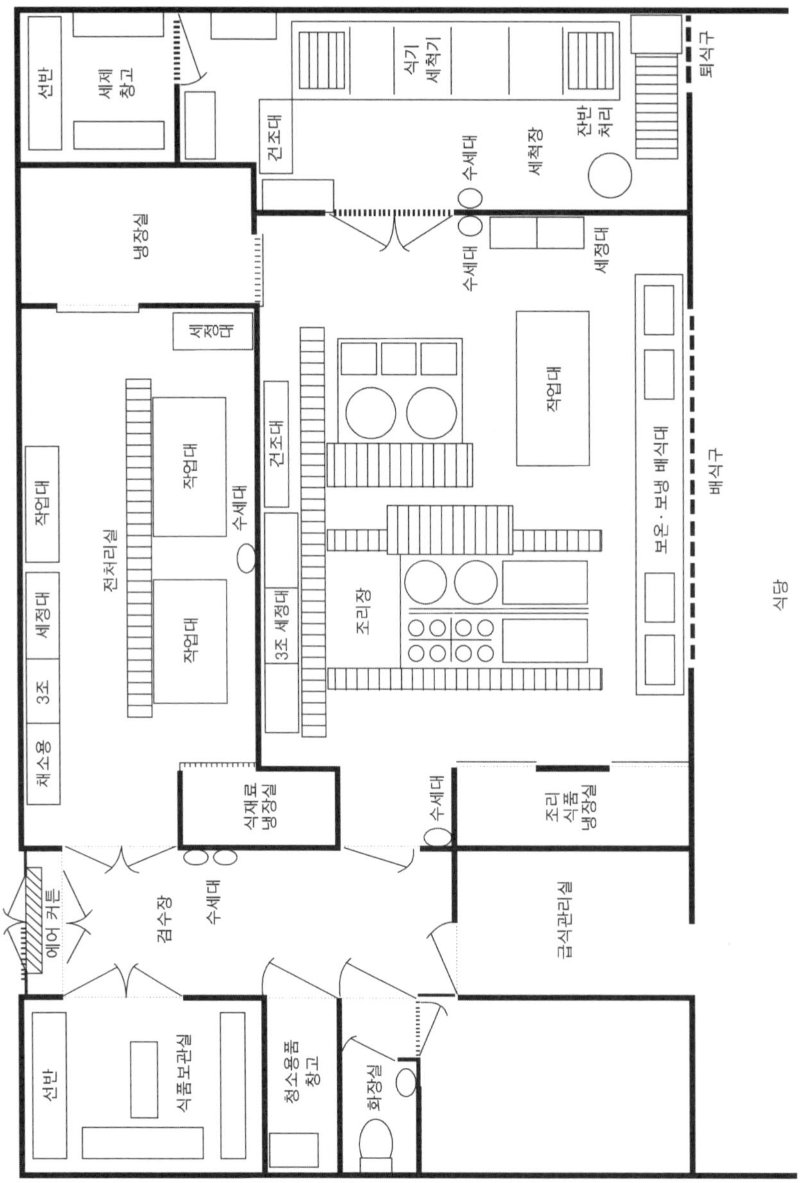

그림 9-41. 쇼핑센터의 상업적 카페테리아

참고문헌...

곽동경. 급식관리의 전산화 방안, 국민영양, 1986, 5, p. 2.

______. 표준조리레시피의 확립, 국민영양, 1990, 3, pp. 9~10.

곽동경·류경. 집단 급식을 위한 식품위해요소 중점관리 기준(HACCP) 관리지침서, 국민영양 174 : pp. 2~16, 1995.

김덕권. 급식경영학, 신광출판사, 1996.

김동승 외. 급식경영학, 광문각, 1999.

김창남. 식중독 원인균의 검사방법 및 관리방안, 1996년도 보수교육자료집, 대한영양사회, pp. 125~146, 1996.

김혜영. 최신 단체급식, 효일문화사, 2005.

김혜영 외. 문화와 식생활, 효일문화사, 1998, p. 26.

대한영양사회 교육출판부. 검식, 국민영양, 2001, 1·2, pp. 42~ .

대한영양사회. 1995 소비자가 만족하는 영양서비스 제공을 위한 심포지움, 1995, 10.

대한영양사회. 급식관리지도서, 1996.

대한영양사회. 급식관리지도서 3차 개정판, 2000.

대한영양사회. 단체급식소에서의 대량조리법과 표준레시피 작성법, 영양사 보수교육, 1997, pp. 22~38.

대한영양사회. 식품교환표, 1999.

류경. 단체급식소에서 식품안전성 확보를 위한 영양사의 역할, 1996년도 보수교육자료집, 대한영양사회, pp. 147~179, 1996.

____. 급식품질관리 I, 급식경영전문영양사 교육과정, 2000.

문정원 외. 새시대 단체급식, 효일문화사, 2000.

박태선 외. 현대인의 생활영양, 교문사, 2000, p. 120.

사단법인 대한영양사협회, 위생관리지침서, 1996

신서영. 메뉴계획 및 분석기법, 급식경영전문영양사 교육과정, 2000.

신동주 외. 단체급식관리, 지구문화사, 1999.

신미혜. 엄마도 모르는 양념공식, 세종서적, 1998.

양일선외5인,단체급식,교문사,2003.

엄영란. 고객의 영양관리, 급식경영전문영양사 교육과정, 2000.
이미숙 외. 리빙토픽 영양과 식생활, 교문사, 2000, p. 228.
이상덕. 집단급식소의 위생관리, 1996년도 보수교육자료집, 대한영양사회, pp. 73~124, 1996.
이애랑. 급식관리실무, 광문각, 1998.
이진미. 급식산업에서의 효율적 전산관리, 국민영양, 1995, 7・8, pp. 15~20.
이진영 외. 식품구매론, 효일문화사, 1997.
장동석 외. 식품위생학, 정문각, 1999.
장윤경. 단체급식을 위한 표준조리레시피의 작성에 대한 제안, 국민영양, 1998, 9, pp. 41~42.
전은자. 단체급식과 실무영양 II, 홍익제, 1990.
전희정. 실험조리, 교문사, 1998, pp. 17~18.
전희정・주나미. 단체급식관리, 교문사 1999.
조계식. 고객의 요구도를 반영한 메뉴개발, 급식경영전문영양사 교육과정, 2000.
천종희. 미량영양소의 권장량 설정을 위한 이론적 배경, 한국 영양학회 심포지움 초록, 2000, p. 581.
최성경. 급식관리업무의 전산화에 대하여, 국민영양, 1991, 7・8, pp. 12~19.
최혜미 외. 영양학, 교문사, 1999.
한국대학식품영양 관련학과 교수협의회, 단체급식, 삼광출판사, 2000.
한국식품영양관련학과 교수협의회. 단체급식, 삼광출판사, 2000.
한국영양학회. 한국인 영양섭취기준, 2005
한정혜. 고객의 요구도를 반영하는 메뉴개발, 대한영양사회, 2000.
현기순 외. 단체급식, 수학사, 1999.
현기순 외. 식생활관리학, 교문사, 2000, pp. 99~ .
홍순명. 단체급식관리의 전산화에 관한 연구, 국민영양, 1987, 1・2, pp. 4~12.
홍순명. 영양관리를 위한 전산화 프로그램 개발 및 이용에 관한 연구, 국민영양, 1991, 7・8. pp. 2~

Bessie Brooks West, Levelle Wood, Virginia F.Harger, 1977, Food Service in institutions.
Lendel H. Kotschevar, Margaret E. Terrel, 1983, Foodservice Planning, layout and equipment, John wiley and Sons, Inc.

The educational foundation of national restraurant association applied foodservice sanitation 4thed National Restraurant Association Chicago IL, 1992.

岡崎光子・桂きみよ. 급식관리, 朝倉書店, 1992.

藤尺萛知 外 1人, 1992, 給食管理, 光生館.

山本暴子 外 5人, 1983, 多量調理 建綿社.

五十嵐益惠 外. 급식관리, 建帛社, 1991.

羽田明子, 小林重芳, 1994, 給食管理, 光生館.

赤羽正之 外 8人, 1991, 給食管理.

中原燈男 外 8人, 1998, 給食管理, 南江堂.

太田和指 外 2人, 1991, 給食管理, 第一出版.

香川稜 外 2人, 1992, 給食管理, 朝倉書店.

단 체 급 식

2001년 2월 22일 1판 1쇄 인 쇄
2007년 3월 13일 2판 1쇄 발 행
2009년 2월 12일 2판 2쇄 발 행

지은이 / 박춘란 · 김영희 · 이선희
김애정 · 백재은 · 배현주
펴낸이 / 박 정 태

펴낸곳 / **광 문 각**

413-756
경기도 파주시 교하읍 문발리 500-8
파주출판정보단지 광문각 빌딩 4층
등 록 : 1991. 5. 31 제12-484호
전화(代) : 031) 955-8787
팩 스 : 031) 955-3730
E-mail : kwangmk@unitel.co.kr
홈페이지 : www.kwangmoonkag.co.kr

• ISBN : 978-89-7093-419-8 93590
값 20,000원